国家“十二五”规划重点图书

中国地质调查局
青藏高原1∶25万区域地质调查成果系列

中华人民共和国

区域地质调查报告

比例尺 1∶250 000

阿克萨依湖幅

(I44C001002)

项目名称： 新疆1∶25万康西瓦幅、恰哈幅、岔路口幅、阿克萨依湖幅区域地质调查

项目编号： 200313000003

项目负责： 黎敦朋　李新林　王向利

图幅负责： 李新林　周小康

报告编写： 李新林　周小康　黎敦朋　高小平　杜少喜　戴新宇　刘幼骐　王向利　王欣欣

编写单位： 陕西省地质调查院

单位负责： 齐　文(院长)　张拴厚(总工程师)

实施单位： 西安地质矿产研究所

中国地质大学出版社
ZHONGGUO DIZHI DAXUE CHUBANSHE

内 容 提 要

阿克萨依湖幅(I44C001002)1∶25万区域地质调查是“新疆1∶25万康西瓦幅(J44C004001)、恰哈幅(J44C004002)、岔路口幅(I44C001001)、阿克萨依湖幅(I44C001002)区域地质调查项目”4幅联测图幅之一,隶属于青藏高原北部空白区基础地质调查与研究之工作内容项目,由陕西省地质调查院承担完成,是中国地质调查局以基[2003]001—10号文下达的工作任务(工作内容编号:200313000003)。

通过野外地质调查,建立了测区构造格架和不同构造单元的地层系统,重新厘定了图幅区内地层单位和地层系统,首次在图幅区内泉水沟原划归库尔良群($C_{2-3}K$)中部灰岩夹层中发现丰富的二叠纪菊石、珊瑚、螺和海百合茎、海绵类等化石组合;将图幅区内岩浆岩进一步按其所处的空间位置、成因和形成时代由北向南依次归并为早古生代构造岩浆岩带、晚古生代构造岩浆岩带、中生代构造岩浆岩带、新生代泉水沟-大红柳滩隆升构造岩浆岩区4个构造岩浆岩带(区),并对各构造岩浆岩带(区)的物质组成、演化、就位机制、成岩环境进行了系统的研究及探讨;将测区划分为3个二级构造单元和4个三级构造单元,较系统地论述了各构造单元地层、岩石的物质组成、建造特征和6个世代的构造变形特征;查明并证实了康西瓦-苏巴什早古生代构造蛇绿混杂岩带的物质组成、变形特征及时代;在青藏高原隆升研究等方面取得了一系列重大进展。

图书在版编目(CIP)数据

中华人民共和国区域地质调查报告.阿克萨依湖幅(I44C001002):比例尺1∶250 000/李新林,周小康,黎敦朋等著. —武汉:中国地质大学出版社,2013.10

ISBN 978-7-5625-2925-5

Ⅰ.①中…
Ⅱ.①李…②周…③黎…
Ⅲ.①区域地质-地质调查-调查报告-中国②区域地质-地质调查-调查报告-新疆
Ⅳ.①P562

中国版本图书馆CIP数据核字(2012)第228671号

中华人民共和国区域地质调查报告
阿克萨依湖幅(I44C001002) 比例尺1∶250 000

李新林 周小康 黎敦朋 **等著**

责任编辑:胡珞兰 刘桂涛　　责任校对:戴莹

出版发行:中国地质大学出版社(武汉市洪山区鲁磨路388号)　　邮政编码:430074
电 话:(027)67883511　　传 真:67883580　　E-mail:cbb @ cug.edu.cn
经 销:全国新华书店　　http://www.cugp.cug.edu.cn

开本:880毫米×1 230毫米 1/16　　字数:430千字 印张:13 图版:4 插页:1 附件:1
版次:2013年10月第1版　　印次:2013年10月第1次印刷
印刷:武汉中远印务有限公司　　印数:1—1 500册

ISBN 978-7-5625-2925-5　　定价:480.00元

前　言

青藏高原包括西藏自治区、青海省及新疆维吾尔自治区南部、甘肃省南部、四川省西部和云南省西北部，面积达260万km^2，是我国藏民族聚居地区，平均海拔4 500m以上，被誉为“地球第三极”。青藏高原是全球最年轻的高原，记录着地球演化最新历史，是研究岩石圈形成演化过程和动力学的理想区域，是“打开地球动力学大门的金钥匙”。

青藏高原蕴藏着丰富的矿产资源，是我国重要的战略资源后备基地。青藏高原是地球表面的一道天然屏障，影响着中国乃至全球的气候变化。青藏高原也是我国主要大江大河和一些重要国际河流的发源地，孕育着中华民族的繁衍和发展。开展青藏高原地质调查与研究，对于推动地球科学研究、保障我国资源战略储备、促进边疆经济发展、维护民族团结、巩固国防建设具有非常重要的现实意义和深远的历史意义。

1999年，国家启动了“新一轮国土资源大调查”专项，按照温家宝总理“新一轮国土资源大调查要围绕填补和更新一批基础地质图件”的指示精神，中国地质调查局组织开展了青藏高原空白区1∶25万区域地质调查攻坚战，历时6年多，投入资金3亿多，调集来自全国25个省(自治区)地质调查院、研究所、大专院校等单位组成的精干区域地质调查队伍。每年近千名地质工作者，奋战在“世界屋脊”，徒步遍及雪域高原，完成了全部空白区158万km^2共112个图幅的区域地质调查工作，实现了我国陆域中比例尺区域地质调查的全面覆盖，在中国地质工作历史上树立了新的丰碑。

新疆、西藏1∶25万阿克萨依湖幅(I44C001002)区域地质调查项目，由陕西省地质调查院承担，工作区位于新疆维吾尔自治区南部的西昆仑山主脊与南坡和西藏自治区北部的喀喇昆仑山之间。目的是通过对调查区进行全面的区域地质调查。

阿克萨依湖幅(I44C001002)地质调查工作时间为2003—2005年，累计完成地质填图面积为14 900km^2，实测剖面196km，地质路线2 410km，采集各类样品1 742件，全面完成了设计工作量。主要成果有：①建立了测区构造格架和不同构造单元的地层系统，重新厘定了图幅地层单位和地层系统；②首次在图幅泉水沟原划为库尔良群($C_{2-3}K$)中部灰岩夹层中发现丰富的二叠纪菊石、珊瑚、螺和海百合茎、海绵类等化石组合；③将图幅岩浆岩进一步按其所处的空间位置、成因和形成时代由北向南依次归并为早古生代构造岩浆岩带、晚古生代构造岩浆岩带、中生代构造岩浆岩带、新生代泉水沟-大红柳滩隆升构造岩浆岩区4个构造岩浆岩带(区)，并对各构造岩浆岩带(区)的物质组成、演化、就位机制、成岩环境进行了系统的研究及探讨；④将测区划分为3个二级构造单元和4个三级构造单元，较系统地论述了各构造单元地层、岩石的物质组成、建造特征和6个世代的构造变形特征；⑤查明并证实了康西瓦-苏巴什早古生代构造蛇绿混杂岩带的物质组成、变形特征及时代；⑥在青藏高原隆升研究等方面了取得了一系列重大进展。

2006年4月，中国地质调查局组织专家对项目进行最终成果验收，评审认为：成果报告资料齐全，工作量达到(或超过)设计规定，技术手段、方法、测试样品质量符合有关规范和规定。报告章节齐备，论述有据，在地层、岩浆岩、古生物和构造等方面取得了较突出的进展和重要成果，反映了测区地质构造特征和现有研究程度，经评审委员会认真评议，一致建议项目报告通过评审，阿克萨依湖幅成果报告被评为优良级。

参加报告编写的主要有李新林、周小康、黎敦朋、高小平等，最后全文由李新林、黎敦朋编纂。地质图由李新林编绘，部分插图和插表由高小平、杜少喜清绘。

先后参加野外工作的有黎敦朋、李新林、周小康、王向利、杜少喜、戴新宇、高小平、刘幼骐、王欣欣、张宏凡、田向武、石明利、张周利、邓先关、王朋友、董小军、吕志宏、王连平、孙红民等。

在整个项目实施和报告编写过程中，得益于许多单位和领导的大力协助、支持，尤其要感谢的是中国地质调查局、西安地质矿产研究所、乌鲁木齐工作总站等单位；衷心感谢肖序常院士、翟刚毅处长、李荣社处长、姚建新教授、胡健明教授等专家对本项目的热情指导与帮助；同时感谢陕西省地质调查院齐文院长、韩芳林副院长、张拴厚总工程师、王根宝主任、王北颖主任对项目工作的亲切关怀和大力支持！

为了充分发挥青藏高原1∶25万区域地质调查成果的作用，全面向社会提供使用，中国地质调查局组织开展了青藏高原1∶25万地质图的公开出版工作，由中国地质调查局成都地调中心与项目完成单位共同组织实施。出版编辑工作得到了国家测绘局孔金辉、翟义青及陈克强、王保良等一批专家的指导和帮助，在此表示诚挚的谢意。

鉴于本次区调成果出版工作时间紧、参加单位较多、项目组织协调任务重以及工作经验和水平所限，成果出版中可能存在不足与疏漏之处，敬请读者批评指正。

“青藏高原1∶25万区调成果总结”项目组
2010年9月

目　　录

第一章　绪　言 ………………………………………………………… (1)

第一节　目标任务…………………………………………………………… (1)

第二节　自然地理、经济及交通概况 ……………………………………… (2)

一、自然地理概况 ……………………………………………………… (2)

二、经济及交通概况 …………………………………………………… (2)

第三节　以往地质工作程度………………………………………………… (2)

第四节　项目工作概况……………………………………………………… (4)

一、工作概况 …………………………………………………………… (4)

二、完成主要实物工作量 ……………………………………………… (5)

三、项目建制 …………………………………………………………… (6)

第二章　地　层 ………………………………………………………… (7)

第一节　地层区划及岩石地层单位划分…………………………………… (7)

第二节　下元古界 ………………………………………………………… (10)

第三节　长城系 …………………………………………………………… (14)

一、赛图拉岩群(ChSt) …………………………………………………… (14)

二、甜水海岩群(ChT)…………………………………………………… (17)

第四节　蓟县系 …………………………………………………………… (21)

一、桑株塔格岩群(JxS) ………………………………………………… (21)

二、河岔口石英岩(Jx^{qx}) ………………………………………………… (25)

第五节　青白口系 ………………………………………………………… (28)

第六节　震旦系 …………………………………………………………… (31)

第七节　寒武系 …………………………………………………………… (33)

第八节　奥陶系 …………………………………………………………… (37)

第九节　志留系 …………………………………………………………… (41)

第十节　石炭系 …………………………………………………………… (44)

一、恰提尔群(C_2Q) ……………………………………………………… (44)

二、康西瓦-苏巴什构造蛇绿混杂岩($C—P^{\nu\phi+\nu}$) …………………………… (47)

第十一节　二叠系 ………………………………………………………… (48)

一、卡拉勒塔什群(PK) ………………………………………………… (48)

二、红山湖组(P_1^2h) ……………………………………………………… (49)

三、黄羊岭群(PH) ……………………………………………………… (53)

四、再依勒克河组($P_{1-2}z$) ……………………………………………… (60)

第十二节　三叠系 ………………………………………………………… (63)

第十三节　白垩系 ………………………………………………………… (68)

第十四节　古近系—新近系 ……………………………………………… (72)

一、阿克萨依湖组(N_1a) …… (72)
二、泉水沟组 ($N_{1-2}q$) …… (73)
第十五节 第四系 …… (74)
一、中—上更新统(Qp^{2-3}) …… (74)
二、上更新统(Qp^{3al}) …… (74)
三、全新统(Qh) …… (75)
第三章 岩浆岩 …… (77)
第一节 侵入岩 …… (78)
一、早古生代构造岩浆岩带 …… (78)
二、晚古生代构造岩浆带 …… (87)
三、中生代构造岩浆岩带 …… (89)
四、新生代构造岩浆岩带 …… (104)
第二节 火山岩 …… (110)
一、古元古代火山岩 …… (110)
二、长城纪火山岩 …… (114)
三、二叠纪火山岩 …… (115)
四、新生代火山岩 …… (119)
第三节 蛇绿岩 …… (124)
一、地质特征 …… (124)
二、岩石学特征 …… (125)
三、岩石地球化学特征 …… (126)
四、构造环境及时代 …… (132)
第四节 脉岩 …… (133)
一、石英脉 …… (133)
二、伟晶岩脉 …… (134)
三、细晶岩脉 …… (134)
第四章 变质岩 …… (135)
第一节 概述 …… (135)
第二节 变质岩类型 …… (135)
一、区域变质岩 …… (135)
二、动力变质岩类型 …… (140)
三、接触变质岩 …… (142)
第三节 原岩恢复 …… (143)
一、昆南及北羌塘地层分区变质地层原岩恢复 …… (143)
二、中昆南带地层分区变质原岩恢复 …… (143)
第四节 变质相带 …… (149)
一、区域变质相带划分 …… (149)
二、变质相带及其特征 …… (149)
第五节 变质作用与变质期次 …… (152)
一、吕梁期变质作用 …… (152)
二、晋宁期变质作用 …… (153)
三、加里东期—海西期变质作用 …… (153)

四、印支期变质作用 …… (153)

第五章 地质构造与构造发展史 …… (154)

第一节 区域构造背景与构造单元划分 …… (154)

一、区域构造背景 …… (154)

二、基本构造格架与构造单元的划分 …… (157)

第二节 各构造单元基本特征 …… (158)

一、西昆仑造山带 …… (159)

二、巴颜喀拉晚古生代—中生代边缘裂陷盆地 …… (162)

三、甜水海-北羌塘微陆块 …… (165)

第三节 新生代构造 …… (168)

一、断裂构造 …… (168)

二、地质地貌特征 …… (169)

三、冰川活动 …… (170)

第四节 构造变形演化序列 …… (171)

第五节 地质构造发展演化史 …… (171)

一、前震旦纪基底形成演化阶段 …… (171)

二、震旦纪至三叠纪原特提斯—古特提斯—特提斯多岛洋陆演化阶段 …… (173)

三、侏罗纪至第四纪陆内演化阶段 …… (175)

第六章 矿产与其他国土资源概况 …… (176)

第一节 矿产 …… (176)

一、矿产各论 …… (176)

二、成矿条件分析与找矿方向 …… (179)

第二节 其他国土资源概况 …… (184)

一、土地资源 …… (184)

二、生物资源 …… (185)

三、旅游资源 …… (185)

第七章 青藏高原隆升与环境地质 …… (187)

第一节 高原隆升的时间 …… (187)

第二节 高原隆升的高度 …… (189)

一、黄土堆积的依据 …… (189)

二、古生物方面的依据 …… (189)

第三节 高原隆升的速率 …… (189)

第四节 高原隆升的环境效应 …… (191)

一、青藏高原隆升的气候效应 …… (191)

二、青藏高原隆升的荒漠化效应 …… (191)

三、青藏高原隆升的生物效应 …… (192)

第五节 环境地质 …… (192)

一、崩塌 …… (192)

二、滑坡 …… (192)

三、泥石流 …… (193)

四、雪崩、热融滑塌 …… (193)

第八章　结束语 ……………………………………………………………………… (194)
第一节　取得的主要成果……………………………………………………………… (194)
一、地层古生物方面 ………………………………………………………………… (194)
二、岩石方面 ………………………………………………………………………… (194)
三、构造方面 ………………………………………………………………………… (195)
四、矿产方面 ………………………………………………………………………… (195)
五、青藏高原隆升 …………………………………………………………………… (195)
第二节　存在的主要问题……………………………………………………………… (196)
主要参考文献………………………………………………………………………… (197)
图版说明及图版 ……………………………………………………………………… (199)
附件 1∶25 万阿克萨依湖幅(I44C001002)地质图及说明书

第一章 绪 言

第一节 目标任务

阿克萨依湖幅(I44C001002)1∶25万区域地质调查是"新疆1∶25万康西瓦幅(J44C004001)、恰哈幅(J44C004002)、岔路口幅(I44C001001)、阿克萨依湖幅(I44C001002)区域地质调查项目"4幅联测图幅之一,其隶属于青藏高原北部空白区基础地质调查与研究之工作内容项目,由陕西省地质调查院承担完成。中国地质调查局以基[2003]001—10号文、基[2004]001—08号文、基[2005]001—03号文下达了各年度任务,工作内容编号:200313000003。阿克萨依湖幅(I44C001002)图幅范围为东经79°30′—81°00′、北纬35°00′—36°00′,图幅面积14 900km²,分解后阿克萨依湖幅费用约为295万元(项目总费用1 120万元)。工作期限2003年1月至2005年12月,2003年12月提交工作设计书,2005年7月提交野外验收成果,2005年12月提交最终验收成果。

新疆1∶25万康西瓦幅(J44C004001)、恰哈幅(J44C004002)、岔路口幅(I44C001001)、阿克萨依湖幅(I44C001002)区域地质调查项目总体目标任务如下:

按照《1∶25万区域地质调查技术要求(暂行)》和《青藏高原空白区1∶25万区域地质调查要求(暂行)》及其他相关的规范、指南,参照造山带填图的新方法,应用遥感等新技术手段,以区域构造调查与研究为先导,针对不同地质构造组成采用相应的工作方法,通过对本区沉积建造、岩浆作用、变质变形的综合调查与分析,建立构造格架,重塑区域地质演化历史。

测区有多条重要构造边界,地质构造复杂,具有良好的成矿地质条件。在对康西瓦-苏巴什、库地-其曼于特构造-岩浆岩带的组成与演化调查研究的同时,开展成矿地质背景调查和前寒武纪地层的区域对比研究,以中新生代盆地与造山带耦合关系和构造结合带组成与演化的调查研究为重点,全面提高本区基础地质研究程度。

预期成果如下:

(1)提交了印刷地质图件及报告、专题报告。

(2)按中国地质调查局编制的《地质图空间数据库工作指南》提交了ARC/INFO、MAPGIS图层格式的数据光盘及图幅与图层描述数据、报告文字数据各一套。

在充分收集、综合分析前人资料的基础上,结合野外踏勘和试填图情况,我们厘定出测区的具体目标任务如下:

(1)合理划分测区地质体和构造单元,厘定和建立测区的地层、岩浆岩、构造序列,总结区域地质演化历史。

(2)调查研究康西瓦-苏巴什、库地-其曼于特等结合带的物质组成与构造演化特征。

(3)从建造和改造角度出发,调查研究测区内变质结晶基底的物质组成、变形变质特征,与邻区前寒武纪变质结晶基底进行区域对比研究。

(4)开展中新生代盆山耦合及第四纪地质地貌的调查,研究青藏高原隆升机制。

(5)开展成矿地质背景调查,总结测区区域成矿地质背景特征及成矿规律。

第二节 自然地理、经济及交通概况

测区位于新疆维吾尔自治区南部的西昆仑山主脊与南坡和西藏自治区北部的喀喇昆仑山之间,行政区划隶属新疆维吾尔自治区和田地区的策勒县、和田县和西藏阿里地区日土县(图1-1)。

一、自然地理概况

测区北中部属西昆仑中高山—极高山地貌区,图幅南部属藏北高原低山—丘陵地貌区,总体地势北高南低。

西昆仑山呈北西向横亘于图幅北部和中部地区,海拔4 500~6 638m,最低处为玉龙喀什河谷4 500m,最高处为尖刀峰7 167m。昆仑山主脊与南坡山势陡峭、切割强烈、高差极大,主脊山峰白雪皑皑,冰峰林立,山岳冰川发育。图幅南部属藏北高原低山—丘陵地貌区,总体海拔较高,相对高差较小,湖泊、沼泽广布,冻土发育,一派雪域高原的湖光山色。图幅内冻土与永冻土极发育。

测区年平均气温0~4℃,最高气温16.5℃(7月份),最低气温−42.6℃(1月份),昼夜温差大;年降雨量80~120mm,夏、秋季凝结降水较多,7—8月冰雪融水常造成灾害;每年10月至来年4月为冰冻期,高原山区气候阴晴无常,7—8月份的午后常有冰雹和大雪;5 600m以上的山峰终年积雪,缺氧量达30%~50%。总体上山地区属高山高寒带荒漠气候,具内陆高山与高原干旱、寒冷的气候特征。

测区水系均为内陆水系,图幅北部为东西向的玉龙喀什河及其上游支流,最终流入塔里木水系;在昆仑山南坡水系主要有阿克萨依河、冰水河、泉水河等,由东向西或由南向北流入阿克萨依湖。图区水系均发源于昆仑山各主要山峰,由冰雪融水补给,流量随季节变化较大,其中7—8月为洪水期,河水流量受天气影响较大。

二、经济及交通概况

图幅区自然条件极端恶劣。图区除了甜水海兵站有值勤官兵外,其他地区渺无人烟,自然条件极其恶劣,是新藏公路中高原反应最强烈的地方。

区内土壤以高山漠土、砾质沙土、黏质沙土、盐碱土为主,绝大部分地区为荒漠区,零星分布有高山垫状草本植物和低矮灌木、蒿草。没有任何工农业。

区内野生动物有野牦牛、藏羚羊、黄羊、野驴、野兔、雪豹、狼等,主要分布于藏北高原低山—丘陵人迹罕至的地区。

图幅西部有叶城县—阿里的219国道通过,由于受冻融、重力地质灾害等的破坏作用,路况均极差;甜水海至郭扎错有一条汽车压道在解冻之前可通行汽车。除阿克萨依湖周边在解冻之前越野车尚可艰难通行外,其他地方全靠毛驴运输(图1-1),交通条件极端恶劣。

第三节 以往地质工作程度

由于自然条件极端恶劣,图幅地质研究程度很低,根据前人资料大体可划分为以下3个阶段。

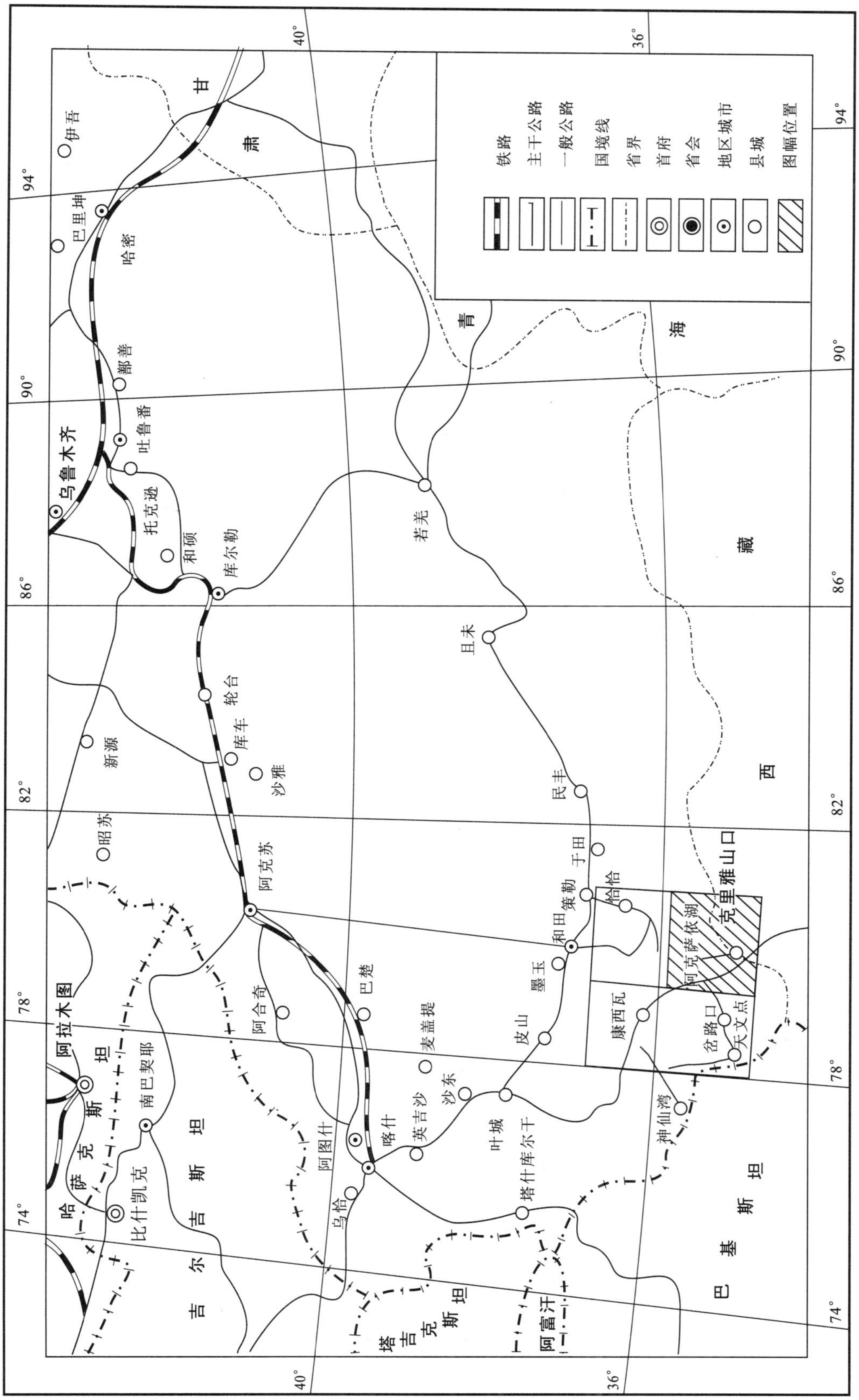

图 1-1　新疆维吾尔自治区和西藏阿里地区交通位置图

1. 解放后—20 世纪 80 年代中期 1∶100 万区域地质矿产调查起步阶段

1982—1983 年，新疆地矿局第一区调大队完成了《西昆仑康西瓦—喀喇昆仑山河尾滩地区地质矿产调查报告》(1∶100 万)，工作范围包括了岔路口幅及康西瓦幅、阿克萨依湖幅大部分地区，报告总结了该区的地层、侵入岩、火山岩、构造和矿产，为本次区调工作奠定了基础，也是本次区调工作参考的主要实际资料。

1986 年，西藏自治区地质矿产局区域地质调查大队完成了该区西藏部分 1∶100 万日土幅区调，涉及本区的地质路线近 10 条，地层划分方法为传统的年代地层方法，划分地层时代的依据不足。

1989 年，新疆地质局第十地质调查大队在 1964 年喀什地质大队编图的基础上，结合新的成果资料，重新编制了“和田地区 1∶50 万地质图、矿产图”及说明书，对测区(新疆区域)的岩石、地层、构造、侵入岩和矿产进行了比较系统的总结。

2. 20 世纪 80 年代中期—90 年代青藏高原科学考察与专题研究阶段

20 世纪 80 年代以来，昆仑山区地质调查和科学研究比较多，简要介绍如下：

1980—1983 年，中国地质科学院地质研究所姜春发等与青海、新疆区调大队联合对昆仑山进行野外地质调查，进展较大，著有《昆仑开合构造》。

1986—1988 年，中国科学院青藏高原综合科学考察队(潘裕生等)深入新藏公路，对当地的地质、地理等进行了专家路线考察，著有《青藏高原喀喇昆仑-昆仑山地区科学考察》丛书。

1987—1991 年，中国科学院潘裕生、法国 Tapponnier P 等沿狮泉河—叶城、喀什—红其拉甫进行了路线地质考察。

1991—1993 年，丁道桂、王道轩等也在塔里木盆地南缘和昆仑山进行了地质研究，1996 年出版了《西昆仑造山带与盆地》专著。

1994—1996 年，陈哲夫等系统总结了新疆的地史演化与成矿，著有《新疆开合构造与成矿》一书。

3. 21 世纪初国土资源大调查启动后基础地质全面提高阶段

1999 年，新一轮国土资源大调查启动后，青藏高原地质空白区 1∶25 万区域地质调查工作全面展开，同时实施了大面积的 1∶50 万区域化探扫面与矿调工作，基础地质与矿产综合研究工作也同步进行。

2000—2002 年，湖北地质调查院在测区东部开展了新疆和田玉龙喀什河地区 1∶50 万区化探测量工作，圈定了一大批异常，发现了一批矿化线索。

2000—2002 年，陕西地质调查院在测区东邻地区完成的新疆于田县、伯力克两幅 1∶25 万区域地质调查项目，对测区地层区划和构造格架的建立以及地质构造演化研究具有重要的指导意义。

总之，上述地质工作为本次调查工作的开展提供了基础资料，奠定了基础，起到了先导作用。

第四节　项目工作概况

一、工作概况

2003 年初，项目组成立，分为东部区调大组(负责恰哈幅、阿克萨依湖幅)和西部区调大组(负责康西瓦幅、岔路口幅)。阿克萨依湖幅 1∶25 万区域地质调查工作由东部区调大组负责完成。

2003年1—4月，系统收集分析区内和邻区已有的地形、地质、矿产、遥感等资料，进行了遥感影像初步解译，确定了工作方案，制定了工作细则。

2003年5—10月，对测区进行了系统的野外踏勘，并完成了测区野外地质试填图和剖面测量工作，验证、补充和修改了测区遥感解译标志。

2003年12月，提交了项目总体设计书，12月下旬在西安通过了中国地质调查局西安地质调查中心组织的设计评审，设计评定为优秀级(92.8分)。

2004年1—2月，进行了项目总体设计的修改，并送中国地质调查局西安地质调查中心认定，同时对2003年的野外资料进行了整理，编制项目年度工作计划及出队前工作准备等。

2004年4—10月，全面开展路线地质调查、剖面测制、专题研究等工作，完成了年度地质填图和剖面测量任务。

2004年11月至2005年3月，进行年度资料整理。

2005年4—6月，出队继续完成剩余的地质填图任务和剖面测量工作，部分人员进行野外验收前的资料整理工作。

2005年7月4—12日，在和田市进行了野外资料验收，阿克萨依湖幅被评定为良好级(83分)。

2005年7—8月，进行了野外补充工作和资料综合整理工作。

2005年8—12月，进行资料综合整理、报告编写工作。

二、完成主要实物工作量

图幅完成主要实物工作量见表1-1。

表1-1 阿克萨依湖幅完成实物工作量一览表

项 目	单 位	工作量
1∶25万地质填图	km^2	1 520
1∶25万路线地质调查长度	km	2 410
1∶25万遥感解译路线长度	km	1 150
1∶2 000实测地质剖面图	km	12
1∶5 000实测地质剖面图	km	49
1∶10 000实测地质剖面图	km	135
标本、薄片样	件	773
微量元素分析样	件	344
稀土分析样	件	132
硅酸盐岩化学分析样	件	115
碳酸盐岩化学分析样	件	21
古生物化石样	件	242
微古化石样	件	12
人工重砂样	件	12
单矿物挑选样	件	12
锆石U-Pb同位素测年样	组	5
K-Ar同位素测年样	组	3
电子探针分析样	件	7
热释光测年分析样	件	5
包体分析样	件	5
粒度分析样	件	17
简项化学分析样(矿产)	件	15
磷灰石裂变径迹样	件	6
岩组分析样	组	3
孢粉分析样	件	8
光片	块	5

三、项目建制

项目由陕西省地质调查院承担，先后参加项目组工作的人员达42人，分为东部区调大组（负责恰哈幅、阿克萨依湖幅）和西部区调大组（负责康西瓦幅、岔路口幅），其中技术人员28人（高级工程师11人、工程师或会计师12人、助理工程师5人），后勤人员14人。

2003年，黎敦朋、崔建堂、罗乾洲、王向利任项目负责，李新林、王炬川、周小康、边小卫任技术负责；2004年，黎敦朋、崔建堂、罗乾洲任项目负责，李新林、王炬川、周小康、边小卫任技术负责；2005年，黎敦朋、崔建堂、李新林任项目负责，李新林、王炬川、周小康、边小卫任技术负责。

第二章　地　层

第一节　地层区划及岩石地层单位划分

图幅位于中国中央造山带西部的西昆仑造山带和塔里木盆地南缘，地层区横跨塔里木-南疆地层大区和华南地层大区，图幅内地层时代跨度大，岩石类型齐全。

依据近年来青藏高原北缘空白区地质调查新进展、新成果和《新疆维吾尔自治区岩石地层》、《新疆维吾尔自治区区域地质志》、《国际地层指南》、《中国地层指南》等成果，联测区地层区跨塔里木南疆地层大区和华南地层大区，将联测区地层分别划归塔里木地层区、昆仑地层区、巴颜喀拉地层区及北羌塘地层区（图 2-1、表 2-1）。在塔里木地层区进一步划分出塔里木盆地地层分区和铁克里克地层分区；在昆仑地层区划分出昆北、昆中和昆南 3 个地层分区，在昆中地层分区中进一步划分出昆中北带和昆中南带两个地层小区；在巴颜喀拉地层区进一步划分出大红柳滩地层分区；北羌塘地层区进一步划分为甜水海地层分区和神仙湾地层分区。

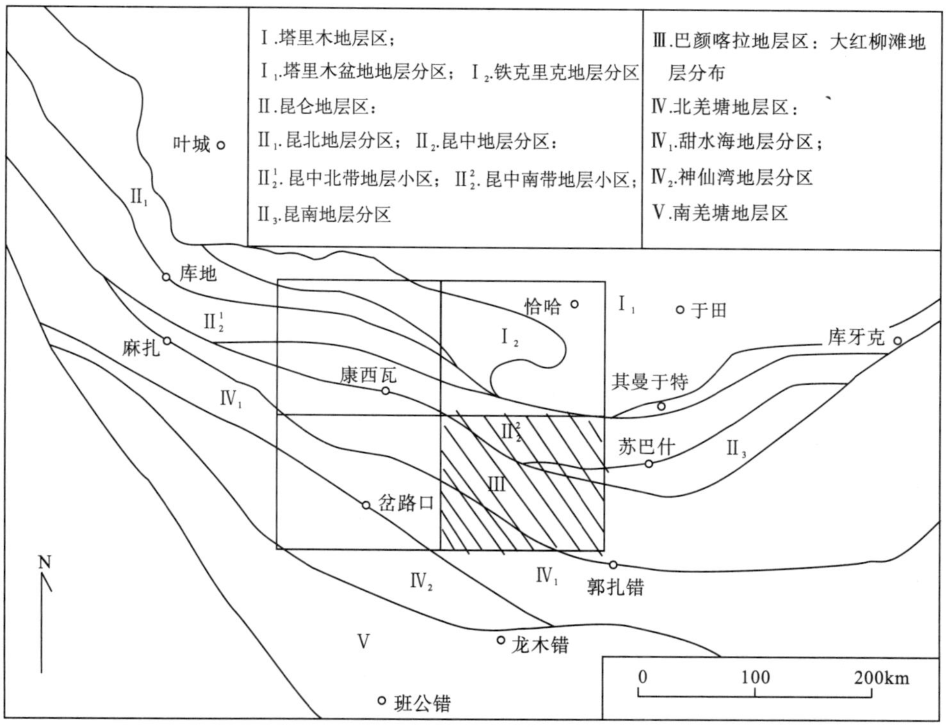

图 2-1　测区地层区划图

表 2-1　联测区地层区划表

地层区	地层分区	地层小区
塔里木地层区	塔里木盆地地层分区	
	铁克里克地层分区	
昆仑地层区	昆北地层分区	
	昆中地层分区	昆中北带地层小区
		昆中南带地层小区
	昆南地层分区	
巴颜喀拉地层区	大红柳滩地层分区	
北羌塘地层区	甜水海地层分区	
	神仙湾地层分区	

图幅康西瓦-苏巴什构造蛇绿混杂岩带以北为昆仑地层区(Ⅱ)，康西瓦-苏巴什构造蛇绿混杂岩带以南与大红柳滩-郭扎错断裂以北地区为巴颜喀拉地层区(Ⅲ)，郭扎错断裂带以南为北羌塘地层区(Ⅳ)，共分为3个二级地层区。昆仑地层区(Ⅱ)以康西瓦-苏巴什构造蛇绿混杂岩带为界进一步划分为昆中地层分区($Ⅱ_2$)和昆南地层分区($Ⅱ_3$)，昆中地层区以蒙古包-普守构造蛇绿混杂岩带进一步划分为西部昆中南带($Ⅱ_2^1$)地层小区和东部昆中北带地层小区($Ⅱ_2^1$)，图幅仅出露东部昆中北带地层小区地层；巴颜喀拉地层区(Ⅲ)进一步划分为大红柳滩地层分区；北羌塘地层区(Ⅳ)以区域上的龙木错-双湖断裂进一步划分甜水海地层分区($Ⅳ_1$)和神仙湾地层分区($Ⅳ_2$)两个地层分区，图幅仅出露甜水海地层分区地层(图2-1，表2-1)。

图幅昆中地层区主要出露下元古界—中元古界基底中深变质岩系及少量上古生界，主要有下元古界双雁山片岩、长城系赛图拉岩群、蓟县系桑株塔格岩群过渡基底中深变质岩系及上覆二叠系再依勒克河组等地层单位。巴颜喀拉地层区出露地层主要为二叠系黄羊岭群复理石建造及三叠纪巴颜喀拉山群复理石建造，属残留盆地内沉积。甜水海地层分区主要出露中上元古界过渡基底中、浅变质岩系及古生界—中生界稳定的台地边缘建造，主要有长城系甜水海岩群，蓟县系石英岩，青白口系肖儿谷地岩组，寒武系甜水湖组，奥陶系冬瓜山群，志留系温泉沟群，石炭系恰提尔群，二叠系红山湖组，白垩系铁隆滩群及新近系阿克萨依湖组、泉水沟组等陆相地层单位。

图幅地层时代跨度极大，从下元古界—第四系地层发育较为齐全，包括滹沱系、长城系、蓟县系、青白口系、寒武系、奥陶系、志留系、石炭系、二叠系、三叠系、侏罗系、白垩系、新近系、第四系。岩石类型从沉积岩、火山岩到变质岩均有发育，岩石类型复杂多样，经历了多期构造变形和变质作用的叠加、置换、改造，具有复杂的构造面貌。

图幅地层变形、变质作用在垂向上由过渡基底到沉积盖层逐渐减弱，在平面上总体显示由中部昆仑山向南及甜水海向两侧变形、变质作用逐渐减弱。鉴于它们在变形变质、古生物面貌等方面的差异，遵照地层指南、结合本图幅的实际情况，在岩石地层单位的建立和划分上予以区别对待。对于古生界—新生界成层有序、弱变形、浅变质或未变质的地层，建立沉积岩石地层(史密斯型地层)单位(群、组、段)；对于中上元古界等受变形变质作用影响较大，地层原始沉积界面和地层叠置关系已遭破坏，岩石地层单位界面为剪切面理或构造面接触，地层层序难以恢复的“大有序小无序”的中等变形变质地层建立构造岩石地层单位(岩群、岩组、岩段)；对于构造蛇绿混杂岩带，即康西瓦-苏巴什结合带的混杂岩，其宽为数百米至4 000m，以多条主干断裂为骨架，由强烈剪切基质包裹大量不同时代、不同性质的蛇绿混杂岩块体，由于受强烈构造变形、变质作用，其岩层层序已无法恢复，为基本无序的地层(非史密斯型地层)，建立蛇绿混杂岩带等非正式构造岩石地层单位；对于特殊岩石地层体及新划分的地层单位，在不具备建组条件下，建立非正式地层单位。测区共建立了 10 个(岩)群级、23 个(岩)组级地层单位、4 个非正式构造地层单位(表 2-2)。

阿克萨依湖幅出露的地层分属中昆仑地层区、巴颜喀拉地层区、北羌塘地层区(见图 2-1)。以下对图幅内所出露的地层按时代由老至新进行叙述。

表 2-2 阿克萨依湖幅(构造)岩石地层填图单元划分序列表

地质年代	昆仑山地层区				巴颜喀拉地层区		北羌塘地层区	
	昆中地层分区		昆南地层分区		大红柳滩地层分区		甜水海地层分区	
N_2					泉水沟组		阿克萨依湖组	
N_1					阿克萨依湖组			
E								
K_2							铁隆滩群	灰岩组
								砂砾岩组
J								
T					巴颜喀拉山群	上组		
						中组		
						下组		
P_2			康西瓦-苏巴什晚古生代蛇绿混杂岩	卡拉勒塔什群	黄羊岭群	板岩组		
	再依勒克河组					上砂板岩组		
P_1						凝灰岩组	红山湖组	
						下砂板岩组		
C_2							恰提尔群	灰岩组
								砂板岩组
C_1								
D								
S_1							温泉沟群	砂板岩组
O							冬瓜山群	下组
∈							甜水湖组	
Z	柳什塔格玄武岩							
Qn							肖尔克谷地岩组	
Jx	桑株塔格岩群	b 岩组					河岔口石英岩	
		a 岩组						
Ch	赛图拉岩群	b 岩组					甜水海岩群	
Pt_1	双雁山片岩							

第二节　下元古界

双雁山片岩(Pt_1s)

图幅内下元古界零星分布于昆仑地层区之昆中地层分区，仅出露非正式岩层单位下元古界双雁山片岩(Pt_1s)，双雁山片岩由陕西省地质调查院韩芳林等(2002)在伯力克幅 1∶25 万区域地质调查时创立，命名地为新疆于田县阿羌乡苏巴什一带，系指出露于昆仑地层区的一套前寒武纪结晶岩系，岩石组合主要为一套高绿片岩相-角闪岩相变质的片岩、浅粒岩、石英岩、片麻岩夹大理岩及斜长角闪岩等建造，时代为古元古代。本次区调工作沿用其划分方案。

双雁山片岩呈长条带状零星出露于图幅东北角再依勒克河一带，是图幅内出露的最古老的地层。与上覆地层为角度不整合接触关系，走向上被苏巴什蛇绿混杂岩带的韧性断层截切，出露面积约为 $8km^2$。

(一)地层特征

双雁山片岩在测区新疆策勒县再依勒克河北岩石露头好、岩层出露其全，剖面位置：N35°53′13″、E80°59′42″，现以新疆策勒县再依勒克河元古宙双雁山片岩实测剖面(图 2－2)为例将其岩层组成和叠置层序由上至下介绍如下。

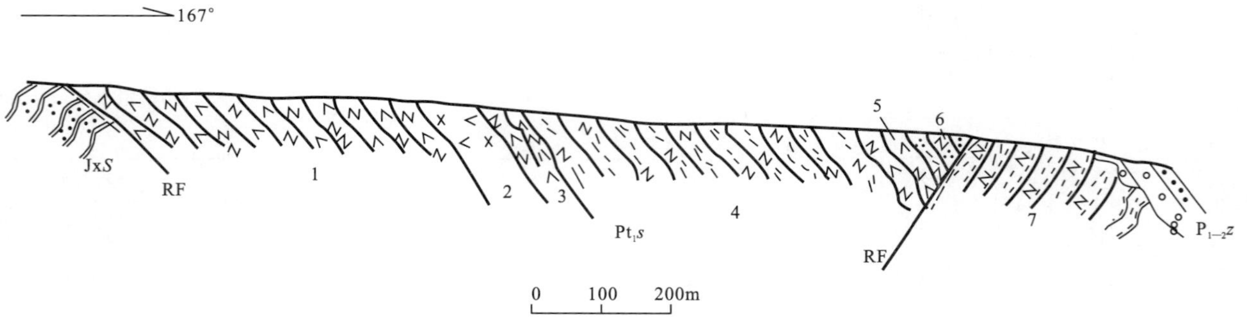

图 2－2　新疆策勒县再依勒克河元古宙双雁山片岩组实测地质剖面

上覆地层：二叠系再依勒克河组($P_{1-2}z$)

~~~~~~ 角度不整合 ~~~~~~

双雁山片岩(Pt_1s)	**626.0m**
7. 灰色、土黄色黑云斜长片麻岩	164.5m
═══ 断层 ═══	
6. 灰白色云母长石石英片岩	41.7m
5. 灰色、深灰色变细粒斜长角闪片岩	36.6m
4. 浅灰色、灰色二云石英片岩	44.2m
3、1. 灰黑色变细粒斜长角闪片岩	339.0m

~~~~~~ 脆韧性断层 ~~~~~~

下伏蓟县系桑株塔格岩群(JxS)

下伏蓟县系桑株塔格岩群(JxS)剖面上双雁山片岩与下伏蓟县系桑株塔格岩群为断层接触关

系，再依勒克河组($P_{1-2}z$)角度不整合于其上，岩层内部发育一条脆性断层，剖面上岩层叠置厚度为626.0m。剖面上双雁山片岩主要岩石组合为灰黑色变细粒斜长角闪片岩，灰色二云石英片岩，灰白色云母长石石英片岩，灰色、土黄色黑云斜长片麻岩。岩石具鳞片粒状变晶结构，条带状、似层状、片麻状构造发育。

（二）构造变形及变质特征

双雁山片岩岩石以发育片理、片麻理为主的 S_{n+1} 构造面理，对岩层原始层理构成彻底置换，并发育由浅色分异矿物构成的条带状构造，变质程度达角闪岩相。

（三）地球化学特征

双雁山片岩岩石化学成分见表2-3。双雁山片岩原岩具有两种岩石类型，即变质基性火山岩和副变质碎屑岩。由表2-3可知：双雁山片岩中的斜长角闪片岩与世界基性岩(维氏，1962)相比较，岩石化学成分基本接近，岩石以富含 MgO、CaO，贫铁，且 Fe_2O_3<FeO、K_2O<Na_2O 为特征，根据岩石化学计算，利用[(al+fm)-(c+alk)]-Si 图解恢复原岩，斜长角闪片岩投影到火山岩区；利用(Al+Fe+Ti)-(Ca+Mg)图解恢复原岩，投影到玄武岩类区(详见第四章变质岩)，其 σ=2.08，为钙碱性岩系；利用 A-F-M 三角图解判别，变质基性火山岩显示为钙碱性系列；利用岩石主要成分 TiO_2-MnO×10-P_2O_5×10 图解(Mullen，1983)判别，落入洋脊玄武岩区(MORB)；利用微量元素 Ti-Zr 图解(Pearce，1980)判别，落入洋脊玄武岩区(MORB)(详见第三章第二节火山岩)。黑云斜长片麻岩、二云石英片岩中 SiO_2=62.53%～68.29%、Al_2O_3=14.78%～15.87%，根据岩石化学计算；利用[(al+fm)-(c+alk)]-Si 图解恢复原岩，黑云斜长片麻岩、二云石英片岩均投影到杂砂岩、亚杂砂岩区；利用(Al+Fe+Ti)-(Ca+Mg)图解恢复原岩，投影到厚层泥岩区(详见第四章变质岩)。

表2-3 双雁山片岩岩石化学成分含量表 (%)

样品号	岩石名称	SiO_2	Al_2O_3	Fe_2O_3	FeO	MgO	CaO	Na_2O	K_2O
D5813-GS1	斜长角闪片岩	48.93	13.43	0.29	9.50	7.04	10.80	3.05	0.46
D5813-GS3	二云石英片岩	68.29	14.78	0.94	3.48	2.52	0.80	2.64	3.75
D5813-GS5	黑云斜长片麻岩	62.53	15.87	3.46	3.21	2.88	1.50	2.38	3.18
世界基性岩(维氏，1962)		50.00	16.08	4.22	6.80	6.30	9.75	2.78	1.24

样品号	岩石名称	TiO_2	P_2O_5	MnO	CO_2	H_2O^+	H_2O^-	LOI
D5813-GS1	斜长角闪片岩	2.20	0.21	0.21	0.31	1.84	0.14	1.94
D5813-GS3	二云石英片岩	0.58	0.17	0.05	0.20	1.84	0.09	1.05
D5813-GS5	黑云斜长片麻岩	0.84	0.14	0.11	0.18	2.86	0.43	3.89
世界基性岩(维氏，1962)		1.29	0.36	0.36	—	—	—	—

注：样品由国土资源部西安矿产资源监督检测中心测试分析

双雁山片岩的微量元素含量见表2-4，由表2-4可见：变质碎屑岩的微量元素含量变化较小，其平均值与地壳克拉克平均值(维氏，1962)相比较，其中 Sn、Hf、V 等元素含量显示不同程度的富集，Nb、Pb、Zn、Sb、Mo 元素含量与地壳克拉克值基本持平，而其余元素均显示不同程度的亏损。变质基性火山岩的微量元素变化较大，其含量平均值与世界基性玄武岩平均值相(维氏，1962)比较，显示比较复杂。其中相容元素 Co、Cr、Ni、Au 等含量显示不同程度的亏损，而不相容元素 Ba、

表 2-4　双雁山片岩、赛图拉岩群微量元素含量表

岩组	样品号	岩石名称	Ba	Co	Cr	Cu	Hf	Nb	Ni	Pb	Rb	Sr	V	Zn	Zr	Ag	Au	W	Mo	Hg	Sn	Sb
双雁山片岩	D5813-GP1	斜长角闪片岩	232	28.50	158.0	17.40	17.00	21.00	48.80	2.62	2.25	215	255.00	89.7	75.00	50	0.90	0.88	0.70	1.73	50.0	0.88
	D5813-GP2	斜长角闪片岩	235	39.60	157.0	56.60	24.70	37.00	47.90	2.95	3.90	121	423.00	119.0	94.20	50	1.07	1.42	1.20	3.31	50.0	1.65
	D5813-GP3	斜长角闪片岩	1130	20.40	120.0	92.80	15.10	18.10	46.60	1.57	20.50	276	189.00	105.0	26.00	230	0.97	0.55	1.85	38.90	230.0	0.80
	D5813-GP5	二云石英片岩	386	11.20	48.0	18.90	7.85	9.41	30.10	13.00	59.50	261	72.50	66.6	40.30	78	1.52	0.62	1.28	4.12	78.0	1.50
	D5813-GP6	云母长石片岩	693	10.10	53.0	21.40	6.58	13.10	26.20	14.20	51.70	222	74.20	58.7	21.50	50	1.82	1.31	0.92	5.53	50.0	1.20
	D5813-GP7	黑云斜长片麻岩	725	15.20	83.6	47.90	11.50	28.00	40.40	40.50	89.00	192	219.00	141.0	102.00	50	1.26	0.55	3.80	4.94	50.0	2.20
	D5813-GP9	黑云斜长片麻岩	501	12.50	51.5	7.81	8.54	14.70	37.50	12.40	66.70	202	83.10	81.9	20.90	50	1.15	1.04	0.77	9.31	50.0	2.20
	火山岩平均值		532	29.00	145.0	56.00	19.00	25.00	48.00	2.00	9.00	204	289.00	105.0	65.00	110	1.00	1.00	1.30	14.60	110.0	1.10
	碎屑平均值		576	12.00	59.0	24.00	9.00	16.00	34.00	20.00	67.00	219	112.00	87.0	46.00	57	1.00	1.00	2.00	6.00	57.0	57.00
赛图拉岩群	D5888-GP17	黑云角闪片岩	193	33.30	121.0	107.00	21.80	31.00	59.70	4.86	32.90	109	311.00	89.0	34.00	100	1.87	0.62	1.35	100.00	100.0	2.00
	D5888-GP18	黑云角闪片岩	18	0.61	16.3	4.27	0.35	1.60	2.15	10.10	2.02	124	6.26	28.4	3.05	100	0.44	0.50	0.55	100.00	100.0	0.97
	D5888-GP19	白云质大理岩	99	5.73	33.5	24.90	4.20	1.80	14.30	7.57	1.55	247	33.30	169.0	18.80	125	2.21	0.67	1.85	125.00	125.0	0.86
	D5888-GP20	绢云石英片岩	64	1.28	15.3	7.78	0.86	5.89	9.59	2.69	1.43	361	70.80	18.6	22.20	54	1.28	0.77	0.55	54.00	54.0	0.86
	火山岩平均值		105	17.00	68.0	55.00	11.00	16.00	31.00	7.00	17.00	117	158.00	59.0	19.00	100	1.20	0.60	1.00	100.00	100.0	1.50
世界基性玄武岩平均值			300	45.00	200.0	100.00	1.00	20.00	160.00	8.00	5.00	440	200.00	94.0	100.00	100	4.00	1.00	1.40	90.00	1.5	1.00
地壳克拉克值(维氏,1962)			650	18.00	83.0	47.00	1.00	20.00	58.00	16.00	150.00	340	90.00	83.0	170.00	70	3.40	1.30	1.10	83.00	25.0	25.00
碳酸盐岩平均值(涂和费,1961)			10	0.10	11.0	4.00	0.30	0.30	20.00	9.00	3.00	610	20.00	20.0	19.00	—	—	0.60	0.40	40.00	—	0.20

注:样品由国土资源部西安矿产资源监督检测中心测试分析;其中Au、Ag、Hg元素含量单位为$\times10^{-9}$,其他元素含量单位均为$\times10^{-6}$

Hf、Rb、V、Sn 等元素含量显示不同程度的富集；Nb、Zn、Ag、W、Mo、Pb 与世界基性玄武岩平均值基本持平，其余元素含量偏低。变质碎屑岩微量元素平均值与 Bhatia(1985)的不同构造环境杂砂岩微量元素特征值相比较，则显示比较复杂，主体属于活动陆缘型（详见第四章变质岩）。而变质基性火山岩的微量元素特征值图解，则显示主体为洋脊拉斑玄武岩（详见第四章变质岩）。

双雁山片岩稀土元素含量及特征见表 2－5，其稀土元素球粒陨石标准化模式见图 2－3。从图 2－3、表 2－5 可知，变玄武岩（角闪斜长片岩）稀土元素总量较低，$\sum REE=79.35\times10^{-6}$，轻稀土元素（LREE）总量与重稀土元素（HREE）总量比值小，LREE/HREE＝1.5，稀土元素球粒陨石标准化模式曲线近于水平，属平坦型（图 2－3），$\delta Eu=0.95$，具极弱的负铕异常或正常，与洋脊玄武岩球粒陨石配分模式相似。而副变质的碎屑岩稀土元素总量较高，$\sum REE$ 值在$(124.22\sim136.89)\times10^{-6}$之间，轻稀土元素（LREE）与重稀土元素（HREE）总量比值较大，LREE/HREE 值为 6.1～7.6，稀土元素球粒陨石标准化模式曲线右倾，且斜率较大，为轻稀土元素富集型，δEu 值为 0.61～0.67，具铕负异常，与角闪斜长片岩稀土元素球粒陨石标准化模式明显不同。

表 2－5 双雁山片岩稀土元素含量及特征表

送样号	岩石名称	稀土元素含量（$\times10^{-6}$）									
		La	Ce	Pr	Nd	Sm	Eu	Gd	Tb	Dy	Ho
D5813－XT1	斜长角闪片岩	9.98	14.40	3.88	13.40	4.34	1.64	6.34	1.19	9.42	1.94
D5813－XT3	二云石英片岩	28.10	46.10	5.46	24.60	4.63	0.95	3.77	0.62	4.31	0.76
D5813－XT5	黑云斜长片麻岩	29.00	47.90	6.22	27.80	5.58	1.05	4.74	0.79	5.38	1.05

送样号	岩石名称	稀土元素含量（$\times10^{-6}$）							特征参数值	
		Er	Tm	Yb	Lu	∑REE	LREE	HREE	LREE/HREE	δEu
D5813－XT1	斜长角闪片岩	6.08	0.86	5.26	0.62	79.35	47.64	31.71	1.50	0.95
D5813－XT3	二云石英片岩	2.24	0.32	2.11	0.25	124.22	109.84	14.38	7.60	0.67
D5813－XT5	黑云斜长片麻岩	3.18	0.47	3.34	0.39	136.89	117.55	19.34	6.10	0.61

注：样品由国土资源部中南矿产资源监测检测中心分析

综合上述，双雁山片岩中岩石的岩石化学、微量元素及稀土元素特征表明：双雁山片岩岩石总体为一套变基性火山岩—副变质岩，斜长角闪片岩原岩为基性火山岩，其岩石化学成分、稀土元素特征与大洋脊玄武岩相似，说明其可能形成于洋脊环境，而黑云斜长片麻岩、二云石英片岩原岩为副变质岩。

（四）形成时代讨论

双雁山片岩为一套高绿片岩相-角闪岩相的变质火山岩-变质碎屑岩组合，其变质程度高于在同一地层分区的长城系赛图拉岩群及蓟县系桑株塔格岩群，在东邻图区（伯力克幅）苏巴什一带前寒武纪片麻状花岗岩体侵入于双雁山片岩，故暂将其时代厘定为古元古代。

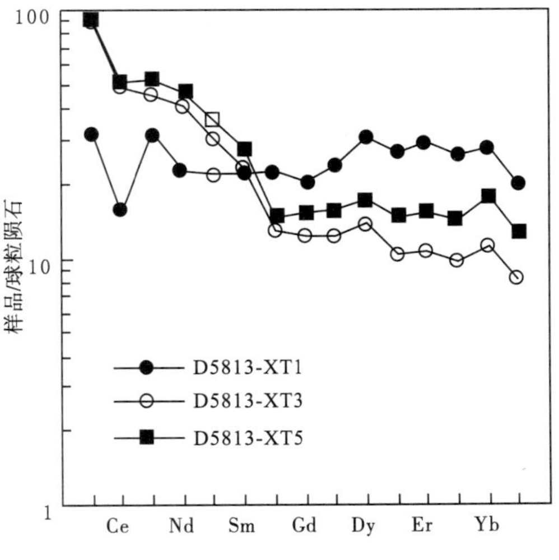

图 2－3 双雁山片岩稀土元素球粒陨石标准化分布图

第三节　长城系

长城系主要出露于图幅北部玉龙喀什河以北和南部甜水海一带，分布于昆中地层分区和甜水海地层分区。

一、赛图拉岩群(Ch*St*)

赛图拉岩群由毛国洪等(1960)创名于皮山县英西约25km的蒙古包，称赛图拉岩群，时代定为震旦纪。原定义为：大理岩、含有绢云母绿泥石、黑云母、角闪石等的石英片岩与绢云母绿泥石化长英质变砂岩不均匀互层，夹少量岩屑凝灰岩、霏细钠长斑岩，底部有变质砾岩。梁云海等(1981)将该群时代改为蓟县纪，汪玉珍等(1985)又改为长城纪，1∶100万河尾滩报告将赛图拉一带中深变质岩划为长城系巴什考贡群，《新疆维吾尔自治区区域地质志》(1993)称其为蓟县系阿拉玛斯群。在《新疆维吾尔自治区岩石地层》(1999)中将其定义为：分布于皮山县南英西约25km蒙古包的一套大理岩，不同程度地含绢云母、绿泥石、云母、角闪石的石英片岩、砂质泥岩、薄层灰岩、细砂岩，部分地段有阳起石片岩、角岩、混合岩、变质砂岩、砾岩等，其中夹有霏细岩、凝灰岩，与上覆桑株塔格岩群不整合接触，下未见底，时代为长城纪。本次区调工作沿用《新疆维吾尔自治区岩石地层》中的划分方案。

联测区赛图拉岩群(Ch*St*)按变质矿物组合及原岩建造划分为a岩组($ChSt^a$)、b岩组($ChSt^b$)两个岩组。a岩组($ChSt^a$)主要以片麻岩、变粒岩、斜长角闪岩、斜长黑云石英片岩为主，其原岩为一套中酸性火山岩夹基性岩，低角闪岩相变质。b岩组($ChSt^b$)主要为一套混合岩化的变质岩，岩性主要以片麻岩、片岩、混合岩化片麻岩、变粒岩、浅粒岩为主，其原岩为一套碎屑岩及中酸性—中基性火山岩组合。本图幅只出露b岩组($ChSt^b$)，以较小面积呈长条状出露于图幅北部昆仑山主脊昆中北带地层小区，以构造岩片就位于苏巴什结合带北测，与周围地层均为断层接触，被早古生代及新元古代中—酸性侵入岩大面积吞侵。地层走向与区域构造线方向一致，呈北西西—南东东向展布，出露面积约70km^2。

(一)地层特征

由于赛图拉岩群分布于昆仑山主脊，自然条件极端困难，现以图幅北恰哈幅新疆和田县喀什塔什乡黑山长城系赛图拉岩群实测地质剖面(图2-4)为例，将该岩组由上至下介绍如下，剖面位置：N36°10.000′、E79°46.132′。

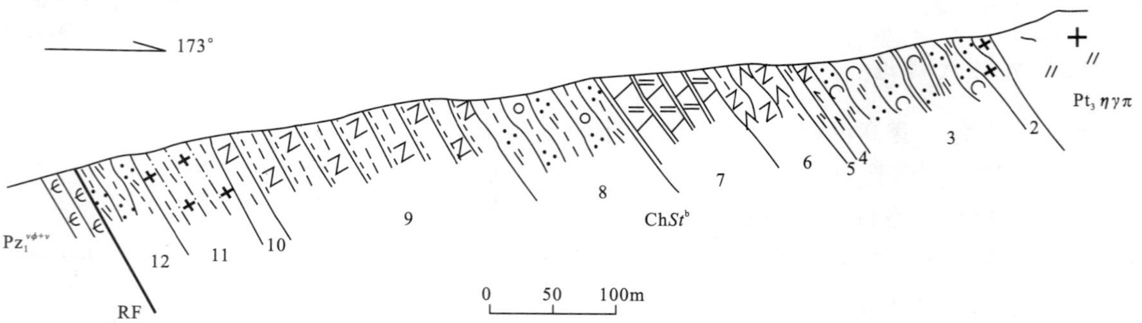

图2-4　新疆和田县喀什塔什乡黑山长城系赛图拉岩群实测地质剖面图

上元古界仁尕片麻岩套灰白色片麻状似斑状中粗粒黑云二长花岗岩($Pt_3\eta\gamma\pi$)

——— 侵入接触 ———

赛图拉岩群 b 岩组($ChSt^b$)	**1 677.0m**
2. 浅灰绿色透闪石英岩	37.5m
3. 深灰、黑色含碳白云石英片岩夹石英岩	190.2m
6. 黑色绢云石英片岩	8.9m
7. 黑色黑云斜长角闪片岩	113.9m
8. 灰白色白云质大理岩	193.6m
9. 灰色含绿帘石二云石英片岩	251.4m
10. 灰白色条带状混合岩化片麻岩夹绢云石英片岩	521.9m
11. 深灰色、黑色透闪石黑云母变粒岩	156.3m
12. 深灰色二云石英片岩	203.3m

═══ 韧性断层 ═══

库地-其曼于特构造蛇绿混杂岩带

剖面上赛图拉岩群 b 岩组下部(北部)与库地-其曼于特构造蛇绿混杂岩带为韧性断层接触，上部(南部)被新元古代鲍萨提雅伊拉克片麻岩套侵入，岩层叠置厚度 1 677m。赛图拉岩群 b 岩组主要岩性为二云石英片岩、含绿帘石二云石英片岩、黑云斜长角闪片岩、透闪黑云母变粒岩、条带状混合岩化花岗片麻岩夹白云质大理岩、透闪石英岩等。

赛图拉岩群 b 岩组以发育混合岩、混合岩化作用为特征，岩石呈鳞片粒状变晶结构、粒状变晶结构，片状、条带状、似层状构造。岩石中后期脉体极为发育，主要以长英质脉为主，岩石中混合岩化作用的强度比较大，但岩石中混合岩化程度不均一，一般大约占 5%～15%，局部达 20%，大致属中等混合岩化带。赛图拉岩群为高绿片岩-低角闪岩相变质，主变质期应为晋宁期。

(二)构造变形特征

赛图拉岩群紧邻康西瓦断裂带，其内部岩石变形变质非常强烈，由于受多期构造叠加，其受变形、变质、深熔作用改造强烈。发育各种顺层韧性剪切褶皱、同斜紧闭尖棱褶皱、塑性流变褶曲、叠加褶皱，及由混合岩化形成的长英质分泌脉体变形形成的无根褶皱、石香肠构造、布丁构造等，主期变形以韧性剪切变形为主，为中深层次塑性流变作用形成的变形构造。

(三)岩石地球化学特征

赛图拉岩群 b 岩组岩石化学成分含量见表 2-6。从表 2-6 可以看出，其岩石成分大致可分为两类：一类以斜长角闪片岩、透闪黑云母变粒岩、黑云斜长片麻岩等为代表，以相对较低的 SiO_2、K_2O，高的 FeO、MgO、CaO 含量为特征；另一类则以含石榴子石斜长片岩、含石榴子石黑云二长片岩、石榴斜长绿泥白云石英片岩等为代表，以相对较高的 SiO_2、K_2O，低的 FeO、MgO、CaO 含量为特征。

根据岩石化学计算，利用[(al+fm)-(c+alk)]- Si 图解(Symoner，1953)判别，斜长角闪片岩、黑云斜长片麻岩落入火山岩区，其余落入厚层泥岩区；利用(Al + Fe + Ti)-(Ca + Mg)图解(Monine，1968)判别，斜长角闪片岩、透闪黑云母变粒岩落入玄武岩、安山玄武岩、细碧岩区，其余落入杂砂岩、砂岩区。从上述原岩恢复判别分析，角闪斜长片岩均落入火山岩区或基性火山岩区，原岩为基性火山岩；而含石榴子石黑云二长片岩、石榴斜长绿泥白云石英片岩均落入正常沉积的碎屑岩区，原岩为杂砂岩、砂岩，为正常沉积岩；黑云斜长片麻岩、透闪黑云母变粒岩既有落入火山区的，也有落入杂砂岩、砂岩区的，说明其来源复杂，其原岩可能为含火山碎屑的沉积岩或火山碎屑岩(详见第四章)。

表 2-6　赛图拉岩群 b 岩组(ShSt^b)岩石化学成分含量表　　(%)

样品号	岩石名称	SiO_2	Al_2O_3	Fe_2O_3	FeO	MgO	CaO	Na_2O	K_2O
D5888-GS_4	含石榴子石黑云二长片岩	73.60	13.54	0.45	0.98	0.14	1.80	2.94	5.35
D5888-GS_6	石榴斜长绿泥白云石英片岩	64.68	16.66	1.52	3.51	2.01	0.90	1.29	5.71
D5888-GS_{11}	斜长角闪片岩	50.45	14.82	2.64	8.79	6.90	9.20	2.50	1.20
D5888-GS_{16}	透闪黑云母变粒岩	57.57	16.57	1.47	6.16	5.75	4.80	1.87	3.19
D6246-GS_2	黑云斜长片麻岩	43.07	22.53	1.65	6.75	8.09	12.15	0.55	1.60

样品号	岩石名称	TiO_2	P_2O_5	MnO	CO_2	H_2O^+	H_2O^-	LOI
D5888-GS_4	含石榴子石黑云二长片岩	0.17	0.05	0.05	0.21	0.21	0.00	0.4
D5888-GS_6	石榴斜长绿泥白云石英片岩	0.84	0.07	0.09	0.16	0.69	0.19	1.78
D5888-GS_{11}	斜长角闪片岩	0.97	0.09	0.19	0.28	0.50	0.13	1.41
D5888-GS_{16}	透闪黑云母变粒岩	0.98	0.15	0.15	0.28	0.51	0.18	0.8
D6246-GS_2	黑云斜长片麻岩	0.082	0.01	0.01	0.22	1.62	0.18	3.23

注:样品由国土资源部西安矿产资源监督检测中心测试分析

变基性火山岩(详见第三章)σ=1.84,为钙碱性岩系,利用邱家骧(1979)硅-碱图判别,落入玄武岩区;利用 Al_2O_3-“An”图判别,变基性火山岩落入拉斑玄武岩系列区;利用 P_2O_5-TiO_2 图解(Phdos)判别,落入洋脊拉斑玄武岩区;利用里特曼-戈蒂里特图解判别,落入非造山带区;利用 TiO_2-MnO×10-P_2O_5×10 图解判别,其主要落入大洋岛屿玄武岩区;利用 Ti-Zr 图解判别,落入岛弧玄武岩区。

赛图拉岩群微量元素含量见表 2-4。由表 2-4 可知:赛图拉岩群变碎屑岩、碳酸盐岩样品较少,其中变质碎屑岩微量元素与地壳克拉克值相比较,绝大多数微量元素中含量低于地壳克拉克值(维氏,1962),表现为不同程度的亏损,只有 Hf、Sn 元素略高于地壳克拉克值,其余元素偏低;碳酸盐岩岩石微量元素含量与世界碳酸盐岩平均值相比较,Ba、Co、Cr、Cu、Hf、Zn、Nb、Mo、Hg、Sb 元素含量高于世界碳酸盐岩平均值,Pb、Zr、W 与世界碳酸盐岩平均值基本持平,其余元素含量偏低。变质基性火山岩的微量元素变化较大,但含量较低,岩石微量元素平均值与世界基性玄武岩平均值(维氏,1962)相比较,相容元素 Co、Cr、Ni、Au、Cu、Zn、Rb 含量偏低,表现为不同程度的亏损,而不相容元素 Hg、Sn、Hf 等元素含量显示不同程度的富集,只有 Pb 与基性玄武岩平均值基本接近,其余元素含量偏低,但变质碎屑岩微量元素平均值与 Bhatia(1985)的不同构造环境杂砂岩微量元素特征值相比较,则显示比较复杂,在砂岩-泥岩 K_2O/Na_2O-SiO_2 判别图解(Rosen 和 Korsch,1986)上落入岛弧区;利用 TiO_2-(Fe_2O_3+MgO)图解、Al_2O_3/SiO_2-(Fe_2O_3+MgO)图解判别,主体落入大洋弧区,部分落入大洋弧与大陆弧的空白区(详见第四章变质岩)。

赛图拉岩群 b 岩组(ChSt^a)岩石稀土元素含量及特征见表 2-7,稀土元素球粒陨石标准化模式曲线见图 2-5。从图 2-5、表 2-7 可知,原岩为变基性火山岩的斜长角闪片岩与原岩为碎屑岩的含石榴子石斜长片岩、含石榴子石黑云二长片岩、石榴斜长绿泥白云石英片岩中稀土元素特征与其球粒陨石标准化模式曲线区别较大,斜长角闪片岩稀土元素总量较低(62.78×10^{-6})、LREE/HREE 值较低(2.92)、δEu 较高(0.93)、Eu 表现为极弱的负异常或正常型,球粒陨石标准化模式曲线右倾,但斜率较小,为轻稀土元素略微富集的富集型;而含石榴子石斜长片岩、含石榴子石黑云二长片岩与透闪黑云母变粒岩、斜长片麻岩球粒陨石标准化模式曲线一致,稀土元素特征总量较高(176.86×10^{-6}~244.43×10^{-6})、LREE/HREE 比值较高(7.12)、δEu 较低(0.57 左右)、Eu 为负异常,球粒陨石标准化模式曲线右倾且斜率较大,为轻稀土元素富集型,说明含石榴子石斜长片岩、含石榴子石黑云二长片岩与透闪黑云母变粒岩、斜长片麻岩的稀土元素特征、球粒陨石配分模式曲

表 2－7　赛图拉岩群 b 岩组稀土元素特征表

样品号	岩石名称	稀土元素含量($\times10^{-6}$)									
		La	Ce	Pr	Nd	Sm	Eu	Gd	Tb	Dy	Ho
D5888－XT11	斜长角闪片岩	10.8	19.1	2.48	10.9	2.57	0.90	3.42	0.61	4.68	0.90
D7278－XT2	斜长片麻岩	53.6	86.5	11.40	51.2	10.00	1.70	7.97	1.24	8.62	1.67
D7278－XT3	含石榴子石二云斜长片岩	52.2	84.8	9.88	43.7	8.22	1.49	7.19	1.19	7.73	1.65
D7278－XT4	透闪黑云母变粒岩	37.8	66.6	7.67	34.6	7.14	1.22	5.47	0.89	6.00	1.22

样品号	岩石名称	稀土元素含量($\times10^{-6}$)							特征参数值	
		Er	Tm	Yb	Lu	ΣREE	LREE	HREE	δEu	LREE/HREE
D5888－XT11	斜长角闪片岩	3.02	0.47	2.60	0.33	62.78	46.75	16.03	0.93	2.92
D7278－XT2	斜长片麻岩	4.93	0.72	4.32	0.56	244.43	214.40	30.03	0.56	7.12
D7278－XT3	含石榴子石二云斜长片岩	4.69	0.68	4.22	0.55	228.19	200.29	27.90	0.58	7.12
D7278－XT4	透闪黑云母变粒岩	3.76	0.54	3.47	0.48	176.86	155.03	21.83	0.57	7.10

线一致，说明其物源相似，均为变沉积岩。

综合上述，赛图拉岩群地球化学特征说明该群主要由变基性火山岩(斜长角闪片岩)和变碎屑岩或含火山碎屑的沉积岩组成。

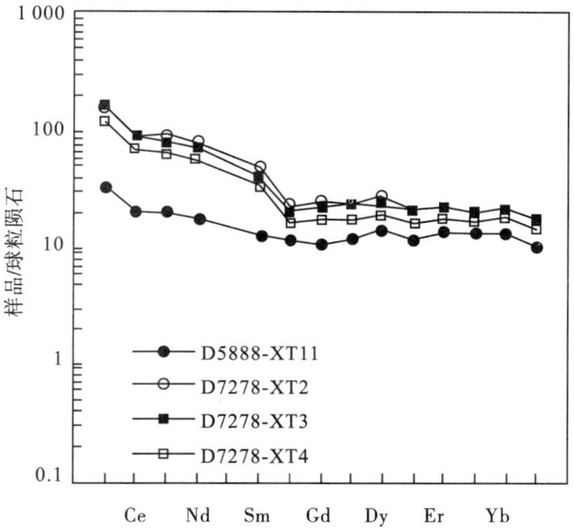

图 2－5　赛图拉岩群 b 岩组稀土元素球粒陨石标准化分布型式图

(四)形成环境探讨

赛图拉岩群 a 岩组变碎屑岩在砂岩－泥岩 K_2O/Na_2O-SiO_2 判别图解(Rosen 和 Korsh，1986)及砂岩判别图解(Bhatia，1983)上落入大洋岛弧或活动陆缘及岛弧区(见第四章)；赛图拉岩群变基性火山岩主要岩石化学、微量元素环境判别多数落入洋脊玄武岩区，少数落入岛弧火山岩区，球粒陨石配分模式曲线为轻稀土元素略微富集的富集型，δEu 表现为正常型，说明该岩群为洋中脊环境或不成熟的洋壳或岛弧环境的变碎屑岩－变基火山岩。

(五)时代讨论

前人对赛图拉岩群的时代有争议，本次工作在测区发现赛图拉岩群多被奥陶纪—志留纪花岗岩体侵入，且在测区南部喀什塔什乡黑山一带见其被新元古代片麻状花岗岩侵入，另外在西部神仙湾幅可见与上覆地层桑株塔格岩群呈不整合接触关系。因此，本次区调依据前人(汪玉珍等、《新疆维吾尔自治区岩石地层》)研究成果资料，结合测区岩石组合、变质变形特征以及区域地层对比，综合分析将该岩群时代厘定为长城纪。

二、甜水海岩群(Ch*T*)

甜水海岩群由新疆地矿局第一区调大队四分队张志德等(1984)创名，命名地在区内甜水海东3km处。原始定义为一套滨海－浅海相变质碎屑岩夹灰岩、大理岩、硅质岩等，下部未见底，上部被奥陶纪冬瓜山群、铁隆滩群不整合覆盖。本次工作在其命名剖面上将其最下部一套变形变质较强的碎屑岩夹碳酸盐岩划分为长城系甜水海岩群，将原划甜水海岩群剩余的含叠层石的镁质碳酸盐岩新建立为蓟县系河岔口石英岩，将低绿片岩相变质的碎屑岩建立为青白口系肖尔克谷地岩组，将含海百合茎化石的碎屑岩建立为寒武系甜水湖组。

甜水海岩群分布于图幅南部甜水海—泉水沟口—郭扎错一带，地层走向北西西—南东东向，与区域构造线一致，未见底，与上覆地层蓟县系岔路口石英岩、青白口系肖尔克谷地岩组、石炭系恰提尔组、二叠系红山湖组、三叠系巴颜喀拉岩群均为断层接触，出露面积约 236km^2。

(一)地层特征

甜水海岩群典型剖面位于新疆和田县甜水海北东约 10km 处，剖面位置：N35°25′80″、E79°45′20″，该剖面与上覆、下伏地层接触界线清晰(图 2-6)。甜水海岩群实测地质剖面所出露的地层层序由上至下依次如下。

新疆和田县长城系甜水海岩群实测剖面：

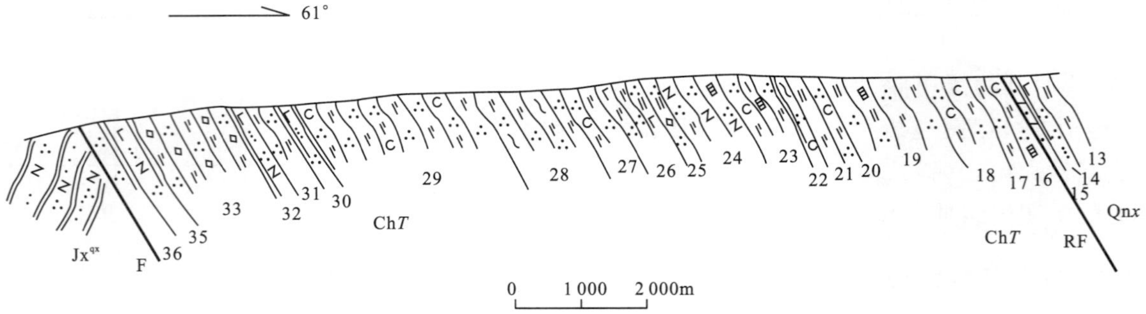

图 2-6　新疆和田县长城系甜水海岩群(Ch*T*)实测地质剖面

上覆地层：青白口系肖尔克谷地岩组(Qn*x*)

══════　脆韧性断层接触　══════

长城系甜水海岩群	**3 470.49m**
16. 黑色含碳绢云石英片岩	65.55m
17. 浅灰、灰色绢云石英片岩	77.33m
18. 深灰、黑色含碳绢云石英片岩	234.73m
19. 浅灰色绢云石英片岩	494.48m
20. 黑色含碳绢云石英片岩	34.40m
21. 浅灰色绢云石英片岩	76.40m
22. 深灰色、黑色含碳硬绿泥石石英片岩	51.30m
23. 黑色含碳石英绢云母片岩	130.60m
24. 灰白色含绢云母石英片岩	335.68m
25. 灰色含白云母方解石英片岩	3.85m
26. 浅灰色、灰色钙质绢云石英片岩	85.37m
27. 深灰色、黑色含碳绢云石英片岩	17.44m
28. 灰色含硬绿泥石绢云石英片岩	301.70m
29. 深灰色、黑色含碳绢云石英片岩	362.48m
30. 深灰色钙质石英细砂岩	13.80m
31. 深灰色绢云石英片岩夹黑色含碳绢云石英片岩	71.52m
32. 浅灰色、土黄色钙质长石石英变砂岩	24.60m

33. 浅灰色方解石英片岩 443.06m

34. 浅灰色钙质长石石英变砂岩 497.52m

35. 黑色含碳石英岩夹黑色碳质片岩 148.68m

══════ 脆韧性断层接触 ══════

下伏地层：蓟县系河岔口石英岩(Jx^{qx})

剖面上该群与北部上覆青白口系肖尔克谷地岩组、下伏蓟县系河岔口石英岩均为脆韧性断层接触，地层叠置厚度 3 470.49m，主要岩性为灰色绢云石英片岩，深灰色、黑色含碳绢云石英片岩，深灰色、黑色含碳硬绿泥石石英岩，灰色含硬绿泥石绢云石英片岩，黑色含碳石英岩，黑色碳质片岩，浅灰色方解石英片岩夹浅灰色钙质长石石英变砂岩等，为低绿片岩相的浅变质岩。

图幅内东部泉水沟口、郭扎错湖西一带甜水海岩群主要由灰色绢云石英片岩、含碳绢云石英片岩夹片理化粉砂岩组成，测区东部该群变质程度较西部浅。

综上所述，甜水海岩群主要由低绿片岩相浅变质岩组成，变质程度总体上西深东浅。

(二)构造变形特征

甜水海岩群变形强烈，发育区域性 S_1 片理(流劈理)，S_2 褶劈理叠加其上，特别是在甜水海断裂带附近，岩层中 S_2 面理对 S_1 面理进行彻底置换，岩组中伴随发育不同期(层)次的紧闭掩卧褶皱、同斜紧闭褶皱、韧性剪切带构造，沿 S_1 面理和 S_2 面理发育由白色长英质分泌脉体形成的无根褶皱、石香肠构造等。甜水海岩群变形以韧性-塑性变形为主，具中-深构造层次变形特征，变质程度达绿片岩相。

(三)岩石地球化学特征

甜水海岩群岩石化学成分含量见表 2-8。从表 2-8 可以看出，甜水海岩群岩石成分有两种，一种以高的 SiO_2(70.23%左右)、低的 Al_2O_3(12.04%左右)含量为特征；另一种以较低的 SiO_2(46.46%左右)、高的 Al_2O_3(23.12%左右)含量为特征。该群岩石主要岩类绢云石英片岩、含碳绢云石英片岩、含碳硬绿泥石石英片岩为正常陆源碎屑沉积建造(详见第四章)。

表 2-8 甜水海岩群岩石化学成分含量表 (%)

样品号	岩石名称	SiO_2	Al_2O_3	Fe_2O_3	FeO	MgO	CaO	Na_2O	K_2O
D5633-GS9	绢云石英片岩	70.23	12.04	1.90	2.67	2.62	1.25	2.04	3.40
D5633-GS12	含碳硬绿泥石石英片岩	46.46	23.12	5.49	2.30	4.74	1.40	1.04	7.40
D5633-GS14	含碳绢云石英片岩	69.60	11.28	2.32	2.10	1.58	3.20	2.85	1.61

样品号	岩石名称	TiO_2	P_2O_5	MnO	CO_2	H_2O^+	H_2O^-	LOI
D5633-GS9	绢云石英片岩	0.84	0.20	0.07	0.17	1.76	0.08	0.17
D5633-GS12	含碳硬绿泥石石英片岩	1.19	0.22	0.92	0.09	4.63	0.66	0.09
D5633-GS14	含碳绢云石英片岩	0.79	0.21	0.02	0.19	2.22	0.76	0.19

注：样品由国土资源部西安矿产资源监督检测中心测试分析

甜水海岩群中微量元素含量见表 2-9。从表 2-9 可以看出，甜水海岩群岩石微量元素平均值与地壳克拉克值相比，Ag、As 平均值明显高于地壳克拉克值，分别是地壳克拉克的 2 倍、5 倍，对 Ag 成矿较为有利；Nb、Zr、Li、Ta、Sb、Pb、Hg 平均值与地壳克拉克值大致相当；其余元素含量均较地壳克拉克值低，其中 Au、Cu、Zn 微量元素含量约为地壳克拉克值的 1/4～1/3，对其成矿不利。

表 2-9　甜水海岩群微量元素含量表

样品号	岩石名称	Nb	Zr	Sr	Rb	Th	Zn	Cu	Ni	Co	Cr	V	Ba	P
D5633-GP15	绢云石英片岩	29	226	76	83	7	71	29	24	20	114.0	85.0	293	459
D5633-GP16	含碳硬绿泥石石英岩	31	196	548	161	17	65	35	44	16	149.0	125.0	422	479
D5633-GP17	含碳硬绿泥石石英岩	22	118	39	38	6	56	17	37	21	102.0	70.0	139	281
D5633-GP18	绢云石英片岩	6	227	25	13	9	11	8	4	4	22.0	32.0	147	243
D5633-GP19	含碳绢云石英片岩	6	141	158	7	5	20	7	4	3	27.0	16.0	68	339
D5633-GP20	钙质长石石英变砂岩	7	288	495	21	6	9	11	3	4	20.0	29.0	238	367
D5633-GP21	长石石英变砂岩	5	76	470	21	3	8	11	4	3	9.0	14.0	98	520
D5633-GP22	含碳石英岩	4	28	159	10	4	24	18	3	3	7.0	12.0	48	239
平均值		14	163	246	44	7	33	17	15	9	56.3	47.9	182	366
地壳克拉克值		20	170	340	150	13	83	47	58	18	83.0	90.0	650	930
样品号	岩石名称	W	Mo	U	Li	Ta	Ag	As	Sb	Hg	Au	Pb	Sn	
D5633-GP15	绢云石英片岩	1.06	0.38	2.2	28.60	3.8	115	5.17	0.85	73.2	1.21	20.0	3.70	
D5633-GP16	含碳硬绿泥石石英岩	0.47	0.50	3.8	141.00	3.8	84	34.20	1.09	66.5	1.22	36.0	6.20	
D5633-GP17	含碳硬绿泥石石英岩	2.15	0.38	1.3	35.40	3.1	82	1.49	0.23	29.6	0.60	8.6	3.30	
D5633-GP18	绢云石英片岩	0.52	0.69	1.5	18.20	2.8	36	1.10	0.18	35.9	0.64	6.4	0.80	
D5633-GP19	含碳绢云石英片岩	0.47	0.63	1.3	5.30	1.8	98	1.89	0.26	23.7	0.56	10.0	0.63	
D5633-GP20	钙质长石石英变砂岩	0.47	0.88	1.4	10.20	3.7	270	4.46	0.26	66.5	0.44	11.5	0.80	
D5633-GP21	长石石英变砂岩	0.42	0.44	1.4	22.60	1.5	320	3.52	0.23	105.0	0.74	14.0	1.50	
D5633-GP22	含碳石英岩	0.42	0.38	1.2	8.16	1.9	84	4.03	0.91	132.0	0.40	20.0	1.75	
平均值		0.70	0.50	1.8	33.70	2.8	136	7.00	0.50	66.6	0.70	15.8	2.30	
地壳克拉克值		1.30	1.10	3.0	32.00	2.5	70	1.70	0.50	80.0	3.00	16.0	25.00	

注：样品由西安岩矿测试中心测试分析；其中 Ag、Au、Hg 元素含量单位为$\times10^{-9}$，其他元素含量单位均为$\times10^{-6}$

甜水海岩群岩石稀土元素含量及特征见表2-10。稀土元素球粒陨石标准化模式曲线见图2-7。从图2-7、表2-10可以看出绢云石英片岩、含碳硬绿泥石石英岩、含碳石英岩中稀土元素虽然总量变化较大，为$(37.11\sim320.31)\times10^{-6}$，但其轻、重稀土元素总量比值、δEu值及其球粒陨石标准化模式曲线基本相似，LREE/HREE=7.4～11.91，δEu=0.54～0.69，表现为负铕异常，球粒陨石标准化模式曲线右倾，且斜率基本一致，为轻稀土元素富集性，说明其具有相似的物源。

表2-10　甜水海岩群稀土元素含量及特征表

样品号	岩石名称	稀土元素含量($\times10^{-6}$)									
		La	Ce	Pr	Nd	Sm	Eu	Gd	Tb	Dy	Ho
D5633-XT10	绢云石英片岩	80.10	139.0	13.20	51.70	9.56	1.94	7.01	1.19	7.25	1.48
D5633-XT12	含碳硬绿泥石石英岩	9.73	16.1	1.34	5.81	1.08	0.17	0.77	0.12	0.75	0.15
D5633-XT16	含碳石英岩	30.40	49.8	5.13	24.80	4.40	1.05	4.50	0.77	4.34	0.88

样品号	岩石名称	稀土元素含量($\times10^{-6}$)							特征参数值	
		Er	Tm	Yb	Lu	ΣREE	LREE	HREE	LREE/HREE	δEu
D5633-XT10	绢云石英片岩	3.52	0.540	3.38	0.440	320.31	295.50	24.81	11.91	0.69
D5633-XT12	含碳硬绿泥石石英岩	0.41	0.078	0.52	0.077	37.11	34.23	2.88	11.91	0.54
D5633-XT16	含碳石英岩	2.24	0.330	2.23	0.330	131.20	115.58	15.62	7.40	0.72

注：样品由国土资源部中南矿产资源监测检测中心分析

（四）时代

关于甜水海地层分区出露的甜水海岩群形成时代：新疆地质矿产局第一区调大队李长河（1982—1983）等依据碳酸盐岩中采到 *Xiayingella*，*Stratifera*，*Litia* 叠层石化石及区域对比，创建长城系甜水海岩群。而后人（青藏高原综合科考队）又依据其所含叠层石分布时限较长（$An\in-O_2$），对其形成时代提出了质疑。本次区调在详细地质填图和实测剖面的基础上对原划甜水海岩群进行了解体，将其上部含大量青白口纪叠层石的碳酸盐岩地层重新厘定，并新建立为青白口系肖尔克谷地岩组；而下部主要为变质碎屑岩的地层仍厘定为甜水海岩群，时代仍为长城纪。

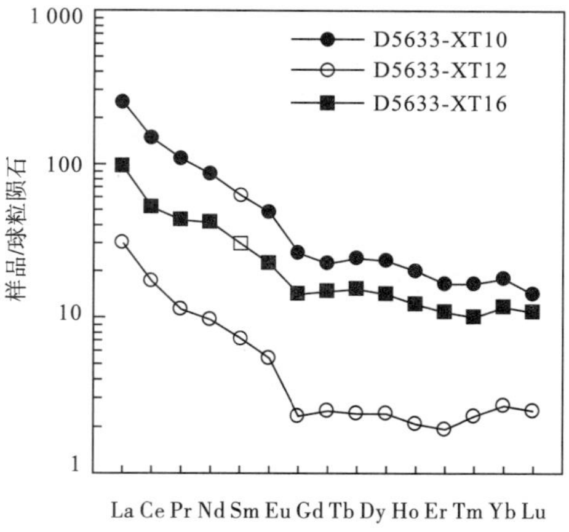

图2-7　甜水海岩群稀土元素球粒陨石标准化分布型式图

第四节　蓟县系

图幅内蓟县系地层包括桑株塔格岩群（JxS）和河岔口石英岩（Jx^{qx}），主要分布于图幅南部的甜水海地层分区和北部昆中地层分区。

一、桑株塔格岩群（JxS）

桑株塔格岩群是新疆地质局和田地质大队（1960）在所编1∶100万和田地区地质图时将叶尔羌—玉龙喀什河一带的一套变质岩命名为桑株塔格岩群，时代为太古宙—元古宙，原始定义为：指上述地区一套较复杂的变质岩，包括片麻岩、片岩、变质碳酸盐岩。在《西北地区区域地层表·新疆维吾尔自治区地层分层》中将西昆仑地区该套地层仍沿用桑株塔格岩群，主要为各种片岩、片麻岩及碳酸盐岩和变质火山岩，但将其时代定为长城纪—青白口纪。在《新疆维吾尔自治区区域地质志》(1993)中将西昆仑主脊以北的该套变质岩地层统一命名为阿拉玛斯岩群，时代为蓟县纪。新疆地矿局区调大队梁云海、张志德等(1982—1989)均将西昆仑山的一套变质碎屑岩和碳酸盐岩不均匀互层的地层命名为塔西达坂岩群，其时代定为蓟县纪。将昆仑山主脊主要岩性为变质碳酸盐岩(大理岩)与变质碎屑岩(砂岩、板岩)不均匀互层的一套地层厘定为桑株塔格岩群，颜色以灰—灰黑色为主，其次为辉绿色、黄绿色，时代定为蓟县纪，但认为其可能是早中元古代的跨时代产物。本次工作仍沿用《新疆维吾尔自治区岩石地层》的划分方案，采用桑株塔格岩群一名。

区域上桑株塔格岩群出露于昆仑山主脊一带，主要为变质碎屑岩、变质碳酸盐岩(大理岩)，岩石变质较深。桑株塔格岩群与周围地层均为断层接触，被古生代岩体侵入。桑株塔格岩群按岩石组合可进一步划分为a、b两个岩组，a岩组以白云石大理岩为主，b岩组以片岩为主，本图幅内只出露b岩组。

图幅内桑株塔格岩群b岩组只在图幅东北角少量出露，岩层走向北西西—南东东向，与双雁山片岩、赛图拉岩群呈断层或韧性断层接触，被晚古生代岩浆岩大面积侵吞，出露总面积约90km^2。

(一)地层特征

图幅内桑株塔格岩群以策勒县再依勒克河北侧地层出露齐全，露头较好，剖面位置：N35°54′05″、E80°59′44″，新疆策勒县再依勒克河蓟县系桑株塔格岩群实测地质剖面岩性由新至老依次如下(图2-8)。

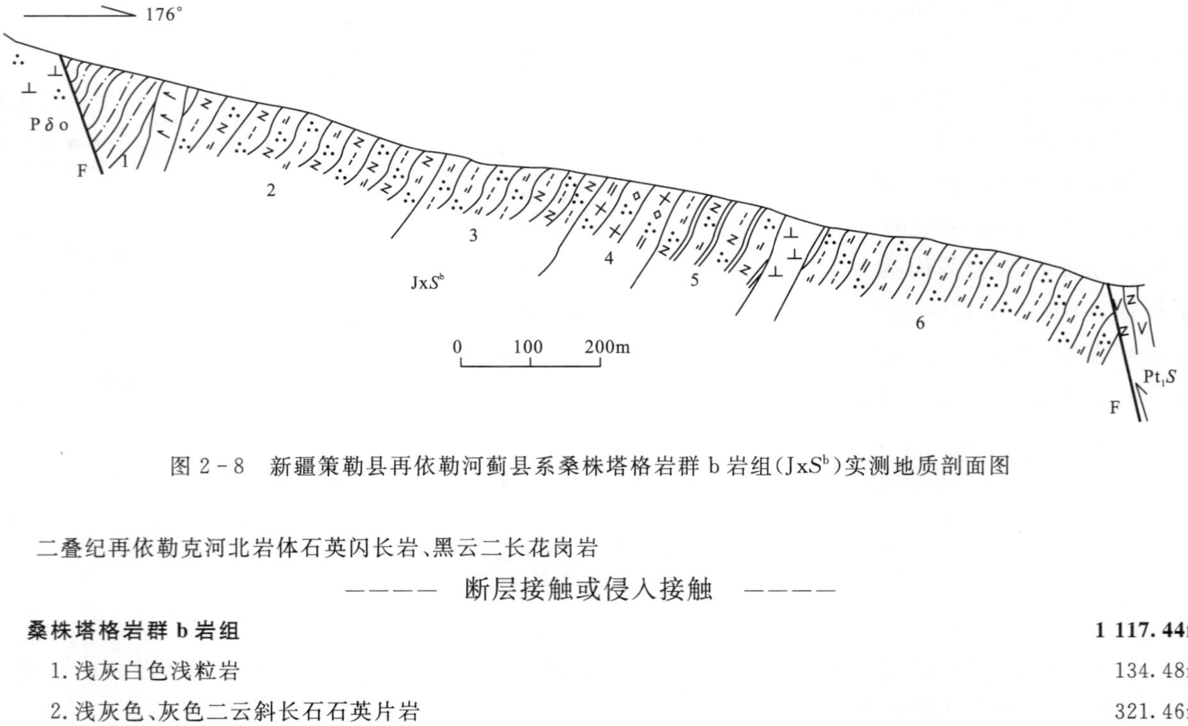

图2-8　新疆策勒县再依勒河蓟县系桑株塔格岩群b岩组(JxS^b)实测地质剖面图

二叠纪再依勒克河北岩体石英闪长岩、黑云二长花岗岩

———— 断层接触或侵入接触 ————

桑株塔格岩群b岩组	**1 117.44m**
1.浅灰白色浅粒岩	134.48m
2.浅灰色、灰色二云斜长石石英片岩	321.46m
3.灰色、深灰色二云石英片岩	232.20m
4.深灰色白云透闪石英方解石片岩	101.15m
5.浅灰色二云斜长石英片岩	109.80m
6.浅灰色二云石英片岩	218.35m

═══ 断层接触 ═══

下伏地层双雁山片岩(Pt_1s)

该剖面桑株塔格岩群与南部上覆双雁山片岩呈断层接近,北部与二叠纪再依勒克河北岩体石英闪长岩、黑云二长花岗岩呈断层接触,地层叠置厚度 1 117.44m,主要岩性组合为浅灰色二云石英片岩、二云斜长石英片岩、浅灰白色浅粒岩夹深灰色白云透闪石英方解石片岩。

区域上该岩群岩性变化不大,由再依勒克河向西至乌鲁萨依河堖一带,桑株塔格岩群 b 岩组中主要岩性为二云石英片岩、二云石英片岩夹黑云斜长片麻岩、含铁白云质大理岩夹层。岩层中片麻岩、含铁白云质大理岩夹层增多,变质程度有加深的趋势。

综上所述,桑株塔格岩群 b 岩组主要岩性为以长石、石英、云母类等硅铝质矿物为主的片岩、浅粒岩夹钙质含量较高的深灰色白云透闪方解石英片岩、白云质大理岩组成。岩石具鳞片粒状变晶结构,片状、条带状构造发育,变质程度以高绿片岩相为特征,局部达角闪岩相。

(二)构造变形特征

桑株塔格岩群总体变形较强,受多期构造变形叠加改造,其变形、变质改造强烈。S_1 片理呈残余构造面理产出,S_2 区域性主期构造面理对 S_1 片理置换较强,发育片状构造和由浅色分异脉体构成的条带构造,并伴随发育长英质分泌脉体的无根褶皱及不同期次的塑性流变褶皱等,总体表现为中-深构造层变形特征。

(三)岩石地球化学特征

桑株塔格岩群 b 岩组岩石化学成分见表 2-11。从表 2-11 看,岩石化学成分具有较强的规律性,一种为二云石英片岩、二云斜长石英片岩、黑云绢云片岩等片岩类,其化学成分基本相似,以高的 SiO_2(55.90%～65.05%)、Al_2O_3(15.53%～16.54%)、K_2O(3.33%～4.60%),低的 CaO(0.45%～2.70%)为特征;另一种为白云透闪石英方解石片岩,以低的 SiO_2(16.89%)、Al_2O_3(7.79%)、K_2O(0.8%),高的 CaO(38.65%)为特征,与岩石矿物成分中第一种以硅铝质矿物石英、长石、云母为主,第二种以钙质矿物方解石为主相关。根据岩石化学计算恢复原岩(详见第四章变质岩),利用[(al+fm)-(c+alk)]-Si 图解(Symoner,1953)恢复原岩,二云石英片岩、二云斜长石英片岩、黑云绢云片岩投影到厚层泥岩区和砂岩区;利用(Al+Fe+Ti)-(Ca+Mg)图解(Monine,1968)恢复原岩,二云石英片岩、二云斜长石英片岩、黑云绢云片岩有两个样品投影到亚

表 2-11 桑株塔格岩群岩石化学成分含量表 (%)

样品号	岩石名称	SiO_2	Al_2O_3	Fe_2O_3	FeO	MgO	CaO	Na_2O	K_2O
D5811-GS3	二云斜长石英片岩	55.90	16.54	0.04	8.20	3.41	2.70	2.73	3.33
D5811-GS4	二云石英片岩	63.31	15.53	1.30	5.56	2.41	1.55	0.87	3.75
D6244-GS1	黑云绢云片岩	65.05	15.78	1.28	4.20	2.84	0.45	0.45	4.60
D5811-GS5	白云透闪石英方解石片岩	16.89	7.79	2.40	1.10	1.69	38.65	0.32	0.80

样品号	岩石名称	TiO_2	P_2O_5	MnO	CO_2	H_2O^+	H_2O^-	LOI
D5811-GS3	二云母斜长石石英片岩	1.77	0.27	0.17	0.22	2.74	0.21	3.16
D5811-GS4	二云母石英片岩	1.08	0.13	0.18	0.22	3.32	0.09	3.29
D6244-GS1	黑云绢云片岩	0.89	0.09	0.09	0.22	2.07	0.25	3.18
D5811-GS5	白云透闪石英方解石片岩	0.21	0.21	0.18	5.50	2.52	0.04	30.09

注:样品由国土资源部西安矿产资源监督检测中心测试分析

杂砂岩区与杂砂岩分界区，一个样品投到亚杂砂岩边缘区，白云透闪石英方解石片岩投到白云质杂砂岩或白云岩区；利用 A－C－(FM)三角图解(НюпСеменеко)判别，二云石英片岩、二云斜长石英片岩、黑云绢云片岩投影到铁镁铝硅酸盐岩石亚类(原岩为铁质泥质岩类)，白云透闪石英方解石片岩投影到钙质碳酸盐岩石亚类(原岩为碳酸盐沉积区)。以上说明桑株塔格岩群 b 岩组原岩主要为碎屑岩和碳酸盐岩，为被动大陆边缘的沉积物。

桑株塔格岩群岩石微量元素含量见表 2－12。从表 2－12 中看出：该岩群岩石大部分微量元素变化较大，这与该岩群强烈的构造变形变质作用有关，其平均值与地壳平均值相比，Ag、Mo、Sn 高于地壳克拉克值，Co、Mn、Nb、Th、V 与地壳克拉克值接近，其余元素均低于地壳克拉克值。

表 2－12　桑株塔格岩群微量元素含量表

样品号	岩石名称	Ba	Co	Cr	Cu	Mn	Nb	Ni	Pb	Rb	Sr
D5811－GP1	浅粒岩	623	3.86	24.2	12.0	461	24.8	4.6	13.10	222	123
D5811－GP3	黑云石英片岩	410	31.10	145.0	1.3	1 431	41.4	78.6	0.47	92	90
D5811－GP4	二云石英片岩	728	18.50	72.3	41.8	1 074	18.6	40.2	6.00	133	62
D5811－GP5	云母长石石英片岩	159	3.67	30.0	21.3	795	6.1	10.2	6.81	2	780
平均值		480	14.30	68.0	19.0	940	23.0	33.4	6.60	112	264
地壳克拉克值		650	18.00	83.0	47.0	1 000	20.0	58.0	16.00	150	340
样品号	岩石名称	Th	V	Zn	Ag	Au	W	Mo	Hg	Sn	Sb
D5811－GP1	浅粒岩	14.4	20.5	23.2	60	1.04	1.04	2.50	2.95	60	2.20
D5811－GP3	黑云石英片岩	24.9	198.0	67.2	50	0.75	1.21	0.92	3.77	50	3.00
D5811－GP4	二云石英片岩	17.2	129.0	73.4	105	1.14	2.48	1.10	18.20	105	5.20
D5811－GP5	云母长石石英片岩	2.9	40.0	43.7	105	1.57	1.04	2.50	3.96	105	0.88
平均值		14.9	96.7	51.9	80	1.10	1.40	1.80	7.20	80	2.80
地壳克拉克值		13.0	90.0	83.0	70	3.40	1.30	1.10	83.00	25	0.50

注：样品由国土资源部西安矿产资源监督检测中心测试分析；其中 Au、Ag、Hg 元素含量单位为 $\times10^{-9}$，其余元素含量单位均为 $\times10^{-6}$

桑株塔格岩群 b 岩组岩石稀土元素含量及特征见表 2－13，稀土元素球粒陨石标准化模式见图 2－9。从图 2－9、表 2－13 可知二云石英片岩、二云斜长石英片岩、云母石英片岩与深灰色白云透闪石英方解石片岩中轻稀土元素与重稀土元素总量比值相似，LREE/HREE＝5.1～7.4，稀土元素球粒陨石标准化模式曲线均表现为向右陡倾且模式曲线斜率基本一致(图 2－9)，为轻稀土富集型，δEu＝0.54～0.69，具相似的负铕异常。相似的稀土元素球粒陨石标准化模式曲线，说明其具相似的物源和沉积环境。

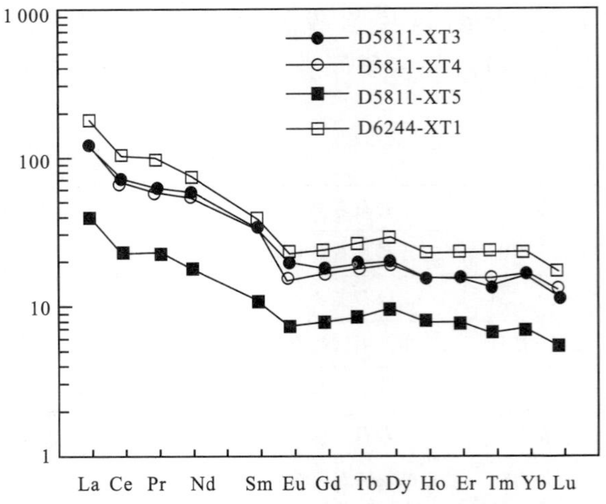

图 2－9　桑株塔格岩群 b 岩组稀土元素球粒陨石标准化分布图

桑株塔格岩群岩石学、地球化学特征说明其为一套正常沉积的碎屑岩，为地壳较为稳定的沉积环境产物。

表 2-13　桑株塔格岩群 b 岩组稀土元素特征表

样品号	岩石名称	稀土元素含量($\times10^{-6}$)									
		La	Ce	Pr	Nd	Sm	Eu	Gd	Tb	Dy	Ho
D5811-XT3	二云斜长石英片岩	37.7	63.3	6.99	33.4	6.41	1.34	5.31	0.94	6.01	1.07
D5811-XT4	二云石英片岩	36.4	58.6	7.21	31.0	6.38	1.04	4.89	0.85	5.61	1.09
D5811-XT5	黑云绢云片岩	12.0	20.3	2.67	10.0	2.08	0.50	2.31	0.40	2.84	0.55
D6244-XT1	白云透闪石英方解石片岩	55.1	92.9	11.10	42.8	7.44	1.57	7.08	1.27	8.35	1.60

样品号	岩石名称	稀土元素含量($\times10^{-6}$)							特征参数值	
		Er	Tm	Yb	Lu	ΣREE	LREE	HREE	δEu	LREE/HREE
D5811-XT3	二云斜长石英片岩	3.12	0.42	2.88	0.34	169.23	149.14	20.09	0.68	7.4
D5811-XT4	二云石英片岩	3.09	0.48	3.01	0.38	160.03	140.63	19.40	0.54	7.2
D5811-XT5	黑云绢云片岩	1.59	0.21	1.27	0.16	56.88	47.55	9.33	0.69	5.1
D6244-XT1	白云透闪石英方解石片岩	4.65	0.72	4.26	0.50	239.34	210.91	28.43	0.65	7.4

注：样品由国土资源部西安矿产资源监督检测中心测试分析

(四)地层时代

桑株塔格岩群为一套高绿片岩相变质地层，岩石变形变质强烈，其变质程度与在同一地层分区的长城系赛图拉岩群相似，且新疆地矿局第一区调大队一、二分队(1986)在阿拉玛斯玉矿一带桑株塔格岩群采集到少量叠层石：*Conophyton*，*Baicalia*，*Jacutophyton*，*Paraconophyton*，同时在北部测区(恰哈幅)该岩群被早古生代中酸性岩大面积侵入，将其时代厘定为中元古代蓟县纪。

二、河岔口石英岩(Jx^{qx})

河岔口石英岩(Jx^{qx})为本次区调工作从甜水海岩群中解体出来新建立的非正式地层单位，指出露于甜水海以东的，以黑色、灰黑色块状石英岩，黑色含碳石英片岩为主，下部为浅绿色岩屑长石细粒砂岩、变砂板岩的一套地层。

河岔口石英岩出露于和田县甜水海至阿克萨依湖之间，地层走向北西—南东向，与区域构造线一致，地表出露宽 1～3km、长约 15km，北与甜水海岩群、南与寒武系甜水湖组均为断层接触，呈构造岩片叠置与其中，出露面积约 20km^2。

(一)地层特征

图区河岔口石英岩在新疆和田县甜水海东 7.5km 处地层出露较为齐全。新疆和田县甜水海东蓟县系河岔口石英岩实测地质剖面(剖面位置：N35°22′18″、E79°37′)上，该组岩性由上至下依次如下(图 2-10)。

上覆地层：长城系甜水海岩群(Ch*T*)

——— 脆韧性断层接触 ———

河岔口石英岩(Jx^{qx})　700.40m

39. 深灰色、黑色中—厚层状含碳石英岩夹含碳石英片岩　326.88m
38. 灰色岩屑长石石英变细粒砂岩　272.52m

——— 脆韧性断层接触 ———

下伏地层：寒武系甜水湖组

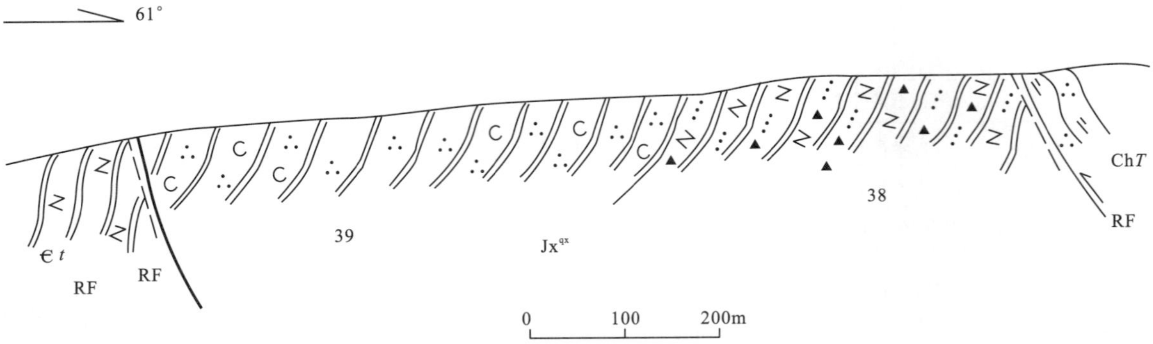

图 2-10　新疆和田县甜水海东蓟县系河岔口石英岩(Jx^qx)实测地质剖面图

剖面上河岔口石英岩与下伏甜水湖组、上覆甜水海岩群均为脆韧性断层接触，岩层叠置厚度700.40m，岩组中片理发育，片理面北倾。其下部为灰色斜长石细粒变砂岩，上部为深灰色、黑色含碳石英岩夹含碳石英片岩。

河岔口石英岩岩性区域上横向变化不大，向东至阿克萨依湖北部主要为黑色含碳石英岩夹含碳绢云石英片岩，且厚度有增厚的趋势。

(二)岩石地球化学特征

河岔口石英岩主要岩石化学成分见表 2-14。从表 2-14 看：变砂岩、石英岩中以较高的 SiO_2 含量为特征，SiO_2 含量为 70.23%～83.46%，其他成分 Al_2O_3、Na_2O、K_2O 含量较低，说明其原岩石英含量较高。

表 2-14　河岔口石英岩岩石化学成分含量表

样品号	岩石名称	氧化物含量(%)							
		SiO_2	Al_2O_3	Fe_2O_3	FeO	MgO	CaO	Na_2O	K_2O
D5633-GS 15	黑色石英岩	83.46	4.35	1.57	0.39	0.90	1.70	0.10	1.98
D5633-GS 16	岩屑长石细粒变砂岩	70.23	12.04	1.90	2.76	2.62	1.25	2.04	3.40

样品号	岩石名称	氧化物含量(%)						
		TiO_2	P_2O_5	MnO	CO_2	H_2O^+	H_2O^-	LOI
D5633-GS15	黑色石英岩	0.19	0.08	0.04	0.32	0.11	0.68	4.63
D5633-GS16	岩屑长石细粒变砂岩	0.84	0.20	0.07	0.17	0.08	1.76	2.20

注：样品由西安岩矿测试中心测试分析

河岔口石英岩岩石微量元素含量见表 2-15。从表 2-15 看出：岔路口石英岩岩石微量元素平均值 As 高于地壳克拉克值；Ag、Sb、Pb、Hg 与地壳克拉克值大致相当；其余元素均低于地壳克拉克值，Au、Cu、Zn 低于地壳克拉克值 2～3 倍，Sn 低于地壳克拉克值 12 倍，亏损较强，对其成矿不利。

河岔口石英岩中岩石稀土元素含量及特征见表 2-16，稀土元素球粒陨石标准化模式曲线见图 2-11。从图 2-11、表 2-16 可知黑色石英岩、岩屑长石石英变砂岩中稀土元素含量，稀土元素总量，轻、重稀土元素总量比值及球粒陨石标准化模式曲线与甜水海岩群岩石基本相近，$\sum REE=(131.2\sim172.81)\times10^{-6}$，LREE/HREE=7.4～8.67，$\delta Eu=0.72\sim0.64$，其球粒陨石标准

表 2-15 肖尔谷地岩组、河岔口石英岩岩群微量元素含量表

地层	样品号	岩石名称	Nb	Zr	Sr	Rb	Th	Zn	Cu	Ni	Co	Cr	V	Ba	P
肖尔克谷地岩组	D5633-GP5	绢云石英片岩	14	88	59	53	24	31	4	22	15	65	77	358	397
	D5633-GP6	长石石英变砂岩	9	52	122	6	20	8	3	4	7	29	24	92	944
	D5633-GP7	绢云石英片岩	8	36	63	22	17	13	3	17	6	46	45	171	426
	D5633-GP8	石英绢云片岩	10	47	62	23	16	44	4	51	16	52	81	216	617
	D5633-GP9	含碳绢云石英片岩	22	174	242	90	8	76	45	38	14	70	95	382	646
	D5633-GP10	石英绢云片岩	17	133	350	132	11	43	121	57	13	61	88	545	259
	平均值		13	88	150	54	16	36	30	32	12	54	68	294	548
河岔口石英岩	D5633-GP22	石英岩	4	28	159	10	4	24	18	3	3	7	12	48	239
	D5633-GP24	岩屑长石石英变砂岩	19	236	69	94	7	37	12	29	12	89	90	859	899
	平均值		12	132	114	52	6	31	15	16	8	48	51	454	569
地壳克拉克值			20	170	340	150	13	83	47	58	18	83	90	650	930

地 层	样品号	岩石名称	W	Mo	U	Li	Ta	Ag	As	Sb	Hg	Au	Pb	Sn
肖尔克谷地岩组	D5633-GP5	绢云石英片岩	0.74	1.63	2.8	30.20	3.80	180	19.90	3.72	144.0	1.79	16.5	3.30
	D5633-GP6	长石石英变砂岩	1.06	1.00	1.3	4.76	5.30	92	12.60	0.70	30.0	0.86	36.5	1.15
	D5633-GP7	绢云石英片岩	1.11	0.75	1.9	48.20	2.90	185	9.68	0.35	46.7	1.24	8.3	1.70
	D5633-GP8	石英绢云片岩	0.84	0.50	1.8	105.00	2.80	150	11.40	0.26	145.0	0.85	5.8	1.60
	D5633-GP9	含碳绢云石英片岩	0.52	1.76	2.7	74.00	2.60	135	22.30	1.55	196.0	2.05	27.0	2.40
	D5633-GP10	石英绢云片岩	1.22	0.63	2.9	21.00	2.80	210	7.34	0.24	23.7	2.84	15.0	1.90
	平均值		0.90	1.00	2.2	47.20	3.40	159	13.90	1.10	97.6	1.60	18.2	2.00
河岔口石英岩	D5633-GP22	石英岩	0.42	0.38	1.2	8.16	1.90	84	4.03	0.91	132.0	0.40	20.0	1.75
	D5633-GP24	岩屑长石石英变砂岩	1.11	0.63	2.3	42.80	1.20	41	3.17	0.38	53.9	1.38	4.4	1.90
	平均值		0.77	0.51	1.8	25.50	1.55	63	3.60	0.65	93.0	0.89	12.2	1.83
地壳克拉克值			1.30	1.10	3.0	32.00	2.50	70	1.70	0.50	80.0	3.40	16.0	25.00

注：样品由国土资源部西安矿产资源监督检测中心测试分析；其中 Au、Ag、Hg 元素含量单位为 $\times 10^{-9}$，其他元素含量单位均为 $\times 10^{-6}$

化模式曲线右倾，且斜率较大，为轻稀土元素富集型，铕具负异常特征。

上述该组岩石化学特征说明，河岔口石英岩为浅海环境下形成的成分成熟度较高的碎屑岩。

表 2-16　河岔口石英岩稀土元素含量及特征值

样品号	岩石名称	稀土元素含量(×10⁻⁶)									
		La	Ce	Pr	Nd	Sm	Eu	Gd	Tb	Dy	Ho
D5633-XT16	石英岩	30.4	49.8	5.13	24.8	4.40	1.05	4.50	0.77	4.34	0.88
D5633-XT18	岩屑长石石英变砂岩	41.7	66.5	7.54	31.7	6.30	1.20	4.90	0.82	5.06	1.08

样品号	岩石名称	稀土元素含量(×10⁻⁶)							特征参数值	
		Er	Tm	Yb	Lu	ΣREE	LREE	HREE	LREE/HREE	δEu
D5633-XT16	石英岩	2.24	0.33	2.23	0.33	131.20	115.58	15.62	7.40	0.虽72
D5633-XT18	岩屑长石石英变砂岩	2.70	0.41	2.56	0.34	172.81	154.94	17.87	8.67	0.64

注：样品由国土资源部中南矿产资源监测检测中心分析

（三）时代

河岔口石英岩与产锥叠层石青白口系肖尔克谷地岩组、长城系甜水海岩群变质程度相近，但岩石变质程度明显较寒武系甜水湖组浅、变形期次较多，综合图幅该组地质特征，将河岔口石英岩时代暂定为蓟县纪。

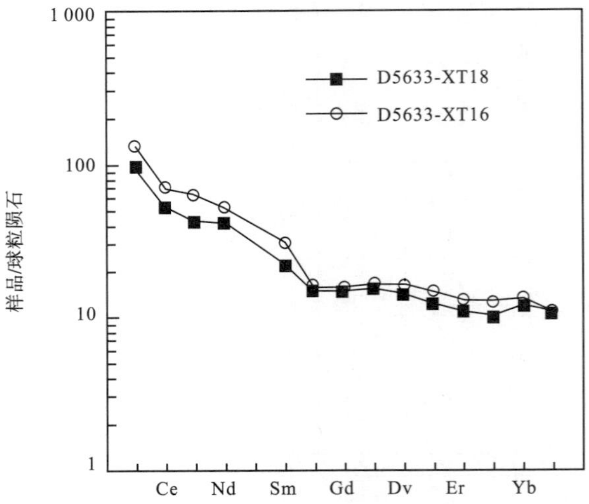

图 2-11　河岔口石英岩稀土元素球粒陨石标准化分布图

第五节　青白口系

肖尔克谷地岩组(Qn*x*)

图幅内青白口系地层仅出露肖尔克谷地岩组，该岩组是本次区调工作从前人所划的甜水海岩群中解体出的新建立的岩石地层单位，指分布于联测区肖尔克谷地—甜水海一带的以白云岩、灰岩、变砂岩、片岩为主的一套碳酸盐岩-碎屑岩岩石组合，与下伏长城系甜水海岩群、上覆三叠系巴颜喀拉山群均为断层接触。

肖尔克谷地岩组主要出露于阿克萨依湖北东，呈长条带状分布于甜水海-郭扎错断裂带南侧，地层走向与断裂带走向一致，出露面积约 227km²。

（一）地层特征

图幅内肖尔克谷地岩组典型剖面位于新疆和田县甜水海北东约 25km 处(图 2-12)。该剖面所出露的该组岩层层序自上而下叙述如下，剖面位置：N 35°28′27″、E79°48′59″。

新疆和田县甜水海北青白口系肖尔克谷地岩组(Qn*x*)实测地质剖面：

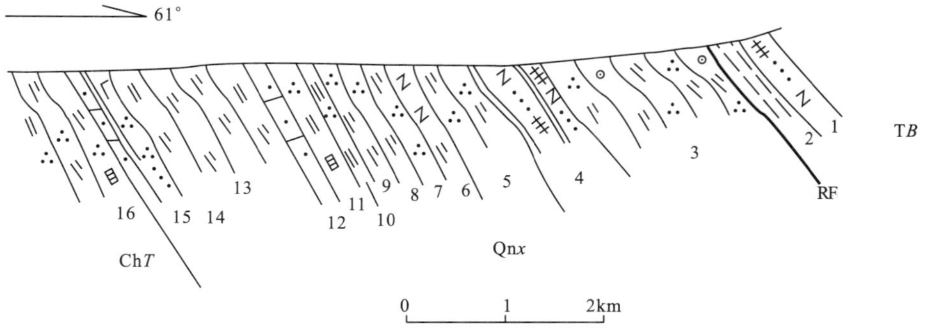

图 2-12　新疆和田县甜水海北青白口系肖尔克谷地岩组(Qnx)实测地质剖面

上覆地层:三叠系巴颜喀拉山群

——— 脆韧性断层接触 ———

肖尔克谷地岩组	**2 038.51m**
3. 深灰色含石榴子石绢云石英片岩	719.93m
4. 浅灰色、灰色岩屑长石变杂砂岩	181.94m
5. 深灰色绢云石英片岩	294.30m
6. 浅灰色长石绢云母片岩	199.33m
7. 浅灰色、深灰色绢云石英片岩	74.52m
8. 深灰色含碳绢云石英片岩	55.52m
9. 深灰色石英绢云母片岩	41.40m
10. 深灰色、黑色碳质绢云石英片岩	41.40m
11. 浅灰色绢云石英片岩	195.60m
12. 浅灰色砂质灰岩	59.90m
13. 浅灰色灰色绢云母片岩	153.47m
14. 浅灰色含石英变砂岩	9.20m
15. 浅灰色砂质灰岩	12.00m

——— 脆韧性断层接触 ———

下伏地层:长城系甜水海岩群(ChT)

剖面上该岩组与上覆巴颜喀拉山群(TB)、下伏甜水海岩群(ChT)均为脆韧性断层接触,岩层叠置厚度 2 038.51m。上述剖面说明测区东部该岩组主要岩石组合为绢云石英片岩、含石榴子石绢云石英片岩、含碳绢云石英片岩、砂质灰岩夹岩屑长石变杂砂岩。

(二)区域变化

肖尔克谷地岩组在横向上变化较大,向东至阿克萨依湖东北,岩性主要为灰白色砂质灰岩、白云质灰岩夹绢云石英片岩、钙质岩屑长石变砂岩,砂质灰岩呈透镜状、长条状,砂岩透镜体宽几米到数百米不等,长几十米到数百米、数千米不等,岩石中条带状构造、片状构造发育,与南、北两侧的二叠纪红山湖组、三叠系巴颜喀拉山群均为断层接触;再向东至泉水沟口一带,其岩性主要为绢云石英片岩、绢云斜长石英片岩、钙质绢云石英片岩夹变粉砂岩。图幅肖尔克谷地岩组与西邻肖尔克谷地岩组(岔路口幅)的岩性有一定的差别,可能是由于其处于甜水海-郭扎错断裂带南侧附近,受构造带强烈构造变形改造所致。

综上所述,肖尔克谷地岩组在图幅东、西部岩性变化较大,中部以灰岩夹片岩为主,而东、西两侧则以片岩夹透镜状灰岩、白云质大理岩为主,总体为一套低绿片岩相浅变质碎屑岩-碳酸盐岩建造。

(三)构造变形

肖尔克谷地岩组紧邻甜水海-郭扎错断裂带,其内部岩石变形变质非常强烈。岩石中发育 S_1 面理为流劈理,S_2 面理为褶劈理。S_1 面理呈缓波状,在断裂带附近,S_2 面理对 S_1 面理置换强烈,见残余 S_1 面理形成的顺层掩卧褶皱及同期顺层韧性剪切构造,沿顺层韧性剪切带发育黑白相间的分异石英及云母条带。

(四)岩石地球化学特征

肖尔克谷地岩组岩石化学成分含量见表 2-17,从表 2-17 中可知:该岩组中主要岩石类型绢云石英片岩、含碳绢云石英片岩的岩石化学成分含量变化不大,显示出以高 SiO_2(58.82%~73.22%)、高 Al_2O_3(10.72%~17.27%),低的 Na_2O、K_2O 含量为特征,说明原岩的碎屑可能以石英为主、长石次之。根据岩石化学计算,利用[(al+fm)-(c+alk)]-Si 图解(Symoner,1953)及 $Log(Na_2O/K_2O)$-$Log(SiO_2/Al_2O_3)$图解(Pettijoihn,1972)恢复原岩,长石绢云石英片岩、绢云石英片岩、含碳绢云石英片岩都落入杂砂岩区、亚杂砂岩区或岩屑砂岩区,砂质灰岩中 CaO+ CO_2 总量为 35.83%,而 $SiO_2+Al_2O_3$ 高达 61.01%,说明砂质灰岩中碎屑含量较高。上述该组岩石化学特征反映其主要为一套碎屑岩-碳酸盐岩组合。

表 2-17 肖尔克谷地岩组岩石化学成分含量表 (%)

样品号	岩石名称	SiO_2	Al_2O_3	Fe_2O_3	FeO	MgO	CaO	Na_2O	K_2O
D5633-GS3	长石绢云片岩	59.41	17.27	3.89	2.19	2.80	2.90	1.25	0.13
D5633-GS4	含碳绢云石英片岩	58.82	16.18	6.35	0.18	1.54	3.70	1.64	0.05
D5633-GS5	绢云石英片岩	73.22	10.72	4.59	0.01	0.07	2.70	0.36	0.14
D5633-TS2	砂质灰岩	56.99	4.02	1.32	0.01	0.29	19.65	0.60	0.55

样品号	岩石名称	TiO_2	P_2O_5	MnO	CO_2	H_2O^+	H_2O^-	LOI
D5633-GS3	长石绢云片岩	0.94	0.09	0.13	0.44	4.12	0.26	5.86
D5633-GS4	含碳绢云石英片岩	0.87	0.11	0.05	0.56	4.30	0.57	6.93
D5633-GS5	绢云石英片岩	0.38	0.06	0.14	0.42	2.70	0.15	4.40
D5633-TS2	砂质灰岩	0.37	0.03	0.32	16.18	—	0.15	16.53

注:样品由国土资源部西安矿产资源监督检测中心测试分析

肖尔克谷地岩组岩石微量元素含量见表 2-15。从表 2-15 看:肖尔克谷地岩组元素含量变化不大,无明显的富集。该岩组微量元素平均值与地壳克拉克值比较,Ag、As、Hg、Sb、Th、Li、Ta 平均值高于地壳克拉克值,W、Mo、U、Co、Pb 与地壳克拉克值接近,其余元素均低于地壳克拉克值,一般为地壳克拉克值的 1/2~1/3。

肖尔克谷地岩组岩石稀土元素含量及特征见表 2-18、稀土元素球粒陨石标准化模式曲线见图2-13。从图 2-13、表 2-18 可知:绢云石英片岩、含碳绢云石英片岩中稀土元素含量基本一致,且稀土元素总量较高(约为 200×10^{-6}),砂质灰岩稀土元素含量及总量虽然较低(为 115.41×10^{-6}),但其轻、重稀土元素总量比值、δEu 值及其球粒陨石标准化模式曲线基本相似,LREE/HREE 值为 9.16~9.41,δEu 值为 0.62~0.90,属轻稀土元素富集型,表现为负铕异常,说明其具有相似的物源及构造环境。

表 2-18 肖尔克谷地岩组稀土元素含量及特征表

样品号	岩石名称	稀土元素含量($\times10^{-6}$)									
		La	Ce	Pr	Nd	Sm	Eu	Gd	Tb	Dy	Ho
D5633-XT3	绢云石英片岩	43.7	86.8	8.12	34.0	6.72	1.29	5.30	0.95	5.64	1.16
D5633-XT4	含碳绢云石英片岩	44.2	86.0	8.24	33.5	6.70	1.22	5.02	0.86	5.49	1.16
D5633-XT9	砂质灰岩	28.2	45.4	4.79	21.0	3.77	1.07	3.37	0.51	3.14	0.70

样品号	岩石名称	稀土元素含量($\times10^{-6}$)							特征参数值	
		Er	Tm	Yb	Lu	ΣREE	LREE	HREE	LREE/HREE	δEu
D5633-XT3	绢云石英片岩	2.97	0.46	2.85	0.38	200.34	180.63	19.71	9.16	0.64
D5633-XT4	含碳绢云石英片岩	2.90	0.46	2.84	0.38	198.97	179.86	19.11	9.41	0.62
D5633-XT9	砂质灰岩	1.59	0.24	1.44	0.19	115.41	104.23	11.18	9.32	0.90

注:样品由国土资源部中南矿产资源监测检测中心分析

(五)地层时代

本次区调在西邻肖尔克谷地该岩组中的硅质(泥质)白云岩中采集到了大量的叠层石化石,其形态具有锥、柱状,且纹层较为粗糙,经鉴定为:*Tekesia* sp.[特克斯叠层石(未定种)]、*Tungussia* sp.[通达斯叠层石(未定种)],时代为青白口纪,前人在该套地层中采到 *Xiayingella*、*Stratifera*、*Litia* 叠层石,据此将肖尔克谷地岩组时代厘定为青白口纪。

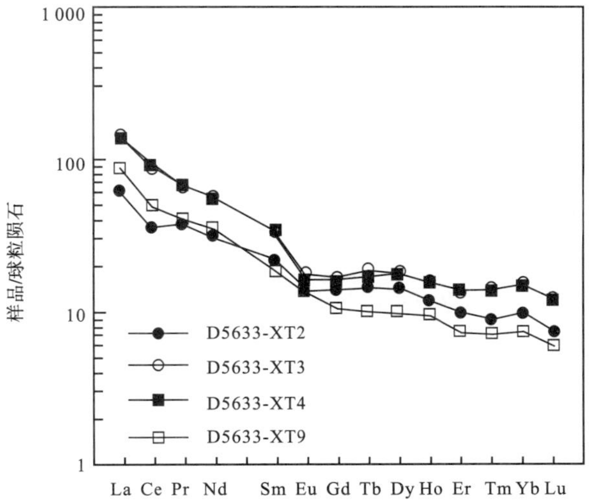

图 2-13 肖尔克谷地岩组稀土元素球粒陨石标准化分布图

第六节 震旦系

柳什塔格玄武岩(*Zl*)

图幅内震旦系出露较少,仅在再依勒克河垴一带零星出露柳什塔格玄武岩(*Zl*)。柳什塔格玄武岩是陕西省地质调查院韩芳林等在伯力克幅 1∶25 万区域地质调查时在新疆于田县苏巴什西建立的非正式岩石地层单位,定义为"苏巴什蛇绿混杂岩带中的一个特殊独立块体,岩石组合以玄武岩为主,上部为少量的硅质岩、凝灰岩、灰岩等,时代为震旦纪"。本次工作沿用。

本图区内柳什塔格玄武岩零星分布于再伊勒克河北昆仑山山脊一带,面积约 4km^2,变质变形较微弱,岩性单调,可分性差,柳什塔格玄武岩被二叠纪花岗岩侵吞。

(一)地层描述

由于图幅内该岩组出露于测区北部昆仑山山脊,其地形等条件极为恶劣,地质剖面无法测制,现以东邻伯力克幅于田县苏巴什柳升塔格地质实测剖面(图 2-14)为例叙述如下。

剖面上柳什塔格玄武岩岩石内部面理构造发育,向北中等角度倾斜,根据其中的熔岩、火山角砾岩韵律及岩枕构造判别为倒转层序,可分为上、下两个岩性段,顶、底均被岩体侵入,出露不全。

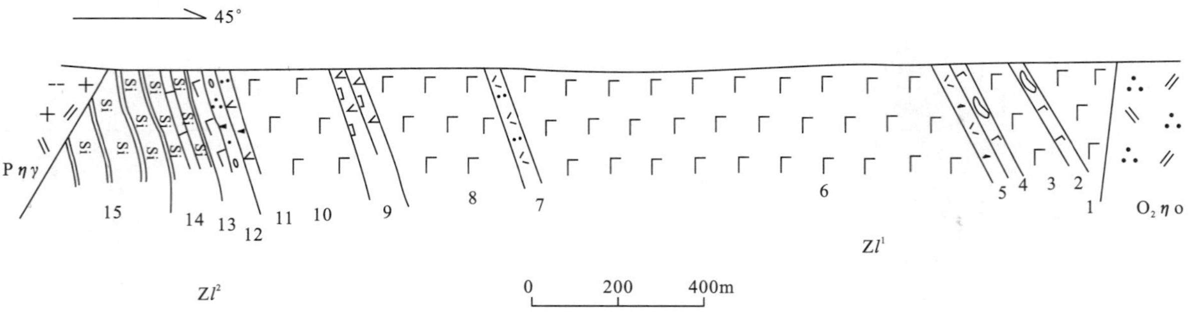

图 2-14 于田县苏巴什柳什塔格玄武岩(Zl)实测剖面图

南侧二叠纪中细粒黑云母花岗岩

——— 侵入接触 ———

柳什塔格玄武岩(Zl)	**1 842.42m**
上段岩性(Zl^2)	**188.72m**
15. 深灰色硅质板岩	37.78m
14. 深灰色硅质板岩夹灰岩	118.43m
13. 灰色钙质板岩夹灰岩	18.90m
12. 杂色砾岩、砂砾岩、粗粒岩屑石英砂岩、含粉砂绢云母板岩	13.61m

——— 整　合 ———

下段岩性(Zl^1)	**1 653.7m**
11. 安山质岩屑晶屑凝灰岩	39.30m
10. 灰绿色蚀变块状玄武岩	211.00m
9. 浅黄绿色黄铁矿化蚀变安山岩	57.00m
8. 灰绿色蚀变块状玄武岩	270.00m
7. 灰绿色凝灰质熔岩	16.70m
6. 灰绿色蚀变块状玄武岩	807.00m
5. 灰绿色蚀变火山角砾岩	5.20m
4. 灰绿色蚀变枕状玄武岩	7.30m
3. 灰绿色蚀变块状玄武岩	60.30m
2. 灰绿色蚀变枕状玄武岩	6.90m
1. 灰绿色蚀变块状玄武岩	173.00m

——— 侵入接触 ———

北侧奥陶纪角闪黑云石英闪长岩

剖面上柳什塔格玄武岩可分为上、下两个岩性段。下段岩性以基性火山熔岩为主夹少量安山岩、火山角砾岩及凝灰岩等,叠置厚度 1 653.7m,剖面底部显示枕状熔岩—块状玄武岩清晰的火山喷发韵律,往上为块状玄武岩—凝灰质岩石的韵律,岩枕大小 30～40cm,多为一边平、一边凸的椭球状,中间矿物结晶较粗,而边部较细且沿突起边有气孔—杏仁构造,为火山水下喷发活动的标志。上段岩性主要为一套碎屑岩,有硅质板岩、钙质板岩、石英砂岩及含粉砂绿泥板岩、砾岩等,叠置厚度 188.72m,自下而上有砾岩、砂岩—钙质板岩—硅质板岩,具有粒度变细、沉积水体变深的趋势。

(二)岩石地球化学特征

柳什塔格玄武岩主体为一套钙碱性系列基性火山岩,稀土总量总体较低,稀土元素球粒陨石模式配分曲线平直，轻、重稀土分馏均不明显，δEu 具较弱的正异常，其特征近似于大洋拉斑玄武岩(详见第三章)。火山岩微量元素特征反映出亲大陆的性质。没有与火山岩相配套的其他铁镁质、超铁镁质岩石，说明它不具洋中脊蛇绿岩性质。火山岩地球化学特征表明其主要来源于地幔玄武岩浆，形成于拉张环境下的不成熟洋壳或洋岛环境。因此，柳什塔格玄武岩可能是原特提斯洋洋壳残留的一部分物质。

(三)时代讨论

柳什塔格玄武岩在东邻伯力克幅(韩芳林，2003)获(563±48)Ma 的全岩 Rb－Sr 等时线年龄值，初始锶比值(2002)为 0.705，结合侵入其中的花岗岩年龄为(460.8±5.2)Ma(许荣华等，2000)，说明柳什塔格玄武岩形成于震旦纪。

第七节　寒武系

图幅内寒武系仅有甜水湖组一个地层单位，出露于新疆和田县甜水海东阿克萨依湖一带。

甜水湖组(∈*t*)

甜水湖组是本次区调工作从原甜水海岩群中解体出的新建立的岩石地层单位，指一套浅变质碎屑岩组合。该组出露于甜水海—阿克萨依湖一带，地层走向北西—南东向，与区域构造线方向一致，面积约 60km²。甜水湖组主要由灰色粉砂质板岩，泥质粉砂质板岩，粉砂质泥板岩，泥板岩及土黄色、灰色岩屑长石细砂岩，中砂岩组成，顶部为厚度十几米到二十几米的土黄色、褐黄色岩屑长石中—粗砂岩，含砾砂岩，砂砾岩，与下伏地层为断层接触，与上覆冬瓜山群为角度不整合接触，时代为寒武纪。

(一)地层特征

甜水湖组典型剖面位于新疆和田县甜水海东约 5km 处，岩性出露较全。现将新疆和田县甜水海东寒武系甜水湖组地质实测剖面叙述如下(图 2－15)，剖面位置：N35°21′45″、E79°36′40″。

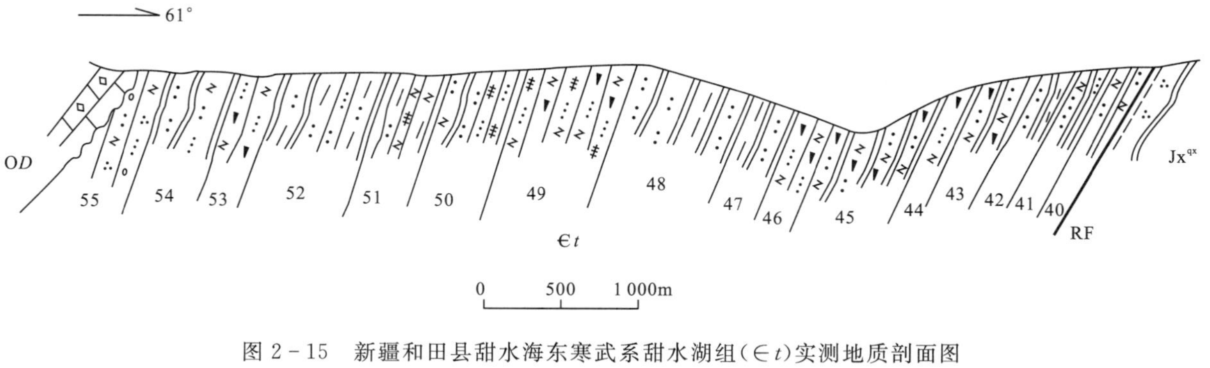

图 2－15　新疆和田县甜水海东寒武系甜水湖组(∈*t*)实测地质剖面图

上覆地层：奥陶系冬瓜山群(OD)

～～～～～　角度不整合　～～～～～

甜水湖组(∈*t*)	**3 888.14m**
55. 红色岩屑长石中—粗粒砂岩夹含砾岩屑砂岩	10.30m
54. 土黄色长石石英细砂板岩夹粉砂质板岩	319.00m

53. 深灰色岩屑长石细砂质板岩	199.93m
52. 深灰色含泥质粉砂质板岩夹粉砂质细砂岩	506.97m
51. 深灰色泥质粉砂质板岩夹粉砂质细粒杂砂岩	242.86m
50. 深灰色泥质粉砂质板岩与含粉砂质细粒杂砂岩不等厚互层	256.56m
49. 土黄色片理化岩屑长石细粒杂砂岩	399.70m
48. 深灰色绿泥石(绢云母)板岩夹黑色泥质(绢云母)板岩	536.85m
47. 深灰色含泥质粉砂质板岩与粉砂质泥质板岩不等厚互层	259.42m
46. 深灰色岩屑长石细砂岩夹中粒砂岩	155.20m
45. 深灰色岩屑长石粉砂质板岩	73.32m
44. 深灰色岩屑长石细砂质板岩	43.86m
43. 深灰色岩屑长石粉砂质板岩夹粉砂质泥质板岩	303.95m
42. 深灰色粉砂质板岩夹泥质板岩	191.70m
41. 深灰色长石石英粉砂质板岩、深灰含泥粉砂质板岩互层	75.15m
40. 深灰色长石粉砂质板岩	313.37m

══════ 断层接触 ══════

下伏地层:蓟县系河岔口石英岩(Jx^{qx})

剖面上甜水湖组发育一背斜和向斜构造,其枢纽与区域构造线一致,由东北向西南地层总体由老变新,与北部蓟县系岔河口石英岩呈断层接触,与上覆冬瓜山群为角度不整合接触,地层厚度3 888.14m。

剖面显示甜水湖组下部以深灰色岩屑长石细砂质板岩、深灰色岩屑长石粉砂质板岩为主,局部夹少量含泥粉砂质板岩;中部以深灰色含泥质粉砂质板岩,或深灰色含泥质粉砂质板岩与粉砂质泥质板岩不等厚互层为主;上部主要为土黄色长石石英细砂板岩夹粉砂质板岩、深灰色岩屑长石细砂质板岩;顶部见十几米厚的红色岩屑长石中—粗粒砂岩夹含砾岩屑砂岩。从下部到中部,细砂岩、粉砂岩中粉砂质泥岩、泥质粉砂岩夹层增多,厚度逐渐增大;从中部到上部,泥质粉砂质板岩、粉砂质泥质板岩中细砂岩逐渐增多,到顶部变为粗砂岩、含细砾粗砂岩。地层层序自下而上岩石碎屑粒度由粗→细→粗变化,显示海水由浅→深→浅的变化过程。下部岩层发育平行层理,呈中—厚层状构造,基本层序自下而上为粉砂质板岩→含泥粉砂质板岩,或细砂岩→粉砂岩,基本层序为正粒序,为退积型基本层序,海水逐渐加深;中部地层具中—薄层状构造,发育平行层理、水平层理,表现为泥岩与粉砂质泥岩,或泥质粉砂岩与粉砂质泥岩不等厚互层,属加积型基本层序;上段和顶部发育平行层理,以厚层状构造为主,岩石基本层序自下而上为粉砂岩→细砂岩,基本层序为逆粒序,为海水逐渐变浅的进积型基本层序。

区域上该组岩性变化较小,从测区西部肖尔克谷地到东部阿克萨依湖岩性较为稳定,主要以细砂岩、粉砂岩、粉砂质泥岩为主。

(二)岩石地球化学特征

甜水湖组岩石化学成分见表2-19。从表2-19看,甜水湖组岩石化学成分变化较大、无一定规律,总体上看:泥质粉砂质板岩、粉砂质板岩显示以高的SiO_2、Al_2O_3,低的K_2O、CaO、FeO含量为特征;而碎屑粒度较粗的细砂质板岩、长石石英砂岩以相对较低的SiO_2,高的Al_2O_3、FeO、CaO、K_2O含量为特征。这可能与泥质粉砂质板岩、粉砂质板岩造岩矿物中泥质矿物含量较高,而细砂质板岩、长石石英砂岩主造岩矿物以石英、长石为主相关。

表 2－19　甜水湖组主要岩石化学成分含量表　（%）

样品号	岩石名称	SiO_2	Al_2O_3	Fe_2O_3	FeO	MgO	CaO	Na_2O	K_2O
D5633－GS17	细砂质板岩	54.97	17.93	1.58	5.37	3.52	3.50	1.56	5.12
D5633－GS20	泥质粉砂质板岩	70.09	11.64	0.88	2.4	3.2	2.00	3.15	2.18
D5633－GS21	粉砂质板岩	70.82	11.87	3.54	0.59	1.94	1.60	3.50	1.71
D5633－GS22	长石石英砂岩	62.49	6.03	1.65	0.45	2.52	11.45	0.13	0.14

样品号	岩石名称	TiO_2	P_2O_5	MnO	CO_2	H_2O^+	H_2O^-	LOI
D5633－GS17	细砂质板岩	0.83	0.18	0.06	0.22	3.45	0.23	4.97
D5633－GS20	泥质粉砂质板岩	0.59	0.18	0.05	0.24	1.51	0.22	3.07
D5633－GS21	粉砂质板岩	0.63	0.18	0.07	0.17	1.86	0.17	2.98
D5633－GS22	长石石英砂岩	0.26	0.09	0.24	0.02	1.41	0.02	12.29

注：样品由国土资源部西安矿产资源监督检测中心测试分析

甜水湖组微量元素含量见表 2－20。从表 2－20 可知：甜水湖组岩石微量元素含量总体变化不大，其微量元素平均值与地壳克拉克值相比，As、Li、Zr、Bi 元素含量高于地壳克拉克值，Nb、Rb、Th、Zn、Co、Cr、V、Ba、U、Ta、Sb、Pb、W 与地壳平均值大致接近，其余元素均低于地壳平均值。

甜水湖组稀土元素含量及特征值见表 2－21，稀土元素球粒陨石标准化模式曲线见图 2－16。从图 2－16、表 2－21 可以看出：甜水湖组各类岩石稀土元素含量变化不大，其轻、重稀土元素总量比值（LREE/HREE）、δEu 值及其球粒陨石标准化模式曲线基本相似，LREE/HREE＝5.68～8.63，δEu＝0.65～0.68，各岩石稀土元素球粒陨石标准化配分模式曲线右倾，且其斜率基本一致，为轻稀土元素富集性，铕为负异常，说明其具有相似的物源及构造环境。

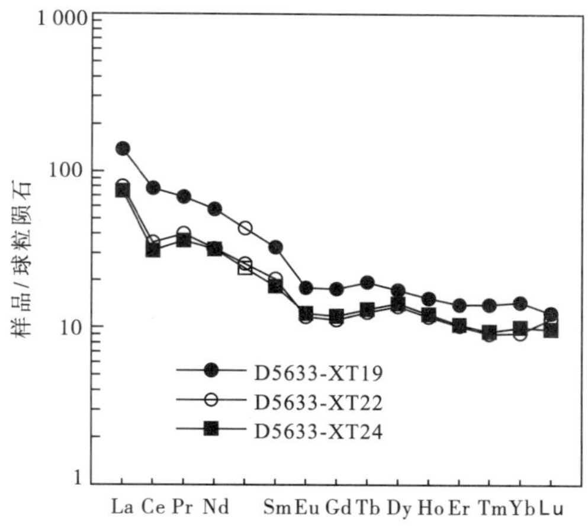

图 2－16　甜水湖组稀土元素球粒陨石标准化分布图

（三）沉积环境

该组地层颜色以灰色、浅灰色为主夹灰黄色，岩性以细砂岩、粉砂岩、粉砂质板岩、泥质板岩等细碎屑岩为主，顶部见含砾粗砂岩等，岩层以薄—中层构造为主，平行层理、水平层理发育，化石缺乏，说明其主体处于浅海陆棚较深处的沉积环境，其顶部粗砂岩、含砾粗砂岩可能为滨海环境沉积的粗碎屑岩。综上所述，甜水湖组形成于滨-浅海环境。

（四）时代

甜水湖组与上覆含丰富化石早奥陶世冬瓜山群为角度不整合接触，其变形变质程度明显较甜水海岩群、河岔口石英岩、肖尔克谷地岩组的中元古代岩组变质浅，变形期次较其少，岩石基本未变质，因此将其时代厘定为寒武纪。

表 2-20　甜水湖组微量元素含量表

样品号	岩石名称	Nb	Zr	Sr	Rb	Th	Zn	Cu	Ni	Co	Cr	V	Ba	P
D5633-24	细砂质板岩	19	236	69	94	7	37	12	29	12	89	90	859	899
D5633-25	粉砂质板岩	16	154	88	103	8	76	36	30	10	77	87	651	681
D5633-27	泥板岩	16	199	186	167	12	159	27	55	22	115	120	785	661
D5633-31	含泥粉砂质板岩	13	221	103	81	13	74	11	29	11	81	86	520	843
D5633-32	粉砂质板岩	14	216	98	64	15	71	33	37	10	84	91	533	913
D5633-33	细砂质板岩	18	261	106	77	16	75	36	34	12	89	90	669	1 039
平均值		16	214	108	98	12	82	26	36	13	89	94	670	839
地壳平均值(维氏,1962)		20	170	340	150	13	83	47	58	18	83	90	650	930
样品号	岩石名称	W	U	Li	Ta	Ag	As	Sb	Bi	Hg	Au	Pb	Sn	
D5633-24	细砂质板岩	0.63	2.3	42.8	1.2	41	3.17	0.38	0.11	53.9	1.38	4.4	1.9	
D5633-25	粉砂质板岩	0.75	2.3	51.8	1.1	69	18.60	1.15	0.14	57.0	1.42	7.8	2.0	
D5633-27	泥板岩	1.39	3.5	83.4	3.8	60	16.00	0.83	0.27	23.7	1.11	53.0	3.6	
D5633-31	含泥粉砂质板岩	0.69	2.2	27.8	4.2	58	7.48	0.52	0.24	105.0	0.99	18.0	2.5	
D5633-32	粉砂质板岩	0.75	2.0	25.4	2.6	67	13.90	0.72	0.12	44.9	1.08	29.0	2.7	
D5633-33	细砂质板岩	0.69	2.0	39.8	1.6	62	5.80	1.81	0.19	12.5	1.07	20.0	2.8	
平均值		0.80	2.4	45.2	2.4	60	10.80	0.90	0.20	49.5	1.20	22.0	2.6	
地壳平均值(维氏,1962)		1.10	2.5	32.0	2.5	70	1.70	0.50	0.01	83.0	3.40	16.0	25.0	

注:样品由国土资源部西安矿产资源监督检测中心测试分析;其中 Au、Ag、Hg 元素含量单位为 $\times10^{-9}$,其余元素含量单位均为 $\times10^{-6}$

表 2-21 甜水海岩群稀土元素含量及特征表

样品号	岩石名称	稀土元素含量(×10⁻⁶)									
		La	Ce	Pr	Nd	Sm	Eu	Gd	Tb	Dy	Ho
D5633-XT19	粉砂质板岩	44.2	72.7	8.20	34.3	6.54	1.30	5.45	0.97	5.34	1.12
D5633-XT22	含泥粉砂质板岩	25.5	33.0	4.78	19.3	4.08	0.85	3.44	0.62	4.20	0.85
D5633-XT24	长石石英砂岩	23.8	29.2	4.34	19.1	3.64	0.89	3.65	0.65	4.40	0.88

样品号	岩石名称	稀土元素含量(×10⁻⁶)							特征参数值	
		Er	Tm	Yb	Lu	ΣREE	LREE	HREE	LREE/HREE	δEu
D5633-XT19	粉砂质板岩	2.92	0.46	2.74	0.38	186.62	167.24	19.38	8.63	0.65
D5633-XT22	含泥粉砂质板岩	2.14	0.30	1.74	0.35	101.15	87.51	13.64	6.42	0.68
D5633-XT24	长石石英砂岩	2.18	0.31	1.89	0.30	95.23	80.97	14.26	5.68	0.74

注:样品由国土资源部西安矿产资源监督检测中心测试分析

第八节 奥陶系

冬瓜山群(OD)

图幅奥陶系分布地层仅有冬瓜山群(OD),零星出露于甜水海东部。

冬瓜山群由新疆地矿局第一区调大队四分队张志德等(1984)创名,命名地在区内岔路口东冬瓜山一带。原始定义:指一套上与那克十七江群连续过渡,下部不整合覆盖于甜水海岩群之上,主要由浅海相碳酸盐岩夹少量碎屑岩组成的含三叶虫、角石等化石的地层。在《新疆维吾尔岩石地层》(1999)中将冬瓜山群定义为:指一套与上、下部关系不明,下部不整合于甜水海岩群之上的一套以灰色、深灰色灰岩,砂质泥质灰岩,生物碎屑灰岩为主,夹千枚状页岩、钙质砂岩、钙质泥质粉砂岩,以及少量基性火山岩岩石组合,产腹足类、三叶虫、腕足类、头足类等化石。

图幅内冬瓜山群主要分布于甜水海一带,出露面积约 9km²,与下伏甜水湖组呈角度不整合接触,与上覆温泉沟群为整合接触(岔路口幅),主要为一套生物碎屑灰岩、礁灰岩、角砾状砂质灰岩、砾屑生屑灰岩、灰色白云岩、角砾状白云岩夹钙质粉砂岩、泥质灰岩。区域上联测区根据岩性组合可分为上、下两个组,图幅内(阿克萨依湖幅)只出露下组,下组岩性为灰色条纹状生屑灰岩、含层孔虫生物灰岩、礁灰岩夹砾屑灰岩,局部夹纹层状白云岩。总体为浅海碳酸盐岩台地相沉积。

(一)地层特征

图幅内冬瓜山群典型剖面位于甜水海东南 3km,该剖面冬瓜山群下组地层出露较齐全,与下伏地层接触关系清晰,为角度不整合接触。现以新疆和田县甜水海南东奥陶系冬瓜山群实测地质剖面(图 2-17)为例,将该群剖面地层层序由新到老依次叙述如下,剖面位置:N35°19′02″、E79°32′55″。

冬瓜山群下组 **>446.04m**

(未 见 顶)

12. 灰黑色粗粒亮晶含棘屑砂屑白云岩 33.90m
11. 灰白色亮晶含棘屑灰质白云岩 29.04m
10. 灰黑色亮晶含棘屑砾屑砂屑灰质白云岩夹角砾状白云岩 43.20m

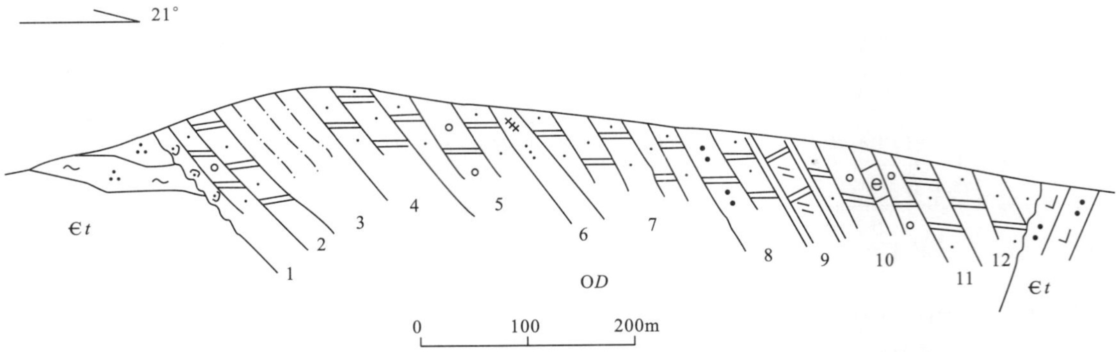

图 2-17 新疆和田县甜水海南东奥陶系冬瓜山群实测地质剖面图

9. 白色含细砂质白云质灰质大理岩夹鲕粒灰岩	41.60m
8. 灰黑色细—粉晶白云岩	52.00m
7. 灰黑色硅化亮晶砂屑白云岩、硅化角砾状白云岩	50.43m
6. 灰色白云质细粒长石岩屑杂砂岩与粉砂质板岩互层	3.02m
5. 灰黑色亮晶砂屑白云岩夹含角砾亮晶白云岩	98.52m
4. 灰黑色含砂屑粉晶白云岩、硅化砂屑白云岩、硅化角砾状白云岩	52.40m

════ 断层 ════

2. 浅灰色砂质白云岩	33.56m
1. 中上部亮晶砾屑砂屑鲕粒白云岩，底部铁红色砾岩	8.37m

~~~~~~ 角度不整合接触 ~~~~~~

下伏地层：甜水湖组

剖面上冬瓜山群下组与下伏甜水湖组为角度不整合接触，上部未见顶，地层厚度大于446.04m。冬瓜山群下组主要岩性为灰黑色粗粒亮晶含棘屑砂屑白云岩、灰黑色细—粉晶白云岩、灰黑色硅化亮晶砂屑白云岩、硅化角砾状白云岩、灰白色亮晶含棘屑灰质白云岩、含砾屑砂屑棘屑灰岩夹少量灰色白云质细粒长石岩屑杂砂岩、粉砂质板岩，岩石以中—厚层状构造、角砾状构造为主，发育鲕粒结构、亮晶结构，鲕粒一般为0.2～0.7mm，以同心圆状为主，放射状鲕粒较少，包壳一般2～3圈，白云岩中砾屑发育，剖面底部为数米厚的铁红色底砾岩。

冬瓜山群下组在区域上岩性横向总体变化不大。在甜水海北15km新藏公路西侧冬瓜山群下组中、上部主要由深灰色中—厚层状白云岩，大理岩化粉晶白云岩，中层状细粒灰岩夹含砂质粉晶白云岩组成，下部为褐灰色中—厚层状细粒石英砂岩、褐灰色含砾中—粗粒岩屑石英砂岩组成。

（二）岩石地球化学特征

冬瓜山群下组主要岩石化学成分见表2-22。从表2-22看出，岩石化学成分为两种：一种为灰岩，岩石以高的 $CaO+CO_2$（56.3%～76.36%）及 MgO（5.12%～6.79%），SiO_2 含量 2.63%～10.06%为特征，反映岩石中主要矿物为方解石，其次还含有一定量高镁方解石或白云石及砂屑；另一种为白云岩，以高的 $MgO+CaO+CO_2$ 含量（91.23%～88.59%）、SiO_2 含量 5.95%～8.44%为特征，说明白云石中含较高的砂屑。
~~~~~~

表 2－22　冬瓜山群下组岩石化学成分含量表

(%)

样品号	岩石名称	SiO_2	Al_2O_3	Fe_2O_3	FeO	MgO	CaO	Na_2O
D7103－TS1	砂屑灰质白云岩	2.63	1.48	0.25	0.36	5.12	45.8	0.16
D6588－GS2	细晶灰岩	10.06	2.55	0.27	0.91	6.79	39.6	0.16
D6588－GS3	粉晶白云岩	5.95	0.75	0.19	1.04	19.19	28.6	0.34
D5633－GS4	中厚层白云岩	8.44	1.05	0.08	0.90	17.18	28.5	0.16

样品号	岩石名称	K_2O	TiO_2	P_2O_5	MnO	CO_2	H_2O^+
D7103－TS1	砂屑灰质白云岩	0.14	0.01	0.03	0.14	10.50	0.30
D6588－GS2	细晶灰岩	0.73	0.11	0.03	0.81	36.76	0.03
D6588－GS3	粉晶白云岩	0.12	0.02	0.01	0.74	43.44	0.01
D5633－GS4	中厚层白云岩	0.30	0.04	0.91	0.01	42.91	0.04

注：样品由国土资源部西安矿产资源监督检测中心测试分析

冬瓜山群下组岩石微量元素含量见表 2－23。从表 2－23 看：冬瓜山群下组碳酸盐岩微量元素含量总体变化不大，未见明显的富集(矿化)。岩石微量元素平均值与碳酸盐岩微量元素平均值比较，Cu、Pb、Zn、Ag、As、Sb、Ba、Rb 含量偏高，其中 Cu、Pb、Zn、Ag 分别为碳酸盐岩平均值的 2～6 倍，具较高地球化学背景；V、P、Mo、Hg 与碳酸盐岩平均值大致相当；其余元素含量偏低。

表 2－23　冬瓜山群下组微量元素含量表

样品号	岩石名称	Sr	Rb	Pb	Zn	Cu	V	Ba	P
D7103－5	粉晶白云岩	102	10	58	260	33	25	405	408
D7103－6	亮晶白云岩	95	6	25	33	17	19	70	271
D7103－7	岩屑杂砂岩	89	55	9	24	21	53	558	540
D7103－9	粉晶白云岩	87	9	86	219	53	21	331	362
D7103－12	灰质大理岩	102	9	23	53	19	19	198	299
平均值		95	18	40	118	29	27	312	376
世界碳酸盐岩平均值(涂和费，1961)		610	3	9	20	4	20	10	400

样品号	岩石名称	As	Sb	Hg	Sn	Ag	W	Mo	Au
D7103－5	粉晶白云岩	7.64	1.23	239.0	0.93	370	0.48	3.80	0.22
D7103－6	亮晶白云岩	2.02	0.17	64.7	0.80	86	0.45	0.50	0.20
D7103－7	岩屑杂砂岩	5.92	0.69	33.6	1.30	82	0.50	1.00	1.44
D7103－9	粉晶白云岩	19.20	2.15	80.4	0.80	100	0.45	0.50	0.75
D7103－12	灰质大理岩	2.29	0.12	53.9	0.80	108	0.45	0.41	0.25
平均值		7.40	0.90	94.3	0.90	149	0.50	1.20	0.60
世界碳酸盐岩平均值(涂和费，1961)		1.70	0.50	83.0	25.00	70	1.30	1.10	3.40

注：样品由国土资源部西安矿产资源监督检测中心测试分析；其中 Ag、Au、Hg 元素含量单位为 $\times10^{-9}$，其余元素含量单位均为 $\times10^{-6}$

冬瓜山群下组稀土元素含量及特征值见表 2－24，其球粒陨石标准化配分模式曲线见图 2－18。从图 2－18、表 2－24 可知：该组岩石各稀土元素含量变化不大，其轻稀土元素总量[LREE 为 $(15.52\sim23.45)\times10^{-6}$]、重稀土元素总量[HREE 为 $(1.99\sim2.77)\times10^{-6}$]、LREE/HREE 值(7.09～8.78)变化不大，其稀土元素球粒陨石配分模式曲线基本相似，模式曲线右倾且斜率基本一致，属轻稀土富集型，铕为负异常(δEu＝0.6～0.7)，说明其物源及形成的环境相似。

表 2-24 冬瓜山群下组岩石稀土元素含量及特征表

样品号	岩石名称	稀土元素含量(×10⁻⁶)									
		La	Ce	Pr	Nd	Sm	Eu	Gd	Tb	Dy	Ho
D7103-XT1	灰质白云岩	6.77	11.00	0.82	4.10	0.62	0.14	0.81	0.14	0.75	0.14
D6588-XT3	粉晶白云岩	4.03	7.31	0.71	2.85	0.51	0.11	0.57	0.10	0.53	0.11
D6588-XT5	厚层白云岩	5.54	8.41	1.01	3.72	0.74	0.18	0.82	0.12	0.80	0.18

样品号	岩石名称	稀土元素含量(×10⁻⁶)							特征参数值	
		Er	Tm	Yb	Lu	ΣREE	LREE	HREE	LREE/HREE	δEu
D7103-XT1	灰质白云岩	0.34	0.06	0.37	0.07	26.12	23.45	2.67	8.78	0.60
D6588-XT3	粉晶白云岩	0.29	0.04	0.31	0.05	17.51	15.52	1.99	7.78	0.62
D6588-XT5	厚层白云岩	0.43	0.06	0.30	0.06	22.37	19.60	2.77	7.09	0.70

注:样品由国土资源部中南矿产资源监测检测中心分析

(三)沉积环境

图幅内冬瓜山群下组主要岩性为灰色、深灰色白云岩,角砾状白云岩夹少量灰色长石岩屑细粒砂岩、粉砂岩。该组底部见褐色细—粗碎屑岩,白云岩、灰质白云岩中砂屑含量较高,呈中—厚层状构造、角砾状构造,单层厚20~80cm,岩石中鲕粒构造发育,鲕粒构造及砾屑灰岩、角砾状灰岩为典型的高能浅滩环境下的产物,且冬瓜山群丰富的腕足类、棘皮类化石反映其形成于高能碳酸盐岩台地浅滩环境。

综上所述,冬瓜山群下组主要为碳酸盐岩夹少量碎屑岩,沉积环境为碳酸盐岩台地浅滩相-潮坪相。

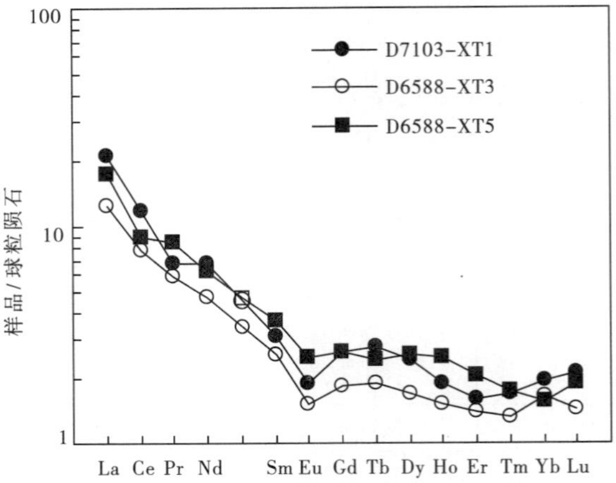

图 2-18 冬瓜山群下组稀土元素球粒陨石标准化分布图

(四)古生物特征及地层时代

冬瓜山群下组中生物化石丰富,前人采到三叶虫:*Illaenus* sp.,*Ptychopyge*? sp.;海林檎:*Sphaeronites* sp.,*Aristocystis* sp.;角石:*Chisiloceras* sp.,*C. chaohuense*,*Dideroceras endocylindricum*,*D. meridonale*,*D. stenosiphonatum*,*D.* cf. *grabaui*,*D. subtriangulum*,*D. hexianense*,*Changyangoceras jurongense*,*Protocycloceras* cf. *lamarcki* 等化石。陕西地质调查院计文化等(2003)在西部该群中采集到的生物化石主要为头足类及海百合茎化石,经鉴定头足类有:*Actinoceras* ? sp.(珠角石?),*Actinoceras concareum* Endo(凹形珠角石),*Discoceras* sp.[盘角石(未定种)],*Michelinoceras densam*(Yu)(米契林角石).,*Michelinoceras* sp.[(米契林角石(未定种)];海百合茎:*Cyclocyclicus*? cf.。其中头足类化石 *Michelinoceras densum*(Yu).时代为中奥陶世晚期(O_2^2),即达威尔期。本次工作亦采到大量珊瑚、层孔虫、角石化石。依据所含化石将冬瓜山群时代厘定为中下奥陶世。

第九节 志留系

温泉沟群(S_1W)

图幅志留系出露较少,仅有温泉沟群零星分布于甜水海地层分区。

温泉沟群由新疆地质局区域调查大队张玉谦、赵明钰、焦生瑞(1976)创名,命名地为叶尔羌河上游,原始定义:与上覆达坂沟群整合接触,由一套海相碎屑岩夹碳酸盐岩组成岩石建造。在《西北区域地层表·新疆维吾尔自治区分册》(1982),1982—1984年新疆地质局第一地质大队四分队、十分队在西昆仑1∶100万区域地质调查时及在1990年《新疆古生界》(上)一文中均使用温泉沟群。1993年在《新疆维吾尔自治区区域地质志》中改用温泉沟组。在《新疆维吾尔自治区岩石地层》(1999)中沿用温泉沟群名称,将其定义为岩性以浅变质的碎屑岩为主,由钙质粉砂岩、石英砂岩、千枚岩组成,顶界与达坂沟群整合接触,与下伏地层接触关系不明的一套地层单位。本次区调工作沿用温泉沟群,时代为早志留世。

区域上温泉沟群按岩性组合特征可划分为粉砂岩组、砂岩组、板岩组3个岩组。本图幅内温泉沟群只出露中部砂岩组,零星出露于甜水海北10km的新藏公路西侧,组成一背斜构造,与上覆冬瓜山群呈断层接触,被第四系不整合覆盖,主要岩性为灰色中厚层状中细砾岩屑长石石英变杂砂岩、灰色中厚层状钙质变杂砂岩夹(互)灰—灰黄色粉砂质板岩,出露面积约$20km^2$。

(一)地层特征

温泉沟群砂岩组在甜水海北露头较好,现以新疆和田县甜水海北实志留系温泉沟群砂岩组测地质剖面为例,将温泉沟群砂岩组地层由新至老叙述如下(图2-19),剖面位置:N 35°26′09″、E79°32′21″。

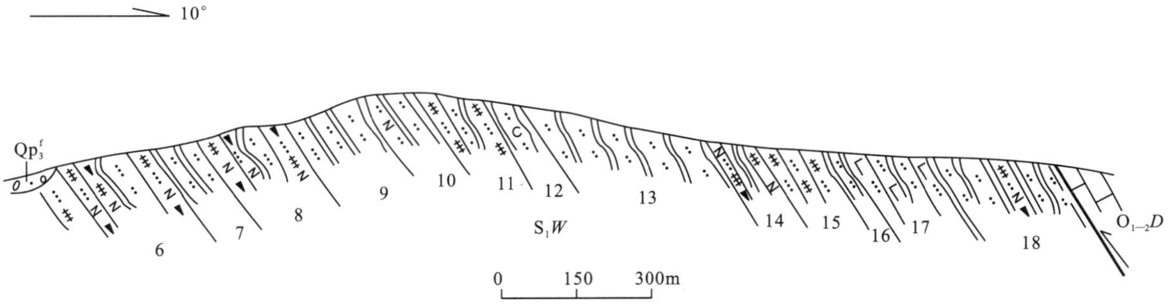

图2-19 新疆和田县甜水海北志留系温泉沟群砂岩组实测地质剖面图

上覆地层:冬瓜山群(OD)下组

═══ 脆韧性断层接触 ═══

温泉沟群砂岩组	**1 473.82m**
18. 灰色、灰黄色粉砂质板岩夹薄层状变细粒岩屑长石杂砂岩	219.15m
17. 灰色中厚层状钙质变细砂岩夹变粉砂板岩	124.30m
16. 灰色粉砂质板岩夹薄层状变质钙质粉砂岩	8.29m
15. 灰色薄层状变质细粒杂砂岩	106.50m
14. 灰黑色变质细粒岩屑长石杂砂岩夹粉砂岩	80.23m

13. 灰色、灰黑色粉砂质板岩夹灰黑色薄—中层状钙质粉砂岩	118.87m
12. 灰黑色含碳粉砂质板岩	10.95m
11. 灰黑色变细粒杂砂岩夹粉砂质板岩	12.57m
10. 浅灰色厚层变质长石粉砂岩夹粉砂质板岩	85.60m
9. 灰色粉砂质板岩	185.04m
8. 灰色厚层状变质中细粒岩屑长石杂砂岩与粉砂岩互层	155.20m
7. 灰色砂质板岩	76.70m
6. 灰色中厚层状岩屑长石中—细粒杂砂岩夹粉砂质板岩	290.42m

（未　见　底）

在剖面南部温泉沟群砂岩组被上更新统松散湖积砾石、碎石、砂砾石、含砾砂土等覆盖，在剖面北部（甜水海北约15km），该群与上覆冬瓜山群下组呈脆韧性断层接触，剖面南部由于第四纪湖积物覆盖该组未见底，该组地层总体上由南向北、由老变新，地层走向为北西西—南东东向，地层厚度为1 473.82m。温泉沟群砂岩组按岩性组合可分为上、下两段。下段岩性以灰色中厚层状岩屑长石中粒杂砂岩或中—细粒杂砂岩为主，夹灰色细砂岩、粉砂岩，基本层序自下而上为中粒砂岩、中细粒砂岩→粉砂质板岩，基本层序厚度1.5～3m。该基本层序下部中粒砂岩、中细粒砂岩呈中—厚层状构造，泥岩为薄层状构造，砂岩与泥岩厚度之比为（5～7）：1，往上部砂岩有变薄的趋势，基本层序中砂岩所占比例逐渐减小，泥岩所占比例逐渐增大。下段岩石自下而上显示岩层逐渐变薄、粒度逐渐变细、杂基含量越来越高的趋势。上段岩性主要为灰—灰黑色粉砂质板岩、灰色薄层状变质细粒杂砂岩、灰黑色变质细粒岩屑长石杂砂岩夹灰黑色薄—中层状钙质粉砂岩、灰黑色含碳粉砂质板岩，相对下段层厚明显变薄，多为中—薄层状，碎屑粒度明显变细，以细粒—粉砂质为主，颜色明显变深，以深灰色、黑色为主，显示水体深度明显较下段加深。上述特征反映出温泉沟群砂岩组为一套复理石堆积。

温泉沟群砂岩组在图幅岩性比较稳定，在西部肖尔克谷地—湖西梁一带该组下段顶部及上段夹有少量的薄层状硅质岩夹层。

（二）岩石地球化学特征

温泉沟群砂岩组岩石化学成分含量见表2-25。从表2-25看：该组主要岩石类型的岩屑细粒杂砂岩、粉砂质板岩中的各岩石化学成分含量值基本相似。

温泉沟群砂岩组岩石微量元素含量见表2-26。从表2-26可知：该岩组微量元素含量变化不大，其含量较低。砂岩组Ag、As平均值高于地壳平均值，Sb、W、Mo平均值与地壳平均值相近，其余元素均低于地壳平均值。

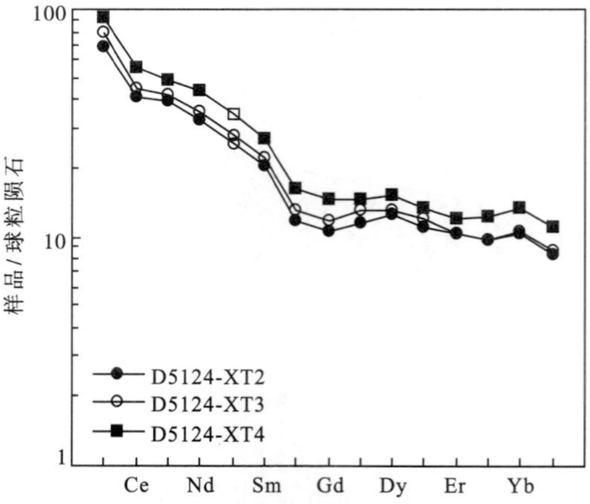

图2-20　温泉沟群砂岩组稀土元素球粒陨石标准化分布图

温泉沟群砂岩组稀土元素含量及特征值见表2-27及图2-20。从表2-27、图2-20可以看出温泉沟群砂岩组主要岩石类型的各稀土元素含量及特征值相近，LREE/HREE=6.74、∑REE=（102.51～137.25）$\times 10^{-6}$、δEu=0.7左右，球粒陨石配分模式曲线相似，模式曲线右倾且斜率一致，为轻稀土元素富集性，铕具负异常。说明该群砂岩组上段、下段岩性物源相似，构造环境基本相同。

表 2-25　温泉沟群砂岩组岩石化学成分含量表

(%)

样品号	岩石名称	SiO_2	Al_2O_3	Fe_2O_3	FeO	MgO	CaO	Na_2O	K_2O
D5124-GS1	岩屑长石细粒杂砂岩	67.74	12.32	0.98	3.35	2.12	3.65	3.24	1.81
D5124-GS3	岩屑长石细粒杂砂岩	68.10	13.55	0.87	3.58	1.87	2.30	2.70	2.28
D5124-GS4	粉砂质板岩	67.15	12.28	1.17	3.67	1.72	3.00	3.26	2.00

样品号	岩石名称	TiO_2	P_2O_5	MnO	CO_2	H_2O^+	H_2O^-
D5124-GS1	岩屑长石细粒杂砂岩	0.49	0.02	0.07	0.43	2.04	0.09
D5124-GS3	岩屑长石细粒杂砂岩	0.48	0.18	0.70	0.31	2.25	0.02
D5124-GS4	粉砂质板岩	0.59	0.18	0.35	0.35	2.00	0.07

注:样品由国土资源部中南矿产资源监测检测中心分析

表 2-26　温泉沟群砂岩组微量元素含量表

样品号	岩石名称	As	Sb	Hg	Sn	Ag	W	Mo	Au
D5124-GP1	细砂岩	10.20	0.30	65.10	1.70	160	0.50	0.44	1.09
D5124-GP2	中细砂岩	13.10	0.33	24.60	4.10	105	0.70	0.38	5.04
D5124-GP3	粉砂质板岩	8.25	0.36	51.60	3.00	108	0.85	0.44	2.43
D5124-GP5	泥质板岩	11.10	0.20	58.40	2.80	115	0.85	0.44	1.69
D5124-GP7	粉砂岩	15.80	0.45	198.00	1.90	145	0.85	0.62	2.18
D5124-GP9	细砂岩	12.30	0.26	55.70	2.50	50	1.21	1.05	0.68
D5124-GP10	粉砂质板岩	9.39	0.59	59.70	2.80	46	1.41	1.36	1.15
D5124-GP14	粉砂质板岩	2.20	0.32	30.00	1.70	88	0.85	0.81	1.67
平均值		10.29	0.35	67.89	2.56	102	0.90	0.69	1.99
地壳克拉克平均值(维氏,1962)		1.70	0.50	100.00	25.00	70	1.30	1.10	3.40

注:样品由国土资源部中南矿产资源监测检测中心分析;其中 Au、Ag、Hg 元素含量单位为$\times10^{-9}$,其余元素含量单位均为$\times10^{-6}$

表 2-27　温泉沟群砂岩组稀土元素含量及特征值

样品号	岩石名称	稀土元素含量($\times10^{-6}$)									
		La	Ce	Pr	Nd	Sm	Eu	Gd	Tb	Dy	Ho
D5124-XT2	细砂岩	22.0	38.2	4.68	19.5	4.04	0.85	3.29	0.57	3.87	0.81
D5124-XT3	粉砂岩	25.4	41.6	5.00	21.1	4.42	0.96	3.66	0.65	4.05	0.88
D5124-XT4	细砂岩	29.7	52.1	5.86	26.3	5.42	1.17	4.54	0.73	4.71	0.98

样品号	岩石名称	稀土元素含量($\times10^{-6}$)							特征参数值	
		Er	Tm	Yb	Lu	ΣREE	LREE	HREE	LREE/HREE	δEu
D5124-XT2	细砂岩	2.15	0.32	1.97	0.26	102.51	89.27	13.24	6.74	0.69
D5124-XT3	粉砂岩	2.16	0.32	2.00	0.27	112.47	98.48	13.99	7.04	0.71
D5124-XT4	细砂岩	2.49	0.40	2.51	0.34	137.25	120.55	16.70	7.22	0.70

注:样品由国土资源部中南矿产资源监测检测中心分析

(三)沉积环境

温泉沟群砂岩组下段岩性以灰色中厚层状岩屑长石中粒杂砂岩或中—细粒杂砂岩为主,夹灰色细砂岩、粉砂岩组成,其岩性虽较单调但韵律构造发育;上段主要岩性为灰—灰黑色粉砂质板岩、灰黑色变质细粒杂砂岩夹含碳粉砂质岩、钙质粉砂质岩及深灰色薄层硅质岩。岩石总体发育平行层理、水平层理，以薄—中层状构造为主，韵律构造发育。

温泉沟群砂岩组沉积建造、沉积组构反映其为海水逐渐加深的海侵体系域形成的一套深水复理石沉积。

（四）地层时代

温泉沟群砂岩组化石贫乏，未采到大化石，本次区调工作在西邻岔路口幅肖尔克谷地一带温泉沟群采集了丰富的微体古生物——疑原类和几丁虫化石。经鉴定，主要的疑原类和几丁虫为：网纹光球藻 *Leiosphaeridia tenuissima* Eisenack；沃格光球藻 *Leiosphaeridia* cf. *voigttii* Eisenack；弗洛利藻（未定种）*Florisphaeridium* sp.；细长锥几丁虫（相似种）*Conochitina* cf. *leptosoma*；长形几丁虫（相似种）*Conochitina* cf. *proboscifera* Eisenack；光锥几丁虫（相似种）*Conochitina* cf. *acumirata* Eisenack；管形锥几丁虫（相似种）*Conochitina* cf. *tuba* Eisenack；平行锥几丁虫（相似种）*Conochitina* cf. *homeclaviformis* Bauche；小锥几丁虫（相似种）*Conochitina* cf. *inceratica* Eisenack；锚刺几丁虫（未定种）*Ancyrochitina* sp.；原始锚刺几丁虫（相似种）*Ancyrochitina* cf. *primitica* Eisenack；漂砾链几丁虫（相似种）*Desmochitina* cf. *erratica* Eisenack；塔状艾森纳克几丁虫（相似种）*Eisenackitina* sp. cf. *coster* Jansonius；锥形棒几丁虫（相似种）*Rhabdochitina* cf. *conocephala* Eisdnack；缘棒几丁虫（相似种）*Rhabdochitina* cf. *magna* Eisenack；束肋棒几丁虫（相似种）*Rhabdochitina* cf. *vorgata* Taugourdeau；筒形杯几丁虫（相似种）*Cyathiochitina* cf. *calis* Eisenack；杯几丁虫（未定种）*Cyathochitina* sp.；多性斜几丁虫（相似种）*lllichitina* cf. *multiplex* Schallrenter；斜向瓶几丁虫（相似种）*Lagenochitina* cf. *obliges* Paris。上述化石组合主体时代为志留纪，因此温泉沟群时代厘定为早志留世。

第十节 石炭系

图幅内石炭系地层分布较少，仅出露有甜水海地层分区的恰提尔群和康西瓦-苏巴什蛇绿混杂岩。

一、恰提尔群（C_2Q）

恰提尔群由别良耶夫斯基（1946）在新疆恰提尔河地区创名。新疆和田地质大队（1960）于卡帕浪沟测制剖面并划分出恰提尔群；新疆地质局第一区调大队十分队（1984）沿用恰提尔群。在《新疆维吾尔自治区岩石地层》（1999）中沿用该名称，本次调查也沿用，将其定义为：与上覆空喀山口组断层接触，与下伏帕斯恰群整合接触的一套含丰富的䗴类、腕足类、珊瑚化石的一套碳酸盐岩夹碎屑岩沉积，岩性为暗灰、黄色块状灰岩，生物灰岩，珊瑚礁灰岩，夹黑色泥质粉砂质岩、板岩。恰提尔群在图幅内主要分布于阿克萨依湖—郭扎错一带，为一套滨-浅海相碳酸盐岩-碎屑岩建造，与下伏温泉沟群为角度不整合接触，上覆白垩系铁隆滩群角度不整合于其上。

恰提尔群出露于阿克萨依湖南—琼冰水河口—郭扎错一带，面积约 300km^2。图幅内该群下部未见底，与上覆巴颜喀拉山群为断层接触或与上覆铁隆滩群以角度不整合接触，地层走向近东西向，根据其岩性组合特征可分为灰岩组、砂岩组两个组。

（一）地层特征

图幅内恰提尔群在西藏日土县琼冰水河口出露较全，现以西藏日土县琼冰水河石炭系恰提尔群实测地质剖面叙述如下(图 2－21),剖面位置:N35°09′09″,E80°28′35″。

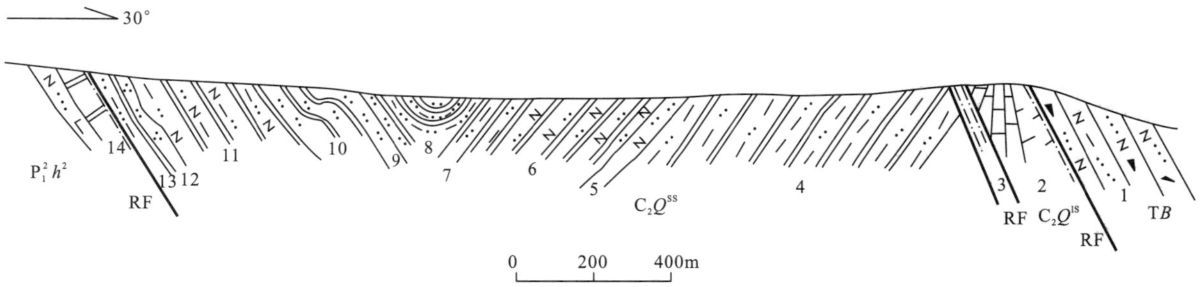

图 2－21　西藏日土县琼冰水河石炭系恰提尔群实测地质剖面

上覆地层:三叠系巴颜喀拉山群(T*B*)

═══ 脆韧性断层接触 ═══

恰提尔群(C_2Q)	**976.3m**
灰岩组(C_2Q^{ls})	**103.9m**
2.深灰色含隐藻粉晶灰岩	103.9m

═══ 断层接触 ═══

砂岩组 (C_2Q^{ss})	**872.4m**
8.深灰色石英粉砂板岩夹泥质粉砂质板岩	204.1m
9.深灰色石英细砂岩夹泥质粉砂质板岩	16.9m
10.深灰色粉砂质板岩夹深灰色泥质粉砂质板岩	239.5m
11.深灰色含泥长石粉砂岩夹深灰黑色粉砂质板岩	354.5m
12.深灰色石英粉砂板岩夹泥质粉砂质板岩	4.1m
13.深灰色泥质粉砂岩夹深灰色粉砂质板岩	53.3m

(未　见　底)

剖面南部由于第四纪冲洪积覆盖恰提尔群砂岩组未见底,其岩性以灰色中—薄层状深灰色粉砂质板岩、深灰色泥质粉砂质板岩、细粒石英细砂岩为主。其中粉砂岩、粉砂质板岩为薄层状构造,单层厚 1～3cm,粉砂岩、粉砂质板岩中斜层理、交错层理发育,含泥质粉砂岩中发育水平纹层、微波状的细纹层,岩石中斜层理、水平虫迹发育,虫迹主要为觅食迹,反映了水动力条件较弱的环境。

恰提尔群灰岩组与下伏砂岩组为脆韧性断层接触,与上覆巴颜喀拉山群为断层接触,岩性主要为深灰色含隐藻粉晶灰岩,岩石发育藻纹层—粉晶结构,纹层状构造、块状构造。

(二)区域变化

图区内恰提尔群砂岩组岩性组合总体变化不大,图幅中西部阿克萨依湖南砂岩组主要以灰色、深灰色中—厚层状岩屑长石变细粒杂砂岩,灰色粉砂质板岩,灰色泥质板岩为主;再向西至图幅西部边界一带,主要岩性为灰色中厚层状细粒石英杂砂岩、灰色厚层状石英粉砂岩夹细粒钙质石英砂岩,钙质砂岩中斜层理、交错层理发育,岩石中斜层理、水平虫迹发育,虫迹主要为觅食迹,反映了水动力条件较弱的环境。

恰提尔群灰岩组区域上岩性比较稳定,主要为生物灰岩、砂质灰岩夹钙质砂岩,岩层中发育有交错层理、粒序层理等沉积构造。

(三)岩石地球化学特征

恰提尔群岩石化学成分见表 2－28。从表 2－28 可知:灰岩组化学成分 $CaO+CO_2$(82.52%)

和 SiO_2(10.62%)含量较高,说明灰岩中具较高的砂屑成分;砂岩组岩石化学成分变化较大,说明岩石矿物成分复杂。

表 2-28 恰提尔群岩石化学成分含量表 (%)

样品号	岩石名称	SiO_2	Al_2O_3	Fe_2O_3	FeO	MgO	CaO	Na_2O	K_2O
D5990-TS1	隐藻灰岩	10.62	1.90	0.49	0.30	0.72	47.00	0.24	0.72
D5991-GS1	泥质粉砂质板岩	59.70	18.27	1.05	5.10	2.80	0.75	2.63	3.40
D5991-GS2	石英粉砂质板岩	79.08	8.50	0.96	3.86	1.51	0.35	1.33	1.24
D5991-GS3	长石粉砂岩	74.50	10.41	0.50	4.30	1.76	0.75	1.16	1.78

样品号	岩石名称	TiO_2	P_2O_5	MnO	CO_2	H_2O^+	H_2O^-
D5990-TS1	隐藻灰岩	0.11	0.05	0.02	35.52	—	0.11
D5991-GS1	泥质粉砂质板岩	0.92	0.16	0.13	0.18	3.60	0.07
D5991-GS2	粉砂质板岩	0.72	0.07	0.15	0.14	1.18	0.02
D5991-GS3	长石粉砂岩	0.73	0.11	0.13	0.32	2.50	0.06

注:样品由国土资源部西安矿产资源监督检测中心测试分析

恰提尔群岩石微量元素见表 2-29。从表 2-29 可知:灰岩组中微量元素与碳酸盐岩平均值(涂和费,1961)相比,Cu、Pb、Sr、Rb 高于碳酸盐岩平均值,其余元素与碳酸盐岩相近;砂岩组中微量元素含量变化不大,其平均值与地壳克拉克值相比,As 较高,Cu、Zn、Pb、Sb、W、Ag、V 与地壳克拉克值接近,其余元素明显偏低,但总体相差不大。该群中 Cu、Zn、Pb、Ag、Sb、W 等元素未见明显的矿化富集。

表 2-29 恰提尔群岩石微量元素含量表

样品号	岩石名称	Sr	Rb	Pb	Zn	Cu	V	Ba	P
D5590-GP1	细晶灰岩	1 858	8	15	8	11	20	28	396
碳酸盐岩平均值(涂和费,1961)		610	3	9	20	4	20	10	400
D5591-GP2	粉砂质板岩	67	125	21	93	51	142	560	575
D5591-GP4	细砂岩	32	58	8	71	24	100	311	351
D5591-GP5	粉砂质板岩	44	97	10	60	92	96	390	411
D5591-GP7	泥质粉砂岩	57	124	18	139	74	119	484	414
平均值		50.0	101	14.3	91	60.3	114	436	438
地壳克拉克值		340	150	16	83	47	90	650	930

样品号	岩石名称	As	Sb	Hg	Sn	Ag	W	Mo	Au
D5590-GP1	细晶灰岩	2.71	0.20	43.0	0.80	68	0.45	0.44	0.88
碳酸盐岩平均值(涂和费,1961)		1.00	0.20	40.0	—	—	0.60	3.00	—
D5591-GP2	粉砂质板岩	16.80	0.50	70.5	3.00	96	1.56	0.50	1.49
D5591-GP4	细砂岩	1.17	0.18	24.4	2.00	68	1.30	0.41	0.80
D5591-GP5	粉砂质板岩	3.22	0.12	58.1	1.30	68	1.35	0.38	0.63
D5591-GP7	泥质粉砂岩	7.97	0.36	67.4	2.65	110	1.50	0.75	1.98
平均值		7.30	0.30	55.1	2.20	86	1.40	0.50	1.20
地壳克拉克值		1.70	0.50	83.0	25.00	70	1.30	1.10	3.40

注:样品由国土资源部西安矿产资源监督检测中心测试分析;其中 Au、Ag、Hg 元素含量单位为 $\times10^{-9}$,其余元素含量单位均为 $\times10^{-6}$

恰提尔群岩石稀土元素含量及特征见表2-30。砂岩组、灰岩组中稀土元素含量变化不大，轻、重稀土元素总量，稀土元素总量及比值相近，LREE=(103.60～132.53)×10^{-6}、HREE=(13.35～14.93)×10^{-6}、∑REE=(116.95～147.46)×10^{-6}，LREE/HREE在7.76～8.88之间，说明轻、重稀土元素分馏较大，为轻稀土富集型。

表2-30　恰提尔群稀土元素含量及特征值

样品号	岩石名称	稀土元素含量(×10^{-6})									
		La	Ce	Pr	Nd	Sm	Eu	Gd	Tb	Dy	Ho
D5591-XT2	细晶灰岩	25.5	47.0	5.06	21.2	4.02	0.82	3.43	0.60	3.90	0.80
D5591-XT3	泥质粉砂质板岩	35.0	57.3	6.46	27.8	5.02	0.95	4.00	0.68	4.27	0.84

样品号	岩石名称	稀土元素含量(×10^{-6})							特征参数值	
		Er	Tm	Yb	Lu	∑REE	LREE	HREE	LREE/HREE	δEu
D5591-XT2	细晶灰岩	2.12	0.33	1.91	0.26	116.95	103.60	13.35	7.76	0.66
D5591-XT3	泥质粉砂质板岩	2.45	0.36	2.06	0.27	147.46	132.53	14.93	8.88	0.63

注：样品由国土资源部中南矿产资源监测检测中心分析

（四）沉积环境特征

砂岩组中斜层理、交错层理、水平纹层、微波状的细纹层发育，应为潮坪环境的沉积物；灰岩组中粉晶结构、藻纹层构造发育，化石以隐藻为主，说明其为潮上-潮间带环境产物，因此，恰提尔群为潮坪环境的沉积物。

（五）地层时代

恰提尔群在阿克萨依湖南与上覆白垩系铁隆滩群为角度不整合接触，该群前人所采化石包括晚石炭世的主要化石分子，如*Fusulinella*，*Psudostaffella*，*Choristites*及*Branneroceras*等，因此，恰提尔群时代应为晚石炭世。

二、康西瓦-苏巴什构造蛇绿混杂岩($C—P^{\nu\phi+\nu}$)

康西瓦-苏巴什构造蛇绿混杂岩是本次区调建立的一个非正式构造岩石地层单位，指分布于玉龙喀什河上游再依勒克河一带，由绿泥石英构造片岩、绿泥绢云构造片岩、碳质构造片岩、碳质石英构造片岩、糜棱岩等剪切基质包绕蛇纹岩、蛇纹石化橄榄岩、透闪石化辉石岩、辉长岩、辉绿辉长岩、枕状玄武岩等刚性块体组成的构造蛇绿混杂岩，为康西瓦结合带形成的构造岩，属无序的构造岩石地层单位，沿康西瓦-苏巴什蛇绿构造混杂岩带展布。

康西瓦-苏巴什构造蛇绿混杂岩出露于测区北部再依勒克河一带，呈向西的楔状体尖灭于康西瓦断裂带上，该构造蛇绿混杂岩带南北出露宽数十米至数千米，由弱变形的刚性块体和强变形的剪切基质两部分相间排列组成，构造块体呈长透镜状，其长轴产状与结合带延伸方向一致，构造块体主要由蛇纹岩、石棉化蛇纹岩、变二辉橄榄岩、变辉橄岩、变辉长岩、辉绿岩、辉长闪长岩、蚀变玄武岩等透镜体组成，辉绿岩、辉绿辉长岩多以岩墙状产出；超基性岩、基性岩多呈深绿、暗绿色，其岩石蚀变和变质作用较强，以橄榄石蛇纹石化、辉石透闪石化、绿泥石化、绿纤石化、绿帘石化较为强烈；康西瓦-苏巴什构造蛇绿混杂岩中火山岩主要岩石类型为蚀变玄武岩，斑状结构，基质为细—隐晶质结构，呈深绿色、暗绿色枕状或致密块状、气孔状构造。该构造蛇绿混杂岩中超基性—基性岩共生产出(详见第三章蛇绿岩部分)，此外，刚性构造块体还有大理岩岩片、岛弧火山岩岩片(详见第三章火山岩部分）。剪切基质主要岩性为绿色绿泥钠长片岩、绿泥绿帘片岩、条纹条带状云母石英片岩，构造面理围绕构造块体产出，与构造块体边界产状一致。由于强烈的构造变形变质及混杂作用，康西瓦-苏巴什构造蛇绿混杂岩没有一个完整的剖面，该构造蛇绿混杂岩带不同地段岩性组合差别较大。

综上所述，康西瓦-苏巴什构造蛇绿混杂岩根据物质来源差异和构造变形特征可分蛇绿岩岩块（岩片）、岛弧火山岩岩片、大理岩岩片等刚性构造块体（可能还有一部分属基底岩片物质存在）和剪切基质两部分，分别处于强、弱构造变形域中。

康西瓦-苏巴什构造蛇绿混杂岩带中超基性、基性岩为蛇绿岩组成部分，属洋壳残片，前人（陕西地质调查院韩芳林等，2000—2002）在东邻伯力克幅（1∶250 000）内在与蛇绿岩套相关的硅质岩中发现大量的早石炭世—中二叠世放射虫，综合东邻伯力克幅 1∶25 万区调南北两侧分布大量的晚古生代（二叠纪）俯冲-碰撞型花岗岩资料，说明该超基性岩、基性岩主要形成于晚古生代石炭纪—二叠纪（可能还有震旦纪蛇绿岩）、构造就位于晚古生代末，康西瓦-苏巴什构造蛇绿混杂岩带地质图上用（$C—P^{\varphi+\nu}$）表示，对于康西瓦-苏巴什构造蛇绿混杂岩带中变形较弱的、可填绘出的、图面可表示的超基性岩、基性侵入岩、中—基性火山岩等刚性块体由于其意义独特，分别用（C—P）Σ、（C—P）N、（C—P）β 给予单独表示。

第十一节　二叠系

图幅内二叠系地层出露较多，在昆中地层分区分布有再依勒克组，昆南地层分区有卡拉勒塔什群，巴颜喀拉地层区分布有黄羊岭群，甜水海地层区分布有红山湖组；沉积建造多样，包括深海浊积岩、岛弧火山岩和碳酸盐岩建造。

一、卡拉勒塔什群（PK）

卡拉勒塔什群由陕西省地质调查院韩芳林等于伯力克幅 1∶25 万区调时，在新疆于田县卡拉勒塔什一带建立的岩石地层单位（2002），指“紧邻康西瓦-苏巴什构造蛇绿混杂岩带南侧分布的一套岛弧建造，岩性以中酸性和中基性火山岩为主，夹火山碎屑岩及火山沉积岩，与其上、下地层均为断层接触，时代为二叠纪”，本次工作沿用。

图幅内卡拉勒塔什群呈楔状出露于再依勒克河南，向西以构造岩片叠置于康西瓦-苏巴什构造蛇绿混杂岩带上，主体位于构造带南侧，主要岩性为灰绿色蚀变安山岩夹晶屑凝灰岩、凝灰岩、灰色钙质岩屑凝灰岩、长石石英杂砂岩，地层总体变形较强，表现为强劈理化，为一套典型岛弧火山岩建造，出露面积约 100km^2。

（一）地层特征

以新疆策勒县玉龙喀什河二叠纪卡拉勒塔什群地质实测剖面（图 2－22）为例叙述如下，剖面位置：N35°50′13″、E80°55′07″。

上覆地层：三叠纪再伊勒克河南岩体（$T\gamma\delta_o$）英云闪长岩

———— 侵入接触 ————

卡拉勒塔什群（PK）	**3 208.82m**
10. 浅绿色晶屑凝灰岩夹粉砂岩	454.50m
9. 浅灰绿色晶屑凝灰岩	71.19m

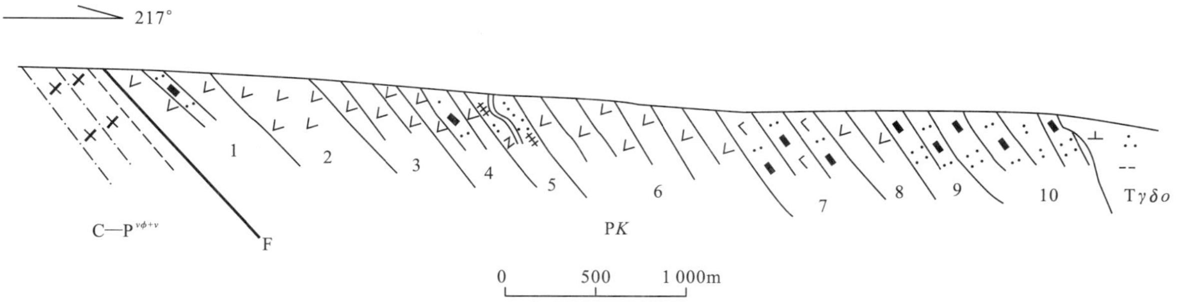

图 2-22　新疆策勒县玉龙喀什河二叠纪卡拉勒塔什群实测地质剖面图

8. 淡绿色蚀变安山岩	280.90m
7. 淡灰色钙质岩屑晶屑凝灰岩	347.78m
6. 浅灰绿色蚀变安山岩	649.40m
5. 浅灰绿色长石石英杂砂岩夹粉砂质板岩	143.90m
4. 灰绿—绿色蚀变安山岩夹晶屑凝灰岩	241.36m
3. 浅灰绿色蚀变安山岩	337.00m
2. 浅绿色、灰色安山岩	271.64m
1. 灰绿色蚀变安山岩夹晶屑凝灰岩	411.15m

═══　韧性断层　═══

下伏地层：康西瓦-苏巴什构造蛇绿混杂岩

剖面上该群南部被再伊勒克河南岩体（$T\gamma\delta o$）英云闪长岩侵入，未见顶，底部（北部）与康西瓦-苏巴什构造蛇绿混杂岩为韧性断层接触，地层倾向南南西，总体由北向南由老变新，走向北西西—南东东向，由晶屑凝灰岩与粉砂岩组成的粒序韵律判断地层南倾正常。由于其位于康西瓦-苏巴什构造混杂岩南侧，岩石强片理化发育，地层厚度大于 3 208.82m。

该路线地质剖面说明此群岩性以淡灰绿色安山岩、浅灰绿色蚀变安山岩、岩屑晶屑凝灰岩、钙质岩屑晶屑凝灰岩为主，夹浅灰绿色长石石英杂砂岩、粉砂质板岩。岩群中凝灰岩、凝灰质粉砂岩粒度极细小，经变质作用形成较多的绢云母和绿泥石，沿片理面定向排列。该岩群中见晶屑凝灰岩与粉砂岩组成粒序韵律，单个韵律层厚 30～60cm，砂岩中以发育平行层理为主，局部见小型交错层理。岩屑晶屑凝灰岩中见砂岩岩屑。

该群岩性在横向上变化不大，总体以中—基性岛弧火山岩夹碎屑岩、火山碎屑岩为主，岩性为安山岩、玄武安山岩、石英安山岩及砂质岩屑晶屑凝灰岩、沉凝灰岩等。南部与黄岩岭群为脆韧性断层接触。

（二）时代

日土县幅 1∶100 万区调工作将卡拉勒塔什群划归寒武系黑黑孜岩群，但无确切时代依据。近年来青藏高原北部空白区 1∶25 万区调新资料已表明康西瓦-苏巴什构造蛇绿岩带的存在，康西瓦-苏巴什构造蛇绿混杂岩为其洋壳残片，且原特提斯洋时康西瓦-苏巴什构造蛇绿混杂岩所代表的洋壳在石炭纪—二叠纪早期时为扩张期、中—晚二叠世时为俯冲期，而卡拉勒塔什群为其岛弧火山岩建造，且卡拉勒塔什群被三叠纪花岗岩侵入，综合考虑其所处的大地构造环境将卡拉勒塔什群厘定为二叠纪。

二、红山湖组（P_1^2h）

红山湖组出露于甜水海地层分区，是本次区调工作新建岩石地层单位，建组地点在西邻岔路口幅红山湖一带，指分布于独立山、红山湖南、郭扎错一带的一套碳酸盐岩-碎屑岩建造，与下伏恰提尔群为平行不整合接触或与其他地层呈断层接触，上部未见顶，时代为早二叠世早期。

图幅内红山湖组出露于阿克萨依湖—郭扎错一带，出露面积约 140km²，地层走向北西西—南东东向，与区域构造线方向一致，与下伏甜水海岩群、肖尔克谷岩组、恰提尔群等呈断层接触，与上覆第四系呈不整合接触或与其他地层呈断层接触。根据其岩性组合划分为上、下两个岩性段，下岩段主要为碎屑岩-碳酸盐岩，上岩段以碳酸盐岩为主。

（一）地层特征

红山湖组在图幅泉水沟口岩性出露较全，现以西藏日土县泉水沟二叠系红山湖组实测地质剖面（图 2－23）为例叙述如下，剖面位置：N35°13′06″、E80°12′24″。

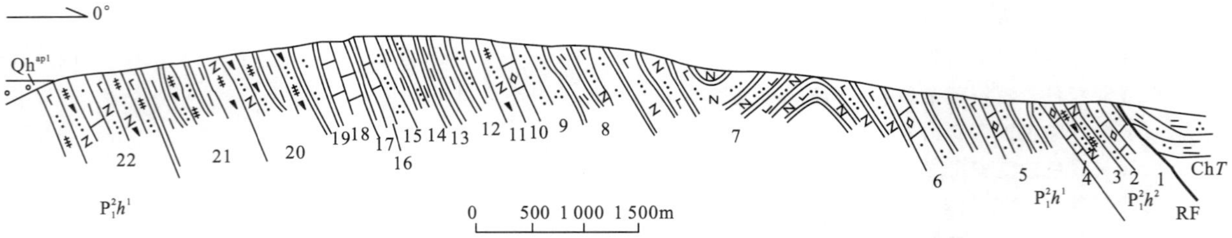

图 2－23 西藏日土县泉水沟二叠系红山湖组实测地质剖面图

上覆地层：长城系甜水海岩群

脆韧性断层接触

红山湖组（P_1^2h）	**8 305.28m**
上段（$P_1^2h^2$）	**436.83m**
1. 灰黑色硅质粉晶灰岩	211.2m
2. 灰绿色粉质砂质板岩与石英粉砂岩互层夹粗砂岩	46.41m
3. 深灰色中厚层状细粒岩屑长石砂岩夹砾屑灰岩砾	119.48m
4. 灰黑色薄—中层状细晶灰岩	59.74m
下段（$P_1^2h^1$）	**7 868.45m**
5. 灰黑色粉砂质板岩夹钙质细砂岩，局部灰色薄层状细晶灰岩	1 217.71m
6. 灰黑色薄—中层状细晶灰岩	29.71m
7. 深灰薄—中层状钙质细粒长石砂岩，局部夹粉砂质板岩	1 781.68m
8. 灰绿—暗绿色绿泥绢云板岩、粉砂质板岩夹薄—中层状钙质细粒长石砂岩	423.91m
9. 灰绿色薄—中层状变细粒石英砂岩夹灰绿色硅化泥质板岩	196.11m
10. 深灰色薄层状含棘屑粉晶灰岩夹亮晶砾屑灰岩	53.46m
11. 深灰色变细粒岩屑长石杂砂岩	83.04m
12. 深灰色板状钙质变细粒石英细砂岩	326.42m
13. 紫红色泥质板岩	14.53m
14. 灰黑色硅化硅质绢云母斑点状板岩夹深灰色薄层状石英细砂岩	343.49m
15. 灰黑色泥质板岩夹薄层状石英细砂岩，夹透镜状砂屑灰岩	77.44m
16. 灰黑色中层状细晶灰岩	38.72m
17. 灰绿色硅化含硅质斑点状绢云母斑点状板岩与泥质板岩厚层	35.8m
18. 灰黑色中层状细晶灰岩夹含生物碎屑灰岩	55.88m
19. 灰绿色粉砂质泥质板岩夹泥质板岩	213.79m
20. 深灰色中—厚层状细粒岩屑长石砂岩夹灰绿色泥质板岩、粉砂质板岩	463.78m
21. 深灰色中—厚层状细粒长石杂砂岩夹灰绿色泥质板岩	2 200.98m

22.灰—深灰色中层状变钙质细粒岩屑长石砂岩夹灰绿色粉砂质板岩 312.00m

（未 见 底）

剖面北部红山湖组与上覆长城系甜水海岩群呈脆韧性断层接触，剖面南部被第四系不整合覆盖，未见底，地层厚度 8 305.28m。根据其岩性组合，红山湖组可划分为上、下两个岩性段，分述如下。

红山湖组下段下部主要由灰—深灰色中层状变钙质细粒岩屑长石砂岩、中—厚层状细粒长石杂砂岩、灰绿色粉砂质泥质板岩夹泥板岩、灰黑色中层状细晶灰岩组成，主体以细砂岩为主。岩石以中—厚层状构造为主，发育平行层理，局部见小型交错层理；红山湖组下段上部主要由深灰色薄—中层状钙质细粒长石砂岩、灰绿色灰色薄—中层状变细粒石英砂岩、灰黑色粉砂质板岩、灰绿色绿泥绢云板岩、泥板岩夹薄—中层状细晶—粉晶灰岩组成，主要以粉砂岩、泥岩为主，呈中—薄层状构造，发育平行层理、水平层理。

红山湖组下段下部碎屑岩粒度较上部为粗，但地层基本层序结构一致，自下而上为细砂岩→粉砂岩→粉砂质板岩→泥质板岩、粉砂质泥板岩→灰岩，为粒度向上变细的退积型副层序，其中多数地段为顶部无灰岩的基本层序。

红山湖组上段与下段为整合接触，主要由灰色硅质粉晶灰岩、灰色中—薄层状细晶灰岩和薄—中层状粉砂质板岩、中层状细粒岩屑长石砂岩组成，局部夹粗砂岩。灰岩为细晶结构，薄—中层状构造，单层厚 5～23cm；砂岩、粉砂岩为薄—中层状构造，发育平行层理。

（二）沉积环境

红山湖组下段主要为碎屑岩夹碳酸盐岩岩石组合，上段主要为一套碳酸盐岩-碎屑岩岩石组合。该组的剖面自下而上可划分为 3 个较大的沉积旋回，单个旋回下部为细砂岩、粉砂岩，中部为粉砂岩、泥质粉砂岩，上部为灰岩，与露头尺度的基本层序结构大致相似，为向上变深的海进旋回。地层结构的旋回性、岩性变化特征及所含化石说明红山湖组为海水频繁振荡并逐渐加深的海侵体系域，总体水深变化不大，反映其沉积环境为浅海陆棚环境，红山湖组上段灰岩中含有大量的䗴化石，形成于含盐度正常的温暖浅海环境。

（三）区域地层对比

图幅内红山湖组在区域上岩性变化不大，东部郭扎错一带与泉水沟剖面上的岩石组合基本相似，主要为一套碎屑岩-碳酸盐岩浅海陆棚沉积建造，在建组的红山湖地区，红山湖组主要为灰—浅灰色薄层状粉晶灰岩夹角砾状灰岩、生物灰岩、砾屑灰岩、白云石化灰岩、白云岩、生屑灰岩、生屑微晶砂屑灰岩，局部见生物点礁，总体为一套浅海碳酸盐岩建造，碎屑岩很少，属浅海碳酸盐岩台地相沉积。因此，图幅内红山湖组岩石建造与红山湖组建组剖面岩性组合有一定差异。

（四）岩石地球化学特征

红山湖组岩石微量元素含量见表 2－31。从表 2－31 可知：红山湖组灰岩中微量元素平均值与地壳碳酸盐岩平均值（涂和费，1961）比较，灰岩中 Cu、Pb、Ag、As、Hg、P、Sr、Rb、Ba、V 元素含量高于碳酸盐岩平均值 2～3 倍，Sb 元素与世界碳酸盐岩平均值接近，Zn、Sn、W、Mo、Au 元素含量低于世界碳酸盐岩平均值，但总体亏损程度不大，其中 Sn 亏损程度较多，约为碳酸盐岩平均值的 1/10；红山湖组粉砂岩、细砂岩等碎屑岩中微量元素含量较低、变化不大，未见明显的富集或亏损；碎屑岩微量元素平均值与地壳平均值相比，Pb、As、Ag 元素含量偏高，约为其 2 倍，W 元素含量与地壳碎屑岩平均值大致相当，其余元素含量较低，但亏损程度不大，其中 Au 元素虽然总体含量较地壳平

表 2-31 红山湖组微量元素含量表

样品号	岩石名称	Sr	Rb	Pb	Zn	Cu	V	Ba	P	As	Sb	Hg	Sn	Ag	W	Mo	Au
D6071-GP1	细晶灰岩	2 279	7	13	10	4	32	54	773	3.68	0.47	122.0	1.40	220	0.50	0.56	2.25
D6071-GP2	钙质石英细砂岩	162	52	11	66	21	81	325	973	1.47	0.22	43.9	1.90	82	1.50	0.50	2.67
D6071-GP3	细晶灰岩	1 798	7	16	8	6	22	25	373	10.80	0.49	289.0	0.80	32	0.50	0.56	0.94
D6073-GP1	钙质石英细砂岩	306	41	29	26	16	47	160	594	3.78	0.12	76.3	0.94	110	0.88	0.56	1.57
D6073-GP2	钙质石英细砂岩	194	56	22	40	17	68	299	785	6.23	0.34	93.6	2.30	130	0.83	0.63	1.58
D6073-GP4	钙质石英细砂岩	280	55	16	35	14	68	386	668	6.42	0.46	130.0	2.40	100	0.94	0.56	1.06
D6074-GP1	泥质板岩	194	45	14	39	15	65	236	539	2.52	0.22	11.0	1.65	100	1.09	0.38	4.45
D6074-GP3	硅化石英砂岩	46	16	11	8	10	41	126	281	1.50	0.26	14.2	1.30	42	0.94	0.56	3.63
D6075-GP1	砂屑灰岩	439	9	16	8	10	27	31	383	2.37	0.19	28.8	1.40	115	0.45	0.63	0.36
D6075-GP2	变细粒石英砂岩	247	42	21	27	13	48	218	512	3.35	0.21	31.9	1.70	88	0.94	0.63	6.25
D6075-GP3	钙质石英细砂岩	80	110	17	59	19	85	418	598	4.19	0.20	120.0	1.90	105	1.09	0.56	2.08
D6075-GP4	泥质板岩	247	251	37	31	15	133	543	391	4.41	0.79	14.6	5.00	30	2.90	0.50	0.25
D6075-GP5	泥板岩	56	233	15	96	34	98	768	361	0.57	0.25	36.4	3.40	115	1.35	0.81	0.88
D6075-GP6	灰岩	1 279	10	14	8	14	30	240	647	6.11	0.28	56.3	1.30	400	0.57	0.68	1.14
D6075-GP7	硅化石英砂岩	217	15	28	28	55	49	172	414	1.96	0.20	25.7	1.70	280	1.35	0.75	1.30
D6075-GP10	钙质石英细砂岩	175	68	13	58	18	66	331	586	6.64	0.42	93.6	1.30	120	1.25	0.56	1.56
D6075-GP13	含钙石英细砂岩	220	61	59	40	17	71	308	673	4.61	0.23	34.6	1.90	91	1.25	0.38	0.36
D6075-GP14	钙质石英细砂岩	221	51	9	47	17	64	237	725	5.47	0.27	87.4	2.70	145	1.14	0.41	1.81
岩组碳酸盐岩平均值		1 440	8	15	9	9	28	88	544	5.70	0.40	124.0	1.20	192	0.50	0.60	1.20
碳酸盐岩平均值(涂和费,1961)		610	3	9	20	4	20	10	400	1.70	0.50	83.0	25.00	70	1.30	1.10	3.40
岩组碎屑岩平均值		188.9	78	22	42.9	20	70	323	579	3.80	0.30	58.1	2.10	110	1.20	0.60	2.10
地壳克拉克值		340	150	16	83	47	90	650	930	1.70	0.50	100.0	25.00	70	1.30	1.10	3.40

注:样品由西安岩矿测试中心分析;其中 Au、Ag、Hg 元素含量单位为 $\times10^{-9}$,其余元素含量单位均为 $\times10^{-6}$

均值低，但其含量变化较大，Au元素含量在(0.36～6.25)×10^{-6}之间，相对于地壳平均值而言从富集到亏损均有，局部地段约为地壳平均值的2倍，可能对其成矿较为有利。

红山湖组岩石稀土元素含量及特征值见表2-32。从表2-32看：该组碎屑岩稀土元素含量及总量变化较大，但碎屑岩轻、重稀土元素总量比值基本一致(LREE/HREE=9左右)，均为轻稀土富集型，δEu值为0.65、0.64，铕为负异常。

表2-32 红山湖组稀土元素含量及特征值

样品号	岩石名称	稀土元素含量(×10^{-6})									
		La	Ce	Pr	Nd	Sm	Eu	Gd	Tb	Dy	Ho
D6073-XT1	钙质长石细粒砂岩	16.5	41.2	2.62	10.9	2.20	0.45	1.95	0.34	1.95	0.37
D6076-XT1	灰色泥板岩	37.5	63.0	7.11	27.8	5.22	1.04	4.45	0.78	4.36	0.80

样品号	岩石名称	稀土元素含量(×10^{-6})							特征参数值	
		Er	Tm	Yb	Lu	ΣREE	LREE	HREE	LREE/HREE	δEu
D6073-XT1	钙质长石细粒砂岩	0.98	0.13	1.07	0.15	80.81	73.87	6.94	10.64	0.65
D6076-XT1	灰色泥板岩	2.45	0.38	2.37	0.32	157.58	141.67	15.91	8.90	0.64

注：样品由国土资源部中南矿产资源监测检测中心分析

(五)时代

该组下段化石丰富，有䗴、腕足、珊瑚等，本次工作采集到大量的珊瑚、䗴等化石，所采珊瑚化石为：*Lytvolasma asymmetrica soskina*，*Bradyphyllum* cf. *counterseptatum fomitchev*，*Calophyllum* cf. *quadriseptatum*；䗴化石有：*Parafusulina decora* Han，*Rugosofusulina* sp.，*Parafusulina yiwaensis* 等。

红山湖组下段采集到的珊瑚、䗴为早二叠世晚期化石，时代为早二叠世栖霞期，因此红山湖组时代为早二叠世。

三、黄羊岭群(PH)

黄羊岭群为新疆地矿局第一区调大队齐德义等(1986)在木孜塔格西独高山、黄羊岭一带进行1∶100万区调工作时创建，并分为上、中、下三个亚群。新疆地矿局第一区调大队孙巧缡(1993)在《新疆昆仑山黄羊岭—木孜塔格一带早二叠世的䗴》一文中将黄羊岭群划分为上、下两个亚群。在《新疆维吾尔自治区岩石地层》(1999)中将黄羊岭群降为黄羊岭岩组，将其分为上、下两个亚组。本次地调工作根据图幅的实际情况沿用黄羊岭群一名，并将其进一步划分为4个组，时代定为二叠纪。

黄羊岭群为大红柳滩地层分区地层单位。联测区内黄羊岭群主要分布于昆仑山主脊南坡的大红柳滩、苏盖提达坂、哈巴克达坂、玉龙喀什河上游一带；图幅内该群出露于图幅中部玉龙喀什河上游，面积约3 800km^2。

测区黄羊岭群依据岩石组合特征可进一步划分为下砂板岩组、灰岩组(凝灰岩)、上砂板岩组、板岩组4个组。该群地层走向北西西—南东东向，与区域构造线走向一致，总体上由东北向西南地层由新变老，岩层中断裂发育；该群北与卡拉勒塔什群和赛图拉岩群、南与巴颜喀拉山群均为脆韧性断层接触，该套地层在测区由西向东火山碎屑岩有增加的趋势。在图区中南部黄羊岭群被中生代中—酸性侵入岩大面积侵吞，另外在泉水沟北支沟新生代(中新世)玉龙喀什河上游岩体($N_1\gamma\pi$)黑云二长花岗岩、花岗斑岩侵入其中。

（一）地层描述

图幅内板岩组、上砂板岩组、灰岩（凝灰岩）组、下砂板岩组 4 个组分别在策勒县玉龙喀什河南支沟（图 2－24）、泉水沟垴东支沟（图 2－25）、和田县泉水沟垴北支沟（图 2－26）地层出露较全，叙述如下。

新疆策勒县玉龙喀什河南支沟二叠系黄羊岭群上板岩组路线实测地质剖面（图 2－24）（剖面位置：N35°47′55″、E80°48′42″）。

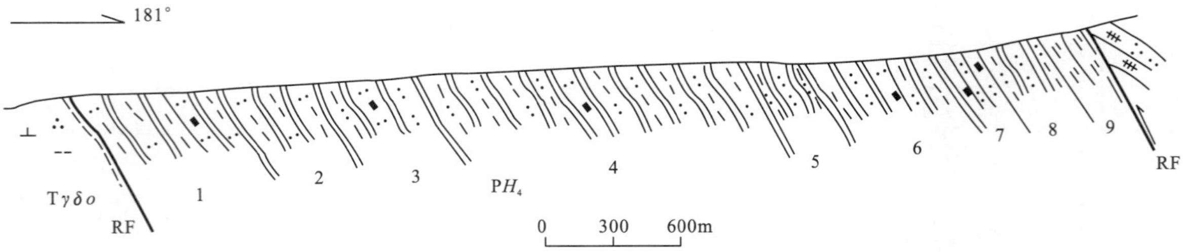

图 2－24　新疆策勒县玉龙喀什河南支沟二叠系黄羊岭群上板岩组（PH_4）实测地质剖面图

上覆地层：二叠系黄羊岭群上砂板岩组

═══ 脆韧性断层接触 ═══

黄羊岭群板岩组（PH_4）	**3 324.5m**
9.深灰色绢云母千枚岩夹粉砂岩	107.6m
8.灰色含粉砂质泥板岩夹粉砂质板岩	108.6m
7.淡绿色晶屑凝灰岩夹粉砂岩	129.0m
6.深灰色含粉砂质泥板岩夹薄层状粉砂质板岩、晶屑凝灰岩	399.0m
5.深灰色含粉砂质泥板岩夹薄层状粉砂质板岩	141.2m
4.深灰色含粉砂质板岩夹淡灰绿色晶屑凝灰岩	1 139.0m
3.深灰色含粉砂质泥板岩、粉砂质板岩夹晶屑凝灰岩	296.6m
2.浅灰绿色凝灰质泥板岩	364.4m
1.灰绿色含凝灰质泥板岩夹晶屑凝灰岩	639.1m

═══ 脆韧性断层接触 ═══

下伏地层：三叠纪再依勒克河南岩体（Tγδo）英云闪长岩

新疆和田县泉水沟垴东支沟二叠系黄羊岭群灰岩（凝灰岩）组（PH_2）实测地质剖面（图 2－25）（剖面位置：N35°32′32″、E80°15′55″）。

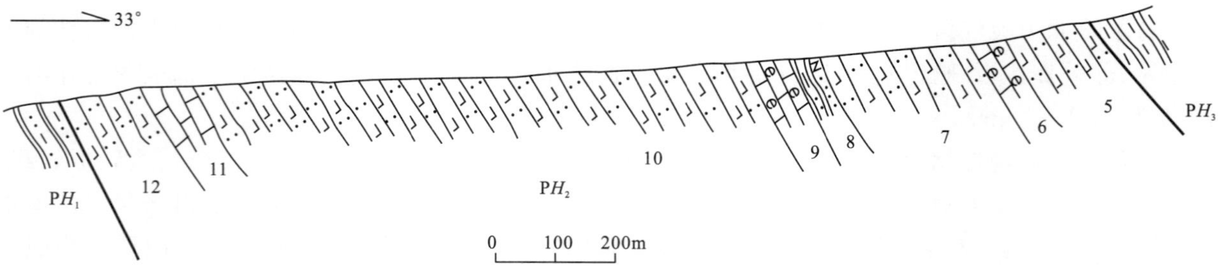

图 2－25　新疆和田县泉水沟垴东支沟二叠系黄羊岭群灰岩（凝灰岩）组（PH_2）实测地质剖面图

上覆地层:黄羊岭群上砂板岩组(PH_3)

——— 相变接触 ———

黄羊岭群灰岩(凝灰岩)组(PH_2) **1 412.0m**

5.深绿色基性凝灰岩	132.6m
6.灰色中—厚层状生物碎屑细晶灰岩	258.0m
7.深绿色基性凝灰岩	137.2m
8.灰色薄层状含泥质长石粉砂岩	28.8m
9.深灰色、玫瑰色中层状生物碎屑细晶灰岩	44.6m
10.深绿色基性凝灰岩	637.6m
11.灰色中层状生物碎屑细晶灰岩	56.2m
12.暗绿、绿色基性凝灰岩	117.0m

——— 相变接触 ———

下伏地层:黄羊岭群下砂板岩组(PH_1)

新疆和田县泉水沟垴北支沟二叠系黄羊岭群上砂板岩组(PH_3)、下砂板岩组(PH_1)地质路线实测剖面(图2-26)(剖面位置:N35°44.568′、E80°04.333′)。

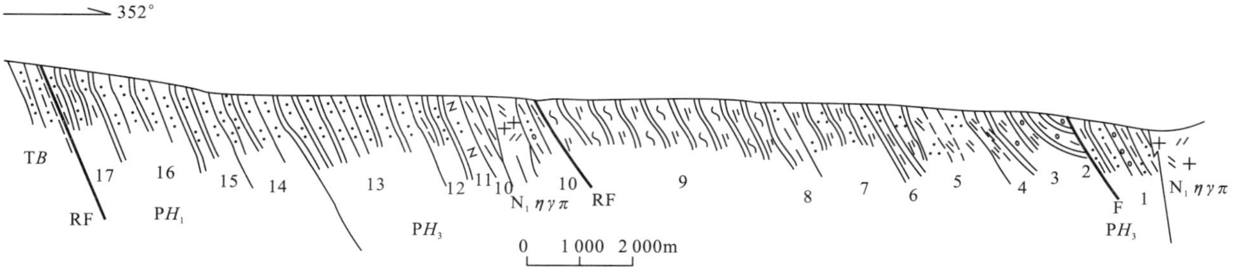

图2-26 新疆和田县泉水沟垴北支沟二叠系黄羊岭群下砂板岩组(PH_1)、上砂板岩组(PH_3)实测地质剖面图

古近纪玉龙喀什河上游岩体($N_1\gamma\pi$)黑云二长花岗岩

——— 相变接触 ———

黄羊岭群上砂板岩组(PH_3) **>9 933.79m**

1.灰色粉砂质泥板岩夹巨厚层变质岩屑长石杂砂岩及细砾岩 633.16m

═══ 断层接触 ═══

2.灰黑色含碳泥质板岩	198.77m
3.灰黑色含碳绢云母板岩夹灰色薄层状粉砂岩	297.13m
4.灰绿色绢云母千枚岩	26.2m
5.灰色绢云石英板岩夹绿泥绢云千枚岩	798.76m
6.灰色薄—中层状粉砂质泥岩夹灰色粉砂质板岩	171.43m
7.灰色绢云母板岩	1 020.85m
8.灰黑色薄层状泥岩	121.42m
9.灰色绿泥绢云板岩	2 374.78m
10.灰色薄—中层状变质硅化泥岩	663.28m
11.砖红色变质长石砂岩	251.14m
12.灰色变粉砂质泥岩夹灰黑色粉砂质板岩	526.19m
13.灰色粉砂质板岩夹灰色薄层粉砂岩	2 850.68m

——— 整合接触 ———

黄羊岭群下砂板岩组(PH_1)	**5 654.29m**
14.灰色薄—中层状细砂岩、粉砂岩与粉砂质板岩互层	1 349.35m
15.青灰色中—厚层状变细砂岩、粉砂岩不等厚互层	768.64m
16.灰色薄—中层状粉砂岩与粉砂质板岩互层	1 582.15m
17.灰色中厚层粉砂质泥板岩	1 954.15m

═══ 脆韧性断层接触 ═══

下伏地层:三叠系巴颜喀拉山群上组

下砂板岩组(PH_1)与南部下伏三叠系巴颜喀拉山群呈脆韧性断层接触,与上覆灰岩(凝灰岩)组为整合接触或与上砂板岩呈断层接触,地层总厚度5 654.29m。下砂板岩组主要由灰色细粒岩屑长石杂砂岩、青灰色中—厚层状粉砂岩、深灰色粉砂质泥板岩、粉砂质板岩组成,其岩性组合较为单调,宏观上表现为细砂岩与粉砂岩及含泥粉砂质板岩(或粉砂质板岩)形成韵律状层理,组成“复理石”,其分别相当于鲍马序列的A、B、C段,单个韵律以鲍马序列的B、C段或A、B、C段常见,其中B、C段较为常见,单个“韵律”层厚一般1～2.2m,在细砂岩A段底部见弱的冲刷面明显的粒序层理,粉砂岩、泥质粉砂岩中发育平行层理,见深海“Neveifos”相特有的遗迹化石——网格状爬迹等。

灰岩(凝灰岩)组(PH_2)与下伏下砂板岩组、上覆上砂板岩均为整合接触关系,厚度1 412m。该组岩性在横向不稳定,由于横向岩相变化呈透镜状不连续产出于上砂板岩与下砂板岩之间。主要由灰绿色、深灰色基性凝灰岩和灰色、浅玫瑰色生物碎屑灰岩互层夹少量碎屑岩组成,岩石中含大量的珊瑚、菊石、螺及海百合茎等化石,其中生物、生物碎屑含量达50%,岩石为细晶结构,角砾状构造发育,宏观上表现为由生物碎屑灰岩和暗绿色基性凝灰岩组成的3个韵律层。

上砂板岩组(PH_3)与下伏黄羊岭群灰岩(凝灰岩)组为整合接触或与下砂板岩组呈断层接触,北部与下覆黄羊岭群板岩组呈脆韧性断层接触,地层厚度大于9 933.79m。上砂板岩组主要以灰色薄层状粉砂质泥岩、灰色粉砂质板岩、灰色绢云石英板岩、灰色绿泥绢云母板岩、灰黑色含碳绢云母板岩夹灰色中—厚层状变质长石杂砂岩,局部见少量砂砾岩透镜体。该组宏观特征表现为细—粉砂质岩、粉砂岩、粉砂质板岩与绢云母(泥质)板岩、泥板岩、粉砂质泥板岩韵律状不等厚互层,岩石为中—薄层状构造,单层厚3～15cm,发育平行层理、水平层理,粉砂岩、粉砂质板岩与泥板岩、粉砂质泥板岩分别相当于鲍马序列的D、E段。另外在该组顶部出现透镜状细砾岩、砂岩夹层,岩石中发育自下而上由砂砾岩、砂岩、粉砂岩、粉砂质泥板岩组成的鲍马序列,砂砾岩底部见冲刷面、印模构造,发育粒序层理,砂岩、粉砂岩、粉砂质泥板岩发育平行层理,其分别相当于与鲍马序列的A、B、C、E段,其中A段厚2～4m、B+C厚1.5～3m、E厚3～5cm,岩性仍然以粉砂质泥板岩为主,泥岩与粉砂岩为突变接触。向东至玉龙喀什河上游该组以凝灰质长石细—粉砂岩、杂砂岩为主,岩石中凝灰质含量明显增加。

板岩组(PH_4)与南部上砂板岩组、上覆(北部)卡拉勒塔什群均呈脆韧性断层接触,地层北西—南东走向、倾向北,岩性以淡绿灰色凝灰质泥板岩、灰色粉砂质板岩、含粉砂质泥板岩为主,夹有晶屑凝灰岩、凝灰质粉砂岩等,出露地层厚度大于3 324.5m。该岩组岩性比较单调,由泥质板岩和粉砂质板岩组成韵律状“复理石”,单个韵律层厚一般仅10～30cm,泥质板岩、粉砂质板岩为薄层状构造,发育平行层理。凝灰岩分布不均匀,在泥质板岩和粉砂质板岩组成韵律层中常形成比较集中的以凝灰岩为主的“凝灰岩段”,局部地段见凝灰岩层由厚变薄的韵律。

(二)沉积环境

黄羊岭群下砂岩组到上砂岩组岩石碎屑粒度有由粗到细再到粗的变化规律,浊积岩中鲍马序列由下砂岩组中的以A、B、C段或B、C段为主快速转变到上砂岩下部的以D、E段为主,说明盆地下降速度较快，海平面快速上升，此段浊积岩中岩层基本层序自下而上 A→B→C 段或 B→C 段，显示碎屑粒度向上变细的退积型层序，属海侵体系域，薄层状灰黑色泥岩（第 8 层）为凝缩段，达到最大泛海面，此后属高水位体系域，鲍马序列为 D 段、E 段或 D、E 段，处于浊积岩浊积扇前缘，主要为泥岩、粉砂质泥岩，进积型—加积型沉积结构（第 2—8 层）；在上砂岩组浊积岩中的鲍马序列中以 A、B、C、E 段为主，为浊积扇的中—根部，碎屑岩粒度总体由细变粗，浊积岩中碎屑迅速增多说明此时盆地物源充分、盆地快速抬升，相对海平面变浅、海水变浅，为海退形成的加积型、进积型层序。

黄羊岭群下砂板岩组、上砂板岩组、板岩组发育浊积岩构造，且上砂板岩组以浊积岩鲍马序列的 D 段或 E 段为主，下砂板岩以鲍马序列的 A、B、C 段或 B、C 段为主，相当于浊积扇的扇中及前缘部分，且在下砂岩组粉砂质泥岩中可见形成于 3 000～5 000m 深海“Neveifos”相特有的遗迹化石——网格状爬迹等，因此，黄羊岭群形成于次深海-深海盆地环境的大陆坡-远洋盆地环境。值得一提的是该群灰岩（凝灰岩）组既有次深海-深海的浮游生物菊石，又有以珊瑚、海百合茎、菊石为主的浅海生物，同时其下部以基性凝灰岩、中基性碎屑为主，反映该群灰岩（凝灰岩）组可能形成于洋盆中海山环境。

（三）岩石地球化学特征

黄羊岭群主要岩类岩石化学成分含量见表 2－33。从表 2－33 可知：该岩群碎屑岩（粉砂岩、粉砂质泥岩）中主要化学成分含量基本相似、变化不大，碎屑岩中以 SiO_2 含量（64.92%～69.33%）较高及较高的 Al_2O_3、FeO、MgO、Na_2O、K_2O 含量为特征，说明其岩石成分较为复杂，岩石成分成熟度低；基性凝灰岩中 SiO_2 含量（37.96%）极低，而 Al_2O_3（14.63%）、FeO（8.6%）、MgO（5.28%）、CaO（12.6%）含量较高，说明岩石中含铁镁钙矿物的辉石、角闪石等含量较高。碳酸盐岩中 CaO＋CO_2 含量为 91.1%，说明岩石中主要为碳酸盐岩矿物，碎屑含量较低。

表 2－33　黄羊岭群岩石化学成分含量表　（%）

样品号	岩石名称	SiO_2	Al_2O_3	Fe_2O_3	FeO	MgO	CaO	Na_2O	K_2O
D5122－GS1	粉砂岩	64.92	15.35	1.34	4.24	2.23	0.60	3.02	2.56
D5122－GS3	粉砂质泥岩	68.61	12.65	1.65	5.62	2.73	0.65	2.20	3.79
D5122－GS4	粉砂岩	69.33	13.47	1.02	3.18	2.01	1.35	1.89	2.89
D5650－GS3	基性凝灰岩	37.96	14.63	3.02	8.60	5.28	12.60	3.02	0.30
D5650－tS1	生物灰岩	3.27	2.82	0.52	0.75	0.86	50.65	0.12	0.22

样品号	岩石名称	TiO_2	P_2O_5	MnO	CO_2	H_2O^+	H_2O^-
D5122－GS1	粉砂岩	0.80	0.12	0.10	1.70	1.86	0.04
D5122－GS3	粉砂质泥岩	0.82	0.14	0.14	0.31	1.96	0.04
D5122－GS4	粉砂岩	0.62	0.21	0.12	0.72	2.50	0.03
D5650－GS3	基性凝灰岩	3.28	1.38	0.29	3.03	4.26	0.21
D5650－tS1	生物灰岩	0.37	0.23	0.44	40.45		0.01

注：样品由国土资源部西安矿产资源监督检测中心测试分析

黄羊岭群主要岩石微量元素含量见表 2－34。从表 2－34 可知：该群碎屑岩微量元素含量平均值与地壳克拉克值相比，Rb、Pb、As 元素含量高于地壳克拉克值，Cu、Sb、W 元素含量与地壳克拉克值基本一致，其余元素偏低；基性凝灰岩中微量元素 Zn、As、Ag、W、Sr、V、P 较高，Pb、Sb、Mo 与地壳克拉克值基本一致，其余元素偏低；基性凝灰岩中微量元素 Zn、As、Ag、W、Sr、V、P 较高，Pb、Sb、Mo 与地壳克拉克值基本一致，其余元素低于地壳克拉克值；碳酸盐岩微量元素与世界碳酸盐岩平均值（涂和费，1961）相比，Sr、Rb、Pb、Cu、Ba、P、As、Ag、Au 元素含量高于地壳平均值，Mo、W、

表 2-34 黄羊岭群微量元素含量表

样品号	岩石名称	Sr	Rb	Pb	Zn	Cu	V	Ba	P	As	Sb	Hg	Sn	Ag	W	Mo	Au
D5122-GP1	板岩	98	143	19	109	39	106	557	766	13.80	0.64	15.50	2.30	70	1.35	0.44	0.93
D5122-GP2	含碳质板岩	103	162	15	98	33	100	519	643	4.30	1.30	33.70	2.00	38	6.25	0.38	2.02
D5122-GP3	板岩	119	116	16	98	39	99	464	712	10.50	0.77	18.10	1.80	38	1.98	0.38	0.53
D5122-GP4	绿泥石英千枚岩	86	64	12	59	41	57	341	414	26.20	0.63	8.82	1.55	118	1.20	0.41	1.00
D5122-GP5	绿泥石英千枚岩	285	80	91	116	46	99	373	909	1.84	0.50	23.00	2.10	410	1.45	0.38	1.10
D5122-GP6	绢云石英板岩	109	81	8	78	28	100	384	858	6.16	0.36	21.70	1.40	38	1.00	0.50	0.78
D5122-GP7	粉砂岩	132	95	13	72	28	113	483	933	4.58	1.39	7.49	1.80	53	0.83	0.41	0.64
D5122-GP8	绢云石英板岩	119	104	9	72	28	120	435	972	5.97	0.40	15.00	2.50	45	1.05	0.38	0.66
D5122-GP9	粉砂岩	80	87	58	67	55	62	438	382	4.86	0.62	12.80	1.80	100	1.40	0.41	3.58
D5122-GP10	绢云石英板岩	111	160	22	87	36	111	633	719	20.60	1.05	27.90	2.50	58	1.72	0.93	1.26
D5122-GP11	绢云石英板岩	112	154	17	77	27	118	654	654	28.50	0.57	25.20	1.60	38	1.82	0.75	0.79
D5122-GP14	粉砂岩	98	101	41	92	38	116	522	827	24.40	0.79	17.30	2.00	38	1.05	0.38	0.79
D5122-GP15	粉砂岩	133	122	23	67	23	83	519	584	12.30	0.39	19.90	1.60	70	1.56	1.12	0.72
D5122-GP16	粉砂质板岩	155	135	23	70	27	71	436	533	13.40	0.40	25.20	1.62	74	1.13	1.30	0.67
D5122-GP17	粉砂岩	59	108	22	82	77	60	418	393	10.40	0.48	11.90	1.60	58	1.16	0.62	1.85
D5122-GP18	泥板岩	68	124	15	79	76	71	435	592	14.20	0.55	12.40	2.20	100	1.11	0.44	1.68
平均值		111	108	24	78	38	87	448	641	11.90	0.60	17.40	1.80	79	1.50	0.50	1.10
D5650-GP7	基性凝灰岩	395	6	21	132	26	537	477	6 056	3.63	0.46	25.50	3.20	98	1.69	1.00	5.68
D5650-GP7-1	基性凝灰岩	598	7	13	119	51	699	525	6 055	2.50	0.64	62.00	3.50	105	1.89	1.63	8.14
平均值		497	6.5	17	126	38	618	501	6 056	3.10	0.60	43.80	3.40	102	1.80	1.30	6.90
地壳克拉克值(维氏,1962)		340	150	16	83	47	90	650	930	1.70	0.50	83.00	25.00	70	1.30	1.10	3.40
D5650-GP4	生物灰岩	941	9	21	13	11	30	66	571	2.78	0.16	69.20	1.65	430	0.54	0.50	4.04
D5650-GP6	生物灰岩	1 629	6	19	10	8	19	35	481	6.32	0.45	19.00	0.80	110	0.57	1.55	6.35
平均值		1 285	8	20	12	10	25	51	526	5.00	0.30	44.00	1.00	270	1.00	1.00	5.00
世界碳酸盐岩平均值(涂和费,1961)		610	3	9	20	4	20	10	400	1.70	0.50	83.00	25.00	70	1.30	1.10	3.40

注:样品由国土资源部西安矿产资源监督检测中心测试分析;其中 Au、Ag、Hg 元素含量单位为$\times10^{-9}$,其余元素含量单位均为$\times10^{-6}$

V与碳酸盐岩平均值相近。总体上该群岩石微量元素未见明显的富集现象。

黄羊岭群主要岩石类型稀土元素含量及特征值见表2-35,稀土元素球粒陨石标准化模式曲线见图2-27。从表2-35、图2-27可知:碎屑岩-碳酸盐岩轻稀土元素总量(LREE)、重稀土元素总量(HREE)、稀土元素总量(∑REE)含量基本相似,但其与基性凝灰岩均有较大的差别,基性凝灰岩的轻稀土元素总量(LREE)、重稀土元素总量(HREE)、稀土元素总量(∑REE)、轻稀土元素总量(LREE)与重稀土元素总量(HREE)比值LREE/HREE明显较碎屑岩-碳酸盐岩为高,碎屑岩-碳酸盐岩:LREE=(107.86~133.88)$\times10^{-6}$、HREE=(13.29~19.81)$\times10^{-6}$、∑REE=(121.15~153.69)$\times10^{-6}$、LREE/HREE=6.76~9.2,基性凝灰岩:LREE=322.69$\times10^{-6}$、HREE=22.22$\times10^{-6}$、∑REE=344.91$\times10^{-6}$、LREE/HREE=14.52;稀土元素球粒陨石标准化配分模式也不一致,基性凝灰岩与碎屑岩-碳酸盐岩模式曲线虽均为右倾,为轻稀土富集型,但基性凝灰岩模式曲线右倾斜率明显大于碎屑岩-碳酸盐岩模式曲线斜率;基性凝灰岩中δEu为0.96,Eu近于正常,而碎屑岩-碳酸盐岩δEu=0.64~0.74,Eu均为负异常。基性凝灰岩与碎屑岩-碳酸盐岩不同的稀土元素LREE、HREE、∑REE、LREE/HREE、δEu及球粒陨石标准化配分模式曲线,说明其物源的差异。

表2-35 黄羊岭群岩石稀土元素含量及特征值

样品号	岩石名称	稀土元素含量($\times10^{-6}$)									
		La	Ce	Pr	Nd	Sm	Eu	Gd	Tb	Dy	Ho
D5122-XT1	粉砂岩	29.9	50.2	6.91	28.3	5.35	1.17	3.99	0.74	5.12	0.94
D5122-XT3	粉砂岩	35.0	54.7	7.14	29.7	6.17	1.17	4.62	0.90	6.07	1.16
D5122-XT4	粉砂岩	27.5	45.2	6.15	23.7	4.39	0.92	3.38	0.57	3.95	0.77
D5650-XT3	基性凝灰岩	87.9	132.0	15.60	72.1	11.90	3.19	7.67	1.26	6.94	1.18
D5650-XT6	生物碎屑灰岩	32.6	52.3	6.67	28.0	5.01	0.96	3.53	0.62	4.04	0.73

样品号	岩石名称	稀土元素含量($\times10^{-6}$)							特征参数值	
		Er	Tm	Yb	Lu	∑REE	LREE	HREE	LREE/HREE	δEu
D5122-XT1	粉砂岩	2.76	0.40	2.46	0.29	138.53	121.83	16.70	7.30	0.74
D5122-XT3	粉砂岩	3.35	0.48	2.89	0.34	153.69	133.88	19.81	6.76	0.64
D5122-XT4	粉砂岩	2.12	0.32	1.94	0.24	121.15	107.86	13.29	8.12	0.70
D5650-XT3	基性凝灰岩	2.80	0.32	1.84	0.21	344.91	322.69	22.22	14.52	0.96
D5650-XT6	生物碎屑灰岩	2.19	0.32	1.98	0.24	139.19	125.54	13.65	9.20	0.66

注:样品由国土资源部西安矿产资源监督检测中心测试分析

(四)地层时代

该群主要为浊积岩,所含化石较少。该群前人采到少量䗴类 *Sumatrina annae*, *Neoschwangerina margaritae* 化石(可能在灰岩滑块中)。本次工作在黄羊岭群(*PH*)灰岩(凝灰岩)组采集到大量的珊瑚、菊石、海百合茎及螺等化石,经鉴定主要种属有珊瑚:*Tachylasma magnum hexasaseptatum* Hang, *Amplexus* sp.;螺:*Cylicoscapha* sp.;菊石类:*Agathiceras* cf. frechi bose, *Prostacheoceras* sp., *Propinacocesa* sp., *Agathiceras* cf. *altunense* Wang., *Domatoceras* sp., *Propinacocesa* sp. 等大

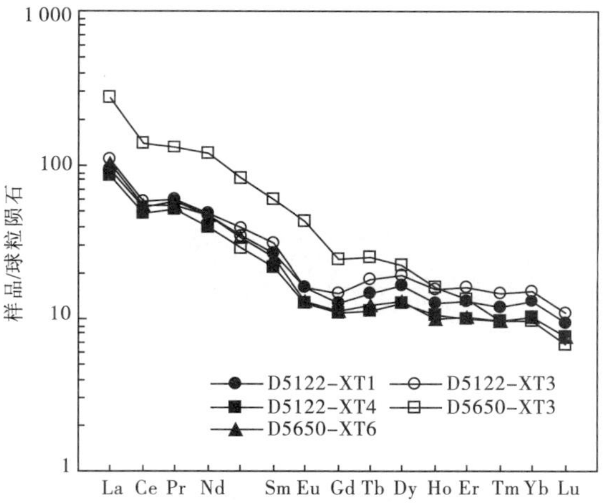

图2-27 黄羊岭群稀土元素球粒陨石标准化分布图

化石。其中，*Agathiceras*、*Propinacocesa*、*Prostacheoceras* 这 3 属广泛分布于北美、乌拉尔、帝汶岛、西西里岛及澳大利亚，在我国见于吉林范家屯、甘肃金宝山双宝堂口，在新疆见于柯坪的扎尔加尔组和昆仑的叶桑岗组，时代为早二叠世晚期—中二叠世早期（栖霞期）。另外，本次工作在西邻岔路口幅苏盖提达坂一带在该群采到大量微古化石，经鉴定有 21 个种：*Calamospoa breradiata* Kosanke，*Punctatisporites obliquus* Kosanke，*Cyclogranisporites micrograms* Bharadwaj，*Raistrickia* sp.，*Brialatisporites incundus*（Kaiser）CaO，*Lundblandispora* sp.，*Laevigatosporites perminutus* Alpern，*Protohaploxypinus perfeciformis* Pulukhina，*Corisaccites alatus* Venkatachala and Ker，*Crucisaccites monolatus* Maithy，*Alisporites* sp.，*Alisporites spleendens*（Leschik）Foster，*Pteruchipollenites indarraensis*（Segrove）Foster，*Protopodocarpus* sp.，*Vitreisporites signatus*（=*V. pallidus*）（Reissinger）Balme。其中典型分子：具饰柯达粉 *Cordaitina ornatus*（Luber）Samoilovich 分布于中国大部分晚二叠世地层中；记号开通缝孢 *Vitreisporites signatus*（=*V. pallidus*）（Reissinger）Balme 是世界性分子，出露于康西瓦-世界各地晚二叠世早期沉积物中，在我国主要出现在华北晚二叠世早期上石盒子组及其相当的沉积物中；其他分子为二叠纪常见分子。该群在测区未见顶，且上述大化石及微古化石以二叠纪化石为主，另外在甜水海北泉水沟垴该群被中生代石英闪长岩[（240±3）Ma、全岩 Rb-Sr 法]侵吞，因此将其时代厘定为二叠纪。

四、再依勒克河组（$P_{1-2}z$）

再依勒克河组为陕西省地质调查院韩芳林等在伯力克幅 1∶25 万区调工作中于新疆于田县再依勒克河新建立的地层单位（2002），指“出露于康西瓦-苏巴什构造蛇绿混杂岩带内，为洋中陆岛盖层，主要为一套海相灰岩和陆相碎屑岩交互出现的特殊地质体，与上覆卡拉孔木组为整合接触，与下伏龙门沟组为平行不整合或断层接触，时代为早—中二叠世”。本次工作沿用再依勒克河组（$P_{1-2}z$）一名。

再依勒克河组属昆中地层分区地层单位，零星出露于康西瓦-苏巴什断裂之北的再依勒克河一带，面积约 6km²。图幅内该组主要为昆中陆块边缘的粗—细碎屑岩，属海、陆过渡的河流-三角洲环境沉积，岩性主要为中—粗砾砾岩、含砾粗砂岩、砂岩等，地层走向东西向，由北向南地层由老变新。与下伏下元古界双雁山片岩为角度不整合接触，与康西瓦-苏巴什结合带呈断层接触。

（一）地层特征

现以新疆策勒县再依勒克河二叠系再依勒克组实测地质剖面（图 2-28）为例叙述如下，剖面位置：N35°52′26″、E80°59′48″。

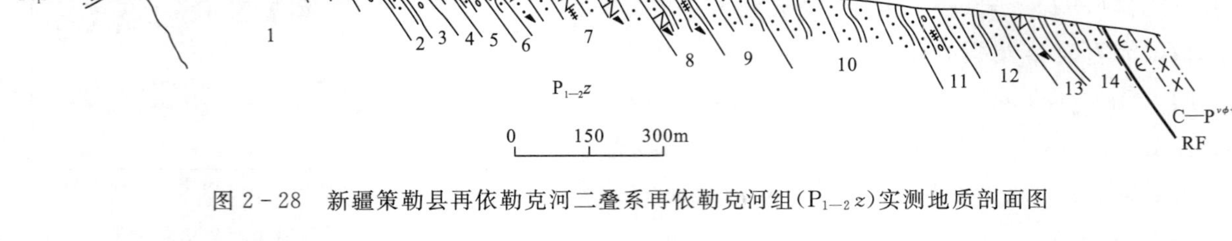

图 2-28 新疆策勒县再依勒克河二叠系再依勒克河组（$P_{1-2}z$）实测地质剖面图

上覆晚古生代康西瓦-苏巴什构造蛇绿混杂岩（$C—P^{\nu\phi+\nu}$）

═══ 韧性断层 ═══

再依勒克河组($P_{1-2}z$) **>1 325.51m**

14. 深灰色粉砂质板岩夹薄层状粉砂质岩 73.60m
13. 灰色中粒长石岩屑砂岩夹粉砂质板岩 33.50m
12. 灰色薄层状砂岩夹粉砂质板岩 73.60m
11. 灰色中层状砂岩、粉砂质岩互层夹中细砾复成分砾岩 135.75m
10. 灰色粉砂板岩与灰色厚层状中—粗粒砂岩 279.30m
9. 灰色薄层状粉砂质板岩夹中层状中粒砂岩 144.18m
8. 深灰色细粒岩屑长石杂砂岩夹粉砂岩 33.44m
7. 灰色中层状细粒岩屑长石杂砂岩夹粉砂岩 224.87m
6. 灰色中粒砂岩、粉砂岩、含泥粉砂岩互层 29.14m
5. 深灰色中—厚层状中砾砾岩、粉砂岩 31.71m
4. 灰色中—厚层状细砾砾岩夹粉砂岩 25.40m
3. 灰色中—厚层状细砾砾岩 15.60m
2. 深灰色砂岩 6.80m
1. 灰色中—厚层状砾岩 218.62m

~~~~~~ 角度不整合接触 ~~~~~~

下元古界双雁山片岩(Pt_1s)

剖面上再依勒克河组与下伏下元古界双雁山片岩为角度不整合接触,与上覆康西瓦-苏巴什构造蛇绿混杂岩呈韧性断层接触,地层厚度大于1 325.51m。该套地层岩相变化较大,表现为同一地层单元内河流相和滨浅海环境的频繁交替变化。陆相地层主要为河流相砾岩、粗砂岩等,砾岩中砾石成分为灰岩、花岗岩及石英质砾石。砾石磨圆、分选均较差,胶结物主要为砂质等,杂基—颗粒支撑,砾岩多呈透镜状产出,底部具较强烈的冲刷面。滨海环境形成的地层主要为粗砂岩、砂岩、粉砂岩和灰岩,细碎屑岩中发育平行层理、水平层理等。

可能由于陆块上地形起伏较大,该群在横向上岩性、岩相变化较大,灰岩和碎屑岩厚度变化较大,向东至阿克苏河一带岩性主要为河流相的砾岩、砂岩及海相碳酸盐岩台地相的生物灰岩、礁灰岩等,地层厚度增加到2 212.5m。

(二)岩石地球化学特征

再依勒克河组主要岩性岩石化学成分特征见表2-36。从表2-36看:该组碎屑岩主要岩性化学成分变化较大,其中SiO_2为60.22%~77.15%,Al_2O_3为11.01%~16.53%,$FeO+Fe_2O_3$为3.16%~8.38%,MgO为1.69%~3.88%,Na_2O为1.87%~3.05%,K_2O为1.18%~3.00%,说明该组岩石成分较为复杂,岩石成分成熟度低,其中粉砂质板岩较岩屑长石杂砂岩中SiO_2、Al_2O_3

表2-36 再依勒克河组主要岩石化学成分含量表 (%)

样品号	岩性名称	SiO_2	Al_2O_3	Fe_2O_3	FeO	MgO	CaO	Na_2O	K_2O
D5814-GS2	岩屑长石杂砂岩	60.22	16.53	2.90	4.50	3.88	1.30	1.87	3.00
D5814-GS3	粉砂质板岩	77.15	11.01	0.86	2.30	1.69	0.40	3.05	1.18

样品号	岩性名称	TiO_2	P_2O_5	MnO	CO_2	H_2O^+	H_2O^-	LOI
D5814-GS1	岩屑长石杂砂岩	0.93	0.14	0.06	0.24	3.56	0.00	2.43
D5814-GS3	粉砂质板岩	0.33	0.05	0.08	0.23	2.06	0.19	1.13

注:样品由国土资源部西安矿产资源监督检测中心测试分析
~~~~~~

含量明显偏高，而 $FeO+Fe_2O_3$、MgO、K_2O、TiO_2 含量明显偏低，说明该组细碎屑岩较粗碎屑岩岩石成分成熟度高。

再依勒克组微量元素含量见表 2-37。从表 2-37 可知：岩石微量元素含量变化较大，其中 Cu 为 $(5.45\sim32.5)\times10^{-6}$，P 为 $(144\sim739)\times10^{-6}$，Pb 为 $(4.33\sim11.1)\times10^{-6}$，Sr 为 $(77\sim259)\times10^{-6}$，V 为 $(21.7\sim178)\times10^{-6}$，Zn 为 $(25.7\sim113)\times10^{-6}$，Au 为 $(0.72\sim3.83)\times10^{-9}$，Hg 为 $(22\sim162)\times10^{-9}$。与地壳克拉克值相比，Ag、W 略高于地壳克拉克值，V、Zn 与地壳克拉克值接近，其余元素比地壳克拉克值低。微量元素特征表明再依勒克组物源多样、岩相复杂。

表 2-37　再依勒克河组岩石微量元素含量表

样品号	岩石名称	Ba	Cu	P	Pb	Rb	Sr	V	Zn
D5814-GP1	砂砾岩	407	20.3	739	4.33	70.0	143	120.0	62.7
D5814-GP4	砾岩	411	21.5	589	10.40	92.2	77	106.0	113.0
D5814-GP2	粉砂质板岩	519	32.5	640	9.44	89.4	112	178.0	98.1
D5814-GP3	砂岩	413	11.8	300	6.02	69.6	259	61.3	73.3
D5814-GP5	砂岩	529	5.5	144	11.10	65.9	414	21.7	25.7
平均值		456	18.0	482	8.00	77.0	201	97.0	75.0
地壳克拉克平均值(维氏，1962)		650	47.0	930	16.00	150.0	340	90.0	83.0
样品号	岩石名称	Ag	Au	W	Mo	Hg	Sn	Sb	
D5814-GP1	砂砾岩	64	1.85	1.39	0.56	32.0	1.10	0.32	
D5814-GP4	砾岩	70	3.83	1.77	0.31	162.0	1.10	2.85	
D5814-GP2	粉砂质板岩	110	2.32	1.72	0.70	31.8	2.70	0.42	
D5814-GP3	砂岩	100	2.49	2.31	0.97	22.0	2.05	0.41	
D5814-GP5	砂岩	115	0.72	1.06	0.77	27.1	1.45	0.94	
平均值		92	2.00	2.00	1.00	55.0	2.00	1.00	
地壳克拉克平均值(维氏，1962)		70	3.40	1.30	1.10	83.0	25.00	0.50	

注：样品由国土资源部西安矿产资源监督检测中心测试分析；其中 Au、Ag、Hg 元素含量单位为 $\times10^{-9}$，其余元素含量单位均为 $\times10^{-6}$

（三）时代

图幅内再依勒克河组与邻区（东部伯力克幅）在地层岩性、岩相有一定的差别，这可能是由于陆块边缘地形变化较大产生的相变引起的，因此仍将测区该套地层与邻区（伯力克幅）再依勒克河组进行对比。

图幅内再依勒克河组化石贫乏，但在东邻伯力克幅新疆于田县阿克苏河一带礁灰岩中采集到大量的腕足、珊瑚、䗴等化石，经鉴定主要岩石类型有腕足：*Cleiothyridina* cf. *royssi*(Evelle)，*Hustedia indica*(Waaggen)，*Speriftrella* sp.，*Cleiothyridina apillata*(Waaggen)，*Cleiothyridina subexpansa*(Waagen)，*Marginifera*；珊瑚：*Thomasiphyllum major*(X. xu)(P_1^2)，*Thomasiphyllum rotiforme* sp. nov.，*Thomasiphyllum spongofoiium*(Smith)(P_1^2)；䗴：*Misellina* cf. *ovalis*(Deprat)，*Misellina ovalis*(Deprat)，*Misellina* sp.，*Pseudofusulina* sp.，*Schwagerina* sp.，*Reichelina* sp.，*Eoverbeekina* sp.，*Schubertella* sp.，*Nankinella* sp.，*Minojapanella* sp. 等。其中该组下部䗴类以 *Misellina* 属为主要分子，其主要时代为早二叠世晚期至中二叠世早期；上部䗴类以 *Neoschwagerina* 属和 *Verbeekina* 属为主要分子，其时代主要以中二叠世晚期为主。因此，将再依勒克河组时代厘定为早—中二叠世。

第十二节 三叠系

巴颜喀拉山群(T*B*)

图幅内三叠系地层出露单位，仅有巴颜喀拉山群，属巴颜喀拉山地层区，出露于图幅中、南部地区，主要为残余盆地沉积的一套复理石沉积。

巴颜喀拉山群于1961年由原北京地质学院创建，青海区调队1970年在《1∶100万玉树幅区域地质调查报告》中介绍，指一套厚度巨大的类复理石杂砂质碎屑建造，分三叠系上、中、下三统。西藏区调队(1986)引用巴颜喀拉山群一名，时代限定为晚三叠世。新疆地矿局第一区调大队十分队(1984)1∶100万区调工作将其划为上三叠统克勒青河群。在《西藏自治区岩石地层》(1997)中沿用巴颜喀拉山群。在《新疆维吾尔自治区岩石地层》(1999)中沿用巴颜喀拉山群一名。本次工作沿用该群名。

图幅内巴颜喀拉山群出露于甜水海北泉水沟、琼冰水河、郭扎错一带，呈北西西—南东东向横贯测区大红柳滩地层分区南缘，出露宽度10～50km，分布面积约为2 025km²。巴颜喀拉山群与下伏甜水海微陆块的甜水海岩群、肖尔克谷地岩组、恰提尔群均为脆韧性断层接触，与上覆黄羊岭群也为脆韧性断层接触。巴颜喀拉山群总体为一套复理石建造，岩石以砂岩为主，粉砂岩、板岩和灰岩次之，根据其岩石组合可进一步划分为下组(TB_1)、中组(TB_2)、上组(TB_3)3个组。

(一)地层特征

图幅内巴颜喀拉山群发育一系列南倒北倾的同斜褶皱，地层总体上表现为由南向北地层由老变新，在新疆和田县甜水海北泉水沟垴该群地层出露较全、露头较好，现以新疆和田县甜水海北泉水沟垴三叠系巴颜喀拉山群(T*B*)实测剖面(图2-29)为例叙述如下，剖面位置：N35°37′45″、E79°42′46″。

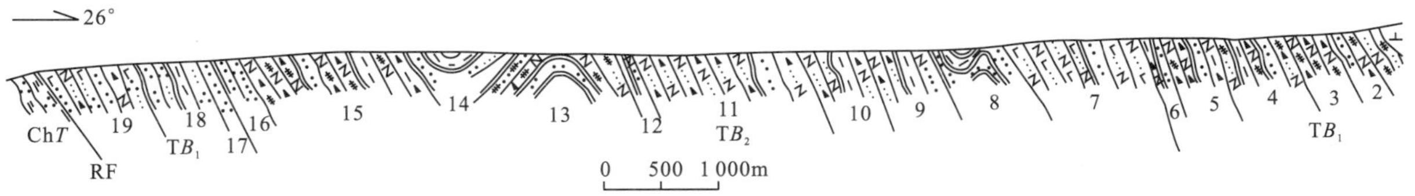

图2-29 新疆和田县甜水海北泉水沟垴三叠系巴颜喀拉山群(T*B*)实测地质剖面图

上覆地层：二叠系黄羊岭群(P*H*)

═══ 脆韧性断层接触 ═══

巴颜喀拉山群(T*B*)	**>7 739.74m**
上组(TB_3)	**>1 661.10m**
1.深灰色中—厚层状细粒长石岩屑杂砂岩	151.00m
2.灰—深灰色细粒岩屑长石杂砂岩夹灰绿色粉砂质板岩、泥质板岩	151.20m
3.深灰色中—厚层状细粒岩屑长石杂砂岩	357.20m
4.灰绿色薄—中层状细粒岩屑长石杂砂岩、灰绿色粉砂质板岩、泥质板岩互层	526.85m
5.灰绿色薄中层状细粒岩屑长石杂砂岩夹灰绿色粉砂质板岩泥质板岩	411.05m
6.灰绿色薄—中层状细粒岩屑长石杂砂岩、灰绿色粉砂质板岩、泥质板岩互层	63.80m

———— 整合接触 ————

中组(TB_2)	**5 122.49m**
7.灰黑色中厚层状钙质长石细砂岩，偶夹深灰色粉砂质板岩、灰黑色泥质板岩	785.74m
8.灰黑色泥质板岩、粉砂质板岩，夹灰色薄层状石英泥质板岩	76.40m
9.深灰色中—厚层状长石岩屑细砂岩，偶夹灰黑色泥岩	420.45m
10.深灰色薄—中层状长石细砂岩，夹黑色泥质板岩、粉砂质板岩	425.40m
11.深灰色中—厚层状长石岩屑细砂岩，局部夹粉砂质板岩	1 342.90m
12.深灰色中层状长石岩屑细砂岩、灰绿色粉砂质板岩、深灰色泥质板岩互层	64.00m
13.深灰色中厚层状细粒长石岩屑杂砂岩夹灰绿色粉砂质板岩、深灰色薄—中层状石英细砂岩	320.40m
14.灰绿色粉砂质板岩、泥质板岩、深灰色薄—中层状石英细砂岩互层	369.80m
15.灰绿色中层状长石岩屑杂砂岩夹灰绿色粉砂质板岩、泥质板岩	1 135.90m
16.深灰色薄—中层状石英细砂岩、深灰色粉砂质板岩、泥质板岩	181.50m

———— 整合接触 ————

下组(TB_1)	**956.15m**
17.深灰色中层状石英细砂岩	41.85m
18.深灰色石英细砂岩、灰黑色粉砂质板岩、泥质板岩互层	344.45m
19.灰褐色中层状钙质石英细砂岩、长石岩屑细砂岩，偶夹深灰色粉砂质板岩	569.85m

═══ 脆韧性断层接触 ═══

下伏地层：长城系甜水海岩群(ChT)

剖面南部巴颜喀拉山群与下伏甜水海岩群为脆韧性断层接触，剖面北部上覆二叠系黄羊岭群以脆韧性断层叠覆于巴颜喀拉山群之上，巴颜喀拉山群地层厚度大于7 739.74m。

下组(TB_1)与下伏甜水海岩群为断层接触，地层厚956.15m，岩性主要为深灰色中—厚层钙质石英细砂岩、灰色中—厚层状长石岩屑细砂岩夹深灰色粉砂质板岩、泥质板岩，总体以砂岩为主。砂岩风化面呈浅灰褐色，具中—薄层状构造，细粒砂状结构，层厚一般15～80cm，平行层理发育，碎屑成分主要为石英、长石、岩屑，碎屑分选、磨圆均较差，钙质砂岩中铁方解石含量一般约为10%，其成分和结构成熟度较低；粉砂岩、粉砂质板岩、泥板岩为薄层状构造，单层厚5～10cm，发育水平层理。下组在宏观上表现为砂岩—板岩韵律状互层构成“复理石”，单个韵律层厚约30～95cm，其中砂岩和板岩的比例为6∶2，单个韵律(基本层序)自下而上为砂岩到粉砂岩或粉砂质板岩，局部地段顶部见泥质板岩，相当于鲍马序列的B、C段或B、C、D段，具较深水的复理石沉积特征。

中组(TB_2)与下伏下组(TB_1)、上覆上组(TB_3)均为整合接触，地层厚5 122.49m。岩性主要为深灰色石英细砂岩、深灰色中—厚层状岩屑长石细砂岩、灰色钙质长石细砂岩夹(互)灰色粉砂质板岩、灰色灰绿色泥质板岩。细砂岩为细粒砂状结构，中层状构造，单层厚15～85cm，发育平行层理，主要矿物成分为石英、长石、岩屑等，碎屑磨圆、分选较差，其结构和成分成熟度均较低；板岩呈深灰色、灰色，板理发育，单层厚5～10cm，发育平行层理、水平层理，成分主要为绢云母、粘土矿物、粉砂质等。该组中岩石宏观特征与下组相似，由砂岩—板岩或砂岩—板岩—泥板岩构成的韵律极为清楚，单个韵律一般厚20～110m，单个韵律层中粉砂质板岩、泥板岩比例较下组总体上稍有增加，细砂岩、粉砂岩、粉砂质泥板岩为鲍马序列的C、D、E段，为一套典型的复理石建造。

上组(TB_3)与上覆二叠系黄羊岭群(PH)呈脆韧性断层接触，地层厚度大于1 661.1m，主要岩性为灰色、深灰色、灰绿色薄—中层状、中—厚层细粒岩屑长石杂砂岩夹灰色粉砂质板岩、粉砂质泥岩，局部夹灰岩透镜体。杂砂岩为细粒砂状结构，中—厚层状构造，发育平行层理，单层厚5～70cm，局部见粒序层理，其碎屑主要为石英、长石及岩屑，岩石中杂基含量较该群下组、中组有所增加；板岩中发育水平层理，单层厚5～10cm。巴颜喀拉山群上组由砂岩—粉砂质板岩或砂岩—粉砂质板岩—泥板岩构成的韵律层较为清楚，单个韵律层一般厚10～80m，岩石中总体以细砂岩为主，单个韵律层(基本层序)中泥板岩较薄或缺失,为一套典型的复理石建造。

巴颜喀拉山群岩石中劈理发育,后期构造变形对原岩沉积组构虽有一定改造,但层理构造破坏不大,通过沉积韵律和层、劈关系能够识别原始层序,该群构成一北倾南倒的复杂同斜向斜构造,但有后期逆冲构造叠加改造。

综上所述,巴颜喀拉山群下组、中组、上组岩性变化不大,地层中韵律层清楚,为较深水相的复理石建造。巴颜喀拉山群总体岩性、岩相较稳定,横向上较为稳定。

(二)岩石化学特征

巴颜喀拉山群岩石化学成分见表2-38。从表2-38可知:除钙质石英细砂岩外,碎屑岩主要岩石化学成分含量变化不大,钙质石英细砂岩与其余碎屑岩相比,碎屑岩中 Al_2O_3 含量较高;CaO含量较低,Al_2O_3 值在12.83%～13.42%之间,CaO值在1.05%～3.3%之间,而钙质石英细砂岩中 Al_2O_3 含量相对较低,CaO含量较高,Al_2O_3 为8.33%,CaO值为9.96%,但岩石中 $CaO+CO_2$ 值为13.06%～4.03%,其中钙质石英细砂岩 $CaO+CO_2$ 含量高达13.06%,说明巴颜喀拉山群岩石中含有一定量的方解石矿物。

表2-38　巴颜喀拉山群岩石化学成分含量表　(%)

样品号	岩石名称	SiO_2	Al_2O_3	Fe_2O_3	FeO	MgO	CaO	Na_2O	K_2O
D6156-GS1	粉砂质板岩	68.21	13.00	1.49	3.20	1.72	3.30	3.02	2.03
D6156-GS2	钙质石英细砂岩	64.78	8.33	1.17	2.10	2.73	9.96	1.45	1.53
D6156-GS3	长石细砂岩	71.56	12.83	0.01	2.87	1.80	1.05	3.25	1.86
D6157-GS1	岩屑长石细砂岩	65.90	13.42	2.78	0.31	2.23	3.25	3.07	2.68

样品号	岩石名称	TiO_2	P_2O_5	MnO	CO_2	H_2O^+	H_2O^-
D6156-GS1	粉砂质板岩	0.70	0.17	0.13	0.73	1.78	0.14
D6156-GS2	钙质石英细砂岩	0.51	0.14	0.08	4.10	2.44	0.16
D6156-GS3	长石细砂岩	0.57	0.14	0.06	0.42	2.38	0.18
D6157-GS1	岩屑长石细砂岩	0.41	0.12	0.20	1.95	2.50	0.36

注:样品由国土资源部西安矿产资源监督检测中心测试分析

巴颜喀拉山群岩石微量元素含量见表2-39。由表2-39看出,该群岩石微量元素总体上含量变化不大,未见明显的矿化富集。该群微量元素平均值与地壳克拉克值相比,Pb、Zn、Ag、As、Sb高于或略高于地壳克拉克值,Mo、V与地壳克拉克值基本接近,其余元素含量偏低。其中Ag元素含量变化较大,总体低于地壳克拉克值,个别地段为地壳克拉克值的10倍。

巴颜喀拉山群岩石稀土元素含量及特征值见表2-40,稀土元素球粒陨石配分模式见图2-30。从图2-30、表2-40可知:该群稀土元素总量虽有一定的变化,但变化不大,其轻、重稀土元素(LREE/HREE)比值、δEu值较大,且其球粒陨石配分模式曲线近乎重叠,表现为轻稀土元素富集型,相似的(LREE/HREE)值及稀土元素球粒陨石标准化配分模式曲线,说明该群上组、中组、下组物源基本相似,且来自于大致相同的构造环境,值得一提的是该群稀土元素的轻稀土元素总量(LREE)、重稀土元素总量(HREE)、轻稀土元素总量(LREE)与重稀土元素总量(HREE)比值(LREE/HREE)、稀土元素总量($\sum$REE)、δEu值及稀土元素球粒陨石配分模式曲线均与黄羊岭群一致或相似,说明黄羊岭群、巴颜喀拉山群的物源相近或有继承性。

表 2-39　巴颜喀拉山群微量元素含量表

样品号	岩石名称	Sr	Rb	Pb	Zn	Cu	V	Ba	P	As	Sb	Hg	Sn	Ag	W	Mo	Au
D6156-GP1	粉砂质板岩	135	76	14	71	28	97	401	908	9.35	0.38	6.2	2.10	38	2.0	0.44	1.78
D6156-GP2	石英细砂岩	183	78	12	70	19	81	227	911	19.80	3.52	10.6	1.70	88	2.1	0.62	1.40
D6156-GP3	石英细砂岩	141	51	18	53	19	77	223	859	5.52	0.38	19.5	1.70	58	1.8	0.50	1.67
D6156-GP4	石英细砂岩	160	95	10	33	28	89	387	2033	13.90	2.61	71.9	2.45	225	1.6	0.56	1.59
D6156-GP5	泥质板岩	116	97	19	68	36	91	396	703	6.64	0.35	28.8	1.50	58	1.8	0.50	1.88
D6156-GP6	泥质板岩	114	61	14	47	15	62	290	604	8.64	1.42	67.0	2.10	105	1.4	0.62	3.30
D6156-GP7	钙质石英细砂岩	202	56	24	42	17	62	369	646	4.94	3.88	33.2	1.40	38	0.8	0.75	1.03
D6156-GP8	钙质石英细砂岩	213	81	23	70	31	73	283	675	5.12	0.53	50.6	2.50	96	1.1	1.05	0.76
D6156-GP9	钙质石英细砂岩	150	74	20	54	24	72	285	708	5.75	0.31	95.0	2.20	150	1.0	1.05	0.85
D6156-GP10	泥质板岩	161	122	16	59	25	86	417	735	13.90	1.33	31.9	2.60	105	1.6	1.18	1.30
D6156-GP11	石英细砂岩	125	104	18	71	19	87	399	717	7.56	0.51	27.5	3.40	130	1.1	0.75	1.18
D6156-GP12	石英细砂岩	145	116	22	75	20	88	579	787	5.95	0.49	22.6	2.70	96	1.6	0.62	2.62
D6156-GP13	石英细砂岩	229	72	19	54	16	66	320	670	9.34	0.58	29.2	2.20	94	1.5	0.68	1.84
D6156-GP14	石英细砂岩	173	97	75	68	19	75	453	824	21.40	5.48	48.3	3.00	320	1.7	0.87	2.02
D6156-GP15	石英细砂岩	132	58	27	51	16	66	284	666	5.78	0.45	41.2	1.80	58	1.6	0.62	1.99
D6156-GP16	石英细砂岩	198	82	16	48	22	74	373	634	5.98	0.42	44.9	3.40	240	1.5	0.62	1.59
D6156-GP17	石英细砂岩	144	90	51	916	17	84	339	804	7.82	0.36	32.7	2.20	100	1.6	0.5	1.92
D6156-GP18	石英细砂岩	214	76	18	55	19	78	353	725	5.81	0.35	37.7	3.00	110	1.6	0.68	1.13
D6156-GP19	粉砂质板岩	209	59	16	62	18	86	291	789	7.03	0.49	49.4	3.40	120	1.9	0.62	3.44
D6156-GP20	石英细砂岩	237	71	21	54	17	80	311	805	6.58	0.34	110.0	3.10	140	1.0	0.38	1.37
D6157-GP1	石英细砂岩	196	106	24	64	20	74	442	676	14.00	0.86	58.8	2.05	2000	1.3	0.56	1.91
D6157-GP2	石英细砂岩	159	68	30	51	21	85	411	745	2.92	0.32	48.5	2.40	96	1.4	0.44	1.07
D6157-GP3	钙质石英细砂岩	163	51	16	49	18	65	253	683	17.30	1.07	56.6	2.95	210	1.1	0.68	1.13
平均值		170	80	23	95	21	78	352	796	9.00	1.00	44.0	2.00	203	1.0	1.00	2.00
地壳克拉克平均值(维氏,1962)		340	150	16	83	47	90	650	930	1.70	0.50	83.0	25.00	70	1.3	1.10	3.40

注:样品由国土资源部西安矿产资源监督检测中心测试分析;其中 Au、Ag、Hg 元素含量单位为 $\times10^{-9}$,其余元素含量单位均为 $\times10^{-6}$

表 2-40 巴颜喀拉山群稀土元素含量及特征值

样品号	岩石名称	稀土元素含量($\times10^{-6}$)									
		La	Ce	Pr	Nd	Sm	Eu	Gd	Tb	Dy	Ho
D6083-XT2	钙质石英细砂岩	33.3	57.6	6.00	24.4	4.73	0.98	4.44	0.68	4.18	0.77
D6156-XT1	粉砂质板岩	24.4	40.7	5.66	23.1	4.17	1.03	3.50	0.65	4.32	0.81
D6156-XT3	石英细砂岩	35.4	58.9	6.45	25.9	5.26	1.01	4.13	0.68	4.28	0.92

样品号	岩石名称	稀土元素含量($\times10^{-6}$)							特征参数值	
		Er	Tm	Yb	Lu	ΣREE	LREE	HREE	LREE/HREE	δEu
D6083-XT2	钙质石英细砂岩	2.26	0.36	2.25	0.32	142.27	127.01	15.26	8.32	2.26
D6156-XT1	粉砂质板岩	2.34	0.36	2.13	0.27	113.44	99.06	14.38	6.89	2.34
D6156-XT3	石英细砂岩	2.28	0.34	2.20	0.29	148.04	132.92	15.12	8.79	2.28

注:样品由国土资源部西安矿产资源监督检测中心测试分析

(三)沉积环境

巴颜喀拉山群岩性以细粒碎屑岩为主,岩性主要为长石石英细砂岩、钙质长石细砂岩、石英粉砂岩、粉砂质板岩等,上组碎屑岩中夹少量灰岩透镜体,岩石中砂岩—板岩构成的韵律层极为清晰。砂岩结构,成分成熟度较低,具快速堆积特征,地层中发育水平层理及平行层理,为一套典型的复理石沉积建造。但碎屑岩中含有一定量方解石,岩石中灰岩透镜体夹层的出现,说明该群复理石沉积时海盆水体并不太深,结合测区大地构造环境综合分析,巴颜喀拉山群应为在晚古生代深海盆地基础上发展起来的中生代残余海盆中沉积的复理石建造。

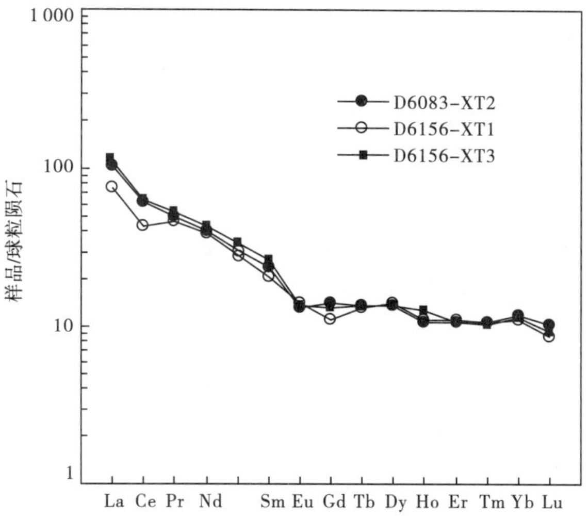

图 2-30 巴颜喀拉山群主要岩石稀土元素球粒陨石标准化分布图

(四)地层时代

巴颜喀拉山群碎屑岩中大化石稀少,2002 年贵州地质调查院在羊湖幅 1∶25 万区调工作时,在巴颜喀拉山群中采集到大量的牙形石及孢粉,孢粉化石主要分子有 *Granulatisporites subtilis* Qu et Wang ,1986;*Sphagnumsporites tenuis* de Jersey,1962;*Limatulasporites dalongkouensis* Qu et Wang,1986;*Lundbladispora subornata* Ouyang et Li,1980;*Leiotriletes directus* Balme et Hennelly;*Limatulasporites* sp. ;*Pteruchipollenites reticorpus* Ouyang et Li,1980。这些分子在我国多见于新疆吉木萨尔与云南富源下三叠统(下部),其地层时代属早三叠世早期。晚三叠世孢粉化石产于羊湖北约 3km 的巴颜喀拉山群第三组页岩中,主要分子有 *Punctatisporites* sp. ,*Concavisporites toralis* (Leschik) Nilsson,1958,*Granulatisporites* sp. ,*Rugulatisporites* sp. ,*Annulispora folliculosa* (Rogalska) de Jersey,1959,*Duplexisporites* sp. ,*Polycingulatisporites* sp. ,*Kraeuselisporites* sp. ,*Cyacadopites* sp. ,*Monosulcites* sp. ,*Chasmatosporites hians* Nilsson,1958,*C. apertus* Nilsson,1958,*Taeniaesporites* sp. ,*Protopinus* sp. ,*Piceites* sp. 。该组合中的重要类型 *Kraeuselisporites* 见于晚二叠世—早三叠世,*Taeniaesporites* 为二叠纪、三叠纪的主要常见属,其他大多数类型为中生代分子,而 *Chasmatosporites*,*Duplexisporites* 则更多地见于晚三叠世及以后的地层中,*Concavisporites* 繁盛于晚三叠世,上述化石组合指

示该群时代为三叠纪。

巴颜喀拉山群是青藏高原唯一贯通东西且岩相稳定的地层单元，图幅巴颜喀拉山群与东部(西藏羊湖)巴颜喀拉山群岩性、岩相一致，地层完全可以对比。综上所述，巴颜喀拉群时代应从早三叠世延续至晚三叠世。

第十三节　白垩系

铁隆滩群(K_2T)

图幅内白垩纪地层仅分布于甜水海地层分区，地层单位为铁隆滩群，出露于图幅西南角阿克萨依湖南。

铁隆滩群由新疆地质局区测大队李双喜等(1972)创名，命名在图幅内新藏公路甜水海兵站东南阿克萨依湖南，指灰色灰岩及杂色生物灰岩，夹泥灰岩、砂岩、砾岩及石膏等，含双壳类、珊瑚及海胆等海相化石。1979年，中国科学院南京地质古生物研究所顾知微将该套地层的上部称铁隆滩群，时代为早白垩世。在《西北地区区域地层表·新疆维吾尔自治区分册》(1981)中沿用铁隆滩一名，时代为白垩纪。吴瑞忠等(1987)将该套地层分为下部砂岩组和上部灰岩组。在《新疆维吾尔自治区岩石地层》(1999)中将铁隆滩群定义为：紫红、砖红、粉红色为主，黄灰、黄白、灰白色为次中—厚层—块状层灰岩，生物碎屑灰岩，夹砂岩、粉砂岩、泥灰岩和灰岩，下部局部夹石膏，底部有时可见砾岩。富含双壳类化石，上部未见顶，与下伏恰提尔群为角度不整合接触。克基尔群、阿帕钦群均为铁隆滩群的同物异名。本次工作经对比、研究后沿用铁隆滩群一名，采用《新疆维吾尔自治区岩石地层》中的划分方案，时代为白垩纪。

铁隆滩群分布于图幅南部阿克萨依湖南一带，面积约125km²。该群地层以较缓的岩层倾角与下伏恰提尔群为角度不整合接触(图2-31)，岩层倾角10°～15°，上部被第四系覆盖。岩性组合可划分为砂砾岩组、灰岩组两个组。砂砾岩组主要为褐红色中—粗粒钙质岩屑砂岩、砂砾岩、砾岩等；

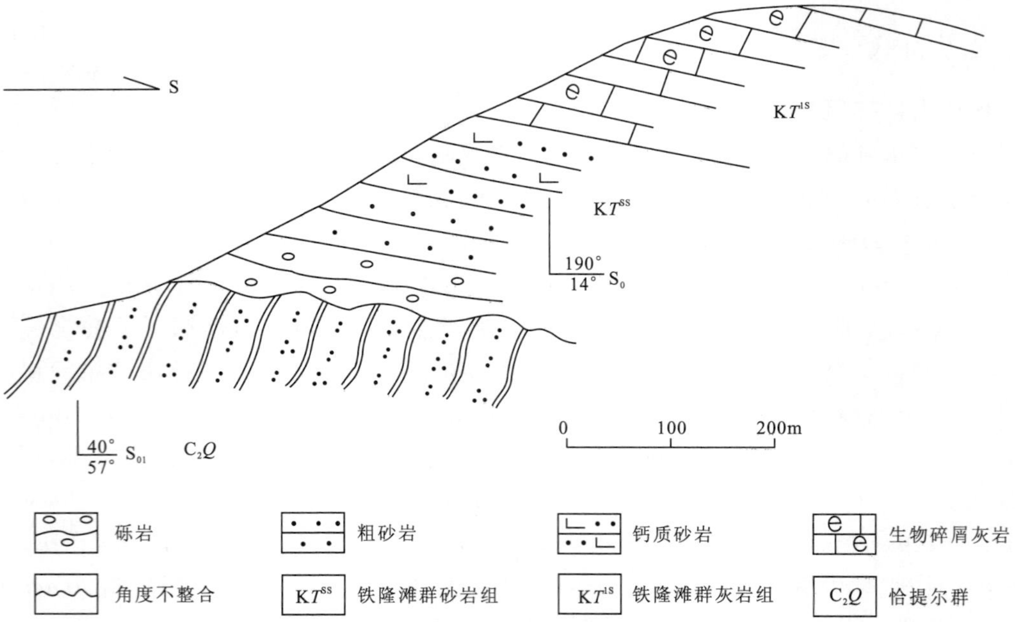

图2-31　铁隆滩群(K_2T)与恰提尔群(C_2Q)角度不整合接触关系素描图

灰岩组主要为褐红色生物灰岩、灰白色含砂质生物碎屑微—泥晶灰岩、含生物碎屑砂屑灰岩细晶灰岩等。

（一）地层特征

图幅内铁隆滩群以新疆和田县阿克萨依湖南出露最全，剖面上该群与下伏恰提尔群为角度不整合接触，上部被第四系覆盖，地层出露总厚度大于91.65m。现以新疆和田县阿克萨依湖南白垩系铁隆滩群实测地质剖面为代表，将该群岩层层序由新到老描述如下，剖面位置：N35°5′53″、E79°44′19″。

上覆第四系砂砾石

～～～～～～　角度不整合接触　～～～～～～

铁隆滩群（K_2T）	**>91.65m**
灰岩组	**>44.67m**
1.灰白色厚层块状含生物碎屑砂屑灰岩	8.74m
2.灰白色厚层块状含砂质生物碎屑微—泥晶灰岩	0.79m
3.褐红色中—厚层状含鲕粒砾屑砂质灰岩	10.96m
4.褐红色中—厚层状豆粒灰岩	8.25m
9.褐红色中层状结晶灰岩	12.33m
10.褐红色中层状砂质泥晶灰岩	3.6m

———— 整合接触 ————

砂砾岩组	**46.98m**
11.褐红色中层状钙质细砂岩	4.6m
12.褐红色中—厚层状中一粗粒钙质岩屑砂岩	29.48m
13.褐红色中—厚层状含鲕粒钙质含砾屑粗砂岩	12.9m

～～～～～～　角度不整合接触　～～～～～～

下伏地层：石炭系恰提尔群（C_2Q）

剖面上铁隆滩群砂砾岩组与下伏石炭系恰提尔群呈角度不整合接触，与上覆铁隆滩群灰岩组为整合接触，地层厚度约46.98m。岩性以中—厚层状钙质细砂岩、中—厚层状中—粗粒钙质岩屑砂岩、中—厚层状钙质含砾粗砂岩为主。该组下部以含砾粗砂岩为主，向上渐变为钙质中—粗粒砂岩。含砾屑粗砂岩中砾屑大小不等，一般为2～4mm，最大可达8mm，呈棱角—次棱角状，分选、磨圆均较差。钙质细砂岩、中—粗粒钙质岩屑砂岩中砂屑以石英、长石、泥晶灰岩为主，含少量中酸性火山岩碎屑，碎屑多呈次棱角状、浑圆状，碎屑分选、磨圆较差，胶结物为微—泥晶方解石。砂岩多呈中—厚层状构造，单层厚120～220m，发育平行层理，砂岩中常见鲕粒结构、豆粒结构和鸟眼构造，鲕粒、豆粒多为同心鲕、薄皮鲕，鲕粒粒径0.1～2mm、包壳圈数一般2～4圈，豆粒粒径3～7mm、包壳圈数一般6～9圈。鸟眼多为孤立的白色小孔，微亮晶方解石充填，直径1～3mm，为潮上带露出水面的沉积层收缩而成。砂岩组岩石以褐红色为其主要外观特征，为一套河流-潮坪环境的沉积。

剖面上灰岩组与下伏砂砾岩组为整合接触，上覆第四系以角度不整合覆盖其上，地层厚度大于44.67m。岩石以褐红色为主，局部见少量灰白色，主要岩性以中—厚层状含鲕粒砾屑砂质灰岩、生物碎屑微—泥晶灰岩、中层状结晶灰岩、中—厚层状豆粒灰岩为主，与其下的砂砾岩组呈整合接触。灰岩以中—厚层构造、厚—块状构造为主，单层厚15～230cm，发育微—细晶结构，亮晶结构及鲕粒、豆粒结构，鲕粒、豆粒结构以同心鲕、薄皮鲕为主，复合鲕少见，鲕粒、豆粒结构与砂岩组相似，鲕粒粒径一般 0.1～0.5mm、少数 0.5～2mm，包壳圈数一般 2～4 圈，豆粒粒径一般 2～4mm、具同心环状结构，包壳圈数一般 8～10 圈。灰岩中含大量的角石、珊瑚、蛤、海胆等化石。所含化石说明其为碳酸盐岩台地边缘浅滩环境。

（二）岩石地球化学特征

铁隆滩群岩石化学分析结果见表 2-41。由表 2-41 可知：砂砾岩组中 $CaO+CO_2$ 含量高达 37.25%，说明碎屑岩中钙质含量较高；灰岩组中 $CaO+CO_2$ 为 72.09%，SiO_2 高达 19.91%，说明灰岩组中碳酸盐岩碎屑含量较高，陆源碎屑加入较多。

表 2-41　铁隆滩群岩石化学成分含量表　　（%）

样品号	岩石名称	SiO_2	Al_2O_3	Fe_2O_3	FeO	MgO	CaO	Na_2O	K_2O
D6606-TS1	生物碎屑砂质灰岩	19.91	2.68	1.13	0.50	1.22	39.2	0.30	1.12
D6607-GS1	粗—中粒钙质岩屑砂岩	44.51	4.45	1.21	0.31	1.65	25.5	0.62	0.88

样品号	岩石名称	TiO_2	P_2O_5	MnO	CO_2	H_2O^+	H_2O^-
D6606-TS1	生物碎屑砂质灰岩	0.21	0.03	0.01	32.89	—	0.24
D6607-GS1	粗—中粒钙质岩屑砂岩	0.23	0.00	0.11	11.75	0.71	0.10

注：样品由国土资源部西安矿产资源监督检测中心矿测试分析

铁隆滩群岩石微量元素含量见表 2-42。从表2-42可知：砂砾岩组岩石中微量元素除 Sr、Pb、Ba、Ag 含量变化较大外，Sr 为$(163\sim706)\times10^{-6}$、Pb 为$(15\sim31)\times10^{-6}$、Ba 为$(252\sim746)\times10^{-6}$、Ag 为$(76\sim160)\times10^{-9}$，其余元素含量变化不大。砂岩组碎屑岩微量元素平均值与地壳克拉克值比较，Ag、As 高于地壳克拉克值，Sr、Pb、Sb 与地壳克拉克值接近，其余元素均低于地壳克拉克值；灰岩组碳酸盐岩微量元素含量除 Ba、Zn、Pb、Hg、Au 元素含量变化较大外，Ba 元素含量为$(237\sim1\,189)\times10^{-6}$、Zn 元素含量为$(67\sim260)\times10^{-6}$、Pb 元素含量为$(18\sim58)\times10^{-6}$、Hg 元素含量为$(31.8\sim153)\times10^{-9}$、Au 元素含量为$(0.2\sim1.11)\times10^{-9}$，其余元素含量变化不大，灰岩组中微量元素平均值与世界碳酸盐岩平均值（涂和费，1961）相比，Rb、Pb、Zn、Cu、Ag、As 元素含量高于世界碳酸盐岩平均值，Sb、Mo 元素含量与世界碳酸盐岩平均值基本特点，其余元素含量均低于世界碳酸盐岩平均值。

铁隆滩群主要岩石类型稀土元素含量及特征值见表 2-43，稀土元素球粒陨石配分模式曲线见图 2-32。从表 2-43、图 2-32 看：该群灰岩组、砂砾岩组中岩石稀土元素含量及稀土元素总量（∑REE）较低，灰岩组、砂砾岩组中岩石轻稀土元素总量（LREE）、重稀土元素总量（HREE）、稀土元素总量（∑REE）变化较大，但铁隆滩群中碳酸盐岩、碎屑岩的轻稀土元素总量（LREE）与重稀土元素总量（HREE）比值 LREE/HREE 在 7.64～8.61 之间，δEu 值在 0.66～0.71 之间，Eu 为负异常，其稀土元素球粒陨石配分模式曲线相似且近于平行，为轻稀土元素富集型。

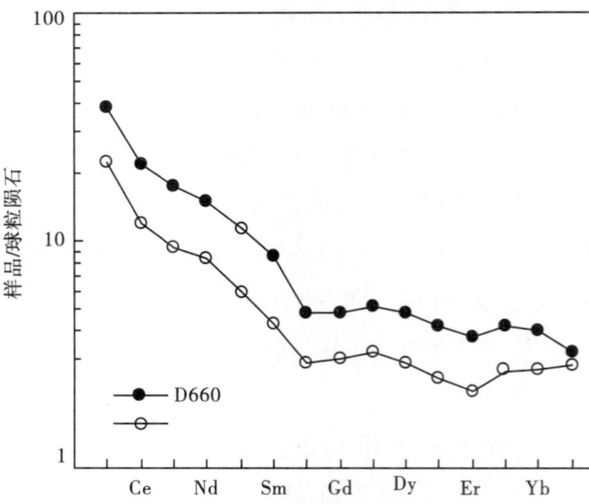

图 2-32　铁隆滩群主要岩石稀土元素球粒陨石标准化分布图

表 2-42　铁隆滩群岩石微量元素含量表

样品号	岩石名称	Sr	Rb	Pb	Zn	Cu	V	Ba	P
D6606-GP1	含生物灰岩	102	10	58	260	33	25	405	408
D6607-GP1	灰岩	203	36	30	152	16	54	1 189	368
D6607-GP2	灰岩	152	26	34	67	16	34	237	384
D6607-GP3	灰岩	142	29	18	88	13	35	420	345
D6607-GP6	细晶灰岩	131	19	29	72	11	32	263	362
D6607-GP4	钙质粗砂岩	193	17	42	24	12	29	156	243
D6607-GP5	钙质粗砂岩	706	22	15	22	9	39	746	377
D6607-GP7	钙质细砂岩	163	14	21	30	10	28	252	339
灰岩组平均值		164	25	31	81	14	37	453	340
碳酸盐岩平均值(涂和费,1961)		610	3	9	20	4	20	10	400
砂岩组平均值		349	21	17	24	10	33	415	372
地壳克拉克平均值(维氏,1962)		340	150	16	83	47	90	650	930
样品号	岩石名称	As	Sb	Hg	Sn	Ag	W	Mo	Au
D6606-GP1	含生物灰岩	15.90	0.72	40.8	1.15	58	0.53	1.30	0.40
D6607-GP1	灰岩	4.59	0.61	31.8	1.05	86	0.50	0.50	0.49
D6607-GP2	灰岩	5.07	0.47	45.8	0.80	96	0.50	0.56	0.20
D6607-GP3	灰岩	5.65	0.44	42.2	0.80	115	0.48	0.75	1.11
D6607-GP6	细晶灰岩	3.54	0.26	153.0	0.83	70	0.45	1.50	0.91
D6607-GP4	钙质粗砂岩	3.82	0.52	56.6	1.20	120	0.50	0.87	0.70
D6607-GP5	钙质粗砂岩	2.27	0.29	11.1	0.84	76	0.45	0.50	0.58
D6607-GP7	钙质细砂岩	3.86	0.46	20.1	1.30	160	0.50	0.87	0.82
灰岩组平均值		7.00	0.50	62.7	0.90	85	0.50	0.90	0.60
碳酸盐岩平均值(涂和费,1961)		1.70	0.50	83.0	25.00	70	1.30	1.10	3.40
砂岩组平均值		3.00	0.40	29.3	1.10	119	0.50	0.70	0.70
地壳克拉克平均值(维氏,1962)		1.70	0.50	83.0	25.00	70	1.30	1.10	3.40

注:样品由国土资源部西安矿产资源监督检测中心测试分析,其中 Au、Ag、Hg 元素含量单位为$\times10^{-9}$,其余元素含量单位均为$\times10^{-6}$

表 2-43　铁隆滩群岩石稀土元素含量及特征值

样品号	岩石名称	稀土元素含量($\times10^{-6}$)									
		La	Ce	Pr	Nd	Sm	Eu	Gd	Tb	Dy	Ho
D6606-XT1	生物碎屑灰岩	12.30	20.4	2.10	9.00	1.72	0.35	1.48	0.26	1.48	0.31
D6607-XT1	粗—中粒钙质岩屑砂岩	7.03	11.1	1.13	5.00	0.87	0.21	0.93	0.16	0.89	0.18

样品号	岩石名称	稀土元素含量($\times10^{-6}$)							特征参数值	
		Er	Tm	Yb	Lu	ΣREE	LREE	HREE	LREE/HREE	δEu
D6606-XT1	生物碎屑灰岩	0.80	0.14	0.76	0.10	51.20	45.87	5.33	8.61	0.66
D6607-XT1	粗—中粒钙质岩屑砂岩	0.46	0.09	0.52	0.09	28.66	25.34	3.32	7.64	0.71

注:样品由国土资源部中南矿产资源监测检测中心分析

(三)沉积环境

铁隆滩群砂砾岩组底部含砾砂岩具冲刷构造、正粒序层理,形成于河流环境,砂砾岩组中碎屑岩为褐红色,呈中—厚层构造,灰岩中发育鸟眼构造,见鲕粒、豆粒结构,岩石颜色为褐红色,反映其处于氧化环境,鸟眼构造为暴露出水面的沉积层收缩而成,属潮上带典型构造。因此砂砾岩组形成于河流-潮坪环境;灰岩组岩石主要为中—厚层鲕粒灰岩、豆粒灰岩、生物碎屑灰岩,灰岩为中—厚层状构造,发育平行层理,鲕粒、豆粒结构,鲕粒、豆粒以同心鲕为主,薄皮鲕、复鲕次之,说明其处于高能浅滩环境,且灰岩中生物以适合温暖浅海环境生长的角石、珊瑚、蛤、海胆等化石为主,岩石沉积组构及化石特征均说明铁隆滩群灰岩组为碳酸盐岩台地浅滩环境的沉积物。

(四)区域变化及地层对比

铁隆滩群区域上岩性较为稳定,从岔路口幅西部天文点,经阿克赛钦湖到东部郭扎错,再到东邻伯力克幅邦达错地区,上、下两组的地层结构总体较为稳定。图幅内由阿克萨依湖往东到郭扎错西部一带,该群中、下组砂砾岩组厚度逐渐减薄。该群在图幅内总体为平缓褶皱,与下伏所有地层均为角度不整合接触。

值得注意的是,在图幅阿克萨依湖南该群砂岩组碎屑岩中见中酸性火山碎屑,向西表现为郭扎错东(伯力克幅)砂砾岩组和灰岩组之间的安山岩夹层。砂砾岩组中的中酸性火山岩、火山碎屑岩说明甜水海微陆块北缘一带在白垩纪或晚白垩世地壳活动相对剧烈。

(五)地层时代

该群砂砾岩组中未见化石,灰岩组中化石极为丰富,有瓣鳃类、腹足类、双壳类等,本次工作在铁隆滩群(K_2T)灰岩组中采集到双壳类化石:*Plicatula auressensis* Coquand,*Paraeradiolites* Douville;腹足类:*Ostrea oxiana* Romanovsiy,*Ostrea tecficosfa turkmonica* Borneman;腹足类:*Aporrhais(Helicaulax)tarimepull* Wei。其中 *Paraeradiolites* Douville 是铁隆滩群代表化石,依据所含生物化石时代,确定铁隆滩群时代为晚白垩世。

第十四节　古近系—新近系

古近系—新近系地层在测区出露较少,仅在大红柳滩地层分区分布有阿克萨依湖组和泉水沟组火山岩,出露于图区甜水海—阿克萨依湖一带及泉水沟垴附近。

一、阿克萨依湖组(N_1a)

阿克萨依湖组为本次工作新建立的岩石地层单位,指分布于阿克萨依湖及泉水沟一带的湖相碎屑沉积岩,地层缓倾斜或近于水平,与下伏地层均为角度不整合,与上覆泉水沟组火山岩平行接触,时代为中新世。测区该组主要分布于甜水海及阿克萨依湖周围。阿克萨依湖组在泉水沟岩性出露较全,剖面上该组地层层序由新至老描述如下(图 2-33),剖面位置:N35°28′29″、E80°08′40″。

新疆和田县泉水沟阿克萨依湖组实测地质剖面:

上覆地层:泉水沟组火山岩($N_{1-2}q$)

——— 平行接触 ———

阿克萨依湖组(N_1a)　　**80.6m**

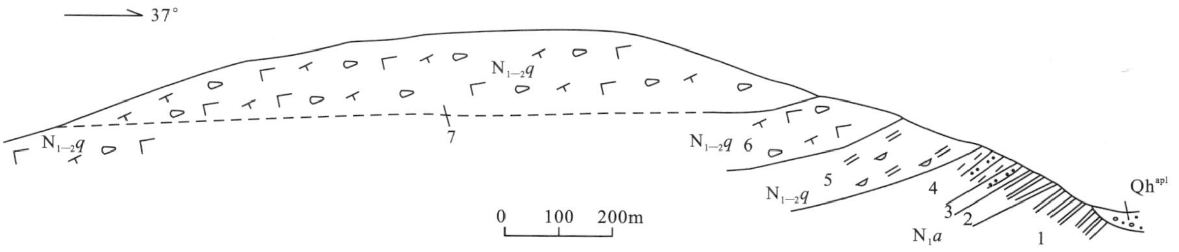

图 2-33 新疆和田县泉水沟新近系阿克萨依湖组(N_1a)、泉水沟组($N_{1-2}q$)火山岩实测地质剖面图

4.灰白色中层状泥岩夹灰色薄层状粉砂质泥晶灰岩	23.4m
3.灰白色半固结中—厚层粉砂岩夹细砾岩及少量泥岩	5.9m
2.灰白色页岩夹薄层粉砂质泥岩、粉砂岩	18.5m
1.灰白色页岩,局部偶夹石膏细条带	32.8m

(未 见 底)

剖面上阿克萨依湖组底部由于第四纪覆盖未见底,上部与泉水沟组火山岩呈平行接触,但在泉水沟东部见其与下伏巴颜喀拉山群为角度不整合接触,地层厚度80.6m,岩性主要为半固结灰白色泥岩、灰白色页岩中—厚层粉砂岩夹细砾岩、薄层状粉砂质泥晶灰岩,岩石中发育水平层理、平行层理,页岩单层厚1～2mm,中层状泥岩、中—厚层粉砂岩单层厚12～25cm。

阿克萨依湖组在阿克萨依湖、甜水海周围一带以灰色、深灰色、褐黄色、红色泥岩,粉砂质泥岩,钙质粉砂质泥岩,钙质粉砂岩为主,地层水平,岩石以薄层状为主,发育水平层理。

阿克萨依湖组岩石以粉砂质泥岩、泥岩、页岩为主,局部夹灰岩条带,岩石中发育水平层理,颜色以灰色为主,夹褐黄色、褐红色,说明该组为浅湖环境的沉积物。

阿克萨依湖组位于泉水沟组火山岩之下,与其呈平行接触,本次工作在泉水沟组火山岩获(8.1±0.1)Ma的全岩Rb-Sr等时线年龄,前人(喀喇昆仑-昆仑山地质演化,李一声等)曾在泉水沟组火山岩用K-Ar法获6.6～3.3Ma的年龄。上述同位素年龄主要集中于中新世晚期到上新世,因此阿克萨依湖组时代应为中新世。

二、泉水沟组($N_{1-2}q$)

泉水沟组($N_{1-2}q$)火山岩为本次区测工作新建立的非正式地层单位,指分布于大红柳滩南、泉水沟一带的陆相中—基性高钾质至钾玄质火山岩,时代为中—上新世。

泉水沟组火山岩出露于甜水海北泉水沟垴、泉水沟一带,出露面积约90km²,其中以泉水沟垴出露面积较大,呈南北向不规则长舌状展布于泉水沟西侧,面积约85km²。该组火山岩产状平缓,岩层微向南倾,倾角约5°～10°,角度不整合于巴颜喀拉山群、中生代甜水海北岩体石英闪长岩之上,或与下伏阿克萨依湖组呈平行接触,上部被少量第四系残坡积覆盖。

泉水沟组火山岩在泉水沟岩性出露齐全,基岩露头好,现以新疆和田县泉水沟中—上新统泉水沟组火山岩实测地质剖面(图2-33)为例,其岩性由新至老描述如下,剖面位置:N35°30′23″、E80°11′07″。

上覆地层:第四系砂砾石、碎石、砂土等

~~~~~~ 角度不整合接触 ~~~~~~

泉水沟组($N_{1-2}q$) **320.9m**
~~~~~~

7.红色杏仁状气孔状碱性玄武岩 147.0m

6.灰黑色块状气孔状碱性玄武岩 58.7m

5.灰黑色块状杏仁状粗安岩 115.2m

———— 整合接触 ————

下伏地层:阿克萨依湖组

泉水沟组火山岩在剖面上与下伏阿克萨依湖组呈整合接触,上部被少量第四系覆盖,地层厚度大于320.9m。岩性自下而上为灰黑色块状杏仁状粗安岩、灰黑色气孔状碱性玄武岩、砖红色气孔状碱性玄武岩,岩石中发育气孔、杏仁构造,块状构造,为细—隐晶质结构,灰黑色块状玄武岩中柱状节理极为发育。

泉水沟组火山岩岩性较为稳定,在甜水海北泉水沟垴火山岩底部发育爆发相的火山角砾岩、凝灰岩,火山角砾呈棱角状,以岩屑、基性火山角砾为主,基质为中—基性火山灰,火山角砾岩、凝灰岩厚度15～50m。

泉水沟组主要为中—基性碱性火山岩,为碱性岩(详见第四章),泉水沟组火山岩属陆相火山岩,火山活动从早期到晚期岩浆从中性向基性演化,其中泉水沟组火山岩主要以溢流相为主,早期具少量爆发相。

新疆地矿局第十地质大队杜先有在泉水沟玄武岩中获5.84Ma(K-Ar法)年龄值,本次区域地质调查在泉水沟组火山岩获(8.1±0.1)Ma的全岩Rb-Sr等时线年龄值,前人(喀喇昆仑-昆仑山地质演化,李一声等)曾在泉水沟组火山岩中用K-Ar法获6.6～3.3Ma的年龄值。上述同位素年龄主要集中在中新世晚期到上新世,因此泉水沟组火山岩时代应为中新世—上新世。

第十五节 第四系

图幅内第四系皆为陆相,具有高原特色,分布相当广泛,主要分布于阿克萨依湖到郭扎错一带,位于图幅南部。通过本次1∶25万区调工作,基本查明了图幅的第四系分布与类型,按成因类型划分为冲积、洪积(洪冲积)、湖积、沼泽堆积、化学沉积、冰碛等,按年代划分有中上更新统、上更新统、全新统。中更新统以冰碛为主,上更新统、全新统各种沉积类型均有。

一、中—上更新统(Qp^{2-3})

中—上更新统冰积层(Qp^{2-3gl})

该地层分布于图幅东南角琼冰水河一带,位于昆山脊南麓,出露面积60km²,岩性主要为冰碛砾石、冰湖泥、冰川漂砾等,砾石直径几厘米至数米不等,砾石主要以花岗岩、砂岩为主,一般呈松散状,其上植被较为发育,冰碛物特征及冰蚀地貌较为清楚,一般分布于海拔5 100～5 500m。

二、上更新统(Qp^{3al})

该地层分布于图幅内昆仑山主脊南坡泉水沟、冰水河、里田河等较大的河流阶地上,一般为河流的三级以上阶地,主要岩性为松散状砂砾石、砂、粉砂等,为冲积环境,地层厚度一般10～40m。

1.上更新统冲洪积层(Qp^{3apl})

该地层分布于图幅内昆仑山主脊南坡山前、山间盆地,一般分布于海拔4 800～5 100m,二级以上河流阶地多被河流切割,为半固结—松散装砂砾石层、砂、碎石、砂质粘土组成,为冲洪积环境,属山前和山间磨拉石建造，地层厚度一般几十米。与上覆全新统为角度不整合接触。

2. 上更新统冰积层(Qp^{3gl})

该地层零星分布于昆仑山脊两侧，为冰碛砾石层，一般呈松散状，终碛垄虽遭切割，但其冰蚀地貌形态保存完好。冰碛砾石直径一般几厘米到数米，厚度数米到数十米，多为冰川后退形成。一般分布于海拔 5 000～5 200m，与上覆全新统冰碛砾岩呈角度不整合接触。

3. 上更新统湖积层(Qp^{3l})

该地层在图幅内分布于甜水海、阿克萨依湖等地，见于二至四级湖岸阶地上，围绕甜水海、阿克萨依湖等湖泊呈圆环状分布，为较松散的砂砾石、粉砂、粘土、硝类等。该类湖积物前人(据孢粉测试分析)定年为晚更新世。

三、全新统(Qh)

图幅内全新统成因类型较为齐全，主要有洪积、冲积、河口堆积、冰碛、沼泽沉积等，一般厚度 10～20m，最厚 70～100m，不整合于老地层之上。

1. 全新统冲积(Qh^{al})

冲积物多处于昆仑山南坡河床、河口及河漫滩阶地上，为砾、砂砾、亚砂土、粘土，厚度数米至数十米，与下伏老地层呈角度不整合接触。冰水河、泉水沟见二级阶地，与冲洪积物互为过渡，彼此交替，厚度几十米。

2. 全新统冲洪积(Qh^{apl})

该地层广泛分布于图幅内昆仑山脊南麓甜水海—阿克萨依湖—郭扎错之间的河谷、平原、山间洼地中，多为洪积扇、洪积锥，由砂、砾、粘土组成，一般高出河床数米至数十米，与冲积物呈渐变过渡。

3. 全新统冰积层(Qh^{gl})

该地层呈舌状分布于现代冰川前缘，冰碛物特征及冰蚀地貌清楚，多呈冰碛垄、丘状垄岗，冰碛物新鲜，为松散状漂砾、角砾、泥砾、粗砂、粘土等，其上无植被。

4. 全新统沼泽沉积(Qh^{f}、Qh^{l})

发育于阿克萨依湖、甜水海、郭扎错现代湖盆、洼地，分为沼泽泥类沉积、湖泊沉积两类。

沼泽泥类沉积(Qh^{f})：主要由有机碳、淤泥构成，厚度十几米至几十米。

湖泊沉积(Qh^{l})：主要以砂砾石、砂、砂土、亚砂土为主，厚度几米至十几米。

5. 现代雪被(Qh^{i})

图幅内现代冰雪主要分布于昆仑山脊及附近的高山之上，多呈冰被、冰盖、冰帽状，总面积约 2 000km^2。在昆仑山南坡雪线较高，海拔一般为 5 500～6 000m，北坡雪线较低，一般 5 200m 左右。测区内冰川前沿多呈长舌状，在冰水河垴弓形冰川前缘见长舌状冰川切割现象，这是由于冰川向下(前)蠕动所致，冰川厚一般数十米至近百米，冰面有明显裂纹及消融的槽沟，冰川内具层状构造，节理发育，夹有大量冰蚀作用的角砾、粉砂、泥等。

图幅内冰川前缘发育冰碛物的冰积垄、丘状垄岗地貌几乎未经改造，冰碛物与冰川距离从几十米到近百米不等，表现为冰退，这可能与近年来全球气候变暖、冰川消融、冰川大面积萎缩有关。

昆仑山主脊的冰川面积巨大，其冰川消融所形成的淡水为玉龙喀什河河水的主要补给源，是玉龙喀什河的固体“水库”、“冰塔”，其冰川消融所形成的淡水是塔里木盆地南缘玉龙喀什河流域人、畜生产和生活用水的主要来源。

第三章　岩浆岩

图幅岩浆岩分布广泛，主要集中于昆仑山山脊以北的广大地区，图幅内岩浆岩分布面积约3 200km²，约占图幅内总面积的22%。图幅内岩浆岩具有发育历史长、多类型、多期次、多成因的特点，是造山带极其重要的物质组成部分。时间上从新元古代—新生代均有岩浆活动，其中以晚古生代、中生代和新生代岩浆活动为主，空间上除大红柳滩-郭扎错断裂以南外均有岩浆岩分布（图3-1）；岩石类型齐全，从超基性岩到酸性岩均有出露，且以中生代中—酸性侵入岩最为广泛；成因类型多样，从裂解型、俯冲型、碰撞型、碰撞后、板内花岗岩均有发育。其岩浆岩成因类型、时间、空

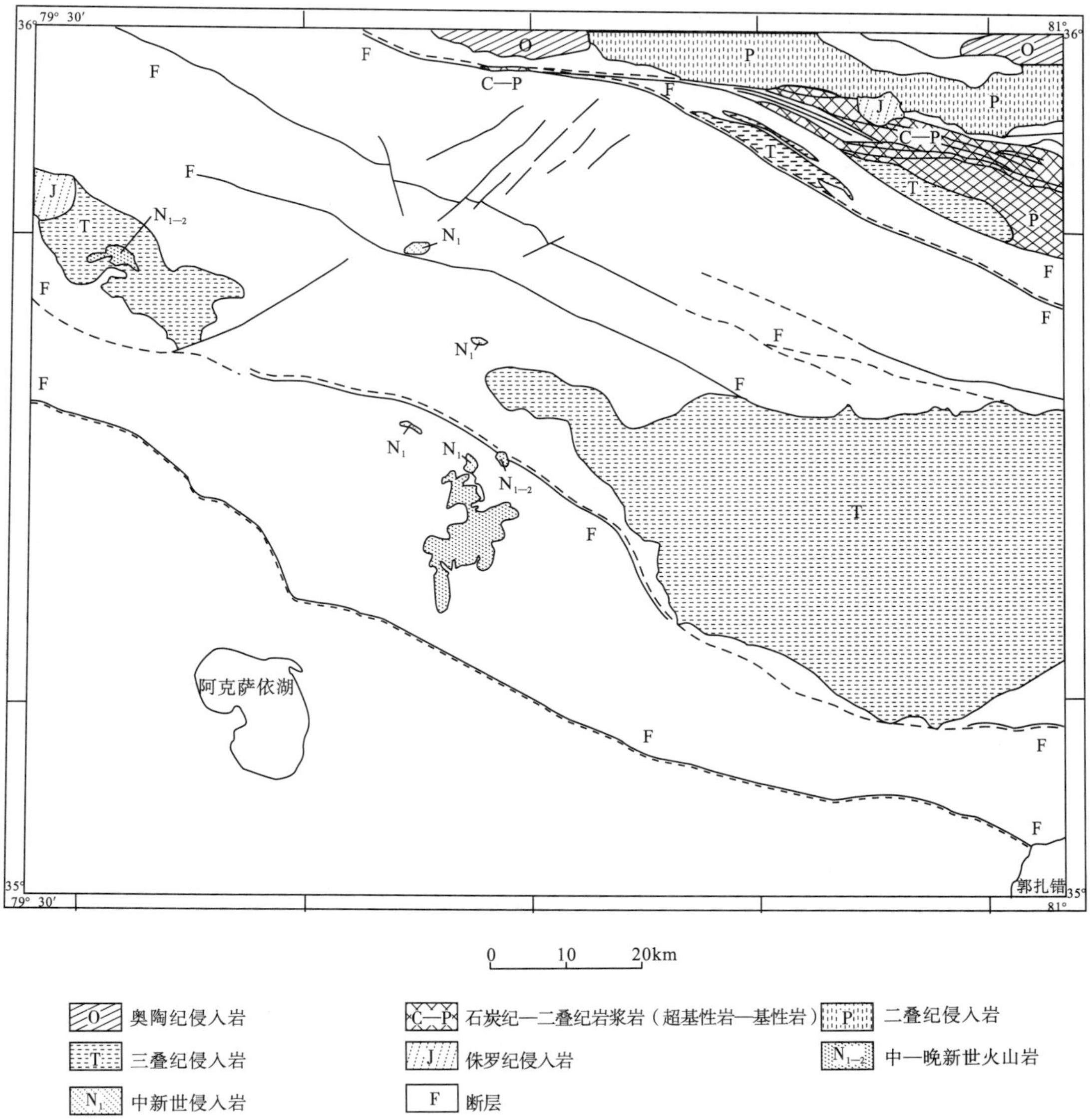

图3-1　阿克萨依湖幅侵入岩分布图

间展布具有一定的规律性，受主要边界断裂(蛇绿构造混杂岩带)及区域性大断裂控制，与板块体制下的蛇绿构造混杂岩带有着极为密切的伴生及演化关系。

本次工作采用国际地科联(IUGS)火成岩分类委员会(Streckeisen，1973；Maitre，1989)推荐的深成岩类实际矿物定量分类方案和邱家骧等岩浆岩分类方案进行分类、命名，下面对图幅内岩浆岩按侵入岩、火山岩、蛇绿岩和脉岩以时间顺序由老到新进行描述。

第一节　侵入岩

图幅内岩浆侵入作用是最主要的岩浆活动方式，侵入岩在图幅大面积出露，分布面积达3 020km^2，占图幅总面积的21%，出露于图幅中、北部昆仑山主脊一带，位于昆仑地层区和巴颜喀拉-大红柳滩地层区内(图3-1)。图区地质历史上岩浆活动频繁，在早古生代、晚古生代、中生代、新生代均有岩浆活动，以晚古生代、中生代岩浆活动较为活跃，且以中生代侵入岩分布面积最广，面积约2 520km^2，占到图幅侵入岩的83%，其次为晚古生代侵入岩，分布面积约410km^2，占侵入岩的13%，早古生代、新生代侵入岩在图幅出露零星。图幅内侵入岩种类齐全，从超基性岩到酸性岩均有分布，以中—酸性侵入岩为最主要的岩石类型，基性岩、超基性岩主要分布于康西瓦-苏巴什蛇绿岩带之中(详见第三节)。图幅侵入岩成因类型、出露的大地构造位置受主要边界断裂(库地-其曼于特构造蛇绿混杂岩带、康西瓦-苏巴什构造蛇绿混杂岩带)及区域性大断裂控制明显。

构造岩浆岩带是指在同一地质时间内、统一构造背景下，由一次构造作用形成的岩浆组合。根据构造岩浆岩带的定义将图区填绘出的19个侵入体(不包括基性岩、超基性岩)归并为14个填图单位，进一步按其所处的大地构造空间位置、成因和形成时代归并为早古生代构造岩浆岩带、晚古生代构造岩浆岩带、中生代构造岩浆岩带、新生代构造岩浆岩带4个构造岩浆岩带(表3-1)，以构造岩浆岩带为单位，进一步按其成因类型(俯冲型、碰撞型、碰撞后)形成时代顺序由老到新分述于后。

一、早古生代构造岩浆岩带

联测区内早古生代侵入岩规模巨大，出露面积较为广泛，其时、空、成因与早古生代库地-其曼于特蛇绿构造混杂岩带所代表的洋壳俯冲消减、碰撞密切相关，空间上形成沿库地-其曼于特结合带两侧展布的出露于昆中地层区和铁克里克地层分区的早古生代构造岩浆岩带。

图幅内早古生代侵入岩出露零星，分布于图区北部再依勒克河以北柳什塔格山脊北坡，仅有两个侵入体，属北部(恰哈幅)早古生代构造岩浆岩带的一部分，位于测区北部康西瓦-苏巴什结合带以北的昆中地层分区，出露面积约60km^2。图区早古生代构造岩浆岩带向东、向北西西、向北伸出图区，虽出露面积较小、岩体数量少，但由于其意义重大，代表早古生代构造岩浆事件，因此仍将其作为一单独的构造岩浆岩带划分出来，并给予描述。该构造岩浆岩带在图区岩石组成较为简单，岩体数量少，主要为中性岩和酸性岩，依据其岩石组合及成分特征，早古生代侵入岩可划分为俯冲期、碰撞期两种成因类型。

早古生代构造岩浆岩带侵入岩位于昆中地层区，侵入于长城系赛图拉岩群，蓟县系桑株塔格岩群片岩、大理岩、片麻岩中，岩体与围岩界线截然、清晰，岩体外接触带片岩、片麻岩中硅化、斑点状角岩化等蚀变强烈。该构造岩浆岩带在图区仅出露慕士山岩体($O_{1-2}\delta o$)石英闪长岩和区委克南岩体($O_3\pi\gamma\eta$)似斑状二长花岗岩两个岩体，分别为俯冲型花岗岩和碰撞后花岗岩典型代表，特征如下。

表 3－1　阿克萨依湖幅构造岩浆岩划分一览表

时代	构造岩浆岩带	岩体分布	岩体代号	岩石特征	同位素年龄值(Ma)	构造环境
新生代	新生代构造岩浆岩带	泉水沟垴	$N_1\gamma\pi$	浅灰色花岗斑岩		高原隆升
		玉龙喀什河上游	$N_1\pi\eta\gamma$	灰色似斑状二长花岗岩	(10.0±0.06)Ma 锆石 U－Pb	
中生代	中生代构造岩浆岩带	玉龙喀什河	$J\pi\eta\gamma$	灰色中—细黑云二长花岗岩		碰撞
		甜水海北 50km	$J\pi\eta\gamma$	灰色中黑云二长花岗岩	172.2Ma Mu(K－Ar)	
		弓形冰川	$T\xi\gamma$	浅肉红色细粒钾长花岗岩		
			$T\pi\eta\gamma$	浅灰色中粒似斑状二长花岗岩		
		昆仑冰川西	$T\delta o$	灰色中细粒石英闪长岩		俯冲
		甜水海北	$T\gamma\delta$	灰色中—细粒花岗闪长岩		
			$T\delta o$	浅灰色中粒石英闪长岩	(240±3)Ma 全岩 Rb－Sb	
		再依勒克河南	$T\gamma\delta o$	灰色中细粒英云闪长岩		
晚古生代	晚古生代构造岩浆岩带	再依勒克河北	$P\eta\gamma\beta$	灰色中细粒似斑状黑云二长花岗岩		俯冲
			$P\delta o$	灰色中细粒石英闪长岩		
		玉龙喀什河上游	$(C—P_1)N$	绿色、暗绿色、墨绿色堆晶辉长岩，辉长岩，辉长辉绿岩，辉绿岩		拉张
			$(C—P_1)\sum$	深绿色、暗绿色蛇纹岩，蛇纹石化橄榄岩，蛇纹石化辉橄岩，辉石岩，角闪辉石岩		
早古生代	早古生代构造岩浆岩带	区委克南	$O_3\pi\eta\gamma$	灰色中—粗粒似斑状黑云二长花岗岩	(442.3±4.8)Ma 锆石 U－Pb	碰撞后
		慕士山	$O_{1-2}\delta o$	细粒石英闪长岩		俯冲

（一）俯冲型侵入岩

俯冲期侵入岩在图区内仅有一个岩体，为慕士山岩体($O_{1-2}\delta o$)石英闪长岩，出露于图幅北部昆仑山北坡慕士山一带，该岩体主体位于北部恰哈幅内，图幅内出露面积仅为 18km^2，为该岩体的 1/5。慕士山岩体($O_{1-2}\delta o$)特征如下。

1. 岩体地质特征

慕士山岩体为一规模巨大的岩基，呈长卵圆状，侵入于长城系赛图拉岩群及蓟县系桑株塔格岩群片岩、片麻岩、浅粒岩、白云质大理岩之中，岩体与围岩界线截然，岩体外接触带围岩中见硅化、斑点状角岩化等蚀变，被晚奥陶世区委克岩体($O_3\pi\gamma\eta$)似斑状黑云二长花岗岩侵入体侵入。

慕士山岩体内部组构较为均一，岩性简单，为细粒石英闪长岩，岩石呈灰白色、灰色，矿物粒径 2～5mm，为中粒半自形粒状结构、块状构造。岩体主要矿物成分及含量为斜长石 45％～50％、黑云母 20％～15％、角闪石 15％～10％、石英 10％～15％、钾长石 5％，金属矿物、锆石、磷灰石少量。斜长石呈半自形板状及板柱状，角闪石呈自形柱状，黑云母呈自形条状，石英为它形粒状充填于上述矿物之中。岩石蚀变较强，以斜长石绢云母化及绿帘石化、角闪石次闪石化、黑云母绿泥石化为主。

2. 地球化学特征

慕士山岩体主要岩石化学成分含量及特征见表 3－2。从表 3－2 看：石英闪长岩侵入体 SiO_2 为 58.09％，属中性岩，与世界花岗岩平均值(维氏，1962)比较，石英闪长岩岩体岩石化学成分含量基本与其接近，岩石中 Fe_2O_3 虽然较低，但 Fe_2O_3＋FeO 总量与其接近。石英闪长岩岩体 Fe_2O_3＋

表 3-2　工作区各构造岩浆岩带岩石化学成分含量及特征一览表

时代	岩体分布	样品号	岩石名称	新生代构造岩浆岩带岩石化学成分含量(%)										
				SiO_2	TiO_2	Al_2O_3	Fe_2O_3	FeO	MnO	MgO	CaO	Na_2O	K_2O	P_2O_5
新近纪(中新世)	泉水沟垴	D5117-GS1	花岗斑岩	72.35	0.08	14.54	0.66	0.53	0.07	0.25	1.60	4.60	4.18	0.004
		D5117-GS2	花岗斑岩	73.80	0.12	12.83	0.88	0.33	0.02	1.44	1.60	3.92	4.32	0.01
	玉龙喀什河上游	D5122-GS1	黑云二长花岗岩	68.61	0.47	12.65	1.75	3.06	0.14	1.15	1.85	2.77	4.64	0.19
		D5600-GS1	黑云二长花岗岩	69.82	0.27	14.11	1.16	0.76	0.02	0.14	2.50	3.50	5.52	0.15
世界花岗岩(维氏,1962)				71.27	0.25	14.25	1.24	1.62	0.08	0.8	1.62	3.79	4.03	0.16

时代	岩体分布	样品号	岩石名称	新生代构造岩浆岩带岩石化学成分含量(%)				特征参数值					
				CO_2	H_2O^+	H_2O^-	LOI	σ	DI	A/CNK	FeO^*/MgO	AR	$\frac{(Na_2O)_n}{(K_2O)_n}$
新近纪(中新世)	泉水沟垴	D5117-GS1	花岗斑岩	0.11	0.54	0.04	—	2.63	88.78	0.97	1.18	3.39	1.67
		D5117-GS2	花岗斑岩	0.13	0.27	0.01	—	2.20	90.48	0.91	0.13	3.66	1.38
	玉龙喀什河上游	D5122-GS1	黑云二长花岗岩	0.36	1.32	0.06	—	2.14	81.65	0.98	1.48	3.09	0.91
		D5600-GS1	黑云二长花岗岩	1.78	0.65	0.03	1.62	3.03	90.23	0.87	3.02	3.38	0.96
世界花岗岩(维氏,1962)				0.33	0.56	—	—	2.16	6.97	1.05	1.13	2.94	1.43

注:样品由国土资源部西安矿产资源监督检测中心测试分析

续表 3-2

时代	岩体分布	样品号	岩石名称	中生代构造岩浆岩带岩石化学成分含量(%)										
				SiO_2	TiO_2	Al_2O_3	Fe_2O_3	FeO	MnO	MgO	CaO	Na_2O	K_2O	P_2O_5
三叠纪	弓形冰川	D5515-GS1	钾长花岗岩	70.82	0.30	13.98	0.41	1.57	0.02	1.11	1.75	2.85	6.10	0.21
		D7527-GS1	粗粒似斑状二长花岗岩	71.30	0.22	14.86	0.46	1.21	0.05	0.64	0.95	3.18	5.52	0.24
	昆仑冰川西	D6090-GS1	石英闪长岩	61.81	0.56	15.66	0.75	4.36	0.02	1.80	5.00	3.00	3.20	0.15
	甜水海北	D5630-GS2	花岗闪长岩	66.43	0.51	15.89	0.39	3.02	0.09	1.47	3.55	2.87	3.87	0.15
		D5630-GS3	花岗闪长岩	67.99	0.49	14.81	1.14	2.93	0.15	1.40	3.25	2.72	4.08	0.15
		D5630-GS4	暗色包体	59.04	0.65	14.45	0.38	5.82	0.35	5.24	6.55	2.43	1.94	0.17
		D5630-GS5	花岗闪长岩	66.88	0.47	14.93	0.92	2.86	0.14	1.72	3.25	2.67	4.00	0.14
		D5630-GS1	石英闪长岩	63.54	0.64	16.20	0.12	3.58	0.14	2.23	4.65	2.72	3.40	0.18
	再依勒克河南	D5821-GS1	石英闪长岩	62.87	1.39	15.90	1.66	3.72	0.11	2.41	3.70	3.48	1.56	0.22
		D5821-GS2		64.90	1.19	15.25	2.13	2.96	0.12	1.94	3.45	3.38	1.74	0.19
世界花岗岩(维氏,1962)				71.27	0.25	14.25	1.24	1.62	0.08	0.80	1.62	3.79	4.03	0.16
世界闪长岩(维氏,1962)				57.39	0.89	16.42	3.10	4.15	0.18	3.77	5.55	4.20	2.57	0.37
世界石英闪长岩(维氏,1962)				60.51	0.73	16.70	2.84	3.49	0.14	2.54	4.68	3.68	2.65	0.46

时代	岩体分布	样品号	岩石名称	中生代构造岩浆岩带岩石化学成分含量(%)				特征参数值					
				CO_2	H_2O^+	H_2O^-	LOI	σ	DI	A/CNK	FeO^*/MgO	AR	$\frac{(Na_2O)_n}{(K_2O)_n}$
三叠纪	弓形冰川	D5515-GS1	钾长花岗岩	0.31	0.55	0.03	1.1	2.88	86.58	0.96	0.79	3.64	0.71
		D7527-GS1	粗粒似斑状二长花岗岩	0.29	0.20	0.08	1.02	2.67	89.87	1.15	1.05	3.45	0.87
	昆仑冰川西	D6090—GS1	石英闪长岩	0.44	0.87	0.10	3.27	2.04	64.02	0.89	1.35	1.86	1.42
	甜水海北	D5630-GS2	花岗闪长岩	0.30	0.68	0.12	—	1.94	72.45	1.03	1.14	2.06	1.12
		D5630-GS3	花岗闪长岩	0.20	0.50	0.10	—	1.85	74.28	1.00	1.16	2.21	1.01
		D5630-GS4	暗色包体	0.30	0.96	0.49	—	1.19	47.11	0.80	0.62	1.53	1.90
		D5630-GS5	花岗闪长岩	0.35	1.02	0.08	—	1.86	73.47	1.02	0.92	2.16	1.01
		D5630-GS1	石英闪长岩	0.55	1.00	0.18	—	1.82	65.27	0.97	0.89	1.83	1.21
	再依勒克河南	D5821-GS1	石英闪长岩	0.20	0.75	0.11	1.94	1.28	65.19	1.12	0.86	1.69	3.38
		D5821-GS2		0.33	1.30	0.33	2.11	1.20	69.15	1.11	0.85	1.75	2.95
世界花岗岩(维氏,1962)				0.33	0.56	—	—	2.16	6.97	1.05	1.13	2.94	1.43
世界闪长岩(维氏,1962)				0.43	0.89	—	—	3.19	21.19	0.83	0.61	1.89	2.48
世界石英闪长岩(维氏,1962)				0.75	0.88	—	—	2.29	16.71	0.96	0.76	1.84	2.11

注:样品由国土资源部西安矿产资源监督检测中心测试分析

续表 3-2

时代	岩体分布	样品号	岩石名称	古生代构造岩浆岩带岩石化学成分含量(%)										
				SiO_2	TiO_2	Al_2O_3	Fe_2O_3	FeO	MnO	MgO	CaO	Na_2O	K_2O	P_2O_5
二叠纪	再依勒克河北	D5810-GS1	石英闪长岩	56.18	0.63	17.27	2.04	4.42	0.13	4.92	7.85	3.00	1.14	0.12
		D5810-GS2	暗色包体	49.68	0.73	14.78	2.17	6.96	0.24	7.91	10.30	2.42	1.64	0.09
		D5810-GS3	石英闪长岩	62.28	0.52	16.18	2.02	3.04	0.12	3.45	6.10	3.05	1.56	0.10
奥陶纪	区委克南	D6716-GS1	灰色似斑状粗粒黑云二长花岗岩	67.36	0.60	15.08	1.42	2.62	0.11	1.29	2.00	3.60	5.60	0.11
	慕士山	D6764-GS1	灰色石英闪长岩	58.09	0.68	16.45	1.00	5.94	0.13	4.10	6.60	2.55	2.50	0.13
世界花岗岩(维氏,1962)				71.27	0.25	14.25	1.24	1.62	0.08	0.80	1.62	3.79	4.03	0.16
世界闪长岩(维氏,1962)				57.39	0.89	16.42	3.10	4.15	0.18	3.77	5.55	4.20	2.57	0.37
世界石英闪长岩(维氏,1962)				60.51	0.73	16.70	2.84	3.49	0.14	2.54	4.68	3.68	2.65	0.46

时代	岩体分布	样品号	岩石名称	古生代构造岩浆岩带岩石化学成分含量(%)				特征参数值					
				CO_2	H_2O^+	H_2O^-	LOI	σ	DI	A/CNK	FeO^*/MgO	AR	$\frac{(Na_2O)_n}{(K_2O)_n}$
二叠纪	再依勒克河北	D5810-GS1	石英闪长岩	0.23	1.72	0.06	1.59	1.30	31.70	0.84	0.50	1.39	3.99
		D5810-GS2	暗色包体	0.26	1.30	0.05	1.80	2.47	37.49	0.60	0.49	1.39	2.24
		D5810-GS3	石英闪长岩	0.24	1.82	0.07	1.65	1.10	26.30	0.91	0.49	1.52	2.96
奥陶纪	区委克南	D6716-GS1	灰色似斑状粗粒云母二长花岗岩	0.26	0.49	0.14	0.50	3.47	81.95	0.96	1.13	3.34	0.97
	慕士山	D6764-GS1	灰色石英闪长岩	0.29	1.35	0.25	1.85	1.69	48.36	0.87	0.80	1.56	1.55
世界花岗岩(维氏,1962)				0.33	0.56	—	—	2.16	6.97	1.05	1.13	2.94	1.43
世界闪长岩(维氏,1962)				0.43	0.89	—	—	3.19	21.19	0.83	0.61	1.89	2.48
世界石英闪长岩(维氏,1962)				0.75	0.88	—	—	2.29	16.71	0.96	0.76	1.84	2.11

注:样品由国土资源部西安矿产资源监督检测中心测试分析

FeO、MgO 含量较高，$(Na_2O)n/(K_2O)n$ 值为 1.55，$(Na_2O)n>(K_2O)n$，里特曼指数 σ 为 1.69，属钙碱性岩，A/CNK 值为 0.87，在 Na_2O-K_2O 图解上落入 I 型花岗岩区（图 3-2），属 I 型花岗岩。该岩体分异指数 DI=48.36，分异指数值较小，说明岩浆分异程度较低。

慕士山岩体岩石微量元素含量平均值及特征见表 3-3。从表 3-3 看：与世界中性岩平均值（维氏，1962）比较，相容元素表现较为复杂，相容元素 Co、Li、Zn 含量高于其平均值，但富集程度不大，Cu、Ag 元素含量与其大致接近，W、Pb、Cr、Ni、Mn 含量低于世界中性岩平均值，其中 W、Ni 亏损程度较大。相容元素特征说明岩浆具壳幔混合特征；大离子亲石元素 Sb、Sr 低于世界中性岩均值，Rb、Ba 与其接近或略高于中性岩平均值，高场强元素 Sc、U、Th 元素含量是世界中性岩平均值的 2～3 倍，Nb、Zr、P、Ti 表现为亏损，世界中性岩平均值是该岩体的 2～3 倍，Rb/Sr 比值较低，与重熔型花岗岩接近。石英闪长岩侵入体微量元素球粒陨石标准化蛛网图解见图 3-3。从图 3-3 看：岩体大离子亲石元素、高场强元素含量除 P 与球粒陨石接近外，其余均表现为不同程度的富集，相容元素 Ni、Cr 则表现为强烈的亏损。侵入体微量元素特征说明其具有壳幔混合源型岩浆特征。

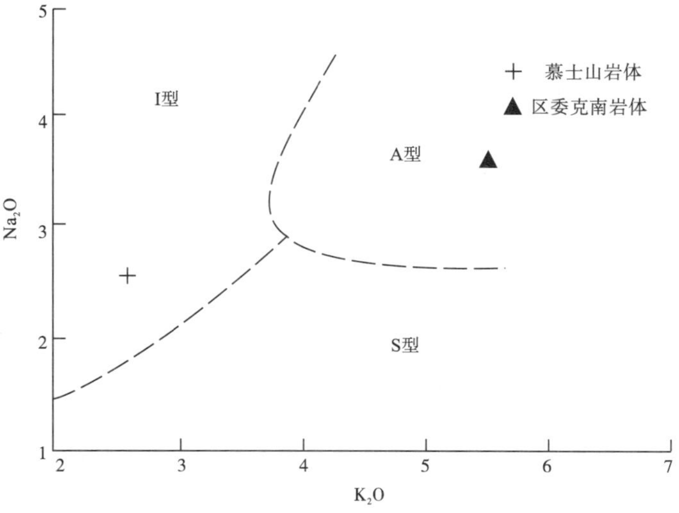

图 3-2　慕士山岩体、区委克南岩体 Na_2O-K_2O 图解

表 3-3　早古生代慕士山岩体、区委克南岩体微量元素含量及特征值表

样品号	岩石名称	Cu	Pb	Zn	Cr	Ni	Co	Li	Rb	W	Sb	Sr
D6716-GP1	区委克南二长花岗岩	4.63	19.2	55.2	6.65	4.03	6.81	25.1	160	1.33	0.18	174
D6764-GP1	慕士山石英闪长岩	5.48	12.7	98.6	42.30	5.08	14.70	34.2	132	0.50	0.14	447
世界中性岩（维氏，1962）		5.00	15.0	70.0	50.00	55.00	10.00	20.0	100	1.00	0.20	800
世界花岗岩（维氏，1962）		20.00	20.0	60.0	25.00	8.00	5.00	40.0	200	1.50	0.26	300

样品号	岩石名称	Ba	Sc	Nb	Zr	Au	Ag	U	Th	P	Mn	Ti	Rb/Sr
D6716-GP1	区委克南二长花岗岩	917	3.11	15.66	37.0	0.74	0.05	1.51	13.4	693	512	3 733	0.92
D6764-GP1	慕士山石英闪长岩	425	7.45	15.00	49.1	1.10	0.06	3.45	18.9	815	1 007	5 000	0.30
世界中性岩（维氏，1962）		650	2.50	20.00	260.0	—	0.07	1.80	7.0	1 600	1 200	8 000	0.13
世界花岗岩（维氏，1962）		630	3.00	20.00	200.0	4.50	0.05	3.50	18.0	700	600	2 300	0.67

注：样品由国土资源部西安矿产资源监督检测中心测试分析；元素含量单位为 $\times10^{-6}$，其中 Au 元素含量单位为 $\times10^{-9}$

慕士山岩体岩石稀土元素含量及特征见表 3-4，稀土元素球粒陨石配分模式曲线见图 3-4。从表 3-4 看：岩石稀土元素含量、轻稀土元素总量（LREE）、重稀土元素总量（HREE）、稀土元素总量（∑REE）中等，LREE=144.79×10^{-6}、HREE=20.26×10^{-6}、∑REE=165.05×10^{-6}，轻稀土元素总量（LREE）与重稀土元素总量（HREE）比值较大，LREE/HREE=7.15，球粒陨石标准化模式曲线右倾，$(La/Yb)_N$ 值为 10.2，说明轻、重稀土元素分馏较大，属轻稀土元素富集型，球粒陨石模式曲线 Eu 呈谷状，δEu 值为 0.57，Eu 具负异常。稀土元素特征与壳幔混合源型花岗岩稀土元素特征相似。

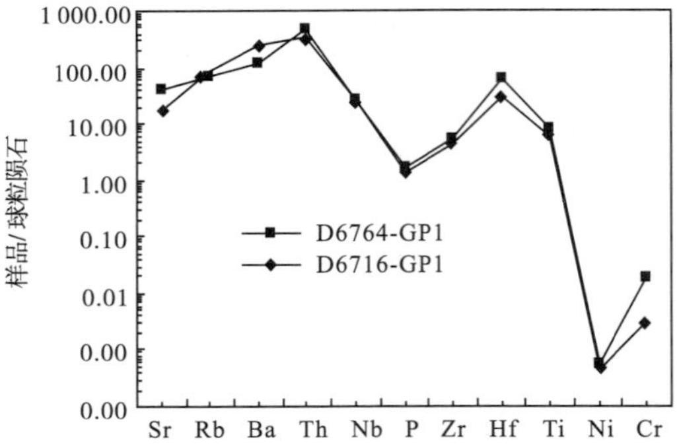

图 3-3 慕士山岩体、区委克南岩体
微量元素球粒陨石标准化蛛网图解
D6764-GP1 为慕士山岩体；D6716-GP1 为区委克南岩体

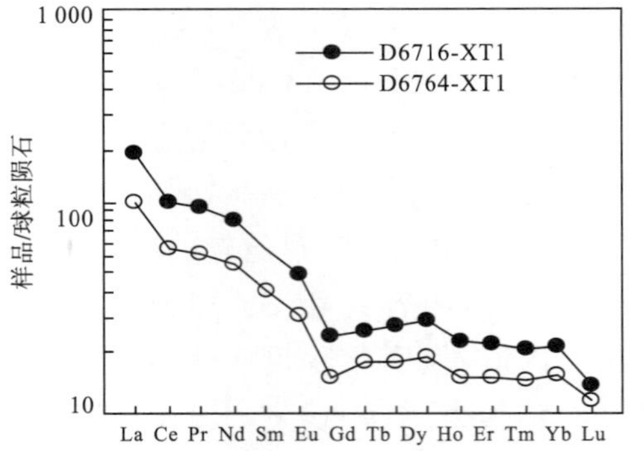

图 3-4 早古生代慕士山、区委克南岩体
稀土元素球粒陨石标准化分布型式图
D6764-XT1 为慕士山石英闪长岩；D6716-XT1 为区委克南黑云二长花岗岩

表 3-4 早古生代岩浆岩稀土元素含量及特征值

样品号	岩石名称	La	Ce	Pr	Nd		Sm	Eu	Gd
D6764-XT1	慕士山中粒石英闪长岩	35.4	61.5	7.31	33.3		6.17	1.11	5.51
		Tb	Dy	Ho	Er		Tm	Yb	Lu
		0.91	5.84	1.11	3.13		0.48	2.92	0.36
		LREE	HREE	ΣREE	LREE/HREE	δEu	$(La/Yb)_N$	$(La/Sm)_N$	$(Gd/Yb)_N$
		144.79	20.26	165.05	7.15	0.57	10.2	3.6	1.90
样品号	岩石名称	La	Ce	Pr	Nd		Sm	Eu	Gd
D6716-XT1	区委克南似斑状黑云二长花岗岩	62.1	104	12.6	54.4		9.69	1.76	7.87
		Tb	Dy	Ho	Er		Tm	Yb	Lu
		1.36	8.90	1.66	4.58		0.68	4.05	0.43
		LREE	HREE	ΣREE	LREE/HREE	δEu	$(La/Yb)_N$	$(La/Sm)_N$	$(Gd/Yb)_N$
		244.55	29.53	274.08	8.28	0.60	15.0	4.0	2.28

注：样品由国土资源部中南矿产资源监测检测中心分析；稀土元素含量单位为$\times10^{-6}$

3. 副矿物特征

该岩体副矿物特征组合为磁铁矿-磷灰石-锆石型组合。锆石为淡玫瑰色，金刚光泽，浑圆—次浑圆状，呈残缺短柱状，锆石长宽比为(2∶1)～(3∶1)，晶体表面多斑点。

4. 剥蚀程度及侵位深度

慕士山石英闪长岩侵入体为规模较大的岩基，具中粒半自形粒状结构、块状构造，岩体外接触带见弱的蚀变，与围岩接触界线截然，在墓士山岩体中部见宽 150 多米、长 500m 的围岩捕虏体或顶部围岩，说明岩体剥蚀程度较浅，加之岩体中 $Fe_2O_3/(Fe_2O_3+FeO)$值极低，为 0.14，说明岩体侵位深度中等—较深。

5. 形成构造环境及时代

慕士山岩体岩基长轴方向与早古生代库地-其曼于特结合带方向一致，出露于早古生代库地-

其曼于特结合带南侧，库地-其曼于特结合带对其控制作用明显。

该侵入体为钙碱性岩，属 I 型，利用 Batchel 等 R_1-R_2 图解（图 3－5）判别投点，慕士山石英闪长岩落入板块碰撞前的花岗岩区，说明墓士山石英闪长岩侵入体为与库地-其曼于特结合带俯冲有关的俯冲型花岗岩，与区域构造背景相吻合。新一轮 1∶25 万地质大调查新资料表明，原特提斯多岛洋的库地-其曼于特构造蛇绿混杂岩带所代表的洋壳具双向俯冲特征，双向俯冲时间为早奥陶世末—中奥陶世，晚奥陶世—志留纪该洋盆已褶皱造山，因此该岩体时代应为早—中奥陶世。

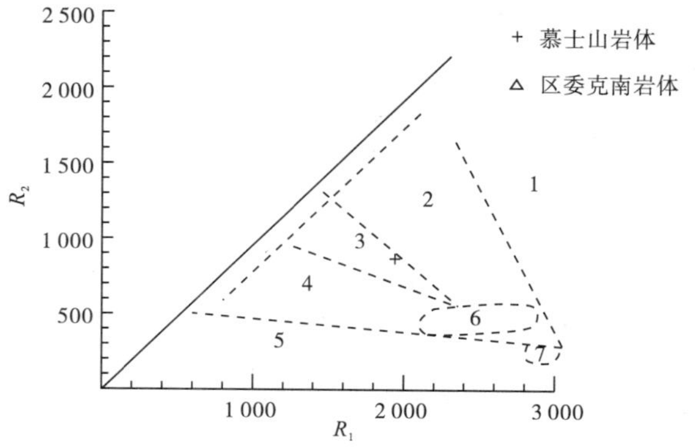

图 3－5　慕士山岩体石英闪长岩、区委克南黑云二长花岗岩 R_1-R_2 图解

（Batchel 等，1985）

1. 地幔分离；2. 板块碰撞前的；3. 碰撞后的抬升；4. 造山晚期；5. 非造山的；6. 同碰撞期的；7. 造山期限后的。

相当的岩石是：1. 拉斑玄武岩；2. 钙碱性岩石和奥长花岗岩；3. 高钾钙碱性岩石；4. 次碱性二长岩；5. 碱性和过碱性岩石；6. 深熔二云母淡色花岗岩

（二）碰撞后侵入岩

早古生代碰撞后侵入岩在图区零星出露，仅一个侵入体——区委克南岩体（$O_3\pi\eta\gamma$）似斑状黑云二长花岗岩，位于图幅东北角策勒县奴尔乡区委克南奴尔河瑙昆仑山主脊一带，该岩体向北东延伸进入恰哈幅、于田县幅，在图区内出露面积仅 $30km^2$，占该岩体中面积的 1/4，岩体呈长椭圆状，在东部于田幅见其侵入于库地-其曼于特构造蛇绿混杂岩带中的基性岩、超基性岩中。区委克南岩体（$O_3\pi\eta\gamma$）特征如下。

1. 岩体特征

区委克南岩体（$O_3\pi\eta\gamma$）侵入于长城系赛图拉岩群，蓟县系桑株塔格岩群片麻岩、片岩、白云质大理岩之中，与围岩接触界线截然，岩体外接触带大理岩化、硅化、斑点状角岩化围岩蚀变较强烈，岩体南部被后期脆韧性断裂切割。

区委克南岩体（$O_3\pi\eta\gamma$）仅有一个侵入体，岩体内部组构较为均一，岩性为中—粗粒似斑状黑云二长花岗岩，岩石呈灰白色，似斑状结构、中—粗粒半自形粒状结构，块状构造。斑晶主要为斜长石、钾长石，矿物粒径 10～13cm，斑晶含量 10％～15％；基质中矿物粒径 2～5mm，矿物为半自形粒状结构，主要矿物成分及含量为钾长石 40％～45％、斜长石 20～25％、石英 25％～30％、黑云母 5％～10％，少量金属矿物、磷灰石、锆石、榍石等。钾长石主要为微斜长石及条纹长石，呈自形板状和不规则它形，斜长石呈自形板状，石英为它形，黑云母为自形条状。岩石蚀变较弱，以斜长石绢云母化及绿帘石化、角闪石次闪石化、黑云母白云母化及绿泥石化为主。

2. 地球化学特征

区委克南岩体黑云二长花岗岩岩石化学含量及特征值见表 3－2。该岩体主要化学成分 SiO_2 含量为 67.36％，属酸性岩，与世界酸性岩平均值（维氏，1962）相比较，SiO_2 含量偏低，岩体中总碱（Na_2O+K_2O）含量较高，（Na_2O+K_2O）为 9.2％，（Na_2O）n/（K_2O）$n<1$；里特曼指数 σ 值为 3.47，属次钙碱性岩，A/CNK 值为 0.96，（Na_2O+K_2O）$n<$（Al_2O_3）$n<$（Na_2O+K_2O+CaO）n，铝为正常型，岩石分异指数 DI 为 81.95，数值较大，说明岩浆分异程度较高，在 Na_2O-K_2O 图解上区委克南岩体落入 A 型区（图 3－2），但其（Na_2O+K_2O）$n<$（Al_2O_3）n，为过渡类型的非标准的 A 型花岗岩，说明其属造山带碰撞期后加厚地壳下形成的碰撞后花岗岩类。

区委克南岩体黑云二长花岗岩岩石微量元素含量及特征值见表 3-3，微量元素球粒陨石标准化蛛网图解见图 3-3。从表 3-3 看：与世界花岗岩平均值(维氏，1962)相比较，相容元素含量主要表现为亏损或与其大致接近，其中 Cu、Cr、Ni、Li、Au、Mn 含量低于世界花岗岩平均值，且亏损较大，世界花岗岩微量元素平均值是该侵入岩元素含量的 2～4 倍，其余相容元素 Pb、Zn、Co、Ag 与世界花岗岩平均值大致相近；大离子亲石元素多数与世界花岗岩平均值大致接近，其中 Rb、Sr、Sb 与其接近或略低于其平均值，只有 Ba 表现为富集，是世界花岗岩平均值的 1.5 倍；高场强元素 Sc、Nb、Th、P 与世界花岗岩平均值大致接近，Zr 低于世界花岗岩平均值，Ti 高于世界花岗岩平均值。岩石中 Rb/Sr 值较低，为 0.92，具重熔型花岗岩特征。从奴尔乡南黑云二长花岗岩单元球粒陨石标准化蛛网图解可知，与球粒陨石的微量元素相比较，大离子亲石元素、高场强元素中，只有 P 元素含量与其接近，多数表现为富集，相容元素 Cr、Ni 亏损较大。

综上所述，区委克南岩体黑云二长花岗岩岩石微量元素与世界花岗岩平均值比较，微量元素中相容元素主要表现为亏损，不相容元素中大离子亲石元素、高场强元素基本与世界花岗岩平均值接近，说明该岩体岩浆起源于下地壳。

区委克南岩体黑云二长花岗岩岩石稀土元素含量及特征值见表 3-4，球粒陨石标准化模式曲线见图 3-4。从表 3-4、图 3-4 看：区委克南岩体黑云二长花岗岩岩石稀土元素含量、轻稀土元素总量(LREE)、重稀土元素总量(HREE)、稀土元素总量($\sum$REE)较高，LREE$=244.55\times10^{-6}$、HREE$=29.53\times10^{-6}$、$\sum$REE$=274.08\times10^{-6}$，轻稀土元素总量(LREE)与重稀土元素总量(HREE)比值较大，LREE/HREE=8.28，球粒陨石标准化模式曲线右倾，$(La/Yb)_N=15.0$，说明轻、重稀土元素分馏程度高，属轻稀土元素富集型，球粒陨石模式曲线 Eu 呈谷状，δEu 值为 0.60，Eu 具负异常。稀土元素特征与下地壳型同熔型花岗岩相似。

3. 副矿物特征

该岩体副矿物特征组合为磁铁矿-锆石-钛铁矿-磷灰石-榍石型。锆石为浅—淡玫瑰色，金刚光泽，以短柱状聚形晶为主，锆石长宽比为(2∶1)～(3∶1)，个别为 7∶1，晶体表面具麻点状、小丘状蚀坑及不规则蚀痕，锆石中包裹体较普遍，主要为细小锆石呈杂乱无章排列。

4. 侵位深度及剥蚀程度

区委克南岩体黑云二长花岗岩为中—粗粒半自形粒状结构、似斑状结构，块状构造，岩体外接触带蚀变较强，出露面积较大，反映其剥蚀程度中等，加之岩石中 $Fe_2O_3/(Fe_2O_3+FeO)$ 为 0.35，比值较小，说明其侵位深度中等。

5. 形成环境与时代

区委克南岩体主体位于库地-其曼于特构造蛇绿混杂岩带南侧，在岩体东部(于田县幅)见其侵位于库地-其曼于特构造蛇绿混杂岩带中，受早古生代构造蛇绿混杂岩带控制明显。

区委克南岩体为酸性岩，铝为正常型，属次钙碱性岩，为过渡类型的非标准的 A 型花岗岩，岩石中碱含量较高，说明岩浆来源于造山带加厚的地壳下部，利用 Batchel 等 R_1-R_2 图解(图 3-5)判别投点，区委克南岩体样品落入板块碰撞后抬升期花岗岩区，反映区委克南似斑状黑云二长花岗岩为碰撞后造山晚期花岗岩。

东邻于田县幅 1∶25 万区调在该岩体东部中—粗粒似斑状黑云二长花岗岩中获锆石 U-Rb 谐和线年龄值为(442.3±4.8)Ma，且在该侵入体东部东邻于田县幅见其侵入于其曼于特构造蛇绿混杂带中，因此该侵入体侵位时代应为晚奥陶世，为昆中微陆块与塔里木板块拼合、碰撞焊接后的碰撞后期花岗岩。

二、晚古生代构造岩浆带

测区晚古生代侵入岩位于图幅北部再依勒克河以北，紧邻康西瓦-苏巴什结合带北侧展布，出露面积不大，约为 250km²。其时、空、成因与康西瓦-苏巴什晚古生代蛇绿混杂岩带密切相关，构成晚古生代构造岩浆岩带。

图区内该构造岩浆岩带仅有一个规模巨大的岩基——再依勒克河北岩体，分布于图区东北部昆中微陆块南缘，其岩石组合为石英闪长岩-二长花岗岩组合，依据其岩石化学特征及所处的大地构造位置反映其成因类型属俯冲型。

再依勒克河北岩体分布于图幅北部再依勒克河北柳什塔格山脊南坡，面积约 250km²，岩基长宽之比为(6～7)∶1，岩体长轴方向与康西瓦-苏巴什结合带走向一致，其南部被康西瓦-苏巴什结合带切割，其受区域断裂控制明显。再依勒克河北岩体特征如下。

1. 岩体特征

再依勒克河北岩体呈长条状侵入于下元古界双雁山片岩、蓟县系桑株塔格岩群片岩、长城系赛图拉岩群片岩之中，与围岩呈侵入接触关系，界面清晰，岩体外接触带硅化、角岩化、斑点板岩化等蚀变较强烈，在岩体南部见其与桑株塔格岩群呈断层接触。据岩体化学成分及接触关系划分为早期石英闪长岩侵入体($P\delta o$)、晚期二长花岗岩侵入体($P\eta\gamma\beta$)，两者为脉动接触。

早期石英闪长岩侵入体($P\delta o$)位于再依勒克河北岩体东部，出露面积较小，被晚期黑云二长花岗岩侵入体侵入，岩性主要为细粒石英闪长岩。岩石呈浅灰色、灰色，中—细粒半自形粒状结构，块状构造，矿物粒径 0.5～2mm。主要矿物成分及含量：斜长石 35%～40%、角闪石 25%～30%、石英 10%～15%、黑云母 15%～20%，金属矿物、磷灰石、榍石少量。斜长石呈半自形板柱状，角闪石自形—半自形柱状，黑云母呈自形条状，石英为它形粒状充填于上述矿物之中。岩石蚀变较弱，以斜长石绢云母化及绿帘石化、角闪石次闪石化、黑云母白云母化及绿泥石化为主。

晚期黑云二长花岗岩侵入体($P\eta\gamma\beta$)出露于再依勒克河北岩体西部，面积较大，为该岩体主要组成部分，在岩体西部见其侵入于早古生代石英闪长岩之中，被侏罗纪黑云二长花岗岩侵入。岩性为中细粒似斑状黑云二长花岗岩，岩石呈灰白色，似斑状结构，块状构造。斑晶主要为斜长石，呈自形板状，粒径 2～5mm，含量 5%～15%；基质中矿物为半自形粒状结构，矿物粒径 0.5～2mm，主要矿物成分及含量为斜长石 40%～45%、钾长石 20%～25%、石英 20%～25%、黑云母 10%～15%，少量金属矿物、磷灰石、褐帘石、锆石等。基质中斜长石呈自形板柱状，钾长石呈它形—半自形，以微斜长石及条纹长石为主，石英为它形粒状，黑云母自形条状。岩石蚀变较弱，以斜长石绢云母化、绿帘石化，角闪石次闪石化及黑云母白云母化、绿泥石化为主。

2. 岩石地球化学特征

再依勒克河北岩体主要岩石化学成分含量及特征见表 3-2。从表 3-2 可知：早期石英闪长岩侵入体 SiO_2 含量为 56.18%～62.28%，属中性岩，与世界中性岩(石英闪长岩)平均值(维氏，1962)相比较，以富集 TiO_2、FeO、MgO，亏损 K_2O 成分为特征，岩石中总碱含量较低，(Na_2O+K_2O)约为 4%，碱度率 AR 为 1.39～1.52，(Na_2O)n/(K_2O)n 为 2.96～3.99，(Na_2O)n 值为(K_2O)n 值的 3～4 倍，岩石里特曼指数 σ 值为 1.1～1.3，为钙碱性，岩体分异指数 DI 为 26.30～31.70，数值较小，说明其分异程度较低，A/CNK 值为 0.6～0.91，A/CNK<1.1，属 I 型花岗岩类，石英闪长岩岩体主要岩石成分特征说明该岩体为壳幔混合源型花岗岩类。

再依勒克河北岩体稀土元素含量及特征见表 3-5，稀土元素球粒陨石配分模式曲线见图 3-6。从表 3-5、图 3-6 看：该岩体轻稀土元素总量(LREE)、重稀土元素总量(HREE)、稀土元素总量

(∑REE)均较低，LREE＝67.30×10^{-6}、HREE＝ 10.80×10^{-6}、∑REE＝78.10×10^{-6}，轻稀土元素总量(LREE)与重稀土元素总量(HREE)比值较大，LREE/HREE 值为 6.23，稀土元素球粒陨石标准化模式曲线右倾，$(La/Yb)_N$＝9.8，δEu 值为 0.84，属轻稀土元素富集型。该岩体稀土元素含量较低，轻重稀土元素分馏较大，Eu 具弱的负异常，与壳幔混源型花岗岩稀土元素球粒陨石特征相似。

表 3-5　二叠纪再依勒克河北岩体稀土元素含量及特征值

样品号	岩石名称	La	Ce	Pr	Nd	Sm	Eu	Gd
D5810-XT1	石英闪长岩	18.8	27.1	3.26	14.8	2.59	0.75	2.88
D5810-XT2	暗色基性包体	14.1	31.3	4.77	21.2	4.51	1.21	4.05

样品号	岩石名称	Tb	Dy	Ho	Er	Tm	Yb	Lu
D5810-XT1	石英闪长岩	0.51	3.18	0.56	1.69	0.24	1.54	0.20
D5810-XT2	暗色基性包体	0.70	4.99	0.86	2.59	0.43	2.73	0.31

样品号	岩石名称	LREE	HREE	∑REE	LREE/HREE	δEu	$(La/Yb)_N$	$(La/Sm)_N$	$(Gd/Yb)_N$
D5810-XT1	石英闪长岩	67.30	10.80	78.10	6.23	0.84	9.8	4.6	1.79
D5810-XT2	暗色基性包体	77.09	16.66	93.75	4.63	0.85	4.7	2.0	1.62

注：样品由国土资源部中南矿产资源监测检测中心分析；稀土元素含量单位为×10^{-6}

3. 包体特征

再依勒克河北岩体包体发育，该岩体可见两类包体。

(1)暗色细粒闪长质深源包体。呈深灰—灰黑色，多呈不规则长椭圆状、浑圆状，边界较截然。包体大小一般5cm×25cm，分布不均匀，包体呈中—细粒半自形粒状结构，块状构造。主要矿物成分及含量为角闪石 55%～60%、斜长石 20%～30%、黑云母 5%～10%、石英 5%，少量金属矿物、磷灰石、榍石等，矿物粒径一般为 0.5～2mm，少量为 2～4mm，斜长石为自形板状及板柱状，角闪石呈自形—半自形柱状，黑云母呈自形条状。包体蚀变较弱，主要为角闪石发生绿泥石化。

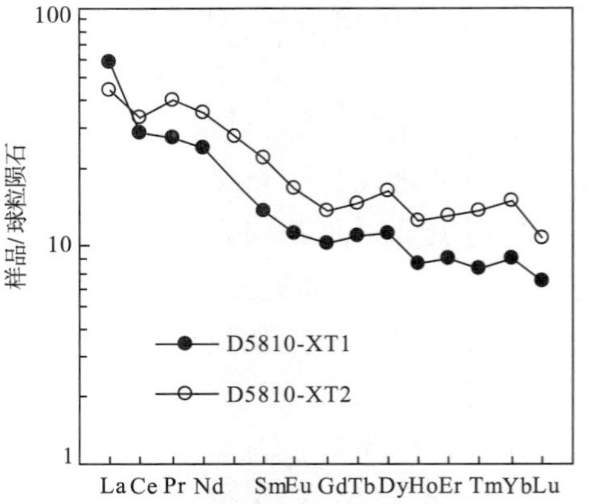

图 3-6　二叠纪再依勒克河北岩体石英闪长岩稀土元素球粒陨石标准化分布图

D5810-XT1 为石英闪长岩；D5810-XT2 为暗色包体

暗色包体中 SiO_2 为 49.68%，为中性岩，与世界闪长岩平均值(维氏，1962)相比较，暗色包体主要化学成分含量除 SiO_2、Na_2O、K_2O 含量较低外，其余成分含量基本与其大致接近。暗色闪长质包体以富 MgO，SiO_2、K_2O ＋Na_2O 含量较低，Na_2O＞K_2O 为特征，暗色闪长质包体岩石化学特征说明其源于地幔。

暗色包体稀土元素含量及特征值见表 3-5，暗色包体稀土元素球粒陨石标准化配分模式曲线见图 3-6。从图 3-6、表 3-5 看：暗色包体中稀土元素总量(∑REE)、轻稀土元素总量(LREE)、重稀土元素总量(HREE)、LREE/HREE 比值、δEu 值、$(La/Yb)_N$ 值，稀土元素球粒陨石标准化模式曲线与寄主岩石石英闪长岩基本相似，Eu 具弱的负异常，为轻稀土元素富集型，反映暗色基性包体与再依勒克河北岩体同源。

以上暗色包体岩石学、地球化学特征说明暗色包体为源区岩石部分熔融残留的深源难溶碎块。

(2)以围岩捕虏体为主的地层包裹体，主要来源于岩体围岩下元古界双雁山片岩，蓟县系桑株塔格岩群，长城系赛图拉岩群等片岩、浅粒岩、片麻岩，捕虏体形态不规则、大小不等，多呈棱角状，围岩捕虏体直径一般数厘米至数十厘米，与寄主岩石边界呈阴影过渡。该类包体在岩体边部分布，且分布零星。

该岩体内包体以暗色包体为主且含量较多，以上暗色包体岩石学、地球化学特征说明该岩体具壳幔混源的浆混岩浆特征。

4. 副矿物特征

该岩体副矿物特征组合为磁铁矿-钛铁矿-锆石-黄铁矿型组合。锆石为淡玫瑰色，金刚光泽，以柱状聚形晶及残缺柱状晶形为主，锆石晶体表面具较细的细麻点熔蚀现象，表面略显粗糙，锆石长宽比为(2～3)∶1，较少为4∶1，锆石中包裹体以细小锆石包裹体为主。

5. 岩体剥蚀深度及侵入深度

再依勒克河北岩体以中粒半自形粒状结构、似斑状结构为主，岩体为规模较大的岩基，岩体与围岩外接触带见硅化、斑点状板岩化等围岩蚀变，岩石中 $Fe_2O_3/(Fe_2O_3+FeO)$ 比值较低，为0.3～0.4，以上岩体组构及岩石化学特征说明岩体侵入深度、剥蚀程度均为中等。

6. 构造环境及时代讨论

再依勒克河北岩体位于昆中地层分区南侧，紧邻康西瓦-苏巴什结合带北侧出露，长条状岩体长轴与康西瓦-苏巴什结合带走向完全一致，明显受康西瓦-苏巴什断裂带(结合带)控制。

再依勒克河北岩体为钙碱性岩石，属I型花岗岩类，利用Batchelor等(1985) R_1-R_2 主要岩石类型组合图解(图3-7)判别投点，该岩体样品落入板块碰撞前的花岗岩区。该岩体岩石化学成分及形态特征均表明其为与康西瓦-苏巴什结合带双向俯冲有关的俯冲型花岗岩类，与区域构造背景相吻合。因此，该岩体是在地壳构造活动带(造山带)，位于地壳消减带或俯冲带大洋板块上面的楔形地幔区，受消减带所携带大量的湿的含水的陆块边缘或洋壳物质进入上地幔后，发生重熔产生的岩浆上侵而成。

该岩体为俯冲型花岗岩类，受康西瓦-苏巴什结合带控制，新一轮1∶25万地质大调查新资料表明晚古生代古特提斯多岛洋的康西瓦-苏巴什结合带所代表的洋盆俯冲时间为二叠纪，因此该岩体侵位时代应为二叠纪。

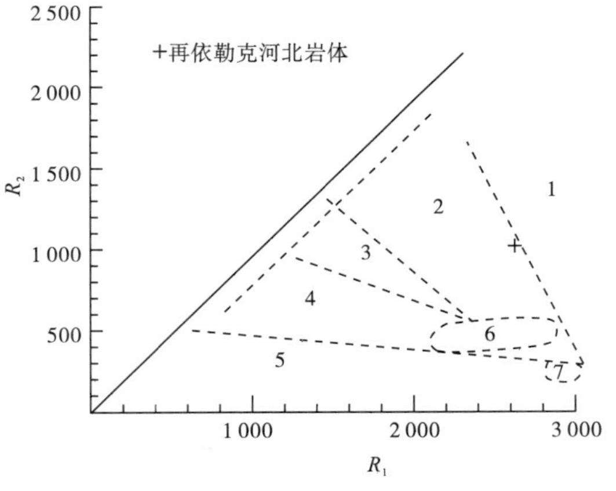

图3-7 再依勒克河北 R_1-R_2 图解

(Batchelor等，1985)

1. 地幔分离；2. 板块碰撞前的；3. 碰撞后的抬升；4. 造山晚期；5. 非造山的；6. 同碰撞期的；7. 造山期限后的。

相应的岩石是：1. 拉斑玄武岩；2. 钙碱性岩石和奥长花岗岩；3. 高钾钙碱性岩石；4. 次碱性二长岩；5. 碱性和过碱性岩石；6. 深熔二云母淡色花岗岩

三、中生代构造岩浆岩带

图幅内中生代侵入岩规模巨大，大面积分布于图幅中、北部昆仑山山脊一带，出露于巴颜喀拉山地层区大红柳滩地层分区，面积约2 320km²，岩体展布与区域构造线方向一致。其岩石类型以中一酸性岩为最主要的岩石类型。本次工作在图区共填绘出11个侵入体，将其归并为8个填图单位，时代为三叠纪—侏罗纪，其岩石组合、成分特征及产出构造位置反映出中生代侵入岩的时、空展布具有一定的规律性，总体受巴颜喀拉中生代—晚古生代边缘裂陷带控制，与巴颜喀拉中生代—晚古生代边缘裂陷盆地的演化息息相关，根据构造岩浆带划分原则将其归为中生代构造岩浆岩带，依据其岩体岩石成分、组合特征及产出的构造位置进一步将其划分为俯冲型、碰撞型两类成因类型的侵入岩，现分述如下。

（一）俯冲型侵入岩

中生代俯冲型侵入岩分布于图区中、北部的巴颜喀拉地层区的大红柳滩地层区南、北两侧，出露于图区北部再依勒克河口南、中部甜水海北 40km 及昆仑冰川西部一带，岩体多呈长条状或长椭圆形、带状产出，岩体长轴呈北西西—南东东向，岩体为岩基状、少量为岩株状产出。该构造岩浆岩带包含 5 个岩体，由三叠纪再依勒克河南岩体、甜水海北岩体及昆仑冰川西岩体组成，主要侵入于二叠系黄羊岭群（PH）砂岩、砂板岩中，少数侵入于二叠纪卡拉勒塔什岩群火山岩及火山碎屑岩中，岩体与围岩接触界线截然，侵入界面一般向外陡倾，岩体内部和边部局部见不规则状围岩捕虏体。岩体外接触带围岩中常见由于岩体烘烤变质形成的硅化、长石化等围岩蚀变现象，围岩蚀变宽度几米到 10m 不等。岩体内部组构较均一，岩性组合简单，为石英闪长岩或石英闪长岩-花岗闪长岩组合，其中以中细粒石英闪长岩为各岩体主要岩性，在甜水海北岩体中见二者为脉动侵入关系。各岩体特征分述如下。

1. 再依勒克河南岩体（$T\gamma\delta o$）

再依勒克河南岩体出露于图幅内北部再依勒克河口南一带，位于康西瓦-苏巴什结合带南侧。

1）岩体特征

再依勒克河南岩体呈岩株、岩枝状，侵入于二叠系黄羊岭群及卡拉勒塔什群之中，与围岩呈侵入接触关系，界线清晰，岩体外接触带见硅化、角岩化等蚀变现象，局部见岩体与围岩呈断层接触。岩体边部粒度较岩体内部细，边缘相带地表出露宽几米到近百米，一般几十米。岩体呈长条状、长条带状，其长轴与区域断裂走向完全一致，受区域断裂控制。

再依勒克河南岩体岩石成分单一，岩性为中细粒蚀变英云闪长岩，浅灰—灰白色，中—细粒半自形粒状结构，块状构造。矿物成分有斜长石 55%～60%、石英 25%～30%、黑云母 10%～15%、钾长石 5%，少量金属矿物、磷灰石、锆石，矿物粒径 0.5～2mm。其中斜长石呈自形板柱状，钾长石呈不规则板状，以微斜长石及条纹长石为主，石英为它形粒状，黑云母自形条状。岩石蚀变轻微，主要为斜长石绢云母及高岭土化、黑云母发生白云母化及绿泥石化。

2）岩石化学特征

再依勒克河南岩体岩石主要化学成分含量及特征见表 3-2，与世界花岗岩平均值（维氏，1962）相比较，以亏损 Fe_2O_3、MgO、Na_2O、K_2O，富集 TiO_2 为特征，岩体 $(Na_2O)n/(K_2O)n$ 值为 2.95～3.38，$(Na_2O)n$ 为 $(K_2O)n$ 的 3 倍左右，岩石中 SiO_2 虽然低于 66%，但考虑到岩石中实际矿物石英含量为 22%～25%，含量较高，根据实际矿物将其归为英云闪长岩；岩体里特曼指数 σ 为 1.28、1.20，为钙碱性岩，A/CNK 为 1.12、1.11，为铝过饱和型，在中田节也（1979）A-C-F 判别图解（图 3-8）上落入 S 区与 I 区分界处的 S 区一侧，属 S 型与 I 型过渡型花岗岩，分异指数（DI）为 69.15、65.19，说明岩浆分异程度中等。

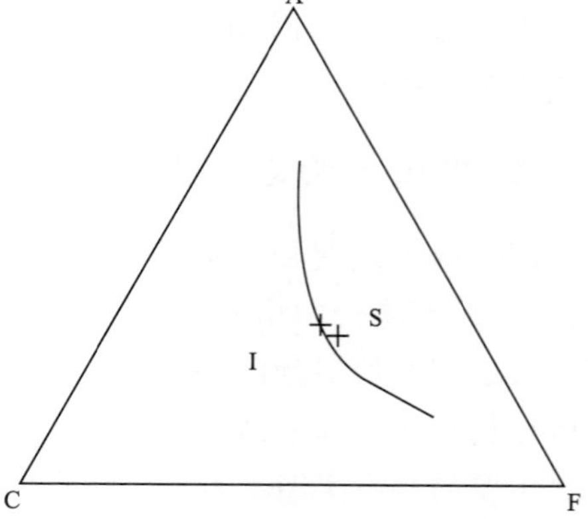

图 3-8　再依勒河南岩体英云闪长岩 S 型、I 型花岗岩判别图解（2）
（仿中田节也，1979）
I 为 I 型花岗岩；S 为 S 型花岗岩。再依勒克河南岩体英云闪长岩

再依勒克河南岩体微量元素含量及特征值见表 3-6。

从表 3-6 看：岩石微量元素平均值与世界花岗岩（维氏，1962）比较，相容元素 Cu、Pb、Cr、Li、Au 表现为亏损，Zn、Ni、Co、Mn、P 高于或略高于世界花岗岩平均值，但亏损或富集程度不大；大离子亲石元素则比较复杂，Sb 略微偏高，Rb、Sr 较低，Ba 与世界花岗岩平均值接近，高场强元素 Sc、Hf、Ti 高于世界花岗岩平均值，Nb、Zr 低于世界花岗岩平均值。Rb/Sr 值为 0.27，比较低，与刘英俊的同熔型花岗岩 Rb/Sr 值 0.4 比较接近，说明其属同熔型花岗岩。该岩体微量元素世界花岗岩标准化蛛网图解见图 3-9，从图 3-9 看：岩石微量元素含量与球粒陨石比较，相容元素 Ni、Cr 明显亏损，大离子亲石元素 Sr、Rb、Ba 相对富集，高场强元素 P、Zr 表现为弱的富集或与其大致接近，而 Th、Nb、Hf、Ti 表现为强烈富集，微量元素蛛网图中 Nb 正常，未见异常。岩体中微量元素特征说明岩浆具壳幔混合源型花岗岩特征。

表 3-6　三叠纪再依勒克河南岩体微量元素含量表

样品号	岩石名称	F^-	Cu	Pb	Zn	Cr	Ni	Co	Li	Rb	W	Mo
D5821-GP2	英云闪长岩	680	9.75	5.51	58.6	15.6	13.0	12.2	23.3	70.5	1.37	1.14
D5821-GP3		800	6.64	1.91	69.9	18.3	12.4	17.4	27.3	26.6	1.95	1.14
D5821-GP4		680	7.68	3.99	62.5	14.5	10.9	14.6	24.6	62.4	1.48	1.28
D5821-GP5		800	5.95	1.37	69.7	15.5	12.2	17.9	26.6	44.5	1.95	1.28
D5821-GP6		800	3.78	1.91	66.6	14.6	17.8	17.0	27.1	69.3	1.90	1.00
平均值		752	7.00	3.00	65.0	16.0	13.0	16.0	26.0	55.0	2.00	1.00
世界中性岩（维氏，1962）		—	5.00	15.00	70.0	50.0	55.0	10.0	20.0	100.0	—	0.90
世界花岗岩（维氏，1962）		800	20.00	20.00	60.0	25.0	8.0	5.0	40.0	200.0	1.50	1.00
样品号	岩石名称	Sb	Hg	Sr	Ba	V	Sc	Nb	Zr	Hf	Ga	Sn
D5821-GP2	英云闪长岩	0.37	9.69	203	867	59.4	5.60	3.07	21.5	7.32	25.0	2.20
D5821-GP3		0.36	4.49	208	541	90.4	8.09	16.2	23.1	9.37	22.0	1.35
D5821-GP4		0.35	6.84	212	515	80.7	6.75	11.7	39.7	7.80	18.0	1.45
D5821-GP5		0.42	5.29	203	554	89.6	8.62	12.8	23.7	9.30	23.0	1.60
D5821-GP6		0.36	6.78	195	623	85.1	8.34	10.2	27.2	8.57	22.0	2.00
平均值		0.00	7.00	204	620	81.0	7.00	11.0	27.0	8.00	22.0	2.00
世界中性岩（维氏，1962）		0.20	—	800	650	100.0	2.50	20.0	260.0	1.00	20.0	—
世界花岗岩（维氏，1962）		0.26	80.00	300	630	40.0	3.00	20.0	200.0	1.00	20.0	3.00
样品号	岩石名称	Au	Ag	U	Th	P	Mn	Ti	Rb/Li	Rb/Sr		
D5821-GP2	英云闪长岩	0.73	0.086	2.42	10.9	694	696	5 404	3.03	0.35		
D5821-GP3		1.18	0.05	2.85	12.5	1 006	846	8 628	0.98	0.13		
D5821-GP4		2.38	0.05	2.73	11.1	878	703	6 469	2.54	0.29		
D5821-GP5		1.40	0.058	3.28	12.8	1 042	909	8 538	1.67	0.22		
D5821-GP6		1.63	0.06	2.94	12.0	1 015	841	8 330	2.56	0.36		
平 均 值		1.00	0.65	3.00	12.0	927	799	7 474	2.15	0.27		
世界中性岩（维氏，1962）		—	0.07	1.80	7.0	1 600	—	—	5.00	0.13		
世界花岗岩（维氏，1962）		4.50	0.05	3.50	18.0	700	600	2 300	5.00	0.67		

注：样品由国土资源部西安矿产资源监督检测中心测试分析；元素含量单位为 $\times10^{-6}$，其中 Au、Hg 元素含量单位为 $\times10^{-9}$

该岩体稀土元素含量及特征值见表 3-7，稀土元素球粒陨石配分模式曲线见图 3-10。从表 3-7、图 3-10 看：英云闪长岩轻稀土元素总量（LREE）为 100.55×10^{-6}，重稀土元素总量（HREE）

为 21.09×10^{-6}，稀土元素总量（∑REE）中等，为 121.64×10^{-6}，LREE/HREE＝4.77，$(La/Yb)_N$＝6.9，球粒陨石配分模式曲线右倾，为轻稀土元素富集型，δEu 为 0.63，球粒陨石配分模式曲线 Eu 成谷状，具明显的负异常，稀土元素含量特征与壳幔混合型花岗岩稀土元素球粒陨石配分模式曲线相似。

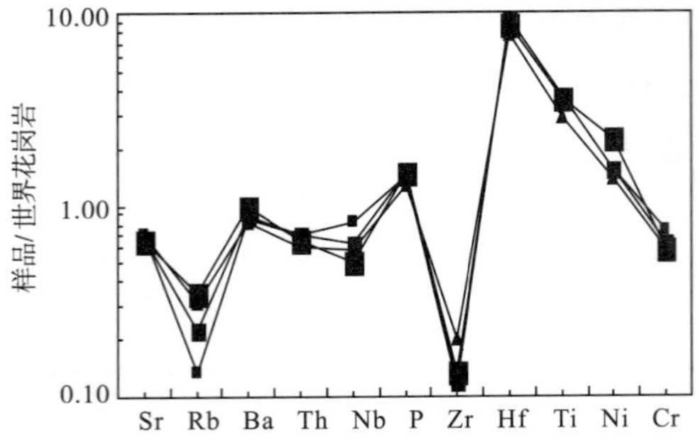

图 3－9　三叠纪再依勒克河南岩体英云闪长岩世界花岗岩标准化的微量元素蛛网图解

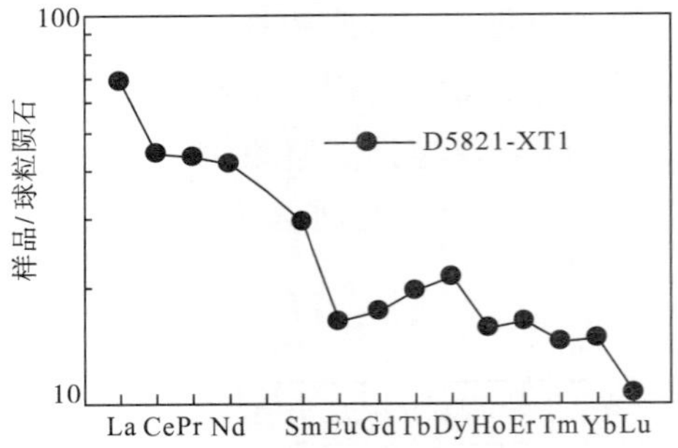

图 3－10　再依勒克河南岩体英云闪长岩稀土元素球粒陨石标准化分布图

表 3－7　晚古生代再依勒克河南岩体稀土元素含量及特征值

样品号	岩石名称								
		La	Ce	Pr	Nd	Sm	Eu	Gd	
D5821－XT1	中细粒英云闪长岩	21.9	41.4	5.18	25.0	5.89	1.18	5.42	
		Tb	Dy	Ho	Er	Tm	Yb	Lu	
		0.97	6.54	1.14	3.41	0.48	2.80	0.33	
		LREE	HREE	∑REE	LREE/HREE	δEu	$(La/Yb)_N$	$(La/Sm)_N$	$(Gd/Yb)_N$
		100.55	21.09	121.64	4.77	0.63	6.9	2.3	2.04

注：样品由国土资源部中南矿产资源监测检测中心分析；稀土元素含量单位为×10^{-6}

3）副矿物特征

该岩体副矿物特征组合为磁铁矿-钛铁矿-锆石-磷灰石型组合。锆石为玫瑰色，金刚光泽，以残缺四方锥状及复方四方锥状为主，晶体表面熔蚀现象较强烈，表面凹凸不平，锆石长宽比为（2～3）∶1 和（4～6）∶1，锆石中包裹体较普遍，主要为细小锆石、钛铁矿、黄铁矿包裹体。

4）侵入深度及剥蚀程度

再依勒克河南岩体为中细粒花岗结构，岩体呈岩株状、岩枝状，规模较小，侵入于二叠系黄羊岭群、卡拉勒塔什群之中，岩体外接触带见弱的围岩蚀变，内部不发育叶理，岩体边部具弱的、较窄的边缘相带，边缘相带较岩体中心相带矿物粒度稍小，其间为渐变过渡，边缘相带宽几米至几十米，以上岩体特征说明岩体侵位深度中等，剥蚀程度较低。

再依勒克河南岩体出露于康西瓦-苏巴什断裂带南侧，该岩体长轴与区域断裂走向一致，受区域断裂控制明显。该岩体$(Na_2O)n/(K_2O)n$ 值较大，为 S 型与 I 型过渡型花岗岩类，利用微量元素 Y－Nb 图解（Pearce，1984）判别（图 3－11），样品落入火山弧花岗岩和同碰撞花岗岩区，进一步利用主要岩石类型组合图解判别（图 3－12）投点，两个样品均落入碰撞前花岗岩区，因此再依勒克河南岩体为碰撞前俯冲型花岗岩类，与其所处的大地构造位置及区域大地构造背景相吻合。

5）构造环境与时代

该岩体侵入于二叠系黄羊岭群砂岩及卡拉勒塔什群火山岩-碎屑岩中，本次工作在南部同一地层分区同期侵入于二叠系黄羊岭群砂岩中的甜水海北岩体相同岩性的石英闪长岩中获（240±3.0）Ma

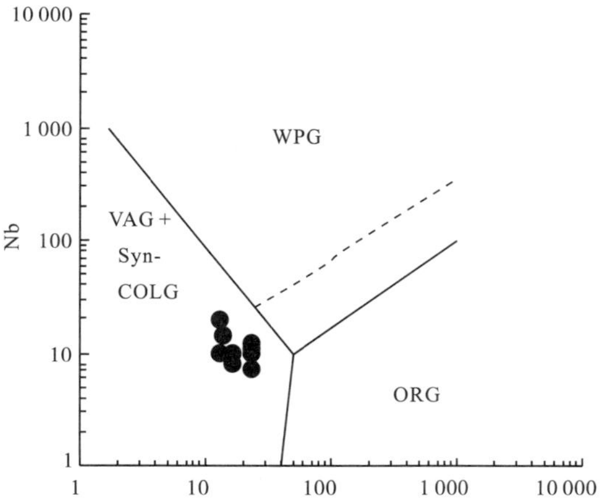

图 3-11 三叠纪再依勒克河南岩体
Y-Nb 微量元素构造环境判别图解
(Pearce,1984)
WPG. 板内花岗岩;VAG. 火山弧花岗岩;ORG. 洋脊花岗岩;
Syn-COLG 同碰撞花岗岩
●为再依勒克河南岩体

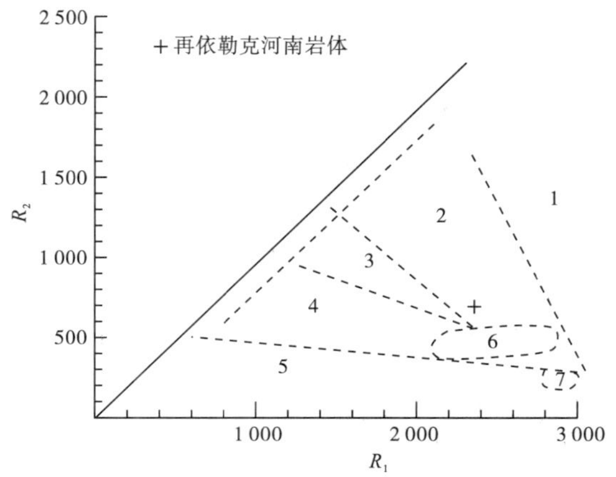

图 3-12 再依勒克河南岩体
主要花岗岩类岩石组合的示意图解
(Batchelor 等,1985)
1. 地幔分离;2. 板块碰撞前的;3. 碰撞后的抬升;4. 造山晚期;
5. 非造山的;6. 同碰撞期的;7. 造山期限后的
相当的岩石是:1. 拉斑玄武岩;2. 钙碱性岩石和奥长花岗岩;
3. 高钾钙碱性岩石;4. 次碱性二长岩;5. 碱性和过碱性岩石;
6. 深熔二云母淡色花岗岩

的全岩 Rb-Sr 等时线年龄及(202.2±3.4)Ma 锆石 U-Pb 表面年龄统计权重平均值,其岩性可以类比。综合考虑其岩石成因类型及巴颜喀拉-大红柳滩晚古生代—中生代裂陷槽闭合时间,再依勒克河南岩体侵位时代应为早三叠世晚期—中三叠世早期。

2. 甜水海北岩体

甜水海北岩体出露于图幅西部甜水海北泉水沟垴一带,出露面积约 210km²,呈不规则长卵圆形产出,由早期石英闪长岩(Tδo)侵入体、晚期花岗闪长岩侵入体(T$\gamma\delta$)组成,两者为脉动接触。

1)岩体特征

甜水海北岩体分布于巴颜喀拉-大红柳滩地层区中,侵入于二叠系黄羊岭群砂岩中,与围岩呈侵入接触关系,接触界线清晰、截然,围岩接触带见硅化、角岩化等较弱的蚀变现象。

早期石英闪长岩(Tδo):呈长条状出露于甜水海北岩体西北部和东南部,侵入于黄羊岭群砂岩中,被晚期花岗闪长岩侵入体侵入,岩性主要为细粒石英闪长岩,呈灰白色,细粒半自形粒状花岗结构,块状构造。矿物成分及含量为斜长石 60%~65%、石英 15%~20%,局部达 25%、黑云母 10%~15%,少量金属矿物、磷灰石、锆石。其中斜长石呈半自形—自形板柱状,钾长石呈半自形板状及不规则板状,以微斜长石为主,黑云母为自形条状,石英为它形粒状,粒径多为 0.5~2mm。岩石蚀变较弱,以长石绢云母化及绿帘石化、黑云母绿帘石化伴生绿泥石化等为主。

晚期花岗闪长岩(T$\gamma\delta$):呈长卵圆状位于甜水海北岩体中南部,侵入于黄羊岭群砂岩中,侵入于早期石英闪长岩侵入体中,与其为脉动接触,岩性主要为中—细粒花岗闪长岩,岩石为灰白色,中—细粒半自形粒状花岗结构、似斑状结构,块状构造。斑晶粒径 3~5cm,以钾长石、斜长石为主,呈自形板状,具环带状结构。基质为细粒半自形粒状结构,矿物成分以斜长石、角闪石、石英及黑云母为主,矿物粒径 0.5~2mm。岩石中矿物成分及含量为斜长石 40%~48%、钾长石 15%~20%、石英 20%~25%、黑云母 10%~15%、角闪石<5%,金属矿物、磷灰石、锆石等少量。其中斜长石为半自形板状,角闪石呈自形柱状,黑云母为自形条状,石英为它形粒状。岩石蚀变较弱,以斜长石

绢云母化及绿帘石化，角闪石次闪石化，黑云母绿泥石化为主。

2)岩石地球化学特征

甜水海北岩体岩石主要化学成分含量及特征值见表 3－2，早期石英闪长岩侵入体（Tδo）岩石成分与世界闪长岩平均值（维氏，1962）相比较，以富集 SiO_2、K_2O，亏损 TiO_2、Fe_2O_3、MgO、Na_2O，$Na_2O \geqslant K_2O$ 为特征；晚期花岗闪长岩侵入体岩体化学成分与世界花岗岩比较，SiO_2、Na_2O 含量较低，以富集 TiO_2、FeO^*、MgO、$(Na_2O)n \leqq (K_2O)n$ 为特征。早期石英闪长岩侵入体岩体中 SiO_2 为 63.54%，属中性岩；晚期花岗闪长岩侵入体 SiO_2 为 66.43%～67.99%，为酸性岩，但其 SiO_2 含量略大于 66%，为中性岩向花岗岩过渡性岩石。甜水海北岩体早、晚两个侵入体里特曼指数 σ 在 1.19～2.04 之间，在 AR－SiO_2 碱度率图解（Wright，1969）上甜水海北岩体早期、晚期侵入体均落入钙碱性岩区，为钙碱性岩（图 3－13），岩体 A/CNK 为 0.8～1.02，A/CNK＜1.1，属 I 型花岗岩类。该岩体分异指数（DI）为 72.45～74.28，早期侵入体分异指数小、晚期分异指数大，说明随着该岩体岩浆活动从早期向晚期演化，岩体岩浆分异程度逐渐增加。从表 3－2 可知：甜水海北岩体岩浆活动从早期到晚期岩浆的 SiO_2、K_2O、Al_2O_3 含量逐渐增高，全铁含量逐渐减少，反映该岩体岩浆活动从早期到晚期，总体向酸性程度、分异程度增加，铁含量减少的方向演化。上述说明甜水海北岩体岩石组合为石英闪长岩-花岗闪长岩，属 I 型花岗岩类。

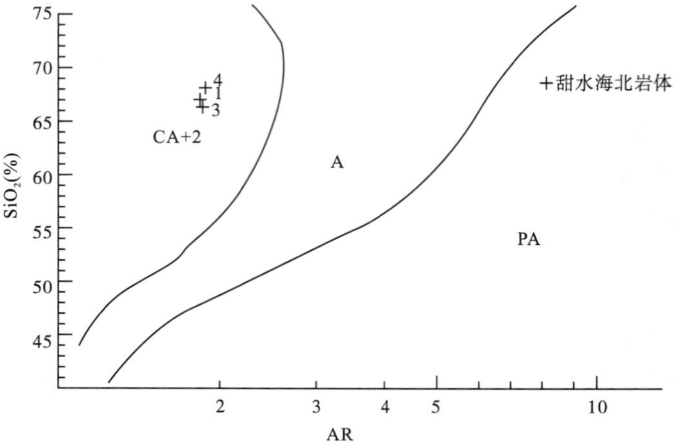

图 3－13　甜水海北岩体 AR－SiO_2 图解

碱度率图解

（Wright，1969）

CA. 钙碱性；A. 碱性；PA. 过碱性

甜水海北岩体岩石微量元素含量及特征值见表 3－8。该岩体岩石微量元素平均值与世界花岗岩（维氏，1962）比较，相容元素 Cr、Li、W、Ag 含量高于世界花岗岩平均值，约是其含量的 2～3 倍，其余相容元素 Cu、Pb、Zn、Ni、Co 世界花岗岩平均值接近，Au 表现为亏损，但亏损程度不大；大离子亲石元素 Rb、Sr 低于世界花岗岩平均值，但亏损不大；高场强元素 Sc、P 含量较高，其余高场强元素 Nb、Ta、Zr、Th 低于世界花岗岩平均值，但总体亏损不大，高场强元素 U 含量与其基本接近。各侵入体 Rb/Sr 平均值为 0.6，与世界花岗岩平均值 Rb/Sr＝0.67 一致，与刘英俊同熔型花岗岩 Rb/Sr＝0.4 值接近，因此该岩体为同熔型花岗岩。

甜水海北岩体各侵入体微量元素球粒陨石标准化蛛网图解见图 3－14。从图 3－14 看，与球粒陨石微量元素相比较，该岩体不相容的大离子亲石元素、高场强元素主要表现为富集，相容元素表现为亏损，各岩体微量元素蛛网图解型式一致，说明其为同源岩浆演化系列。

表 3-8　中生代侵入岩微量元素含量及特征值

岩体、侵入体		样品号	Cu	Pb	Zn	Cr	Ni	Co	Li	Rb	W	Sr
甜水海北岩体	石英闪长岩	D5630-GP1	20.0	27.0	49.0	30.0	7.0	10.0	55.5	151.0	8.05	309.0
		D5630-GP2	19.0	22.5	51.0	39.0	3.0	10.0	53.0	129.0	0.52	312.0
		D5630-GP3	10.0	16.0	72.0	35.0	5.0	12.0	50.2	120.0	5.70	289.0
		D5630-GP4	12.0	15.0	67.0	34.0	4.0	11.0	54.8	116.0	4.40	314.0
	闪长质包体	D5630-GP5	38.0	22.5	40.0	30.0	4.0	9.0	55.6	180.0	1.48	247.0
	花岗闪长岩	D5630-GP6	44.0	12.5	89.0	263.0	38.0	20.0	71.0	111.0	0.95	214.0
		D5630-GP7	12.0	25.0	67.0	30.0	6.0	9.0	62.2	177.0	0.95	215.0
		D5630-GP8	10.0	30.0	63.0	25.0	3.0	8.0	59.6	173.0	1.74	238.0
		D5630-GP9	11.0	24.5	49.0	33.0	5.0	8.0	59.6	172.0	2.80	217.0
		D5630-GP10	10.0	28.5	37.0	34.0	3.0	7.0	77.2	152.0	0.74	208.0
		平均值	18.6	22.4	58.4	55.3	7.8	10.4	59.9	148.1	2.70	256.3
弓形冰川岩体	粗粒似斑状二长花岗岩	D7527-GP1	42.7	24.3	72.2	10.6	16.9	4.8	172.0	413.0	5.75	20.7
		D7527-GP2	48.3	30.0	110.0	23.9	21.9	11.0	301.0	326.0	5.67	30.2
	钾长花岗岩	D5515-GP1	13.0	33.0	53.0	25.0	5.0	6.0	151.0	322.0	1.32	76.0
		平均值	34.7	29.1	78.4	19.8	14.6	7.3	208.0	353.7	4.20	42.3
世界中性岩(维氏,1962)			5.0	15.0	70.0	50.0	55.0	10.0	20.0	100.0	1.00	800.0
世界花岗岩(维氏,1962)			20.0	20.0	60.0	25.0	8.0	5.0	40.0	200.0	1.50	300.0

岩体、侵入体		样品号	Sc	Nb	Ta	Zr	Au	Ag	U	Th	P	Rb/Sr
甜水海北岩体	石英闪长岩	D5630-GP1	15.00	10	5.40	152.0	0.36	0.030	3.5	12.0	856	0.49
		D5630-GP2	14.50	10.0	1.70	135.0	0.96	0.040	2.9	13.0	981	0.41
		D5630-GP3	13.30	19.0	1.50	146.0	2.62	0.030	3.1	19.0	1 088	0.42
		D5630-GP4	16.00	14.0	1.00	146.0	1.37	0.074	2.8	16.0	932	0.37
	闪长质包体	D5630-GP5	9.20	8.0	2.00	135.0	1.04	0.030	3.6	8.0	754	0.73
	花岗闪长岩	D5630-GP6	30.00	7.0	0.76	103.0	1.26	0.080	2.4	4.0	927	0.52
		D5630-GP7	9.80	10.0	1.90	134.0	1.35	0.030	3.5	15.0	781	0.82
		D5630-GP8	7.20	11.0	1.80	150.0	0.50	0.056	3.8	13.0	732	0.73
		D5630-GP9	7.60	12.0	1.70	138.0	1.10	0.068	3.7	13.0	777	0.79
		D5630-GP10	10.50	10.0	4.40	110.0	0.89	0.062	3.3	13.0	716	0.73
		平均值	13.30	11.1	2.20	134.9	1.10	0.100	3.3	12.6	854.4	0.60
弓形冰川岩体	粗粒似斑状二长花岗岩	D7527-GP1	2.69	19.9	3.69	75.9	30.00	0.060	10.6	9.36	1 110	19.95
		D7527-GP2	5.22	27.7	2.34	142.0	1.60	0.130	4.12	16.2	1 430	10.79
	钾长花岗岩	D5515-GP1	12.50	23.0	1.40	183.0	3.72	0.054	7.4	14.0	1 239	4.24
		平均值	6.80	23.5	2.50	133.6	11.80	0.10	7.4	13.2	1 259.7	5.00
世界中性岩(维氏,1962)			2.50	20.0	0.70	260.0	—	0.07	1.8	7.0	1 600	0.13
世界花岗岩(维氏,1962)			3.00	20.0	3.50	200.0	4.50	0.05	3.5	18.0	700	0.67

注:样品由宜昌矿产地质研究所西南岩矿测试中心测试分析;元素含量单位为$\times10^{-6}$,其中Au元素含量为$\times10^{-9}$

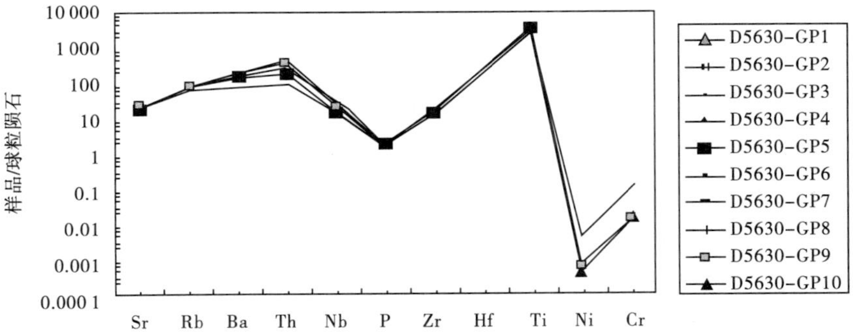

图 3-14　三叠纪甜水海北岩体微量元素球粒陨石标准化蛛网图解

甜水海北岩体稀土元素含量及特征值见表 3－9，稀土元素球粒陨石配分模式曲线见图 3－15。从表 3－9、图 3－15 看：早期石英闪长岩侵入体岩体稀土元素总量（∑REE），轻稀土元素总量（LREE），轻、重稀土元素总量比值（LREE/HREE）较晚期花岗闪长岩侵入体为高，早期石英闪长岩 LREE＝108.73×10^{-6}，∑REE＝120.86×10^{-6}，LREE/HREE＝8.96；晚期花岗闪长岩 LREE＝$(74.60\sim100.54)\times10^{-6}$，∑REE＝$(94.83\sim113.22)\times10^{-6}$，LREE/HREE＝3.69～7.93，$(La/Yb)_N$＝3.9～12.5，而重稀土元素含量及总量变化不大，说明该岩体从早期石英闪长岩到晚期花岗闪长岩在演化过程中，岩体稀土元素总量有逐渐减少、轻稀土元素与重稀土元素分馏程度有逐渐增大的趋势，但相对变化不大。早期石英闪长岩与晚期花岗闪长岩稀土元素球粒陨石标准化配分模式曲线大致相似，模式曲线右倾，LREE/HREE＝3.69～8.96，为轻稀土元素富集型，δEu 值变化不大，在 0.63～0.79 之间，在球粒陨石模式曲线 Eu 具弱的谷状。该岩体稀土元素总量中等，Eu 具负异常或弱的负异常，为轻稀土元素富集型，具混合源型花岗岩稀土元素特征。各岩体相似的稀土元素球粒陨石标准化配分曲线说明其为同源岩浆演化的岩浆岩。

表 3－9　三叠纪甜水海北岩体稀土元素含量及特征值

样品号	岩石名称	稀土元素含量（$\times10^{-6}$）											
		La	Ce	Pr	Nd	Sm	Eu	Gd	Tb	Dy	Ho	Er	Tm
D5630－XT4	花岗闪长岩	13.2	27.4	4.94	22.9	5.14	1.02	4.61	0.92	6.07	1.14	3.49	0.52
D5630－XT5	花岗闪长岩	18.7	32.6	3.91	16.0	3.44	0.80	2.99	0.54	3.64	0.72	2.02	0.30
D5630－XT3	暗色包体	25.6	41.9	5.19	21.3	4.12	0.89	3.12	0.55	3.75	0.67	1.84	0.28
D5630－XT2	花岗闪长岩	26.4	42.3	5.12	21.5	4.29	0.93	3.24	0.57	3.80	0.68	2.09	0.32
D5630－XT1	石英闪长岩	27.6	47.5	5.45	23.1	4.11	0.97	3.16	0.60	3.62	0.67	1.94	0.28

样品号	岩石名称	稀土元素含量（$\times10^{-6}$）					特征参数值				
		Yb	Lu	LREE	HREE	∑REE	LREE/HREE	δEu	$(La/Yb)_N$	$(La/Sm)_N$	$(Gd/Yb)_N$
D5630－XT4	花岗闪长岩	3.13	0.35	74.60	20.23	94.83	3.69	0.63	3.9	1.6	1.64
D5630－XT5	花岗闪长岩	1.87	0.26	75.45	12.34	87.79	6.11	0.75	7.5	3.4	1.43
D5630－XT3	暗色包体	1.61	0.21	99.00	12.03	111.03	8.23	0.73	12.7	3.9	1.85
D5630－XT2	花岗闪长岩	1.76	0.22	100.54	12.68	113.22	7.93	0.73	12.5	3.9	1.83
D5630－XT1	石英闪长岩	1.64	0.22	108.73	12.13	120.86	8.96	0.79	13.0	4.2	1.79

注：样品由宜昌矿产地质研究所西南岩矿测试中心测试分析；元素含量单位$\times10^{-6}$

3）包体特征

甜水海北岩体包体发育，可见两类包体。

（1）暗色细粒闪长质深源包体，呈深灰—灰黑色，多呈不规则长椭圆状、浑圆状，边界较截然。包体大小一般 5cm×15cm，分布不均匀，包体呈细粒半自形粒状花岗结构、块状结构。主要矿物成分及含量为斜长石 45％～50％、普通闪石 30％～35％、黑云母 5％～10％、石英 5％～10％，少量金属矿物、磷灰石，矿物粒径多为 0.5～2mm，斜长石为自形板状，角闪石呈自形柱状，黑云母为自形条状。

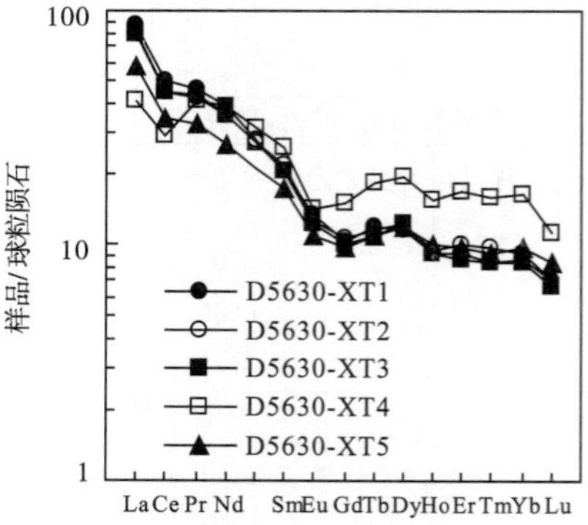

图 3－15　甜水海北岩体稀土元素球粒陨石标准化分布图

D5630－XT1、为石英闪长岩；D5630－XT3 为暗色包体；D5630－XT2、XT4、XT5 为花岗闪长岩

暗色闪长质包体中 SiO_2 为 59.04％，属中性岩，与世界闪长岩平均值相比较，MgO 含量高表现为富集，暗色包体岩石化学成分、特征值与寄主岩石相比较，虽有一定的差别，但变化不大；暗色包体中稀土元素总量（∑REE）、轻稀土元素总量

(LREE)、重稀土元素总量(HREE)、LREE/HREE 比值、δEu 值、$(La/Yb)_N$ 值与围岩石英闪长岩、花岗闪长岩有一定差别，但总体变化不大；闪长质包体中岩石微量元素与围岩石英闪长岩、花岗闪长岩微量元素球粒陨石标准化蛛网图基本相似。以上暗色闪长质包体岩石学、地球化学特征与围岩相似，说明暗色闪长质包体为源区岩石经部分熔融残留下来的难熔碎块，岩浆源于下地壳底部或有幔源物质的加入。

(2)以围岩捕虏体为主的地层包体，主要来源于围岩黄羊岭群砂岩等，形态不规则、大小不等，地层包体具硅化等蚀变，在岩体边缘相对较多，岩体中部较少。

岩体中大量的暗色包体特征说明该岩体具有壳幔混熔的浆混岩浆特征。

4)副矿物特征

该岩体各侵入体副矿物特征基本一致，主要为磁铁矿-磷灰石-锆石-榍石-钛铁矿型组合。锆石为淡玫瑰色，金刚光泽，以残缺柱状为主，锆石晶体粗糙不平，表面具较细的凹坑、蚀痕等熔蚀现象，锆石长宽比为 2：1、4：1，锆石中包裹体以细小锆石包裹体为主，其次为黑云母及其他暗色矿物。

5)侵入深度及剥蚀程度

甜水海北岩体以中—细粒花岗结构为主，次为似斑状结构，岩体为规模较大的岩基，侵入于二叠系黄羊岭群砂岩、砂板岩中，岩体与围岩外接触带见弱的围岩蚀变，岩体内部不发育叶理，围岩包体主要位于岩体边部，中部少见，以上岩体特征及围岩捕虏体特征说明岩体侵入深度中等，剥蚀程度低—中等。

6)构造环境及时代讨论

甜水海北岩体出露于大红柳滩-泉水沟断裂带上盘，岩体长轴方向与断裂走向一致，反映该断裂对岩体具较强的控制作用。

甜水海北岩体为钙碱性岩，属 I 型花岗岩类，岩体中暗色闪长质包体大量发育。甜水海北岩体石英闪长岩侵入体中同位素($^{87}Sr/^{86}Sr$)值为 0.707 31±0.000 08(图 3－16)，接近于低 Sr 花岗岩与高 Sr 花岗岩分界线，($^{87}Sr/^{86}Sr$)值在 0.706～0.712 之间，与壳幔混源型花岗岩类($^{87}Sr/^{86}Sr$)值一致，因此该岩体为地幔和地壳混熔型浆混花岗岩。

利用主要岩石类型组合图解(图 3－17)判别投点，早期石英闪长岩和晚期花岗闪长岩侵入体的 4 个样品均落入碰撞前花岗岩区，因此甜水海北岩体可能为巴颜喀拉-大红柳滩晚古生代—中生代裂陷盆地闭合前俯冲期产物，与其所处的大地构造位置及区域大地构造背景相吻合。

甜水海北岩体侵入于二叠纪黄羊岭群砂岩中，上部被全岩 Rb－Sr 等时线年龄为(8±0.1)Ma(2σ)的新生代陆相碱性玄武岩不整合覆盖，且本次工作在该岩体早期石英闪长岩侵入体获(240±3)Ma(2σ)全岩 Rb－Sr 等时线年龄值(图 3－16)，各样品同位素含量特征见表 3－10，考虑到石英闪长岩为该岩体早期侵入岩，甜水海北岩体侵位时代为早三叠世晚期—中三叠世。

3. 昆仑冰川西岩体(Tδo)

昆仑冰川西岩体出露于图幅中部昆仑冰川以西，部分被现代冰川——昆仑冰川大面积覆盖。该岩体为较大规模的岩基，呈不规则长卵圆状产出，岩体长轴方向为北西西—南东东向，与区域构造线方向一致，岩体构造上位于大红柳滩-泉水沟断裂北侧上盘，出露面积约 130km^2。该岩体仅由一个侵入体组成，为石英闪长岩(Tδo)。

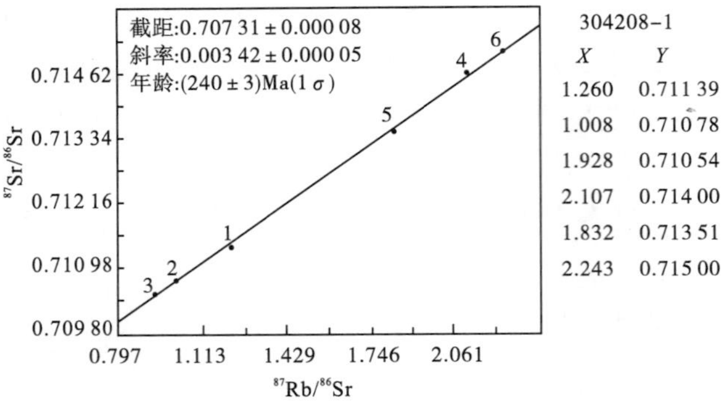

图 3－16　甜水海北岩体全岩 Rb－Sr 等时线图

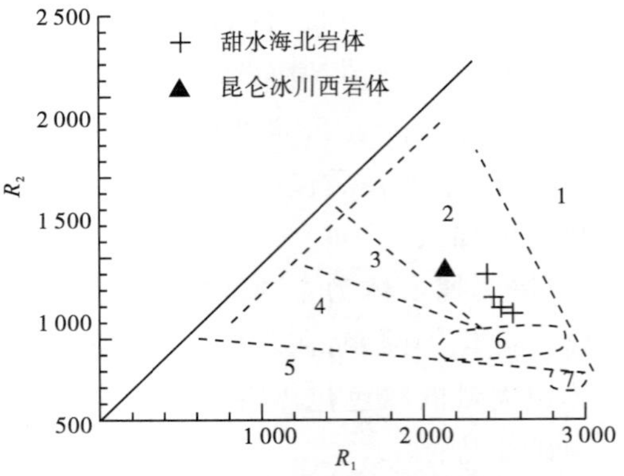

图 3－17　甜水海北岩体、昆仑冰川西岩体主要花岗岩岩石组合的示意图解

(Batchelor 等，1985)

1. 地幔分离；2. 板块碰撞前的；3. 碰撞后的抬升；4. 造山晚期；5. 非造山的；6. 同碰撞期的；7. 造山期限后的

相应的岩石是：1. 拉斑玄武岩；2. 钙碱性岩石和奥长花岗岩；3. 高钾钙碱性岩石；4. 次碱性二长岩；5. 碱性和过碱性岩石；6. 深熔二云母淡色花岗岩

表 3－10　甜水海北岩体铷、锶同位素含量表

	样品号	方法	w(Rb)(×10^{-6})	w(Sr)(×10^{-6})	^{87}Sr/^{86}Sr	^{87}Sr/^{86}Sr(2σ)
甜水海北岩体	D5630－TW1	全岩	136.4	1 323.2	1.216	0.711 39±0.000 3
	D5630－TW2		122.1	349.5	1.008	0.710 78±0.000 3
	D5630－TW3		110.0	341.8	0.928	0.710 54±0.000 3
	D5630－TW4		155.1	239.3	1.870	0.713 37±0.000 2
	D5630－TW5		156.2	213.9	2.107	0.714 56±0.000 2
	D5630－TW6		151.5	238.5	1.832	0.713 61±0.000 5
	D5630－TW7		168.7	217.0	2.243	0.715 00±0.000 2

注：样品由国土资源部中南矿产资源监测检测中心分析

1)岩体特征

昆仑冰川西岩体(Tδo)位于巴颜喀拉-大红柳滩地层区南缘，侵入于二叠纪黄羊岭群砂岩中，与围岩呈侵入接触关系，接触界面清晰、截然，该岩体东部被三叠纪晚期弓形冰川岩体侵吞，与其为超动接触或侵入接触。岩体围岩外接触带见硅化、角岩化围岩蚀变。

昆仑冰川西岩体(Tδo)岩性单一，岩体内部组构较为均一，为细粒石英闪长岩，呈灰白色，细粒半自形粒状花岗结构，块状构造。岩体主要矿物成分及含量为斜长石 55％～60％、黑云母 15％～20％、石英 10％～15％、钾长石＜5％、角闪石 5％，金属矿物、磷灰石、锆石少量。其中斜长石呈半自形—自形板柱状，钾长石呈半自形板状及不规则板状，以微斜长石为主，角闪石为自形柱状，黑云母为自形条状，石英为它形粒状、分布不均匀，岩石中矿物粒径多为 0.5～2mm。岩石蚀变较弱，以长石绢云母化及绿帘石化、角闪石次闪石化、黑云母绿帘石化伴生绿泥帘石等为主。

2)岩石地球化学特征

昆仑冰川西岩体岩石主要化学成分含量及特征值见表 3－2。昆仑冰川西岩体主要化学成分 SiO_2 含量为 61.81％，为中性岩，岩体里特曼指数 σ 为 2.04，为钙碱性岩，A/CNK 为 0.89，A/CNK ＜1.1，属 I 型花岗岩类。岩体(Na_2O)n/(K_2O)n 值为 1.42，Na_2O 相对于 K_2O 含量明显富集。

昆仑冰川西岩体稀土元素含量及特征值见表 3-11，稀土元素球粒陨石标准化配分模式曲线见图 3-18。从表 3-11、图 3-18 看：该岩体稀土元素总量（∑REE）中等，但其轻稀土元素总量（LREE）与重稀土元素总量（HREE）比值较大，LREE/HREE 为 12.87，岩体稀土元素球粒陨石标准化模式曲线右倾，曲线斜率较大，$(La/Yb)_N$ 值为 40.0，比值较大，为轻稀土元素富集型，δEu 值为 0.24，Eu 处呈较强的谷状，Eu 为负异常。昆仑冰川西岩体稀土元素含量、δEu 值、球粒陨石标准化曲线特征与壳幔混源型岩浆岩相似。

表 3-11 三叠纪昆仑冰川西岩体稀土元素含量及特征值

岩体	样品号	岩石名称	稀土元素含量（$\times10^{-6}$）							
			La	Ce	Pr	Nd	Sm	Eu	Gd	
昆仑冰川西	D6090-XT1	二长花岗岩	23.1	49.62	5.35	27.77	4.89	0.36	4.15	
			Tb	Dy	Ho	Er	Tm	Yb	Lu	
			0.56	2.21	0.3	0.75	0.08	0.52	0.06	
			稀土元素含量（$\times10^{-6}$）			特征参数值				
			LREE	HREE	∑REE	LREE/HREE	δEu	$(La/Yb)_N$	$(La/Sm)_N$	$(Gd/Yb)_N$
			111.09	8.63	119.72	12.87	0.24	40.0	3.0	8.60

注：样品由国土资源部中南矿产资源监测检测中心分析

3）包体特征

岩体中可见以下两类包体：

（1）暗色细粒闪长质深源包体，含量较少、不常见，呈深灰—灰黑色，多呈不规则长椭圆状、浑圆状，边界较截然。包体大小一般为 5cm×20cm，分布不均匀，包体呈细粒花岗结构。

（2）在岩体边部发育以黄羊岭群砂岩等围岩捕虏体为主的地层包体，形态不规则、大小不等，捕虏体棱角多呈蚀圆状，捕虏体中硅化、长石化极为强烈，与寄主岩石接触界线截然，在粗粒二长花岗岩边部分布较多，可见较大的残留体。

包体特征表明该岩体受地表岩石同化混染作用较强。

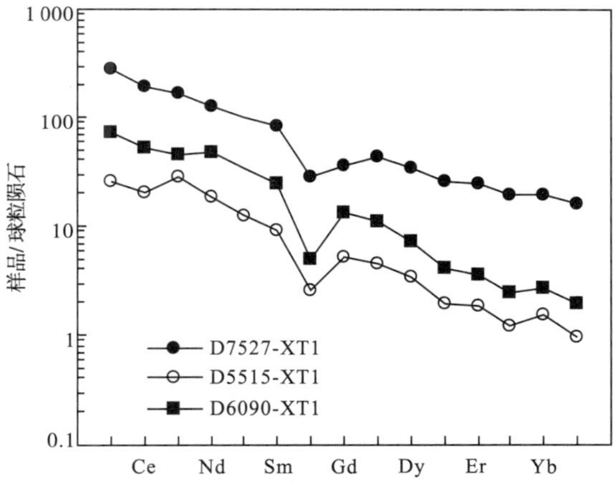

图 3-18 昆仑冰川西岩体、弓形冰川岩体稀土元素球粒陨石标准化分布图

D7527-XT1、D5515-XT1 为弓形冰川岩体，D6090-XT1 为昆仑冰川西岩体

4）侵入深度及剥蚀程度

昆仑冰川西岩体以细—中粒结构为主，呈岩基状，岩体外接触见弱的围岩蚀变，岩体边部围岩捕虏体较发育，岩体内部不发育叶理，以上岩体特征及围岩捕虏体特征说明该岩体侵入深度中等、剥蚀程度中等。

5）构造环境及时代讨论

昆仑冰川西岩体长轴与区域断裂走向一致，受区域断裂控制明显。

该岩体为钙碱性岩，属 I 型花岗岩，其岩石化学特征说明其具有壳幔混合源型岩浆特征。利用 Batchelor 等（1985）R_1-R_2 主要岩石类型组合图解（图 3-17）判别投点，样品落入板块碰撞前花岗岩区，表明该岩体为俯冲型花岗岩类，这与岩体所处的地质构造背景相吻合。

昆仑冰川西岩体侵入于黄羊岭群砂岩、砂板岩中，本次工作在侵入于该岩体东部的弓形冰川岩体粗粒似斑状黑云二长花岗岩中获（233.8±1.0）Ma 的锆石 U-Pb（$^{206}Pb/^{238}U$）表面年龄统计权重平均值年龄，代表了该岩体的侵位时代。根据岩体成因类型，综合考虑其所处的大地构造背景等因素，昆仑冰川西岩体侵位时代应为中三叠世。

小结：中生代俯冲型侵入岩所包含的三叠纪再依勒克河南3个英云闪长岩岩体、甜水海北岩体及昆仑冰川西岩体均位于巴颜喀拉地层区大红柳滩地层分区，侵入体围岩为二叠系黄羊岭群砂岩、砂板岩及卡拉勒塔什群中性火山岩-碎屑岩，岩体长轴与区域构造线走向一致，受区域构造控制明显；各岩体岩性较为简单，岩石组合相似，为石英闪长岩或石英闪长岩-花岗闪长岩组合，其中以石英闪长岩为主，岩体中石英含量较高，各岩体均属I型花岗岩，岩体中暗色闪长质包体普遍发育且含量较大，均为壳幔混源型的浆混花岗岩类；各岩体总碱含量相当，Na_2O+K_2O含量在6.2%～7.12%之间，且各岩体$(Na_2O)n/(K_2O)n$值均大于1；各岩体均为碰撞前俯冲型侵入岩，形成时间相近，为早三叠世末—中三叠世，因此图幅俯冲型侵入岩为巴颜喀拉山-大红柳滩晚古生代—中生代裂陷盆地闭合前或闭合晚（末）期形成的俯冲型侵入岩。

（二）碰撞型侵入岩

中生代碰撞型侵入岩分布于图区中、北部的巴颜喀拉地层区大红柳滩地层分区南部及康西瓦-苏巴什构造蛇绿混杂岩带上，出露于图区北部玉龙喀什河以北、中部甜水海北50km及弓形冰川一带，岩体呈岩株和规模巨大的岩基状，形态为次圆状、长椭圆状，其中晚三叠世侵入岩为规模巨大的岩基状，长椭圆状岩基长轴与区域断裂方向一致，呈北西西—南东东向，侏罗纪侵入岩多为岩株状，岩株为次圆状。中生代碰撞型侵入岩包含3个岩体，分别为三叠纪弓形冰川岩体、侏罗纪甜水海北黑云二长花岗岩岩体及玉龙喀什河黑云二长花岗岩岩体。中生代同碰撞侵入岩与围岩接触界线截然、界面清晰。岩体侵入于二叠系黄羊岭群（PH）砂岩、砂板岩中，或侵入于康西瓦-苏巴什构造蛇绿混杂岩带中的构造片岩、基性岩—超基性岩中，岩体与围岩界面一般向外陡倾，岩体边部常含有大量不规则状围岩捕虏体。岩体外接触带常见硅化、长石化等围岩接触蚀变现象。岩体为酸性岩，岩性主要为中粒、中粗粒黑云二长花岗岩和中细粒钾长花岗岩，以黑云二长花岗岩为主，出露面积较大。中生代碰撞型侵入岩各岩体特征分述如下。

1. 弓形冰川岩体

弓形冰川岩体出露于图幅中部昆仑山主脊弓形冰川—昆仑冰川—多峰冰川一带，被现代冰川大面积覆盖。该岩体规模巨大并呈不规则长卵圆状产出，向东延伸进入东邻伯力克幅，图区内出露面积约1 950km^2。依成分演化及接触关系划分，该岩体由早到晚由两个侵入体组成，早期为粗粒黑云二长花岗岩（$T\pi\eta\gamma$）、晚期为钾长花岗岩（$T\xi\gamma$），两者为脉动接触关系。

1）岩体特征

弓形冰川岩体分布于巴颜喀拉地层区，侵入于二叠系黄羊岭群砂岩中，与早期昆仑冰川岩体为侵入接触，接触界面清晰、截然，在岩体南部见其与南部巴颜喀拉山群为断层接触，各岩体之间为脉动接触。岩体外接触带见硅化、角岩化等围岩蚀变。

早期中—粗粒黑云二长花岗岩侵入体（$T\pi\eta\gamma$）出露于昆仑山主脊昆仑冰川—多峰冰川一带，为弓形冰川岩体主体部分，占弓形冰川总面积的90%，被后期钾长花岗岩侵入体（$T\xi\gamma$）侵吞，两者为脉动接触关系，与围岩黄羊岭群砂岩、砂板岩为侵入接触。其岩性为灰色中—粗粒似斑状黑云二长花岗岩，岩石呈浅灰白色，似斑状结构、中—粗粒半自形粒状结构、块状构造。岩石中斑晶主要为斜长石，斜长石含量5%～20%，斑晶粒径6～7mm，最大达15mm，分布不均匀，斑晶为自形板、柱状；基质中矿物粒径2～5mm，基质中矿物成分及含量为斜长石30%～45%、钾长石20%～35%、石英20%～25%、黑云母10%～15%，少量金属矿物、磷灰石、锆石。岩石中次生蚀变不发育，以长石高岭土化及绢云母化和黑云母绿泥石化为主，次生矿物有绢（白）云母、高岭土、绿帘石等。

晚期细粒钾长花岗岩侵入体（Tξγ）呈卵圆状出露于弓形冰川岩体南部弓形冰川一带，由一个侵入体组成，侵入于中期粗粒黑云二长花岗岩岩体之中，其接触关系由于第四纪冰雪覆盖不清，根据其岩石地球化学成分特征推断其为脉动接触关系。岩体与围岩黄羊岭群砂岩、砂板岩呈侵入接触。晚期细粒钾长花岗岩（Tξγ）主要岩性为中—细粒钾长花岗岩，航、卫片上显示为褐红色，标志清晰。岩石呈浅肉红色，呈中粒半自形粒状花岗结构，块状构造，主要矿物成分：钾长石45%～50%、斜长石15%～20%、黑云母5%～10%、石英30%～35%，金属矿物、磷灰石、锆石少量。其中斜长石呈自形板状，具环带结构，钾长石以微斜长石为主，次为条纹长石，呈半自形板状及不规则板状，角闪石自形柱状，黑云母为自形条状，石英为它形粒状，岩石中矿物粒径多为2～5mm，少量为0.5～2mm。岩石蚀变轻微，以长石绢云母化及高岭土化、黑云母绿泥石化、绿帘化石等为主。

2）岩石地球化学特征

弓形冰川岩体岩石主要化学成分含量及特征值见表3-2。从表3-2看：早期中—粗粒似斑状二长花岗岩和晚期钾长花岗岩侵入体主要化学成分以 SiO_2、K_2O、Na_2O+K_2O 含量较高为特征，岩体中 SiO_2 含量为70.82%～71.3%、Na_2O+K_2O 含量高达8.7%～8.95%，岩体 $(Na_2O)n/(K_2O)n$ 值为0.87、0.71，$(Na_2O)n<(K_2O)n$。岩体里特曼指数 σ 为2.88、2.67，在Wright(1969)的AR-SiO_2碱度率图解（图3-19）上，弓形冰川岩体早期侵入体、晚期侵入体均落入钙碱性区，为钙碱性岩。该岩体早期、晚期侵入体在 Na_2O-K_2O 图解（图3-20）上均落入A型区，但其岩石成分 $(Al_2O_3)n>(Na_2O+K_2O)n$，均为过渡类型A型花岗岩。岩石地球化学特征说明其源于造山带加厚的下地壳部分熔融。

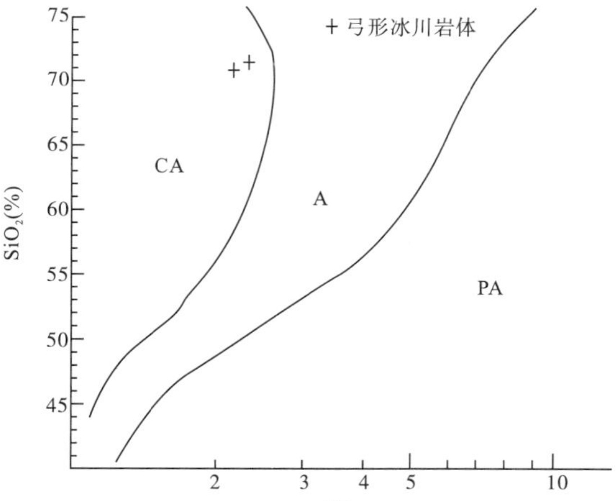

图3-19　弓形冰川岩体碱度率图解
（Wright,1969）
CA.钙碱性；A.碱性，PA.过碱性。

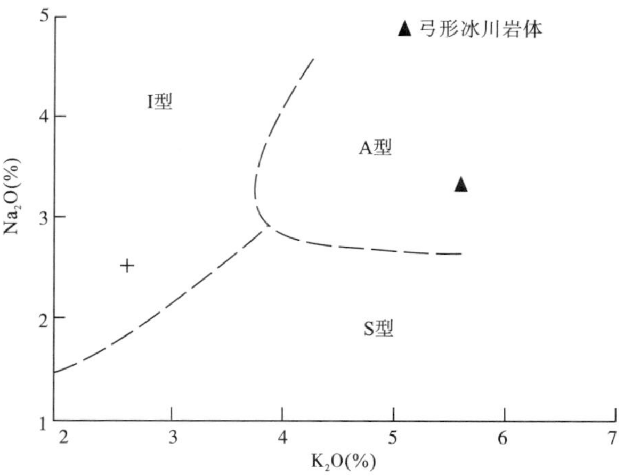

图3-20　弓形冰川岩体 Na_2O-K_2O 图解

弓形冰川岩体岩石微量元素含量及特征值见表3-8。其平均值与世界花岗岩微量元素平均值（维氏，1962）比较，各单元相容元素Cu、Pb、Zn、Ni、Li、W、Ag含量偏高，表现为富集，其余相容元素Cr、Co、Au含量略低或与其接近，各岩体相容元素含量总体上亏损，富集程度不大；而大离子亲石元素Rb表现为富集，其余大离子亲石元素Sr亏损较大，约为世界花岗岩平均值的1/7～1/3，高场强元素则表现较复杂，Sc、U、P含量是世界花岗岩平均值的2倍左右，Th、Ta低于世界花岗岩平均值，Nb、Zr含量与其大致接近，该岩体Rb/Sr平均值较高为8.5，各岩体大离子亲石元素、高场强元素特征表明该岩体有较强烈的上地壳岩石混染。

弓形冰川岩体岩石微量元素球粒陨石标准化蛛网图解见图3-21。从图3-21看：该岩体微量元素大离子亲石元素、高场强元素含量除 P 与球粒陨石接近外，其余均显示不同程度的富集，Rb、Th、Nb、Zr、Hf、Ti 富集达 20～100 倍，而相容元素 Cr、Ni 亏损较大，Nb 未见异常。各侵入体微量元素球粒陨石标准化蛛网图解曲线相似，说明其为同源岩浆演化的岩浆岩。

弓形冰川岩体稀土元素含量及特征值见表 3-12，稀土元素球粒陨石配分模式曲线见图 3-22。从表 3-12、图 3-22 可知：该岩体稀土元素总量（∑REE）虽变化较大，但其轻稀土元素总量（LREE）与重稀土元素总量（HREE）比值接近，为 10.92～11.28，稀土元素球粒陨石标准化模式曲线右倾，曲线近于平行，为轻稀土元素富集型，其 δEu 值为 0.33、0.45，Eu 处呈谷状，铕为负异常。相似的稀土元素球粒陨石标准化配分模式说明其属同源岩浆演化系列。

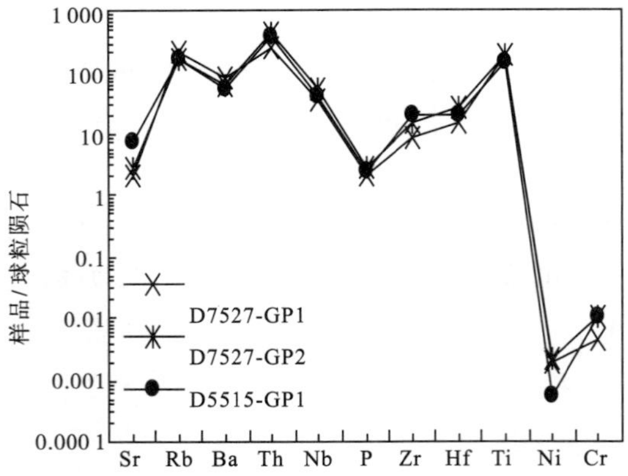

图 3-21　弓形冰川岩体
微量元素球粒陨石标准化蛛网图解

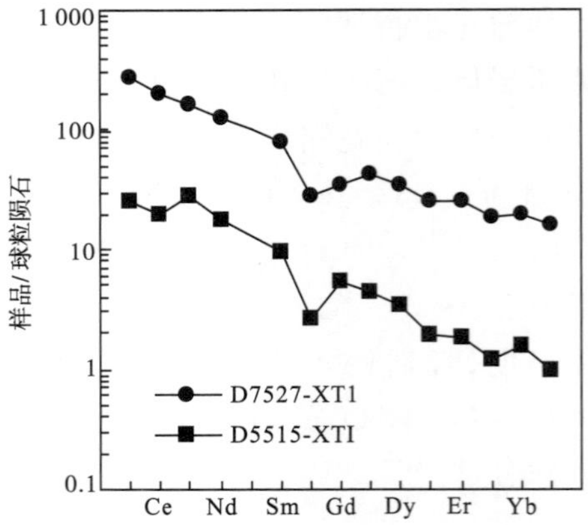

图 3-22　弓形冰川稀土元素球粒陨石
标准化分布图

表 3-12　三叠纪弓形冰川岩体稀土元素含量及特征值

岩体	样品号	岩石名称	稀土元素含量（×10⁻⁶）							
			La	Ce	Pr	Nd	Sm	Eu	Gd	
弓形冰川	D7527-XT1	粗粒二长花岗岩	89.40	184.40	20.10	75.74	16.26	2.07	10.88	
	D5515-XTI	钾长花岗岩	8.17	18.63	3.31	10.81	1.86	0.19	1.64	
	样品号	岩石名称	Tb	Dy	Ho	Er	Tm	Yb	Lu	
	D7527-XT1	粗粒二长花岗岩	2.15	10.65	1.83	5.24	0.63	3.66	0.49	
	D5515-XTI	钾长花岗岩	0.22	1.07	0.14	0.38	0.04	0.29	0.03	
	样品号	岩石名称	稀土元素含量（×10⁻⁶）			特征参数值				
			LREE	HREE	∑REE	LREE/HREE	δEu	$(La/Yb)_N$	$(La/Sm)_N$	$(Gd/Yb)_N$
	D7527-XT1	粗粒二长花岗岩	387.97	35.53	423.50	10.92	0.45	19.0	3.5	2.76
	D5515-XTI	钾长花岗岩	42.97	3.81	46.78	11.28	0.33	28.3	2.8	6.80

注：样品由国土资源部西安矿产资源监督检测中心测试分析

3）包体特征

弓形冰川岩体包体主要为以黄羊岭群砂岩等围岩捕虏体为主的地层包体，形态不规则，大小不等。捕虏体棱角多呈蚀圆状，捕虏体中硅化、长石化极为强烈，与寄主岩石接触界线截然，在粗粒二长花岗岩边部分布较多，可见较大的残留体。包体特征显示受地表岩石同化混染较强。

4）侵入深度及剥蚀程度

弓形冰川岩体以中—粗粒似斑状黑云母花岗岩为主，岩石以中—粗粒结构、似斑状结构为主，岩体为规模巨大的岩基，岩体内部不发育叶理。以上岩体组构、形态特征、围岩捕虏体及围岩蚀变特征说明该岩体就位深度较深，剥蚀程度中等—较浅。

5）构造环境及侵位时代讨论

弓形冰川岩体为酸性侵入岩，$(Na_2O)n<(K_2O)n$，属非标准的过渡类型A型花岗岩类。在Batchel等（1985）R_1-R_2主要岩石类型组合图解（图3－23）判别投点，两个样品均落入同碰撞期的花岗岩区，综合考虑该岩体侵位时代（晚三叠世）及岩体侵位的大地构造背景（巴颜喀拉-大红柳滩晚古生代—中生代边缘盆地闭合时间为三叠纪末）等因素，其应为碰撞期花岗岩无疑。

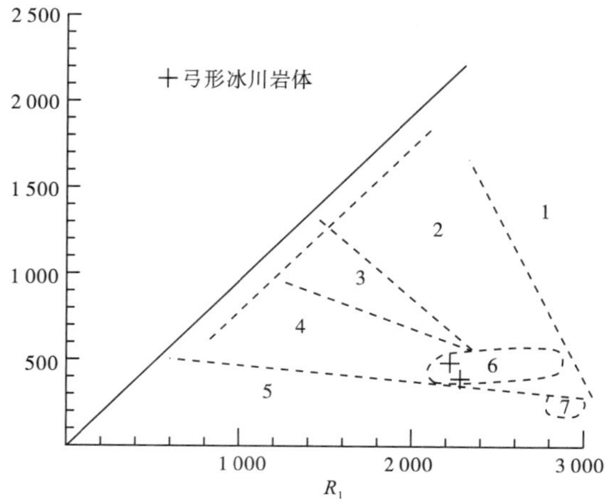

图3－23　弓形冰川岩体主要花岗岩类岩石组合的示意图解
（Batchel等，1985）
1. 地幔分离；2. 板块碰撞前的；3. 碰撞后的抬升；4. 造山晚期；5. 非造山的；6. 同碰撞期的；7. 造山期限后的
相当的岩石是：1. 拉斑玄武岩；2. 钙碱性岩石和奥长花岗岩；3. 高钾钙碱性岩石；4. 次碱性二长岩；5. 碱性和过碱性岩石；6. 深熔二云母淡色花岗岩

弓形冰川岩体侵入于二叠纪黄羊岭群砂岩、砂板岩中，本次工作在弓形冰川岩体早期似斑状中粗粒黑云二长花岗岩侵入体中获（233.8±1.0）Ma的锆石U－Pb（$^{206}Pb/^{238}U$）表面年龄统计权重平均值年龄，陕西省地质调查院韩芳林等于2002年在伯力克幅1∶25万区调工作时，在该岩体东部的灰色似斑状粗粒黑云二长花岗岩获（208.1±0.5）Ma锆石U－Pb谐和线年龄，考虑该岩体为同碰撞型花岗岩及所处区域大地构造背景，该岩体侵位时代大致为晚三叠世。

2. 玉龙喀什河及甜水海北黑云二长花岗岩体（$J\pi\eta\gamma$）

玉龙喀什河及甜水海北黑云二长花岗岩岩体（$J\pi\eta\gamma$）出露于图区内东北角玉龙喀什河上游及图区西北角甜水海北40km一带，为两个孤立的侵入体，呈次圆状、长椭圆状，为岩株及岩基状。玉龙喀什河黑云二长花岗岩侵入体（$J\pi\eta\gamma$）侵入于二叠纪黄羊岭群砂岩、砂板岩中，岩体与围岩呈侵入接触关系，接触界面清晰、截然，且岩体侵入于甜水海北岩体中，与其为超动接触关系，岩体与围岩外接触带砂岩、砂板岩中见硅化及长石化等接触蚀变现象；甜水海北40km黑云二长花岗岩侵入体（$J\pi\eta\gamma$）侵入于康西瓦-苏巴什蛇绿混杂岩带蛇纹岩、辉绿岩、构造片岩及二叠纪二长花岗岩中，岩体与围岩接触界线截然，岩体边部见较弱细粒化，岩体外接触带片岩见弱的烘烤变质现象。玉龙喀什河黑云二长花岗岩为岩株状并以卵圆状产出，甜水海北40km处二长花岗岩岩体在图区出露面积较少，向西延伸进入岔路口幅。

玉龙喀什河及甜水海北黑云二长花岗岩岩体内部组构较为均一，岩性单一，主要为细粒黑云二长花岗岩。岩石为灰色，呈细粒半自形粒状花岗结构，块状构造，局部见似斑状构造。主要矿物成分：钾长石35％～40％、斜长石30％～35％、石英20％～25％、黑云母＜10％，金属矿物、磷灰石、锆石少量。岩石中斜长石为自形板柱状，钾长石以微斜长石及条纹长石为主，半自形板状，黑云母为自形条状，石英为它形粒状，矿物粒径1～5mm。岩石中次生蚀变较弱，以斜长石绢云母化、黑云母白云母化及绿泥石化为主。

玉龙喀什河及甜水海北黑云二长花岗岩体（$J\pi\eta\gamma$）矿物组合表明其为碰撞型花岗岩。岩体侵入于二叠系黄羊岭群砂岩、砂板岩中，在岔路口幅大面积侵入于三叠系巴颜喀拉山群砂岩、砂板岩中，玉龙喀什河岩体侵入于石炭纪—二叠纪构造蛇绿混杂岩中的构造片岩、基性岩—超基性岩中。《喀喇昆仑地质演化》一书中，张玉泉在甜水海北 40km 黑云二长花岗岩中获得黑云母 K－Ar 年龄值为 172.2Ma，代表其了岩体侵位时代为侏罗纪。

小结：图区晚古生代碰撞型花岗岩各岩体均为酸性侵入岩，主要出露于康西瓦-苏巴什结合带以南、大红柳滩-郭扎错断裂带以北的巴颜喀拉-大红柳滩地层小区，该构造岩浆岩带岩体主要岩性或岩石组合较为单一，为黑云二长花岗岩或黑云二长花岗岩-钾长花岗岩组合，其中以黑云二长花岗岩为主，岩体以富硅（SiO_2）、总碱（Na_2O+K_2O）含量较高为特征，岩体侵入时代为晚三叠世—侏罗纪，属碰撞型花岗岩类。

四、新生代构造岩浆岩带

图区内新生代侵入岩零星出露于巴颜喀拉山地层区大红柳滩地层分区中，分布于玉龙喀什河上游及泉水沟垴一带，出露面积仅 11km^2，岩体均为小岩株，岩石类型为酸性侵入岩，以碱（Na_2O+K_2O）含量较高为特征。本次工作在图区共填绘出 4 个孤立侵入体，依据其物质组成将其归并为两个填图单位，即玉龙喀什河上游似斑状二长花岗岩岩体（$N_1\eta\gamma\pi$）、泉水沟花岗斑岩岩体（$N_1\gamma\pi$），时代为中新世，根据造山带演化特征将其归为新生代构造岩浆岩带，其岩石组合、成分特征及产出构造位置反映其为新生代高原隆升期构造岩浆岩（碰撞后侵入岩）。

新生代高原隆升期侵入岩均以小岩株状侵入于二叠系黄羊岭群（PH）及巴颜喀拉山群砂岩、砂板岩中，岩体与围岩接触界线截然。侵入界面一般向外陡倾，岩体内部和边部含有大量不规则状围岩捕虏体。岩体外接触带常见由于岩体烘烤变质形成的硅化、长石化等较为强烈的围岩蚀变现象，围岩蚀变宽度几十厘米到几米不等。岩体内部组构较均一，岩体岩性简单，成分为酸性侵入岩，岩性主要为细粒似斑状黑云二长花岗岩及花岗斑岩，新生代高原隆升期侵入岩（碰撞后侵入岩）典型岩体为玉龙喀什河上游似斑状二长花岗岩岩体（$N_1\pi\eta\gamma$）、泉水沟垴花岗斑岩岩体（$N_1\gamma\pi$），各岩体特征分述如下。

1. 玉龙喀什河上游似斑状二长花岗岩岩体（$N_1\pi\eta\gamma$）

玉龙喀什河上游似斑状二长花岗岩岩体（$N_1\eta\gamma\pi$）零星出露于图幅内中北部玉龙喀什河上游一带，为卵圆状、长卵圆形小岩株，由两个孤立侵入体构成，图区内出露面积仅 7km^2。

1）岩体特征

玉龙喀什河上游黑云二长花岗岩岩体（$N_1\eta\gamma\pi$）侵入于二叠系黄羊岭群砂岩中，岩体与围岩呈侵入接触关系，接触界面清晰、截然，围岩接触带见硅化、长石化等接触蚀变现象。

该岩体内部结构较为均一，岩性为细粒似斑状黑云二长花岗岩。岩石为灰色，细粒半自形粒状花岗结构，似斑状构造、块状构造。基质中主要矿物成分及含量为钾长石 40%～45%、斜长石 25%～30%、石英 20%～25%、黑云母＜10%，金属矿物、磷灰石、锆石少量。岩石中斜长石为自形板柱状，钾长石以微斜长石及条纹长石为主，呈半自形板状，黑云母为自形条状，石英为它形粒状，矿物粒径 1～4mm。斑晶一般为钾长石斑晶，粒径 5～8mm，含量为 5%～10%。岩石中次生蚀变较弱，以斜长石绢云母化、黑云母白云母化及绿泥石化为主。

2）岩石地球化学特征

玉龙喀什河上游黑云二长花岗岩岩体（$N_1\pi\eta\gamma$）岩石化学成分及特征见表 3－2。与世界花岗岩平均值（维氏，1962）比较，细粒黑云二长花岗岩主要岩石成分含量与其接近，岩石以全碱含量较高为特征，岩体中 Na_2O+K_2O 含量在 7.41%～9.02%之间，$(Na_2O)n/(K_2O)n$ 值小于 1，$(Na_2O)n<(K_2O)n$；岩体里特曼指数 σ 值为 2.14～3.03，属钙碱性岩—次钙碱性岩；在 AR－SiO_2 图解上落入钙碱性与碱性分界处靠近钙碱性一侧（图 3－24），为钙碱性岩向碱性过渡性岩石；岩体 A/CNK＜1，$(CaO+Na_2O+K_2O)n>(Al_2O_3)n>(Na_2O+K_2O)n$，为铝正常型；岩体分异指数（DI）为 81.65、

90.23，数值较大，说明其分异程度较高；在 Na_2O-K_2O 图解上落入 A 型花岗岩岩区(图 3-25)，但岩体$(Al_2O_3)n>(Na_2O+K_2O)n$，其为非典型的 A 型花岗岩区，属过渡类型的 A 型花岗岩。

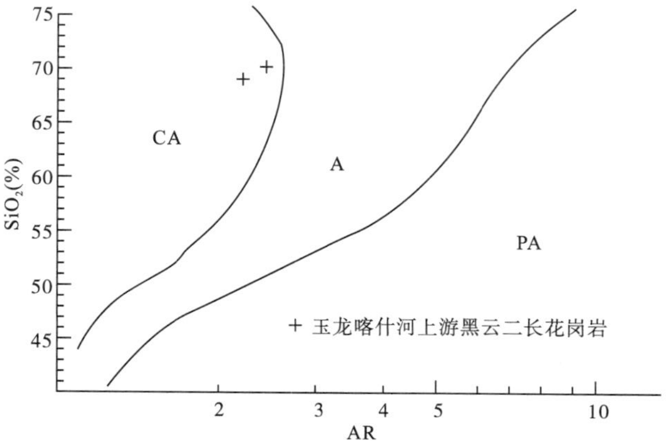

图 3-24　中新世玉龙喀什河上游黑云二长花岗岩碱度率图解

(Wright,1969)

CA. 钙碱性；A. 碱性；PA. 过碱性

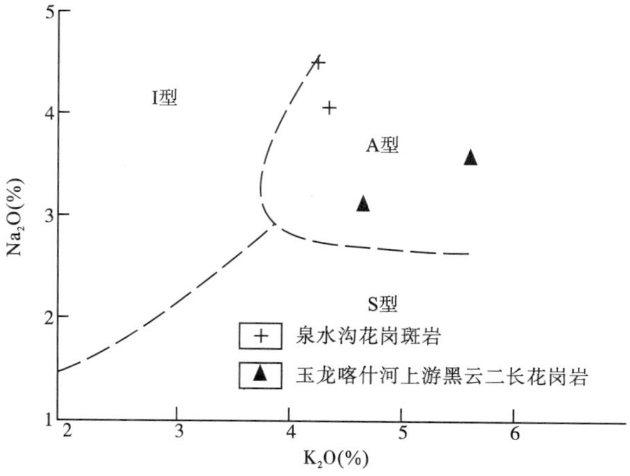

图 3-25　玉龙喀什河上游黑云二长花岗岩、泉水沟花岗斑岩 Na_2O-K_2O 图解

玉龙喀什河上游黑云二长花岗岩岩体($N_1\eta\gamma\pi$)微量元素含量见表 3-13。从表 3-13 看：与世界花岗岩平均值(维氏，1962)相比较，岩体中相容元素 Pb、Li、W 含量偏高，约为世界花岗岩平均值的 1.5 倍，而 Cr、Cu、Co、Ag 含量与世界花岗岩平均值大致相近，Zn、Ni、Au 低于世界花岗岩均值，表现为亏损；与世界花岗平均值比较，大离子亲石元素 Rb 含量偏高，Sr 偏低，高场强元素基本表现为富集或大致与其持平，但富集程度不高，约是其的 1～1.5 倍。侵入岩相容元素，不相容的大离子亲石元素、高场强元素与世界花岗岩大致相近，说明岩体岩浆源为下地壳。各岩体微量元素球粒陨石标准化蛛网图解曲线基本一致(图 3-26)，说明岩浆源相似或相同，为同源岩浆演化系列。

表 3-13　中新世岩浆岩微量元素含量及特征值

岩体	样品号	Cu	Pb	Zn	Cr	Ni	Co	Li	Rb	W	Sr
玉龙喀什河上游似斑状二长花岗岩(中新世)	D5122-GP12	33	32.0	38	25	4	8	55.4	221	1.38	233
	D5600-GP1	11	43.0	35	14	3	4	73.8	324	9.10	239
	平均值	22	37.5	37	20	4	6	64.6	273	5.24	236
世界花岗岩(维氏,1962)		20	20.0	60	25	8	5	40.0	200	1.50	300
岩体	样品号	Sc	Nb	Ta	Zr	Au	Ag	U	Th	P	Rb/Sr
玉龙喀什河上游似斑状二长花岗岩(中新世)	D5122-GP12	10.5	14	6.0	185	0.64	0.044	4.6	15	816	0.95
	D5600-GP1	20.0	48	3.0	287	1.77	0.052	8.4	52	750	1.36
	平均值	15.3	31	4.5	236	1.21	0.048	6.5	34	783	1.20
世界花岗岩(维氏,1962)		3.0	20	3.5	200	4.50	0.050	3.5	18	700	0.67

注：样品由宜昌地研所西南岩矿测试中心测试分析；元素含量单位为 $\times10^{-6}$，其中 Au 元素含量单位为 $\times10^{-9}$

玉龙喀什河上游黑云二长花岗岩岩体($N_1\pi\eta\gamma$)稀土元素含量及特征值见表 3-14，稀土元素球粒陨石标准化配分模式曲线见图 3-27。从表 3-14、图 3-27 看：黑云二长花岗岩岩体稀土元素总量($\sum REE$)中等，$\sum REE$ 为 121.27×10^{-6}，轻稀土元素总量(LREE)为 104.84×10^{-6}，重稀土元素总量(HREE)为16.43×10^{-6}，轻、重稀土元素总量比值LREE/HREE=6.38，岩体稀土元素球粒陨石标准化模式曲线右倾，$(La/Yb)_N$=8.5、$(La/Sm)_N$=3.4、$(Gd/Yb)_N$=1.60，轻、重稀土元素分馏较大，为轻稀土元素富集型，δEu=0.60，Eu呈谷状，铕为中等程度的负异常。稀土元素特征及模式曲线与地壳同熔型花岗岩稀土元素特征相似。

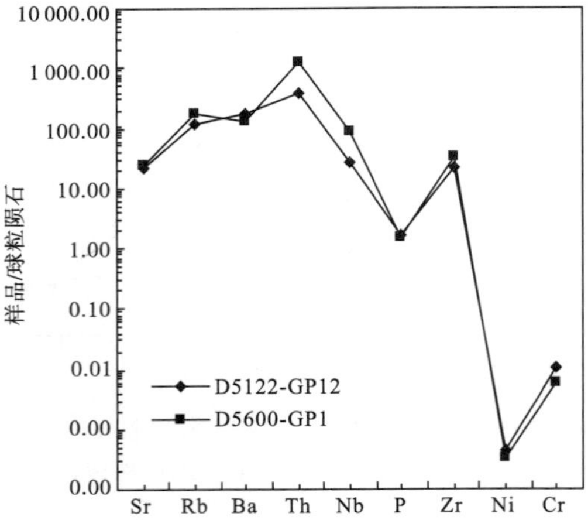

图3-26　玉龙喀什河上游黑云二长花岗岩微量元素球粒陨石标准化蛛网图解

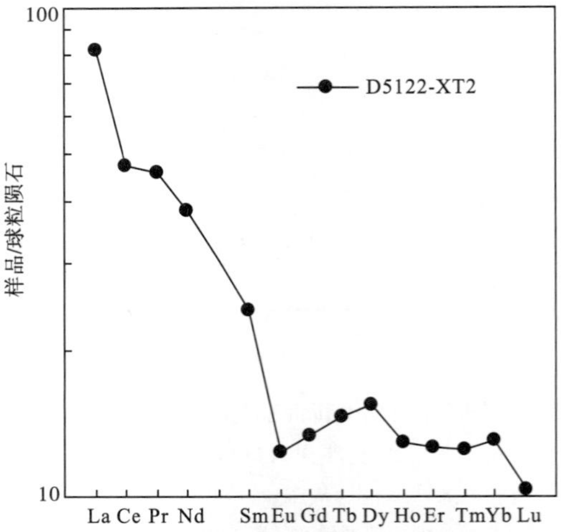

图3-27　中新世玉龙喀什河上游二长花岗岩稀土元素球粒陨石标准化分布图

表3-14　中新世玉龙喀什河上游黑云二长花岗岩稀土元素含量及特征值

样品号	岩石名称	稀土元素含量(×10^{-6})							
		La	Ce	Pr	Nd	Sm	Eu	Gd	
D5122-XT2	黑云二长花岗岩	26.10	44.40	5.53	23.10	4.81	0.90	4.12	
		Tb	Dy	Ho	Er	Tm	Yb	Lu	
		0.73	4.78	0.94	2.65	0.41	2.48	0.32	
		稀土元素含量(×10^{-6})			特征参数值				
		ΣREE	LREE	HREE	LREE/HREE	δEu	$(La/Yb)_N$	$(La/Sm)_N$	$(Gd/Yb)_N$
		121.27	104.84	16.43	6.38	0.60	8.50	3.40	1.60

注：样品由国土资源部中南矿产资源监测检测中心分析

3)包体与副矿物特征

玉龙喀什河上游似斑状二长花岗岩岩体($N_1\pi\eta\gamma$)中包体不发育，在较大岩株边缘局部见围岩以黄羊岭群砂岩捕虏体为主的地层包体，其包体形态不规则、大小不等，与寄主岩石界线截然。包体特征说明岩体受表壳岩石同化混染较强。玉龙喀什河上游似斑状二长花岗岩各侵入体($N_1\pi\eta\gamma$)副矿物特征基本一致，主要为磁铁矿-磷灰石-钛铁矿-锆石型组合。锆石为浅黄色，次为淡黄色，少量为玫瑰色，金刚光泽，锆石颗粒以碎块状、残缺柱状聚形晶为主，锆石晶体表面多呈凹凸不平粗糙状，少量表面较光滑平整。锆石长宽比为(2∶1)～(3∶1)，少量为4∶1，锆石中包裹体普遍，主要成分以细小锆石为主，少量为黑云母包体。

4)侵入深度及剥蚀程度

玉龙喀什河上游黑云二长花岗岩岩体($N_1\pi\eta\gamma$)以细粒花岗结构为主，多为小岩株状，呈卵圆状、长卵圆状，岩体外接触带见较强的围岩蚀变，局部岩体边部见围岩捕虏体，以上岩体组构特征及围岩捕虏体特征说明其侵入深度较浅，为浅成侵入岩，剥蚀深度较浅。

5)构造环境及时代

玉龙喀什河上游细粒似斑状二长花岗岩体($N_1\pi\eta\gamma$)侵入于巴颜喀拉山-大红柳滩地层区黄羊岭群砂岩、砂板岩中，岩体成分以总碱含量高，$(K_2O)n>(Na_2O)n$，属过渡型A型花岗岩，综合岩体稀土元素特征，反映其岩浆为造山带加厚的地壳下部岩石部分熔融、同化表壳岩石而成。

玉龙喀什河上游似斑状二长花岗岩岩体($N_1\pi\eta\gamma$)为岩株状，为过渡类型的非标准的A型花岗岩，本次区调工作在玉龙喀什河上游黑云二长花岗岩中获锆石U-Pb($^{206}Pb/^{238}U$)表面年龄加权平均值为(10.02±0.06)Ma(天津地质矿产研究所)，该同位素年龄代表了其侵位时代，因此玉龙喀什河上游细粒似斑状二长花岗岩岩体($N_1\pi\eta\gamma$)为中新世青藏高原隆升期构造环境形成的花岗岩。

2. 泉水沟垴花岗斑岩岩体($N_1\gamma\pi$)

泉水沟垴花岗斑岩岩体($N_1\gamma\pi$)零星分布于图区中部泉水沟垴一带，由两个孤立侵入体组成，出露面积约$5km^2$，属浅成—超浅酸性岩侵入岩，岩性单一，为花岗斑岩，出露于大红柳滩-泉水沟断裂带附近，其受断裂控制明显。

1)岩体特征

泉水沟垴花岗斑岩岩体($N_1\gamma\pi$)分布于图幅中部泉水沟垴及西部一带，侵入于三叠系巴颜喀拉山群砂岩、砂板岩中，岩体与围岩外接触带中见弱的烘烤变质等角岩化蚀变，岩体与围岩接触界线截然、清晰，岩体与围岩接触面向外陡倾。

泉水沟垴花岗斑岩($N_1\gamma\pi$)岩石内组构均一，岩性简单，为灰色细—微晶花岗斑岩，呈灰白色、浅棕褐色，斑状结构、细—微晶结构，块状构造。斑晶以钾长石为主，次为石英、斜长石及黑云母，斑晶粒径0.3～2mm，钾长石呈半自形板状，以微斜长石为主，斜长石为自形板柱状及板状，黑云母为自形条状，全部被白云母取代并析出铁质物，石英熔蚀为浑圆状及港湾状，斑晶含量35%～40%；基质具显微细晶结构及显微花岗结构，矿物成分主要为钾长石、斜长石及石英和黑云母等，钾长石为它形，斜长石呈半自形板柱状，黑云母为自形条状，石英为它形，基质矿物粒径0.02～0.1mm，少数0.2 mm。主要矿物成分含量：钾长石50%～55%、斜长石15%～20%、石英30%～35%，微量金属矿物，次生绢(白)云母，粒径多为2～5mm。

2)岩石地球化学特征

泉水沟垴花岗斑岩岩石化学成分含量及特征值见表3-2。从表3-2可知：泉水沟垴花岗斑岩SiO_2含量为73.8%，属酸性侵入岩，与世界花岗岩平均值(维氏，1962)相比较，岩体SiO_2、Na_2O含量略高于花岗岩平均值，其余成分含量与世界花岗岩平均值大致接近，花岗斑岩中总碱(Na_2O+K_2O)含量较高，(Na_2O+K_2O)含量高达8.78%～9.24%，$(Na_2O)n/(K_2O)n$值为1.38～1.67，$(Na_2O)n>(K_2O)n$，岩石中里特曼指数σ为2.2、2.63，在AR-SiO_2与碱度关系图上落入碱性岩区(图3-28)。在Na_2O-K_2O图解上落入A型区(图3-25)，岩体$(Al_2O_3)n>(Na_2O+K_2O)n$，属过渡类型非典型的A型花岗岩类。

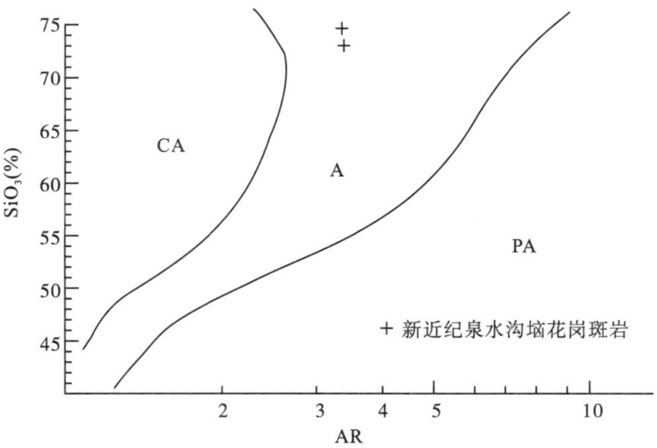

图3-28　泉水沟垴花岗斑岩SiO_2-AR碱度率图解

(Wright,1969)

CA. 钙碱性；A. 碱性；PA. 过碱性

泉水沟垴花岗斑岩岩石微量元素含量及特征值见表3-15，泉水沟垴花岗斑岩微量元素平均值与世界花岗岩平均值(维氏，1962)相比较，相容元素Cu、Zn、Cr、Ni、Co、Au、Ag含量低于其平均值，表现为亏损，世界花岗岩微量元素平均值为花岗斑岩的 3～15 倍，Pb、Li、W、U 元素高于世界花岗岩平均值，其中花岗斑岩中 Li、W 元素含量为世界花岗岩平均值的 15 倍，富集程度较高，说明其对 Li、W 的成矿有利；大离子亲石元素表现较为复杂，其中 Rb、Sb 高于世界花岗岩平均值，表现为富集，是世界花岗岩平均值的 4～5 倍，Sr、Ba 则表现亏损，世界花岗岩微量元素平均值是花岗斑岩的 5 倍左右；高场强元素 Sc、Nb、Ta、Zr、Th 均表现为不同程度的富集。花岗斑岩相容元素、大离子亲石元素、高场强元素含量总体表现较为复杂，Cr、Ni、Co 含量较低，亏损程度较大，反映其源于下地壳，而大离子亲石元素、高场强元素特征说明其受浅部地壳岩石强烈混染。

表 3-15　新近纪泉水沟垴花岗斑岩微量元素含量及特征表

样品号	岩石名称	Cu	Pb	Zn	Cr	Ni	Co	Li	Rb	W	Mo	Sb	Sr
D5117-GP1	泉水沟垴花岗斑岩	11	42.0	10	9	3	4	528	1 636	12.90	0.93	1.17	40
D5117-GP2		11	42.0	10	14	4	3	424	1 684	24.40	1.05	1.28	30
D5117-GP3		12	25.5	22	9	4	4	146	1 027	4.45	1.50	0.97	66
D5117-GP4		8	32.0	19	11	3	3	626	1 117	4.15	1.36	0.84	76
平均值		11	35.0	15	11	4	4	431	1 366	11.00	1.00	1.00	53
世界花岗岩(维氏,1962)		20	20.0	60	25	8	5	40	200	1.50	1.00	0.26	300
样品号	岩石名称	Ba	Sc	Nb	Ta	Zr	Sn	Au	Ag	U	Th	P	Rb/Sr
D5117-GP1	泉水沟垴花岗斑岩	65	5.3	102	13.5	315	47	0.76	0.04	438.0	56	159	40.90
D5117-GP2		62	7.3	100	24.0	325	46	0.89	0.03	485.8	57	155	56.13
D5117-GP3		95	4.0	66	7.0	328	13	0.45	0.05	102.3	71	169	15.56
D5117-GP4		113	3.4	45	9.0	334	14	0.94	0.04	115.8	72	196	14.70
平均值		84	5.0	78	13.0	326	30	1.00	0.04	285.0	64	170	32.00
世界花岗岩(维氏,1962)		630	3.0	20	3.5	200	3	4.50	0.05	3.5	18	700	0.67

注：样品由国土资源部西安矿产资源监督检测中心测试分析；元素含量单位为 $\times10^{-6}$，其中 Au 元素含量单位为 $\times10^{-9}$

泉水沟垴花岗斑岩微量元素球粒陨石标准化蛛网图解见图 3-29。从图 3-29 看：不相容元素除 P、Zr 与其相接外，其余元素均显示不同程度的富集，相容元素 Ni、Cr 含量偏低，表现为亏损。

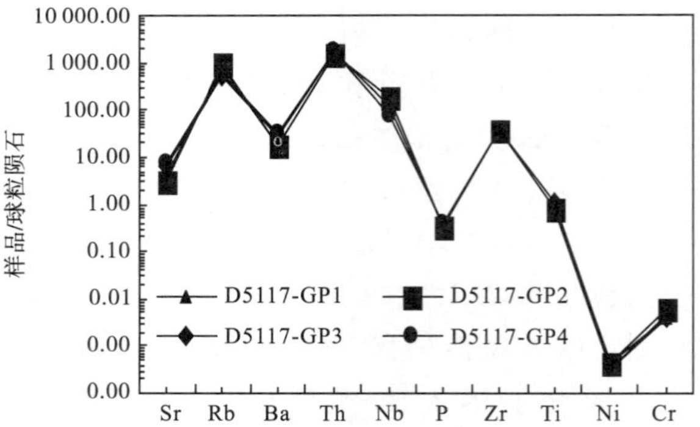

图 3-29　新近纪泉水沟垴花岗斑岩微量元素球粒陨石标准化蛛网图解

D5117-GP1、GP2、GP3、GP4 为花岗斑岩

泉水沟垴花岗斑岩稀土元素含量及特征值见表 3-16，稀土元素球粒陨石标准化配分模式曲线见图 3-30。从表 3-16、图 3-30 可知：花岗斑岩稀土元素总量（$\sum$REE）、轻稀土元素总量（LREE）中等，轻、重稀土元素总量比值（LREE/HREE）较高，LREE＝（169.24～218.96）$\times10^{-6}$、$\sum$REE＝（179.28～225.37）$\times10^{-6}$、（LREE/ HREE）＝16.86～34.16，花岗斑岩稀土元素球粒陨石标准化配分模式曲线右倾，$(La/Yb)_N$＝15.9～49.0，为轻稀土元素富集型，δEu 值为 0.21～0.36，铕具较明显的负异常。花岗斑岩中，铕具较明显的负异常，为轻稀土元素富集型，稀土元素特征与地壳同熔型花岗岩稀土元素特征相似。

表 3-16 新近纪泉水沟垴花岗斑岩稀土元素含量及特征值 （$\times10^{-6}$）

样品号	岩石名称	La	Ce	Pr	Nd	Sm	Eu	Gd
D5117-XT1	花岗斑岩	67.4	81.7	5.45	12.6	1.96	0.13	1.70
D5117-XT2	花岗斑岩	94.4	98.8	6.04	16.6	2.84	0.28	1.68

样品号	岩石名称	Tb	Dy	Ho	Er	Tm	Yb	Lu
D5117-XT1	花岗斑岩	0.31	1.96	0.48	1.69	0.40	3.06	0.44
D5117-XT2	花岗斑岩	0.50	1.38	0.28	0.94	0.16	1.27	0.20

样品号	岩石名称	ΣREE	LREE	HREE	LREE/HREE	δEu	$(La/Yb)_N$	$(La/Sm)_N$	$(Gd/Yb)_N$
D5117-XT1	花岗斑岩	179.28	169.24	10.04	16.86	0.21	15.9	21.6	0.48
D5117-XT2	花岗斑岩	225.37	218.96	6.41	34.16	0.36	49.0	20.9	1.04

注：样品由国土资源部中南矿产资源监测检测中心分析

3）副矿物特征

泉水沟垴花岗斑岩副矿物主要为钛铁矿-磁铁矿-锆石型组合。锆石以无色、近无色为主，少量为淡粉色，金刚光泽，锆石颗粒以残缺柱状、碎块状聚形晶为主，锆石晶体表面多被熔蚀成凹凸不平状、较粗糙，少量表面光滑，锆石长宽比为（2∶1）～（4∶1）。锆石中包裹体普遍，主要成分以细小锆石为主，次为钛铁矿等矿物。

4）侵位深度及剥蚀程度

泉水沟垴花岗斑岩岩体为岩株状，细—微晶结构、斑状结构，块状构造，花岗斑岩中 $Fe_2O_3/(Fe_2O_3+FeO)$ 比值较高，为 0.55～0.73。泉水沟垴花岗斑岩岩体组构、成分特征说明其侵位深度较浅，为浅成侵入岩，剥蚀程度中等。

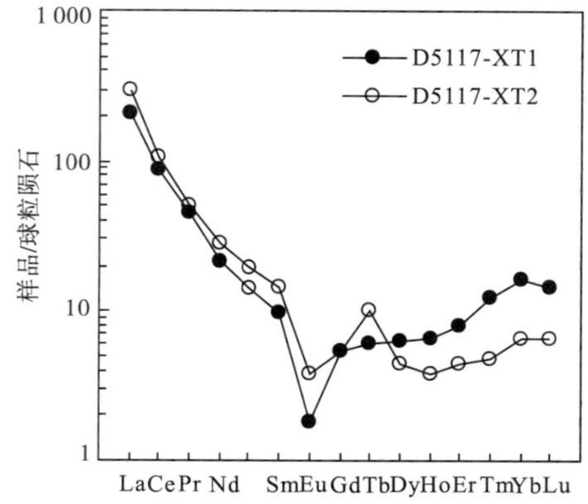

图 3-30 新近纪泉水沟垴花岗斑岩稀土元素球粒陨石标准化分布图

5）构造环境与时代

花岗斑岩总碱（Na_2O+K_2O）含量较高，为碱性岩，$(Na_2O)n>(K_2O)n$，属过渡类型的 A 型花岗岩，加之稀土元素总量中等、Eu 具较明显的负异常，说明其源于造山带加厚的下地壳，为中新世青藏高原隆升过程中，地幔上拱、烘烤下地壳岩石使其局部熔融、上侵而成。

泉水沟垴花岗斑岩侵入于三叠系巴颜喀拉山群砂岩、砂板岩之中，其与泉水沟组火山岩在空间上关系密切；花岗斑岩与玉龙喀什河上游似斑状二长花岗岩体均为小岩株，其地表形态、岩石化学成分相似，可以进行对比，本次工作在泉水沟组火山岩中获全岩 Rb-Sr 等时线年龄为（8±0.1）Ma，在同地层单元相距不远的玉龙喀什河上游似斑状二长花岗岩中获锆石 U-Pb（$^{206}Pb/^{238}U$）表面年龄加权平均值为（10.02±0.06）Ma（天津地质矿产研究所），因此将泉水沟垴花岗斑岩形成时代定为新近纪（中新世—上新世）。

小结：图区新生代构造岩浆岩带（高原隆升期侵入岩）所包含的 4 个孤立侵入体，均为小岩株状，单个侵入体面积一般为 1～5km²，位于巴颜喀拉-大红柳滩地层区，出露于大红柳滩-泉水沟断裂两侧，受断裂控制明显；侵入体围岩为二叠系黄羊岭群及三叠系巴颜喀拉山群砂岩、砂板岩；各岩体岩性较为简单，为酸性侵入岩，岩性主要为细粒黑云二长花岗岩或细—微晶花岗斑岩；各岩体以富硅（SiO_2）、富碱（Na_2O+K_2O）为共同的特征，且碱（Na_2O+K_2O）含量大致相当，Na_2O+K_2O 总量在 7.41%～8.78%之间，均为过渡类型的 A 型花岗岩。图区新生代构造岩浆岩为新生代（中新世—上新世）青藏高原快速隆升过程中，地幔上拱、烘烤地壳（下地壳）岩石，使其局部熔融、上侵而成。

第二节　火山岩

图幅内火山岩主要发育于古元古代、中元古代、晚古生代和新近纪，总体厚度不大，按时代分述如下。

一、古元古代火山岩

古元古代火山岩主要赋存于双雁山片岩之中，以变基性火山岩为主。双雁山片岩中的角闪斜长片岩在剖面上出现两层，厚约 375m，经原岩恢复为基性火山岩（详见第四章），变基性火山岩岩石学、岩石化学、岩石地球化学特征详见第二章、第四章，这里仅对其形成构造环境作探讨。

1. 岩石学特征

角闪斜长片岩为深灰色，柱状—不等粒变晶结构，片麻状构造，主要矿物成分为斜长石 55%～60%、角闪石 40%～45%，矿物粒径 0.5～1mm，斜长石为不等粒变晶结构，角闪石呈柱状结构，且角闪石大致平行排列，金属矿物及磷灰石少量。

2. 岩石地球化学特征

角闪斜长片岩主要岩石化学成分含量、微量元素含量、稀土元素含量见表 3-17、表 2-3、表 2-4、表 2-5，其岩石地球化学特征详见第二章。

斜长角闪片岩利用[(al+fm)-(c+alk)]-Si 图解恢复原岩，投影到火山岩区；利用（Al+Fe+Ti）-（Ca+Mg）图解恢复原岩，投影到玄武岩类区（详见第四章变质岩）；岩石中 SiO_2 含量为 48.93%，其里特曼指数 $\delta=2.08$，在邱氏火山岩酸度、碱度、系列图解上落入玄武岩区（图 3-31）；在基性火山岩 Al_2O_3-An′图解（Irvine，1977）上落入拉斑玄武岩区（图 3-32）；（Na_2O）/（K_2O）为 10.05，在玄武岩 Na_2O-K_2O 图解上落入钠质岩区。以上说明双雁山片岩中变基性火山岩原岩为玄武岩，属拉斑玄武岩系列，为钠质型。

稀土元素总量较低（79.35%），轻、重稀土元素总量（LREE/HREE）比值仅为 1.5，稀土元素球粒陨石模式曲线为轻稀土元素略为富集的平坦型（见图 2-3）。

3. 构造环境及时代探讨

变基性火山岩为拉斑玄武岩，利用岩石主要成分 TiO_2-$MnO\times10$-$P_2O_5\times10$ 图解（Mullen，1983）（图 3-33）判别，落入洋脊玄武岩区（MORB）；利用微量元素 Ti-Zr 图解（Pearce，1980）（图 3-34）判别，落入洋脊玄武岩区（MORB）；在 P_2O_5-TiO_2 图解上落入 MORB—OIB 区域（图 3-35），且变基性火山岩稀土元素球粒陨石模式曲线为轻稀土元素略为富集的平坦型，岩石主要化学成分、微量元素和稀土元素特征均反映其形成于板块边缘大洋中脊或洋岛构造环境。

双雁山片岩为一套高绿片岩相-角闪岩相变质地层，岩石内部变质变形强烈，其变质程度高于

表 3-17 测区火山岩及康西瓦蛇绿混杂岩化学成分及特征值表

（%）

时代	地层单位	样品号	岩石名称	SiO_2	TiO_2	Al_2O_3	Fe_2O_3	FeO	MnO	MgO	CaO	Na_2O	K_2O	P_2O_5
新近纪	泉水沟组火山岩	D5120-GS3	碱性玄武岩	51.00	1.83	13.32	6.88	0.38	0.12	3.34	13.65	3.92	4.22	1.02
		D5120-GS2	碱性玄武岩	51.32	1.80	14.31	6.10	1.17	0.10	4.17	10.10	3.46	3.80	1.04
		D5120-GS1	粗安岩	57.47	1.62	13.84	5.42	1.20	0.12	2.66	8.40	3.84	4.48	0.97
		D5113-GS1	碱性玄武岩(火山口)	51.83	1.36	11.73	3.61	2.47	0.12	2.37	11.60	3.46	4.00	0.74
二叠纪	卡拉勒塔什群	D5820-GS1	蚀变安山岩	62.21	0.62	16.96	2.10	3.20	0.10	1.29	2.30	3.00	3.19	0.16
		D5820-GS5	蚀变安山岩	62.75	0.64	14.73	1.00	5.69	0.26	3.44	3.94	3.05	1.96	1.96
		D5820-GS4	蚀变安山岩	62.25	0.62	17.06	1.97	3.11	0.13	1.44	2.30	2.24	3.73	0.16
世界拉斑玄武岩(维氏,1962)				49.30	1.80	15.20	2.40	8.00	0.17	8.30	10.80	2.60	0.24	1.00
世界安山岩(维氏,1962)				56.75	0.76	18.60	3.88	3.20	0.15	3.42	6.97	3.07	2.01	0.49
世界辉长岩(维氏,1962)				47.62	1.67	14.52	4.09	9.37	0.22	6.47	8.75	2.97	1.18	0.46
世界玄武岩(维氏,1962)				48.28	2.21	14.99	4.18	6.96	0.20	7.00	8.07	3.40	2.51	0.60

时代	火山岩所属地层单位	样品号	岩石名称	CO_2	H_2O^+	H_2O^-	LOI	σ	SI	A/CNK	FeO^*/MgO	AR	$(Na_2O)n/(K_2O)n$
新近纪	泉水沟组火山岩	D5120-GS3	碱性玄武岩	0.17	0.66	0.61	—	8.28	17.82	0.37	0.06	1.86	1.41
		D5120-GS2	碱性玄武岩	0.13	1.51	0.57	—	6.34	22.30	0.51	0.16	1.85	1.38
		D5120-GS1	粗安岩	0.14	0.26	0.04	—	4.78	15.11	0.52	0.25	2.20	1.30
		D5113-GS1	碱性玄武岩(火山口)	0.27	1.58	1.41	—	6.30	14.90	0.38	0.58	1.94	1.31
二叠纪	卡拉勒塔什群	D5820-GS1	蚀变安山岩	1.10	0.63	0.33	3.94	1.99	10.09	1.35	1.38	1.95	1.43
		D5820-GS5	蚀变安山岩	0.20	0.50	0.23	1.95	1.27	22.72	1.03	0.92	1.73	2.36
		D5820-GS4	蚀变安山岩	1.35	0.95	0.23	4.03	1.85	11.53	1.43	1.20	1.89	0.91
世界拉斑玄武岩(维氏,1962)				—	—	—	—	1.28	1.25	0.63	1.25	—	—
世界安山岩(维氏,1962)				0.15	0.79	—	—	—	—	—	—	—	—
世界辉长岩(维氏,1962)				0.66	2.02	—	—	—	—	—	—	—	—
世界玄武岩(维氏,1962)				0.36	1.20	—	—	—	—	—	—	—	—

注:样品由国土资源部西安矿产资源监督检测中心测试分析;康西瓦-苏巴什蛇绿混杂岩中 FeO^*/MgO 一栏中为 m/f 值

续表 3-17

时代	火山岩所属地层单位	样品号	岩石名称	SiO_2	TiO_2	Al_2O_3	Fe_2O_3	FeO	MnO	MgO	CaO	Na_2O	K_2O	P_2O_5
二叠纪—石炭纪	康西瓦-苏巴什蛇绿混杂岩	D5201-GS5	绿泥石英构造片岩	67.39	0.70	13.68	1.48	3.78	0.11	2.23	1.50	1.22	3.05	0.17
		D5201-GS12	玄武岩	50.27	0.89	13.72	2.47	8.79	0.12	8.09	7.06	3.17	0.22	0.15
		D5201-GS13	玄武岩	50.40	1.35	16.10	5.04	5.23	0.18	7.90	9.88	2.55	0.91	0.26
		D5201-GS10	蚀变辉长岩	49.43	0.31	15.55	1.68	3.66	0.18	9.16	15.40	2.19	0.16	0.02
		D5201-GS11	辉长岩	47.24	1.42	14.29	2.40	5.60	0.16	6.00	13.55	3.21	0.50	0.15
		D5201-GS6	蚀变辉绿岩	45.56	1.10	15.76	2.99	4.22	0.13	4.82	12.90	3.16	0.44	0.16
		D5201-GS9	片理化辉绿岩	48.89	1.39	14.42	1.37	7.39	0.15	7.30	10.85	2.95	0.54	0.17
		D5201-GS2	蚀变辉长岩	44.65	1.57	14.91	0.73	7.82	0.19	9.09	14.15	1.87	0.84	0.26
		D5201-GS1	蛇纹岩	41.85	0.01	1.51	2.32	4.08	0.10	36.08	2.25	0.08	0.01	0.02
		D5201-GS3	碳酸盐化蛇纹岩	38.18	0.01	1.36	5.78	1.30	0.09	37.81	2.50	0.04	0.01	0.03
		D5201-GS7	蛇纹岩	37.61	0.02	2.50	3.49	3.20	0.13	31.30	7.50	0.10	0.04	0.05
		D5201-GS8	石棉化蛇纹岩	38.31	0.00	1.05	6.55	1.38	0.10	37.81	2.20	0.03	0.01	0.03
世界拉斑玄武岩(维氏,1962)				49.30	1.80	15.20	2.40	8.00	0.17	8.30	10.8	2.60	0.24	1.00
世界安山岩(维氏,1962)				56.75	0.76	18.60	3.88	3.20	0.15	3.42	6.97	3.07	2.01	0.49
世界辉长岩(维氏,1962)				47.62	1.67	14.52	4.09	9.37	0.22	6.47	8.75	2.97	1.18	0.46
世界玄武岩(维氏,1962)				48.28	2.21	14.99	4.18	6.96	0.20	7.00	8.07	3.40	2.51	0.60

时代	火山岩所属地层单位	样品号	岩石名称	CO_2	H_2O^+	H_2O^-	LOI	σ	SI	A/CNK	FeO^*/MgO	AR	$(Na_2O)n/(K_2O)n$
二叠纪—石炭纪	康西瓦-苏巴什蛇绿混杂岩	D5201-GS5	绿泥石英构造片岩	0.25	3.02	0.18	4.46	0.75	18.96	1.70	m/f	1.78	0.61
		D5201-GS12	玄武岩	0.11	1.58	—	4.76	1.58	35.58	0.75	1.37	1.39	2.50
		D5201-GS13	玄武岩	0.31	0.21	—	0.3	1.62	36.52	0.69	1.40	1.31	3.10
		D5201-GS10	蚀变辉长岩	0.27	1.22	0.05	2.17	0.86	54.36	0.49	2.99	1.16	20.75
		D5201-GS11	辉长岩	0.74	2.02	0.06	5.33	3.25	33.88	0.47	1.35	1.31	9.73
		D5201-GS6	蚀变辉绿岩	1.76	2.88	0.03	7.95	5.06	30.84	0.54	1.21	1.29	10.89
		D5201-GS9	片理化辉绿岩	0.34	2.80	0.12	3.55	2.07	37.34	0.57	1.47	1.32	8.28
		D5201-GS2	蚀变辉长岩	0.38	1.92	0.07	3.11	4.45	44.67	0.50	1.85	1.21	3.38
		D5201-GS1	蛇纹岩	0.38	6.88	0.17	11.74	−0.01	84.75	0.36	10.17	1.05	12.13
		D5201-GS3	碳酸盐化蛇纹岩	0.40	10.54	0.25	13.00	0.00	84.13	0.29	10.31	1.03	6.06
		D5201-GS7	蛇纹岩	0.71	11.18	0.49	14.00	0.00	82.09	0.18	8.54	1.03	3.79
		D5201-GS8	石棉化蛇纹岩	0.38	10.52	0.27	12.93	0.00	82.59	0.26	9.50	1.02	4.55
世界拉斑玄武岩(维氏,1962)				—	—	—	—	1.28	1.25	0.63	1.25	—	—
世界安山岩(维氏,1962)				0.15	0.79	—	—	—	—	—	—	—	—
世界辉长岩(维氏,1962)				0.66	2.02	—	—	—	—	—	—	—	—
世界玄武岩(维氏,1962)				0.36	1.20	—	—	—	—	—	—	—	—

注:样品由国土资源部西安矿产资源监督检测中心测试分析;康西瓦-苏巴什蛇绿混杂岩中 FeO^*/MgO 一栏中为 m/f 值

续表 3-17

时代	火山岩所属地层单位	样品号	岩石名称	SiO_2	TiO_2	Al_2O_3	Fe_2O_3	FeO	MnO	MgO	CaO	Na_2O	K_2O	P_2O_5
震旦纪	柳什塔格玄武岩	D168/5	粗安岩	58.86	1.76	13.73	5.36	2.53	0.12	3.57	8.01	3.12	4.55	0.65
		D1435/7	安山岩	58.87	0.79	13.78	1.06	7.55	0.16	3.73	5.63	2.61	0.99	0.22
		D1028/2	玄武岩	47.89	0.88	15.74	2.16	7.73	0.20	8.48	13.20	2.00	0.32	0.10
		D1028/4	玄武岩	49.92	1.00	14.18	2.93	7.96	0.21	7.66	11.30	2.88	0.32	0.09
长城纪	赛图拉岩群变基性火山岩	D5888-GS11	变基性火山岩（黑云角闪片岩）	50.45	0.97	14.82	2.64	8.79	0.19	6.90	9.20	2.50	1.20	0.09
新元古代	双雁山片岩	D5813-GS1	变基性火山岩（细粒斜长角闪片岩）	48.93	2.20	13.43	0.29	9.50	0.21	7.04	10.80	3.05	0.46	0.21
世界拉斑玄武岩(维氏,1962)				49.30	1.80	15.20	2.40	8.00	0.17	8.30	10.80	2.60	0.24	1.00
世界安山岩(维氏,1962)				56.75	0.76	18.60	3.88	3.20	0.15	3.42	6.97	3.07	2.01	0.49
世界辉长岩(维氏,1962)				47.62	1.67	14.52	4.09	9.37	0.22	6.47	8.75	2.97	1.18	0.46
世界玄武岩(维氏,1962)				48.28	2.21	14.99	4.18	6.96	0.20	7.00	8.07	3.40	2.51	0.60

时代	火山岩所属地层单位	样品号	岩石名称	CO_2	H_2O^+	H_2O^-	LOI	σ	SI	A/CNK	FeO*/MgO	AR	$(Na_2O)n/(K_2O)n$
震旦纪	柳什塔格玄武岩	D168/5	粗安岩				1.72	3.709	18.66	0.558	0.39	2.090	1.40
		D1435/7	安山岩				4.67	0.817	23.40	0.883	1.12	1.455	2.60
		D1028/2	玄武岩		0.77	0.06	1.03	1.101	40.99	0.570	0.51	1.174	4.30
		D1028/4	玄武岩		0.62	0.01	0.86	1.480	35.22	0.553	0.58	1.287	2.80
长城纪	赛图拉岩群变基性火山岩	D5888-GS11	变基性火山岩（黑云角闪片岩）	0.28	0.50	0.13	1.41	1.840	31.32	0.670	0.71	1.360	3.16
新元古代	双雁山片岩	D5813-GS1	变基性火山岩（细粒斜长角闪片岩）	0.31	1.84	0.14	1.94	2.080	34.61	0.530	0.75	1.340	10.05
世界拉斑玄武岩(维氏,1962)				—	—	—	—	—	1.280	1.25	0.629	1.25	—
世界安山岩(维氏,1962)				0.15	0.79	—	—	—	—	—	—	—	—
世界辉长岩(维氏,1962)				0.66	2.02	—	—	—	—	—	—	—	—
世界玄武岩(维氏,1962)				0.36	1.20	—	—	—	—	—	—	—	—

注：样品由国土资源部西安矿产资源监督检测中心测试分析；康西瓦-苏巴什蛇绿混杂岩中 FeO*/MgO 一栏中为 m/f 值

长城系赛图拉岩群及蓟县系桑株塔格岩群，在东邻伯力克幅苏巴什一带前寒武纪片麻状花岗岩体侵入于双雁山片岩，故暂将其时代置于古元古代。

二、长城纪火山岩

长城纪火山岩主要赋存于赛图拉岩群之中，以变基性火山岩为主。该岩群中的斜长角闪片岩经原岩恢复为基性火山岩（详见第四章），变基性火山岩岩石学、岩石化学、岩石地球化学特征详见第二章、第四章，本章仅对其形成构造环境进行探讨。

1. 岩石学特征

赛图拉岩群中角闪斜长片岩为深灰色，粒状—柱状不等粒变晶结构，片状构造，主要矿物成分为斜长石55%～60%、角闪石30%～35%、黑云母＋角闪石小于3%，矿物粒径0.3～1.5mm，金属矿物及榍石少量。角闪石呈柱状，斜长石为不等粒变晶结构，黑云母为鳞片变晶结构，角闪石、黑云母沿片理面定向平行分布。

2. 岩石地球化学特征

角闪斜长片岩主要岩石化学成分含量、微量元素含量、稀土元素含量见表2-4、表2-6、表2-7、表3-17，其岩石地球化学特征详见第二章。

斜长角闪片岩利用[(al＋fm)－(c＋alk)]－Si图解恢复原岩，投影到火山岩区，利用(Al＋Fe＋Ti)－(Ca＋Mg)图解恢复原岩，均投影到玄武岩类区（详见第四章变质岩）；岩石中 SiO_2 含量为50.45%，其里特曼指数 δ ＝2.08，在邱氏火山岩酸度、碱度、系列图解上落入玄武

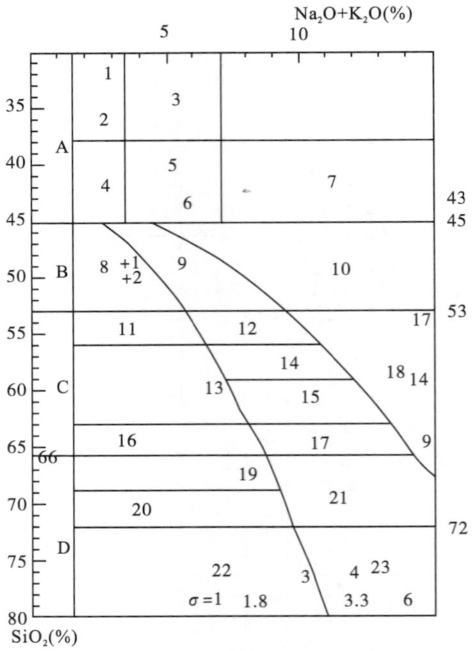

图3-31　双雁山片岩、赛图拉岩群变基性火山岩邱氏火山岩分类命名综合图解

（邱家骧，1982）

σ＜1.8为钙质，σ＝1.8～3.3为钙碱性岩，σ＝3.3～9为碱钙性（碱性）岩，σ＞9为碱性（过碱性）岩。

A（超基性岩类）：1、2. 玻基纯橄岩-金伯利岩类；3. 黄长玄武岩类；4. 苦橄岩类；5、6. 霞石碱岩-玻基辉（橄）岩类；7. 霞石岩类。B（基性岩类）：8. 玄武岩；9. 碱性玄武岩；10. 白榴碱玄岩-白榴岩类。C（中性岩类）：11. 玄武安山岩；12. 玄武粗安岩；13. 安山岩；14. 粗安岩；15. 粗面岩；16. 石英安山岩（安山英安岩）；17. 石英粗面岩；18. 响岩类。D（酸性岩类）：19. 英安岩（流纹英安岩）；20. 英安流纹岩；21. 碱流岩；22. 流纹岩；23. 碱性流纹岩。＋1 双雁山片岩变基性火山岩；＋2 赛拉图岩群变基性火山岩

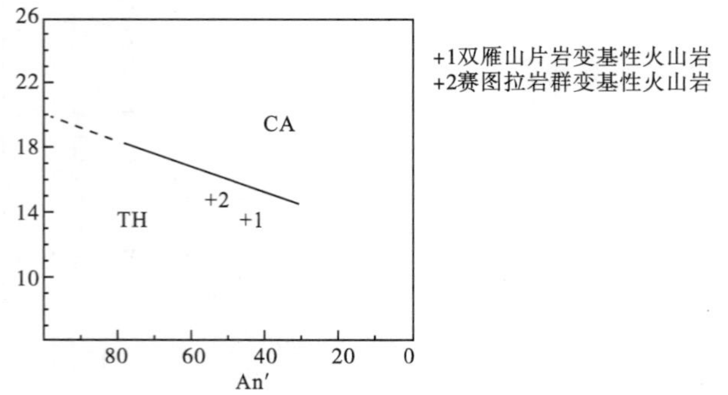

图3-32　双雁山片岩、赛图拉岩群变基性火山岩 Al_2O_3 标准矿物斜长石图解

（Irvine，1977）

An′＝100×An/(An＋Ab＋5/3Ne)

H. 拉斑玄武岩区；CA. 钙-碱性火山岩区

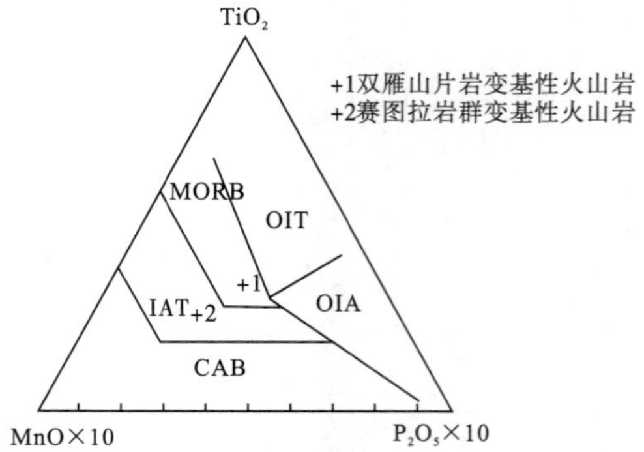

图3-33　双雁山片岩、赛图拉岩群变基性火山岩 TiO_2－MnO×10－P_2O_5×10图解

（Mullen，1983）

MORB. 洋脊玄武岩；OIT. 洋岛拉斑玄武岩；OIA. 洋岛碱性玄武岩；IAT. 岛弧拉斑玄武岩；CAB. 钙碱性玄武岩（岛弧）

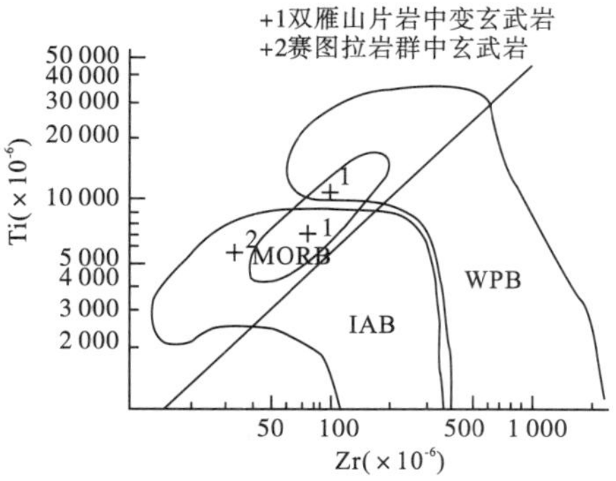

图 3-34　双雁山片岩、赛图拉岩群中变基性火山岩 Ti-Zr 图解

(Pearce,1980)

MORB. 洋中脊玄武岩；IAB. 岛弧玄武岩；WPB. 板内玄武岩

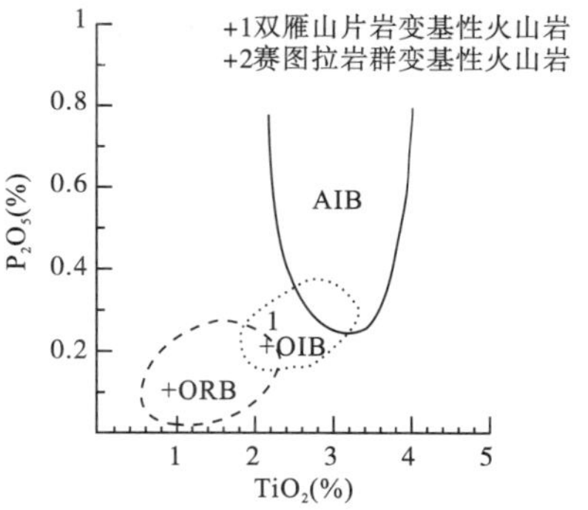

图 3-35　双雁山片岩、赛图拉岩群变基性火山岩 $P_2O_5-TiO_2$ 图解

ORB. 洋脊拉斑玄武岩；OIB. 洋岛拉斑玄武岩；AIB. 碱性拉斑玄武岩

岩区(图 3-31)；在基性火山岩 Al_2O_3-An'，图解(Irvine,1977)上落入拉斑玄武岩区(图 3-32)；$(Na_2O)n/(K_2O)n$ 为 3.16，$(Na_2O)n$ 远大于 $(K_2O)n$，在玄武岩 Na_2O-K_2O 图解上落入钠质岩区。以上特征说明赛图拉岩群变基性火山岩原岩为玄武岩，属拉斑玄武岩系列，为钠质型。

稀土元素总量较低(62.78×10^{-6})，轻、重稀土元素总量(LREE/HREE)比值仅为 2.92，球粒陨石模式曲线为轻稀土元素略微富集的富集型(图 2-5)。

3. 构造环境及时代

变基性火山岩为拉斑玄武岩，对于岩石主要成分利用 $P_2O_5-TiO_2$ 图解判别，落入洋脊玄武岩区(图 3-35)；利用 $TiO_2-MnO\times10-P_2O_5\times10$ 图解(Mullen,1983)(图 3-33)判别，落入岛弧拉斑玄武岩(IAT)；利用微量元素 Ti-Zr 图解(Pearce,1980)(图 3-34)判别，一个样品落入洋脊玄武岩区，另一个样品落入岛弧玄武岩区(IAT)靠近 MORB 边界区，且变基性火山岩稀土元素球粒陨石模式曲线为稀土元素略微富集的富集型，综合岩石主要化学成分、微量元素和稀土元素特征均反映其形成于洋岛或岛弧环境。

前人对赛图拉岩群的时代有争议，本次工作发现其被大量早古生代中—酸性岩侵入，且在新疆和田县喀什塔什乡黑山发现其被新元古代片麻花岗岩侵入，因此将其时代暂定为长城纪。

三、二叠纪火山岩

图幅内二叠纪火山岩主要赋存于卡拉勒塔什群和黄羊岭岩群之中。卡拉勒塔什群以熔岩为主，夹有少量的火山碎屑岩及海相细碎屑岩，剖面上厚约 3 280m。火山岩主要以中性火山岩为主；黄羊岭岩群以火山碎屑和火山沉积岩为主，累计厚约 1 020m，横向延伸不稳定，主要由一套偏酸性的岩石组成。

1. 卡拉勒塔什群

卡拉勒塔什群以熔岩为主夹有少量的火山碎屑岩及海相细碎屑岩，属一套晚古生代岛弧火山岩组合。

1)岩石学特征

卡拉勒塔什群主要由中性火山岩组成，经后期低绿片岩相区域变质作用改造，岩石次生作用蚀变较强，主要岩石类型为蚀变安山岩、阳起石化安山岩。

蚀变安山岩　该岩呈浅灰绿色，显微鳞片状—不等粒变晶结构，变余斑状结构，基质具变余交织结构，块状构造。斑晶粒径为小于1.5mm，基质粒径小于0.2mm×0.005mm；斑晶矿物主要有黑云母（绿泥石化），斜长石为自形板状，黑云母呈自形条状，斑晶含量10%～15%；基质主要矿物成分斜长石小于70%，呈自形板条状大致平行排列，在斜长石间有黑云母分布。岩石蚀变较强，斜长石被绢（白）云母及方解石交代，黑云母被绿泥石、方解石及金属矿物取代。

阳起石化安山岩　呈淡绿灰色，具残余交织结构，块状构造，矿物粒径为0.2～0.3mm。主要矿物成分有斜长石60%～65%、黝帘石5%～8%、阳起石30%～25%。岩石经受蚀变强烈，使岩石中的矿物发生阳起石化，形成纤维状阳起石，但岩石残余组构可见。残余的斜长石晶体部分显示板条状，大致半平行定向排列，显示出原岩的交织结构。

2)岩石地球化学特征

卡拉勒塔什群火山岩岩石化学成分含量见表3-17。从表3-17看：卡拉勒塔什群火山岩SiO_2为62.21%～62.75%，为中性岩，以高铝（Al_2O_3）、低钙（CaO）为特征，与世界安山岩平均值（维氏，1962）比较，卡拉勒塔什群火山岩SiO_2、K_2O含量较高，Al_2O_3、MgO、CaO含量偏低，其余成分与世界安山岩平均值大致接近，FeO、Fe_2O_3与世界安山岩平均值虽有一定的偏差，但其总量与世界安山岩相近，与世界安山岩平均值相比较，卡拉勒塔什群安山岩偏酸性。在邱家骧的火山岩综合命名图解（图3-36）上，均落入安山岩区，里特曼指数σ为1.27～1.99，为钙碱性岩；在Irine（1971）A-F-M图解上，落入钙碱性岩系列区（图3-37），其中两个样品落入钙碱性岩系列区靠近拉斑玄武岩系列一侧，反映其为钙碱性岩系列与拉斑玄武岩系列过渡岩。安山岩中A/CNK＞1，铝为正常型，SI数值在10.09～22.72之间，数值较低，说明其分离结晶程序高、分异较好，岩石中$(Na_2O)n/(K_2O)n$值两个值大于1、一个小于1，说明安山岩既有$(Na_2O)n>(K_2O)n$，也有$(Na_2O)n<(K_2O)n$。上述火山岩岩石成分说明卡拉勒塔什群火山岩为钙碱性安山岩。

卡拉勒塔什群火山岩微量元素含量见表3-18。从表3-18看：安山岩微量元素平均值与世界中性岩比较，相容元素、高场强元素含量表现较为复杂，说明其岩浆源较为复杂，具壳幔混源特征，其中相容元素Cu、Cr、Ni含量偏低，W、Pb、Ag元素含量大致与其接近，Zn、Co、U、Li元素含量较高；大离子亲石元素Rb、Sr、Ba含量普遍较低，均表现为亏损，是世界中性岩微量元素平均值的1/2；高场强元素Sc、Hf、Th元素含量高，表现为较强烈的富集，而Nb、Zr元素含量偏低，表现为亏损。

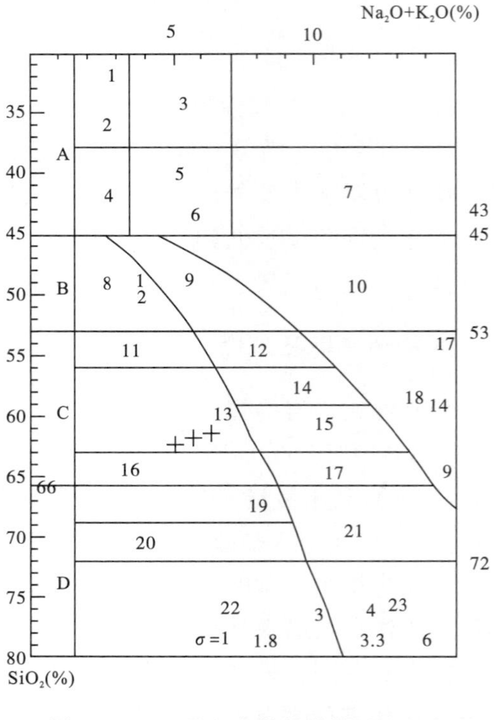

图3-36　二叠纪卡拉勒塔什群火山岩邱氏火山岩分类命名综合图解

（邱家骧，1982）

$\sigma<1.8$为钙质，$\sigma=1.8\sim3.3$为钙碱性岩，$\sigma=3.3\sim9$为碱钙性（碱性）岩，$\sigma>9$为碱性（过碱性）岩。

A（超基性岩类）：1、2. 玻基纯橄岩-金伯利岩类；3. 黄长玄武岩类；4. 苦橄岩类；5、6. 霞石碱岩-玻基辉（橄）岩类；7. 霞石岩类。B（基性岩类）：8. 玄武岩；9. 碱性玄武岩；10. 白榴碱玄岩-白榴岩类。C（中性岩类）：11. 玄武安山岩；12. 玄武粗安岩；13. 安山岩；14. 粗安岩；15. 粗面岩；16. 石英安山岩（安山英安岩）；17. 石英粗面岩；18. 响岩类。D（酸性岩类）：19. 英安岩（流纹英安岩）；20. 英安流纹岩；21. 碱流岩；22. 流纹岩；23. 碱性流纹岩。

+卡拉勒塔什群安山岩

表 3-18　二叠纪卡拉勒塔什群火山岩微量元素含量

样品号	岩石名称	Cu	Pb	Zn	Cr	Ni	Co	Li	Rb	W	Sb	Sr	Ba
D5820-GP1	安山岩	1.14	9.0	91.8	10.5	9.9	10.1	25.4	113	1.15	1.68	154	532
D5820-GP5		0.97	10.9	102.0	104.0	48.0	16.7	44.0	152	0.94	0.45	125	646
平均值		1.00	13.0	94.8	32.1	27.2	12.3	37.5	109	1.00	1.60	138	515
世界基性岩(维氏,1962)		100.00	8.0	130.0	200.0	160.0	45.0	15.0	45	1.00	1.00	440	300
世界中性岩(维氏,1962)		5.00	15.0	70.0	50.0	55.0	10.0	20.0	100	1.00	0.20	800	650

样品号	岩石名称	Sc	Nb	Zr	Hf	Au	Ag	U	Th	P	Mn	Ti
D5820-GP1	安山岩	8.41	6.41	291.4	10.6	1.53	0.12	3.03	14.4	883	776	3 973
D5820-GP5		6.29	20.80	29.9	10.3	1.91	0.05	3.16	15.5	1 103	780	5 680
平均值		7.00	11.10	158.3	9.6	1.40	0.10	2.80	15.0	885	815	45 920
世界基性岩(维氏,1962)		24.00	20.00	100.0	1.0	4.00	0.10	1.50	3.0	1 400	2 000	9 000
世界中性岩(维氏,1962)		2.50	20.00	260.0	1.0	—	0.07	1.80	7.0	1 600	1 200	—

注:样品由宜昌地质研究西南岩矿测试中心测试分析;元素含量单位$\times10^{-6}$,其中Au元素含量单位为$\times10^{-9}$

卡拉勒塔什群中安山岩MORB标准化蛛网图解见图3-38。从图3-38看:卡拉勒塔什群中安山岩微量元素含量与MORB相比较,其大离子亲石元素Sr含量接近于MORB含量,Rb、Ba表现为富集,高场强元素除P元素含量与其接近外,其余元素均表现为不同程度的富集或亏损,相容元素Ni、Cr元素含量与MORB相近或表现为亏损较大—中等,差别较大,说明其源于地幔,但有明显的地壳物质加入。

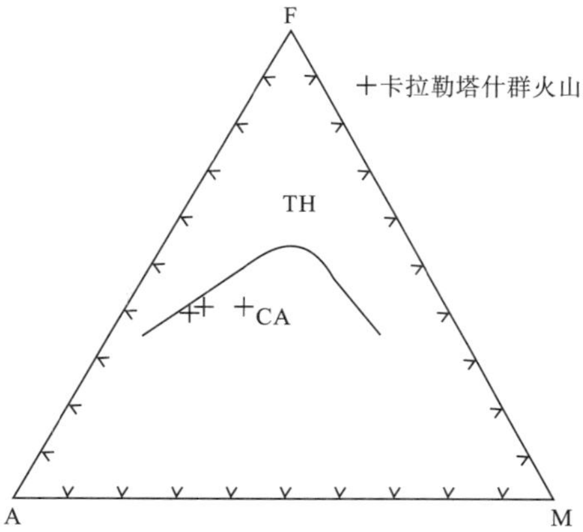

图3-37　二叠纪卡拉勒塔什群火山岩A-F-M图解
(Irvine,1971)
TH.拉斑玄武岩;CA.钙-碱性岩套

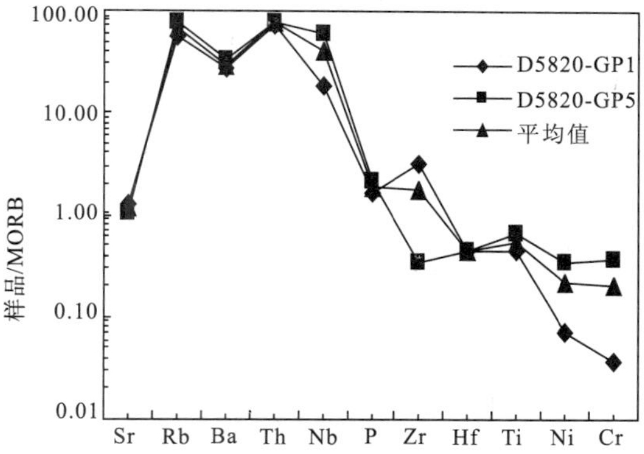

图3-38　卡拉勒塔什群火山岩MORB标准化的微量元素蛛网图解

卡拉勒塔什群中安山岩稀土元素含量及特征值见表3-19,稀土元素球粒陨石标准化配分模式曲线见图3-39。从表3-19及图3-39看:安山岩稀土元素含量较低,其稀土元素总量($\sum$REE)为$(90.54\sim85.61)\times10^{-6}$,轻稀土元素总量(LREE)与重稀土元素总量(HREE)比值较大,LREE/HREE为6左右,稀土元素球粒陨石标准化配分模式曲线右倾,$(La/Yb)_N$值为7.0左右,为轻稀土元素富集型,$\delta Eu=0.66\sim0.70$,铕具不明显的负异常,$(La/Sm)_N$值在3.8~3.2之间,轻稀土元素为低—中等程度的分馏,$(Gd/Yb)_N$值在1.33~1.44之间,说明重稀土元素基本未分馏。安山岩稀土元素总量较低,Eu具低的负异常,为轻稀土元素富集型,说明其具壳幔混合源岩浆岩特征。

表 3-19　二叠纪卡拉勒塔什群火山岩稀土元素含量及特征值　($\times 10^{-6}$)

样品号	岩石名称	La	Ce	Pr	Nd	Sm	Eu	Gd
D5820-XT1	蚀变山岩	20.0	34.1	3.63	16.2	3.32	0.74	3.01
D5820-XT4	蚀变山岩	16.9	33.0	3.53	16.2	3.30	0.68	2.90
样品号	岩石名称	Tb	Dy	Ho	Er	Tm	Yb	Lu
D5820-XT1	蚀变山岩	0.51	3.65	0.68	2.09	0.32	2.01	0.28
D5820-XT4	蚀变山岩	0.54	3.43	0.67	1.87	0.30	2.04	0.25

样品号	岩石名称	ΣREE	LREE	HREE	LREE/HREE	δEu	$(La/Yb)_N$	$(La/Sm)_N$	$(Gd/Yb)_N$
D5820-XT1	蚀变山岩	90.54	77.99	12.55	6.21	0.70	7.4	3.8	1.34
D5820-XT4	蚀变山岩	85.61	73.61	12.00	6.13	0.66	7.0	3.2	1.44

注：样品由宜昌地质研究所西南岩矿测试中心测试分析

3)形成的构造环境

卡拉勒塔什群安山岩岩石学、岩石地球化学特征研究表明其为钙碱性系列火山岩，具有向拉斑玄武岩过渡的成分特征，说明其具有亲大洋的特征，利用里特曼-戈蒂里图(Rittmann，1973)判别，3个样品均落入岛弧及活动大陆边缘区(图 3-40)，因此卡拉勒塔什群火山岩形成于岛弧环境。卡拉勒塔什群安山岩中夹有多层半深海陆缘碎屑物及爆发相的凝灰岩、晶屑凝灰岩，说明主要以水下溢流相为主要喷发型式，兼具爆发相喷发型式，具多旋回特点。

综上说述，卡拉勒塔什群安山岩位于聚合大陆边缘活动带岛弧环境。

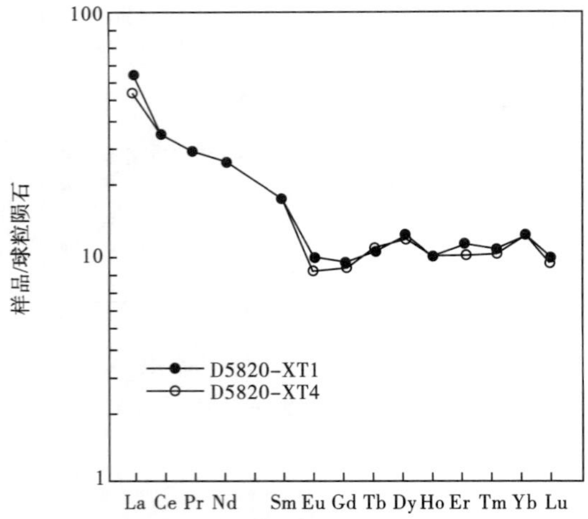

图 3-39　卡拉勒塔什群火山岩稀土元素球粒陨石标准化分布图

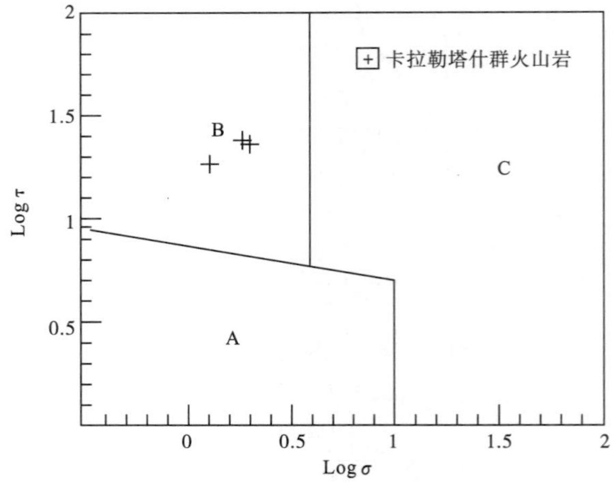

图 3-40　卡拉勒塔什群火山岩里特曼-戈蒂里图解(Rittmann，1973)

A 为非造山带火山岩；B 为造山带火山岩；C 为 A、B 区派生的碱性、偏碱性火山岩

2. 黄羊岭岩群火山碎屑岩

黄羊岭岩群火山岩主要分布于黄羊岭岩群下凝灰岩组中，具有 4 个基性火山岩与灰岩或碎屑

岩的旋回，基性火山岩具有由薄到厚再变薄的演化特征。

1)岩石学特征

基性凝灰岩呈暗绿色、绿色，具凝灰质结构，凝灰质碎屑物主要为基性玄武质玻璃，玄武质玻璃粒径0.03～0.5mm，玻屑呈棱角状、凹弧状、不规则条状及条纹状，岩屑大致定向分布，玻屑含量大于85%，在较大玻屑中可见斜长石斑晶，岩石蚀变强烈，斜长石多被钠长石、绿泥石等矿物取代，部分玻璃质岩屑多发生脱玻化为绿泥石及金属矿物，岩石钙质胶结。

2)岩石地球化学特征

黄羊岭群基性凝灰岩岩石化学成分特征及岩石地球化学特征详见第二章。

基性凝灰岩化学成分以低的SiO_2 37.96%、K_2O 0.3%含量，高的FeO、MgO、TiO_2、CaO含量(岩石中CO_2含量较低)，高的Na_2O/K_2O比值，富钠为特征，其可能含有较高的钙质成分，降低了SiO_2含量比例。推测火山碎屑主体属基性成分。

黄羊岭群凝灰岩组火山碎屑岩微量元素MORB标准化曲线见图3-41。从图3-41看：该组岩石微量元素含量与世界MORB微量元素比较，大离子亲石元素Sr、Rb元素含量较高，是世界MORB含量的2～4倍，Ba富集程度较高，是世界MORB的12倍；高场强元素Th、P、Zr是世界MORB的8～12倍，而Nb表现为极度富集，是世界MORB含量的500倍，Ti含量与MORB平均值大致接近；相容元素Cr、Ni含量偏低，是MORB的1/5，与卡拉勒塔什群安山岩差别较大。

黄羊岭群凝灰岩组稀土元素含量高，稀土元素总量($\sum$REE)为344.91×10^{-6}，轻稀土元素总量(LREE)与重稀土稀土元素总量(HREE)比值较大，LREE/HREE为14.52，凝灰岩稀土元素球粒陨石标准化模式曲线右倾(图2-27)，轻、重稀土元素分馏较大，为轻稀土元素强烈富集型；δEu值为0.96，属正常型。

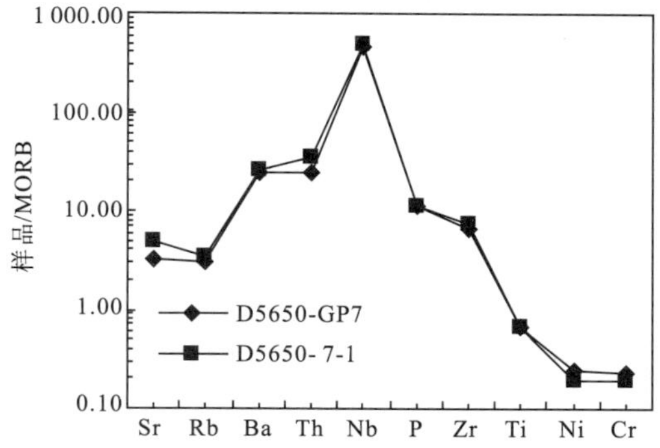

图3-41　黄羊岭群火山碎屑岩微量元素MORB标准化蛛网图解

3)构造环境及时代探讨

黄羊岭群凝灰岩组位于该群中下部层位，主要为一套基性火山碎屑岩，以低的硅、钾，高钛、铁、镁为特征，但岩石中稀土元素含量高，Eu属正常型，与含珊瑚、半深海远洋浮游菊石的生物碎屑灰岩共生，加之该层位横向上不稳定，为深海复理石建造之中的夹层，凝灰岩岩石化学、地球化学及共生岩石古生物特征、岩石古地理特征综合说明，其为康西瓦-苏巴什结合带南晚古生代活动大陆边缘的火山碎屑沉积物。

本次工作在黄羊岭群凝灰岩组灰岩中采集到大量的珊瑚、菊石、海百合茎及螺等化石，经鉴定时代为早二叠世晚期—中二叠世早期(栖霞期)，此外在甜水海北泉水沟垴见该群被中生代石英闪长岩[(240±3)Ma、全岩Rb-Sr法]侵吞，因此黄羊岭群凝灰岩时代应为二叠纪。

四、新生代火山岩

1. 泉水沟组火山岩

图幅内新生代火山活动较强烈，形成了泉水沟组火山岩。新生代火山岩位于大红柳滩断裂带附近，明显受大红柳沟断裂控制。本次工作将图幅内甜水海北泉水沟垴、泉水沟、大红柳滩南等地溢流火山岩命名为泉水沟组火山岩(见第二章)，主要为陆相基性—中酸性火山岩、火山碎屑岩。

泉水沟组火山岩分布于泉水沟垴、甜水海北泉水沟、大红柳滩南一带，面积约 90km^2。泉水沟组火山岩火山机构完整，可见火山岩熔岩被、熔岩台地、火山锥、火山口。熔岩被、熔岩台地北厚南薄，熔岩台地南部见下伏岩层烘烤变质现象，宏观上岩石为灰黑色、褐红色，气孔构造、杏仁构造发育。火山岩与下伏中—上新统阿克萨依湖组($N_{1-2}a$)湖积泥岩、砂岩平行接触，角度不整合于三叠系巴颜喀拉山群砂岩之上。火山岩由下至上可分为 3 层，下部为灰黑色块状杏仁状粗安岩，玄武岩柱状节理发育；中部为灰黑色气孔状碱性玄武岩；上部为砖红色气孔状碱性玄武岩。

1)岩石学特征

图幅内新生代火山岩主要为火山熔岩、火山碎屑岩、次火山岩 3 类，其中以火山熔岩分布最广，火山碎屑岩、次火山岩少量出露，主要岩性有碱性玄武岩、粗安岩、角闪安山玢岩、火山角砾凝灰岩、浮岩等。分述如下。

杏仁状—气孔状粗安岩为泉水沟组火山岩下部主要岩性，岩石呈灰黑色，斑状结构，气孔—杏仁状构造、块状构造，气孔多为扁豆状、孔径 1～5mm，部分被方解石充填。斑晶中主要矿物为斜长石、单斜辉石、黑云母等，斑晶矿物粒径 0.3～3mm，斜长石呈半自形板状及板柱状，单斜辉石为自形柱状，黑云母为褐色自形条状，斑晶含量 15%。基质矿物粒径小于 0.2mm×0.05mm，基质具填间结构，主要矿物成分为斜长石 40%～45%、单斜辉石 25%～30%、玻璃质 15%～20%，金属矿物微量。斜长石呈板条状、杂乱分布，其间隙被脱玻化物、金属矿物、辉石、黑云母充填。岩石蚀变较强，以斜长石钠黝帘石化、单斜辉石发生次闪石化及脱玻化为主。

气孔状碱性玄武岩为泉水沟组火山岩层中部、上部主要岩性，岩石呈浅棕灰色，具斑状结构，气孔状构造，气孔呈浑圆状及椭圆状，孔径 0.3～6mm，气孔含量 30%～35%。斑晶粒径 0.3～1.5mm，基质小于 0.2mm×0.02mm。斑晶中主要矿物为斜长石、单斜辉石、黑云母等，斜长石呈半自形板状及板柱状，单斜辉石为自形柱状，黑云母为褐色自形条状，斑晶含量 10%～15%。基质具玻晶交织结构、交织结构、填间结构，基质中主要矿物成分为斜长石 40%～45%、单斜辉石 20%～25%、玻璃质及脱玻化物 30%～35%。斜长石为细板条状及针状，杂乱分布，微量金属矿物，次生黝帘石、绿帘石、钠长石、次闪石。岩石蚀变较强烈，以斜长石钠黝帘石化、单斜辉石发生次闪石化为主。

角闪石碱性玄武玢岩主要分布于泉水沟组火山岩北部 3 个破火山口中，出露面积较小，呈暗灰色，斑状结构，基质具玻晶交织结构、玻璃质结构，块状构造。斑晶矿物粒径 0.2～4mm，基质矿物粒径小于 0.3mm×0.05mm。斑晶中矿物以斜长石为主，单斜辉石、黑云母少量，斑晶含量 30%～35%，斜长石呈自形板状及板柱状，单斜辉石为自形柱状，黑云母为自形条状。基质中主要矿物为玻璃质 35%～40%、斜长石 10%～15%、单斜辉石 5%～10%，黑云母 5%～10%，金属矿物微量，斜长石呈板条状及针状，黑云母为自形条状，单斜辉石为自形条状，均散布在玻璃质之中，斜长石略显定向排列。岩石蚀变较弱，以斜长石发生钠长石化为主。

火山角砾凝灰岩主要出露于火山岩下部层位，在泉水沟组火山口周围也有少量分布，出露面积较小。岩石呈浅灰绿色、深灰色、灰黑色，具火山角砾结构、凝灰质结构，块状构造，火山角砾含量 5%～20%，粒径 2～60mm，成分以玄武安山岩为主、砂岩岩屑少量，呈棱角状—次圆状，胶结物以凝灰质成分为主，基质中主要为凝灰质结构。岩石主要由碎屑物和填隙物组成，碎屑物成分由岩屑、晶屑、玻屑、火山尘组成，岩屑主要为中—基性火山岩，岩屑含量 60%～65%，晶屑主要为角闪石、斜长石等，含量 15%～20%，基质中碎屑物颗粒大小悬殊，粒径一般 0.1～0.8mm，少数 0.8～2.5mm，岩屑粒径较大，呈不规则状，晶屑形态各异，由于熔蚀而呈浑圆状、港湾状、次棱角状及尖棱角状；填隙物火山尘 10%～15%，蚀变较强，模糊不清，主要为霏细状的长英质矿物及少量的粘土质(部分变质为绢云母)。

2)岩石地球化学特征

泉水沟组火山岩主要化学成分见表 3-17。火山岩 SiO_2 含量为 51%～57.47%，为中—基性火山岩，岩石以 TiO_2、K_2O+Na_2O 含量较高，富钛、富碱为特征，Na_2O+K_2O 含量高达 7.26%～8.32%，TiO_2 为 1.36%～1.83%，火山岩里特曼指数 σ 在 4.78～8.28 之间，为碱性岩，属碱性岩系列，为钾玄岩。在邱家骧火山岩分类命名综合图解(图 3-42)上分别落入碱性系列的碱性玄武岩区、粗安岩区，在 SiO_2-K_2O 图解(Peccerillo,1979)上均落入钾玄岩系列(图 3-43)。上述岩石化学特征说明泉水沟组火山岩为高钾钙碱性钾玄岩系列，岩浆起源于地幔。

泉水沟组火山岩微量元素含量见表 3-20。从表 3-20 看：泉水沟组火山岩微量元素平均值与世界基性岩平均值(维氏,1962)相比较，相容元素 Pb、Li、W、U 元素含量高于其平均值，Cu、Zn、Ni、Co、Au、Ag 元素含量低于世界基性岩平均值，表现为亏损；大离子亲石元素 Rb、Sr、Ba 元素含量明显富集，是世界基性岩的 47 倍；高场强元素 Sc 元素含量偏低，Nb 元素含量与其大致接近，Ta、Zr、Th、P 元素含量明显偏高，表现为富集，元素 Rb/Sr 比值较小为 0.1，与世界基性岩平均值接近，说明该火山岩起源于地幔。甜水海北、泉水沟组火山岩主要火山岩岩石类型微量元素球粒陨石标准化蛛网图解见图 3-44，火山岩主要岩石类型微量元素球粒陨石标准化蛛网曲线相似，说明其为同源岩浆演化序列岩浆岩。

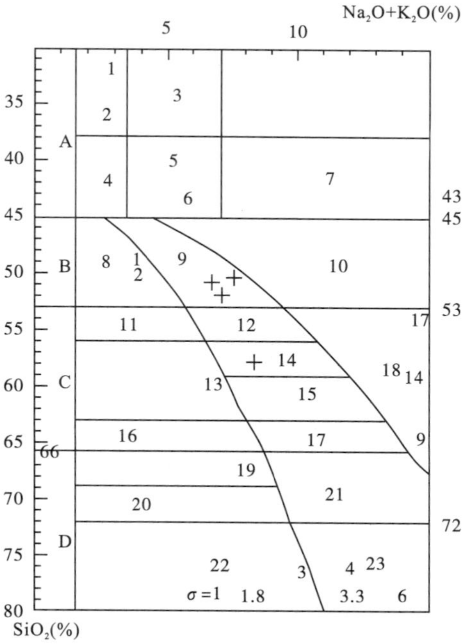

图 3-42　新近纪泉水沟组火山岩邱氏火山岩分类命名综合图解

(邱家骧,1982)

σ<1.8 为钙质；σ=1.8～3.3 为钙碱性岩；σ=3.3～9 为碱钙性(碱性)岩；σ>9 为碱性(过碱性)岩。

A(超基性岩类)：1、2. 玻基纯橄岩-金伯利岩类；3. 黄长玄武岩类；4. 苦橄岩类；5、6. 霞石碱岩-玻基辉(橄)岩类；7. 霞石岩类。B(基性岩类)：8. 玄武岩；9. 碱性玄武岩；10. 白榴碱玄岩-白榴岩类。C(中性岩类)：11. 玄武安山岩；12. 玄武粗安岩；13. 安山岩；14. 粗安岩；15. 粗面岩；16. 石英安山岩(安山英安岩)；17. 石英粗面岩；18. 响岩类。D(酸性岩类)：19. 英安岩(流纹英安岩)；20. 英安流纹岩；21. 碱流岩；22. 流纹岩；23. 碱性流纹岩。+1 新近纪泉水沟组火山岩

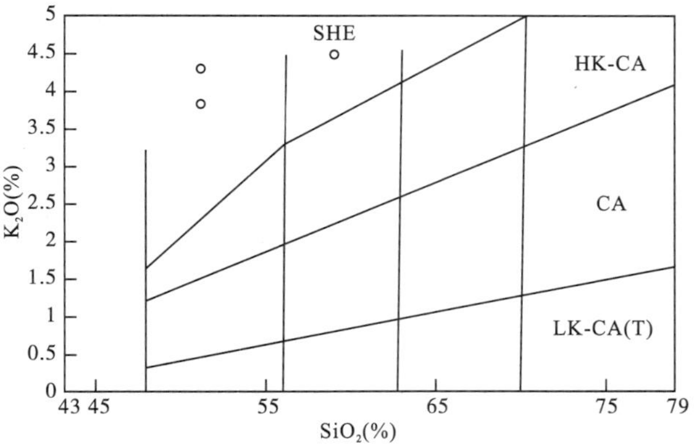

图 3-43　泉水沟垴高钾碱性火山岩 SiO_2-K_2O 图解

(Peccerillo,1979)

LK-CA(T). 低钾钙碱性(拉斑玄武岩)系列；CA. 钙碱性系列；SHE. 钾玄岩系列；HK-CA. 高钾碱性系列。○泉水沟组火山岩

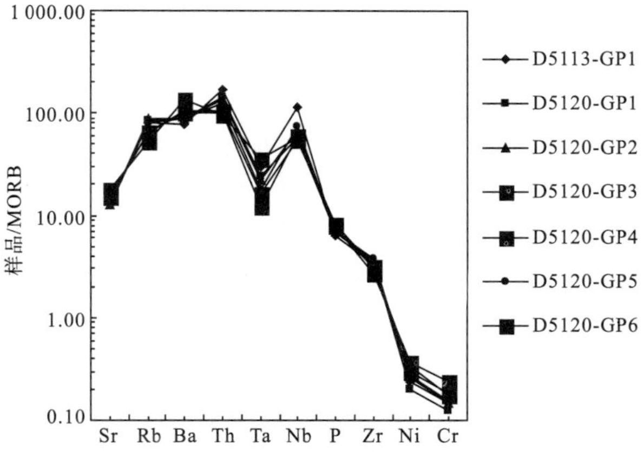

图 3-44　泉水沟组火山岩微量元素 MORB 标准化蛛网图解

表 3-20　泉水沟组火山岩微量元素含量

样品号	岩石名称	Cu	Pb	Zn	Cr	Ni	Co	Li	Rb	W	Mo	Sb	Sr
D5120-GP3	碱性玄武岩	15	28.5	100	68	51	16	22.4	108	1.87	1.55	0.14	2 122
D5120-GP4		10	28.5	107	51	47	18	14.4	130	1.92	1.61	0.13	1 850
D5120-GP5		17	30.0	77	42	33	15	43.8	166	1.72	1.55	0.21	1 588
D5120-GP1	粗安岩	15	30.0	72	36	28	12	43.6	170	2.50	2.23	0.14	1 598
D5120-GP2		14	25.0	70	42	35	14	51.0	174	3.60	2.54	0.18	1 517
D5120-GP6	火山口碱性玄武岩	15	18.0	74	54	41	18	30.2	132	1.50	1.30	0.17	1 801
平均值		14.3	26.7	83.3	48.8	39.2	15.5	34.2	146.7	2.2	1.8	0.2	1 746
世界基性岩(维氏,1962)		100	8	130	200	160	45	15	45	1	1.4	1	440
世界中性岩(维氏,1962)		5	15	70	50	55	10	20	100	1	0.9	0.2	800

样品号	岩石名称	Ba	Sc	Nb	Ta	Zr	Au	Ag	U	Th	P	Rb/Li	Rb/Sr
D5120-GP3	碱性玄武岩	2 781	12.5	20	6.00	239	0.83	0.074	3.1	19	4 123	4.82	0.05
D5120-GP4		2 141	11.0	19	2.75	274	0.53	0.18	3.5	21	4 100	9.03	0.07
D5120-GP5		1 778	8.50	26	3.00	333	0.83	0.08	4.0	25	3 677	3.79	0.10
D5120-GP1	粗安岩	1 790	9.40	20	4.20	308	1.64	0.036	4.6	28	3 669	3.90	0.11
D5120-GP2		1 770	8.50	24	3.80	331	0.81	0.03	4.6	27	3 620	3.41	0.11
D5115-GP1	火山口碱性玄武岩	1 985	11.5	21	2.10	286	0.54	0.05	—	20	4 383	4.37	0.07
平均值		2 040.8	10.2	21.7	3.6	295.2	0.9	0.1	3.3	23.3	3 928.7	4.9	0.1
世界基性岩(维氏,1962)		300	24	20	0.48	100	4	0.1	1.5	3	1 400	3.00	0.10
世界中性岩(维氏,1962)		650	2.5	20	0.7	260	—	0.07	1.8	7	1 600	5.00	0.13

注:样品由宜昌地质研究所西南岩矿测试中心测试分析;元素含量单位$\times10^{-6}$,其中 Au 元素含量单位为$\times10^{-9}$

泉水沟组火山岩稀土元素含量及特征值见表 3-21,稀土元素球粒陨石标准化模式曲线见图 3-45。从表 3-21、图 3-45 看:碱性火山岩稀土元素含量高,稀土元素总量($\sum$REE)高达$(519.55\sim711.90)\times10^{-6}$,轻稀土元素(LREE)与重稀土元素(HREE)总量比值较高,为$(27.09\sim28.88)\times10^{-6}$,火山岩稀土元素球粒陨石标准化模式曲线右倾,$(La/Yb)_N$ 为 79.3～95.8,为轻稀土元素极度富集型,$(La/Sm)_N$ 与$(Gd/Yb)_N$ 值大致相近,球粒陨石模式曲线为一直线,δEu 值为 0.74～0.76,Eu 呈负异常。

3)火山岩的演化及相分析

从泉水沟组火山岩实测剖面研究分析显示:泉水沟火山岩自下而上为灰黑色粗安岩、灰黑色碱性玄武岩、褐红色碱性玄武岩,与下伏地层阿克萨依湖组陆相(湖相)红色碎屑岩为平行整合接触,与巴颜喀拉山群碎屑岩呈不整合接触关系,在火山熔岩前锋接触部位与下伏巴颜喀拉山群接触处见下伏砂岩有烘烤变质现象,说明其为一套陆相火山岩,从下自上火山岩 SiO_2 含量由 57.47%到 51.32%、再到 51%,说明该火山岩由酸性程度高的中性岩向酸性程度降低的基性岩演化。泉水沟组火山岩主要以溢流相的粗安岩、碱性玄武岩为主,局部见爆发相的火山角砾凝灰岩、晶屑凝灰岩,说明泉水沟组火山岩以溢流相为主;另外,在泉水沟垴泉水沟组火山岩北部 3 处破火山口内见碱性玄武玢岩,破火山口直径 30～100m(图 3-46),破火山口内的玢岩为次火山岩相。上述火山岩特征说明泉水沟组火山岩主要以溢流相为主,次火山岩相不发育,爆发相火山岩少见。

表 3-21 新近纪泉水沟组火山岩稀土元素含量及特征值

样品号	岩石名称	稀土元素含量($\times10^{-6}$)											
		La	Ce	Pr	Nd	Sm	Eu	Gd	Tb	Dy	Ho	Er	Tm
D5120-XT3	碱性玄武岩	166	266	25.2	104	16.2	3.33	9.17	1.26	5.32	0.94	1.74	0.24
D5120-XT2	碱性玄武岩	201	308	29.0	125	19.4	4.16	11.5	1.42	6.73	1.17	2.26	0.32
D5120-XT1	粗安岩	177	284	25.7	108	16.4	3.27	9.49	1.48	5.59	0.96	2.00	0.28
D5113-XT1	火山口碱性玄武玢岩	145	229	21.1	89.2	14.0	2.81	8.16	1.01	4.77	0.91	1.82	0.24

样品号	岩石名称	稀土元素含量($\times10^{-6}$)					特征参数值				
		Yb	Lu	ΣREE	LREE	HREE	LREE/HREE	δEu	$(La/Yb)_N$	$(La/Sm)_N$	$(Gd/Yb)_N$
D5120-XT3	碱性玄武岩	1.26	0.18	600.84	580.73	20.11	28.88	0.76	95.8	6.4	6.33
D5120-XT2	碱性玄武岩	1.70	0.24	711.90	686.56	25.34	27.09	0.74	87.0	6.5	5.96
D5120-XT1	粗安岩	1.63	0.22	636.02	614.37	21.65	28.38	0.74	83.6	6.8	5.36
D5113-XT1	火山口碱性玄武玢岩	1.34	0.19	519.55	501.11	18.44	27.18	0.74	79.3	6.5	5.34

注：样品由宜昌地质研究所西南岩矿测试中心测试分析

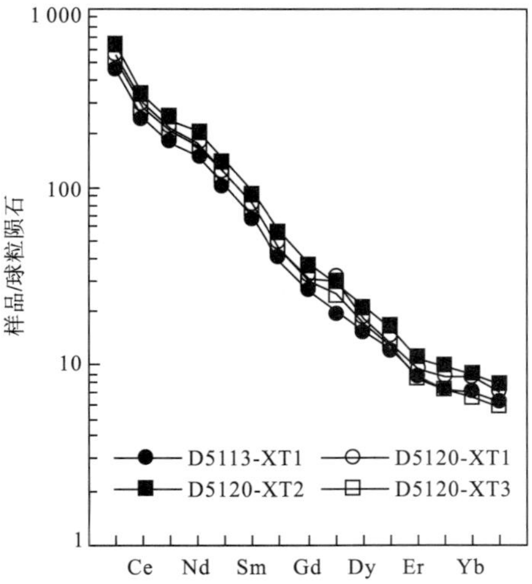

图 3-45 新近纪泉水沟组火山岩稀土元素球粒陨石标准化分布图

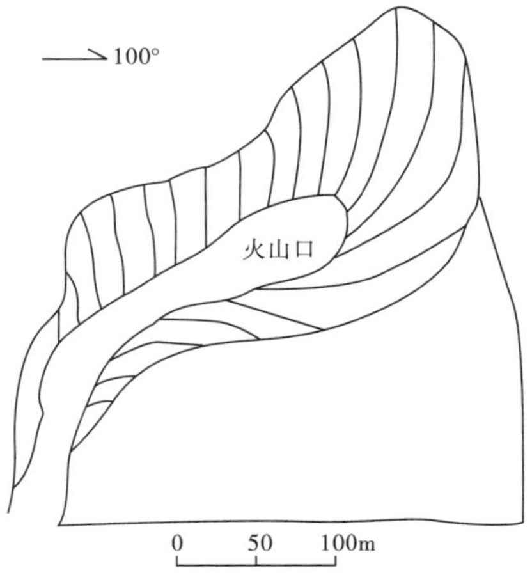

图 3-46 泉水沟组火山岩火山口素描图

经对溢流相粗安岩、碱性玄武岩、爆发相火山角砾凝灰岩及破火山口次火山岩玢岩的位置、分布范围、特征及火山流动方向等研究，判断火山喷发类型以中心式喷发为主，火山口位于泉水沟组火山北部破火山口内，火山流动方向为由北向南。

甜水海北火山岩下部以爆发相的火山角砾凝灰岩为主，上部以溢流相的碱性玄武岩为主，说明甜水海北火山岩早期以爆发相为主，晚期以溢流相为主。

4)构造环境与时代探讨

泉水沟组火山岩的火山口位于大红柳滩区域大断裂带上，火山岩活动明显受断裂控制。

图幅内泉水沟、甜水海北火山岩碱度较高，为中—基性碱性岩，属钾玄岩系列，其中碱性玄武岩锶同位素初始比值$(^{87}Sr/^{86}Sr)_0=0.70801\pm0.0008(2\sigma)$(图 3-47)，位于 0.705～0.720 之间，与上地幔锶同位素初始比值$(^{87}Sr/^{86}Sr)_0$一致。泉水沟垴、甜水海北泉水沟组火山岩的岩石学、岩石地球化学特征说明其为上地幔部分熔融的火山岩，即岩浆源于上地幔。

前人曾在泉水沟组火山岩用 K－Ar 获得 6.6～3.3Ma 年龄（喀喇昆仑山-昆仑山地区地质演化，李一声等），且该火山岩与下伏中新统阿克萨依湖（N_1a）为平行接触，与下伏三叠系巴颜喀拉山群砂岩、砂板岩为角度不整合接触，本次区测工作在泉水沟组火山岩（玄武岩）获（8±0.1）Ma 全岩 Rb－Sr 等时线年龄（图 3－47），Rb、Sr 同位素特征见表 3－22，该年龄代表了泉水沟组火山岩（N_1q）形成年龄，其时代为中新世。

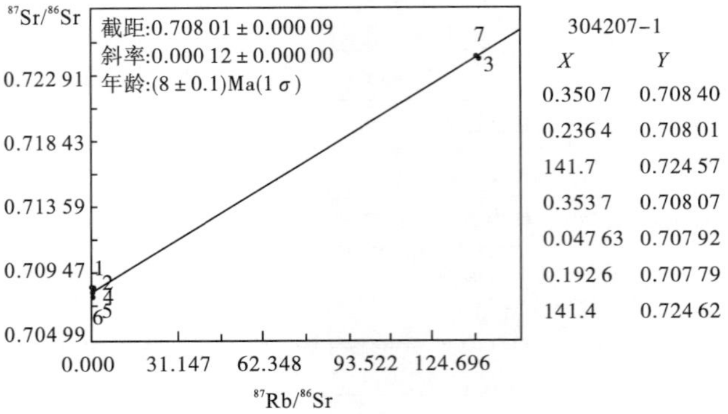

图 3－47　泉水沟组火山岩全岩 Rb－Sr 等时线图

表 3－22　泉水沟组火山岩铷锶含量及特征表

	样品号	样品	Rb(×10⁻⁶)	Sr(×10⁻⁶)	$^{87}Sr/^{86}Sr$	$^{87}Sr/^{86}Sr(2\sigma)$
泉水沟组火山岩	D5113－TW1	全岩	170.3	1 400	0.357 0	0.708 40±0.000 3
	D5115－TW1		108.4	1 322	0.236 4	0.708 01±0.000 4
	D5117－TW2		1 537	31.33	141.7	0.724 57±0.000 5
	D5120－TW1		186.4	1 519	0.353 7	0.708 07±0.000 6
	D5120－TW2		38.86	2 353	0.047 6	0.707 92±0.000 4
	D5120－TW3		117.3	1 757	0.192 6	0.707 79±0.000 8
	D5117－TW1		1 549	34.55	129.4	0.722 19±0.000 3

第三节　蛇绿岩

通过新一轮的 1∶25 万区域地质调查，现已证实康西瓦—再依勒克河—苏巴什一带分布的超基性岩、辉长岩、辉绿岩和枕状玄武岩为蛇绿岩，其向东与东昆仑的木孜塔格-阿尼玛卿蛇绿岩带相连，被称为第五缝合带，综合研究认为其时代为晚古生代。

图幅内蛇绿岩主要分布于再依勒克河一带，分布较多的超基性岩、辉长岩、辉绿岩和枕状玄武岩等蛇绿岩残片。

一、地质特征

康西瓦-苏巴什蛇绿混杂岩带分布于玉龙喀什河上游再依勒克河谷一带，呈南北宽 2～5km、东西长约 50km 的长楔状体，向西尖灭于该结合带之中，向东延伸进入伯力克幅。

再依勒克河蛇绿混杂岩总体呈北西西—南东东向展布，蛇绿混杂岩由刚性块体和剪切基质组成。刚性块体主要组成部分以超基性—基性岩为主，主要岩石类型有蛇纹岩、石棉化蛇纹岩、碳酸盐化蛇纹岩、辉石岩、辉长岩、蚀变辉绿岩、玄武岩等，其中以较多的变质橄榄岩、蛇纹岩、石棉化蛇纹岩、碳酸盐化蛇纹岩为特色。由超基性、基性岩组成的刚性块体呈长透镜状，规模不一，一般长数米至数百米甚至几千米，宽数米至数千米，甚至显微尺度均可见及，受后期构造改造作用影响，长透镜体产状与构造混杂岩带中构造片理产状一致，呈北西西—南东东向沿断层带、剪切带分布。它们之间由剪切基质分隔，剪切基质以韧脆性断层接触，剪切基质主要为构造片岩，以绿泥石英片岩最多，其次为绿泥石英糜棱岩。由于强烈的构造变形及构造混杂作用，康西瓦-苏巴什蛇绿混杂岩带没有一个岩性出露完整的剖面。

此外，在柳什塔格山还分布有柳什塔格玄武岩，具洋岛玄武岩特征，分布于再依勒克河北部奴尔河垴昆仑山主脊一带，向东延伸进入伯力克幅，呈近东西展布。主要由强蚀变玄武岩、绿帘阳起石岩、阳起石岩(原岩为玄武岩)组成，下部层位见有枕状构造，集中成层分布，枕体呈椭圆形，长轴15～30cm，短轴10～20cm，枕体边部杏仁体较为发育；上部层位夹有凝灰岩。柳什塔格玄武岩也是康西瓦-苏巴什蛇绿混杂岩中的洋岛玄武岩构造就位在柳什塔格山。

二、岩石学特征

图幅内再依勒克河构造蛇绿混杂岩和柳什塔格洋岛玄武岩的岩石类型主要可分为超基性岩、基性侵入岩、基性火山岩三大类，常紧密共生。对蛇绿岩中的超基性、基性侵入岩，基性火山岩岩石学特征叙述如下。

1. 超基性岩类

超基性岩岩石类型主要有蛇纹岩、石棉化蛇纹岩和碳酸盐化蛇纹岩。

蛇纹岩 为康西瓦-苏巴什蛇绿岩中超基性岩石的主要岩石类型之一，岩石呈灰绿色、翠绿色，具纤维状—叶片状变晶结构，次平行—块状构造。岩石蚀变强烈，矿物成分以蚀变矿物蛇纹石为主，蛇纹石大于95%，岩石中原生矿物几乎未见。根据岩石化学成分计算标准矿物投影，落入二辉橄榄岩区，其原岩为二辉橄榄岩。

石棉化蛇纹岩 为康西瓦-苏巴什蛇绿岩中超基性岩石的主要岩石类型之一，岩石呈翠绿色，纤维—片状结构，块状构造。岩石蚀变强烈，矿物成分以次生蚀变矿物蛇纹石、石棉为主，蛇纹石大于90%，石棉5%～10%，金属矿物少量。蛇纹石、石棉呈纤维状，岩石中原生矿物全被次生蚀变蛇纹石矿及金属矿物取代，根据次生矿物集合体形态其原生矿物可能为辉石、橄榄石。根据岩石化学成分计算标准矿物投影，落入异剥辉石橄榄岩区，结合岩石实际矿物组合其原岩可能为含辉石橄榄岩。

碳酸盐化蛇纹岩 为康西瓦-苏巴什蛇绿岩中超基性岩石的次要类型之一，岩石呈暗绿色、翠绿色，纤维状—叶片状结构，块状构造。岩石主要由蚀变矿物蛇纹石组成，蛇纹石含量大于95%，蛇纹石呈纤维状、叶片状，金属矿物呈星点状分布，沿裂隙发育有碳酸盐岩脉，岩石原生矿物被次生矿物全部取代。根据岩石化学成分计算标准矿物投影，落入异剥辉石橄榄岩区，其原岩可能为含辉石橄榄岩。

2. 基性侵入岩

基性侵入岩岩石类型主要有辉长岩、辉绿辉长岩、辉绿岩(席)。

辉长岩 为康西瓦-苏巴什蛇绿岩中基性侵入岩的主要类型之一，岩石呈深灰、灰黑色，辉长结构、含长结构，块状构造。矿物粒度0.5～2mm不等，矿物成分主要为斜长石55%～60%、单斜辉石40%～45%，金属矿物少量。斜长石呈自形板状及长柱状，其三角孔隙被次闪石化及绿泥石化的它形单斜辉石充填。岩石蚀变强烈，以斜长石发生钠黝帘石化、单斜辉石发生次闪石化及绿泥石化为主。

辉绿辉长岩 为康西瓦-苏巴什蛇绿岩中基性侵入岩的主要类型之一，岩石呈深灰及灰绿色，中粒辉绿辉长结构，块状构造。斜长石45%～55%，粒度2～3mm，半自形柱状，An=66—68。纤闪石(原矿物为单斜辉石)35%～40%，纤闪石基本保留单斜辉石外形特点，角闪石、磁铁矿、褐铁矿、锆石、磷灰石等少量。岩石蚀变较为强烈，以辉石纤闪石化、绿帘石化、绿泥石化为主。

辉绿岩(席)　是康西瓦-苏巴什蛇绿岩基性岩石的主要类型，岩石呈深灰及灰绿色，野外产状主要以岩脉状岩墙群产出于辉长岩等基性岩之中，与辉长岩共生产出，单脉宽度一般几十厘米至几米，细粒辉绿结构，块状构造。

3. 基性火山岩

康西瓦-苏巴什蛇绿岩的基性火山岩较发育，主要岩石类型有蚀变玄武岩、枕状玄武岩、阳起石化玄武岩和绿帘阳起石岩(变玄武岩)。

蚀变玄武岩　岩石呈暗绿色，斑状结构，斑晶主要为斜长石 5%～8%，辉石少量，粒度 1～2.5mm，斜长石为自形柱状，具聚片双晶。基质为交织结构，粒度 0.05～0.1mm，成分主要是斜长石 60%～65%，呈板条状微晶平行排列或杂乱分布，辉石 20%～25%，夹于斜长石间。岩石次生蚀变较强，主要表现为辉石常纤闪石化、绿泥石化、阳起石化等，岩石中磁铁矿少量。

枕状玄武岩　岩石呈深绿色，细—隐晶质结构，枕状构造，局部见少量气孔、杏仁状构造。气孔多呈扁度状，气孔孔径 0.5～2.5mm，多被方解石、石英充填，斑晶粒径 0.3～1mm，含量 5%，主要为长石、辉石。基质为交织结构，微晶斜长石呈帚状和放射状，间隙夹玻璃质和绿泥石。

阳起石化玄武岩　岩石呈灰绿色，致密块状，残余间隐结构，主要矿物组成有斜长石 40%～45%、阳起石 45%～55%、绿帘石 2%～3%。岩石遭受强烈的阳起石化作用，但原岩主要矿物和结构仍残留且较清楚，原生斜长石呈细板条状微晶，矿物粒径 0.15～0.3mm，少数 0.5mm，板条状微晶杂乱排列，所形成的空隙中充填为次生阳起石和粉尘状磁铁矿等。其中斜长石较干净，具卡钠复合双晶；岩石中次生阳起石呈纤维状集合体，绿色、原暗色矿物可能为辉石，经蚀变和变质作用形成。

绿帘阳起石岩(变玄武岩)　岩石呈灰绿色，块状，纤维状变晶结构，颗粒大小 0.02～0.05mm，主要矿物成分有阳起石 60%～65%、绿帘石 25%～30%、纳更长石 3%～5%、磁铁矿 1%、方解石 3%。岩石遭受强烈的蚀变作用，使原生结构和原生矿物基本消失殆尽，新生矿物阳起石呈纤维状晶体，无定向分布，其粒间分布有细小绿帘石(可能为斜长石蚀变形成)和个别残余的钠更长石。岩石中出现粒径较粗的绿帘石集合体，大致呈圆形，大小 1～3mm，可能为杏仁体，根据蚀变矿物组合及残余个别钠更长石分析，其原岩可能为杏仁状玄武岩。

蚀变粗玄岩　岩石呈灰黑色，致密块状，具残余粗玄结构，颗粒长径 0.3～0.5mm，主要矿物组成有斜长石 50%～55%、次闪石 25%～30%、绿泥石 8%～10%、绿帘石 3%～5%、磁铁矿 2%～3%，斜长石为板条状，杂乱排列，发生轻微钠黝帘石化，岩石中暗色矿物多已次闪石化、绿泥石化。

三、岩石地球化学特征

1. 岩石化学特征

康西瓦-苏巴什蛇绿岩的岩石化学成分及特征值见表 3-17，CIPW 标准矿物含量见表 3-23。

超基性岩　从表 3-17 可知超基性岩的化学成分比较稳定，主要岩石化学成分变化不大，其中 SiO_2 含量 37.61%～41.85%，以极度富集镁(MgO=31.30%～37.81%)，富集铁(FeO^*=6.4%～7.93%)，贫 K_2O、Na_2O 为特征，其 FeO^*/MgO 比值较大，为 8.54～10.31，大于 6.5，为吴利仁所划分的镁质超基性岩类。超基性岩中 K_2O、Na_2O 含量虽然较低，但 $(Na_2O)n/(K_2O)n$ 比值较大，在 3.79～12.13 之间，为钠质性。在 AR - SiO_2 与碱度关系图上，有一个样品落入碱性岩区(图 3-48)、3 个样品未能投图。由于岩石蚀变强烈，其原岩类型难以恢复，利用全岩化学分析结果计算的 CIPW 标准分子投图(图 3-49)，结果 6 个样品中有 4 个样品落入二辉橄榄岩区，1 个样品落入易剥橄榄岩区。因此，超基性岩的主要类型为二辉橄榄岩、异剥辉石橄榄岩。

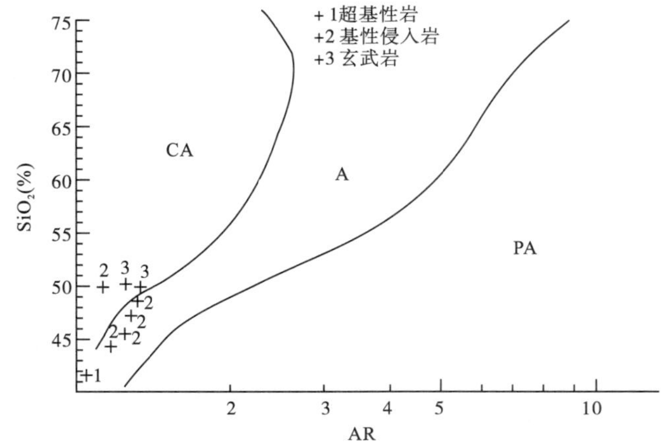

图 3－48 康西瓦-苏巴什蛇绿岩碱度率图解

(Wright,1969)

CA. 钙碱性；A. 碱性；PA. 过碱性

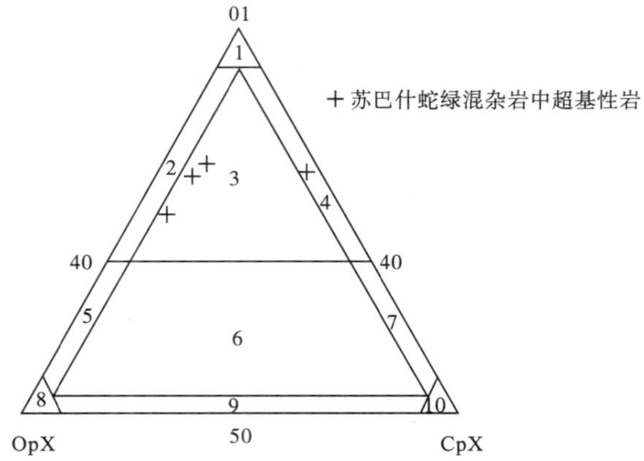

图 3－49 康西瓦-苏巴什结合带超基性岩超镁铁质岩分类命名图解

(Streckeisen,1973)

01. 橄榄石；OpX. 斜方辉石；CpX. 单斜辉石；1. 纯橄榄岩；2. 斜方辉石橄榄岩；3. 二辉橄榄岩；4. 异剥辉石橄榄岩；5. 橄榄斜方辉石岩；6. 橄榄二辉岩；7. 橄榄单斜辉石岩；8. 斜方辉石岩；9. 二辉岩；10. 单斜辉石岩

基性侵入岩 从表 3－17 看：基性侵入岩(辉长岩、辉绿辉长岩、辉绿岩)成分有一定的变化，SiO_2 45.56%～49.43%、MgO 4.82%～9.16%、FeO^* 5.34%～10.27%、CaO 12.90%～15.40%，以富 MgO、FeO^*、CaO 为特征，岩石中 FeO^*/MgO 比值较小，在 1.21～1.85 之间，属吴利仁所划分的铁质基性岩类，基性侵入岩中 $(Na_2O)n/(K_2O)n$ 比值较大，在 3.1～20.75 之间，$(Na_2O)n$ 远大于$(K_2O)n$。在 AR－SiO_2与碱度关系图(Wright,1969)上主要落入碱性岩区(图 3－48)，为碱性系列岩，其岩石化学成分特征说明康西瓦-苏巴什蛇绿岩中基性侵入岩为钠质碱性系列岩。

从表 3－23 看：基性侵入岩均含有 Ne，为 SiO_2 不饱和性侵入岩。

表 3－23 康西瓦-苏巴什蛇绿混杂岩 CIPW 标准矿物计算表

野外编号	岩石名称	Ap	Il	Mt	Hm	Or	Ab	An	Qz	Ne	Di	Ol
D5201－GS_{12}	玄武岩	0.35	1.78	3.77	0.00	1.37	28.25	23.76	0.88	—	9.95	—
D5201－GS_{13}	玄武岩	0.57	2.57	7.32	0.00	5.39	21.62	29.86	2.01	—	14.04	—
D5201－GS_{10}	蚀变辉长岩	0.04	0.60	2.49	0.00	0.97	18.73	32.87	—	0.12	35.92	8.26
D5201－GS_{11}	辉长岩	0.35	2.85	3.68	0.00	3.13	21.29	24.45	—	4.03	36.85	3.37
D5201－GS_6	蚀变辉绿岩	0.38	2.29	4.75	0.00	2.85	23.72	30.16	—	3.03	31.15	1.67
D5201－GS_9	片理化辉绿岩	0.39	2.77	2.08	0.00	3.34	26.16	25.69	—	0.00	24.12	7.43
D5201－GS_2	蚀变辉长岩	0.59	3.10	1.10	0.00	5.17	6.70	31.02	—	5.29	32.76	14.26
D5201－GS_1	蛇纹岩	0.06	0.02	3.81	0.00	0.07	0.77	4.23	—	0.00	6.47	49.39
D5201－GS_3	碳酸盐化蛇纹岩	0.07	0.01	5.12	3.10	0.07	0.39	4.02	—	0.00	7.80	85.11
D5201－GS_7	蛇纹岩	0.13	0.05	5.89	0.00	0.28	0.98	7.28	—	0.00	27.88	56.79
D5201－GS_8	石棉化蛇纹岩	0.07	0.01	5.44	3.73	0.07	0.29	3.09	—	0.00	7.16	82.11

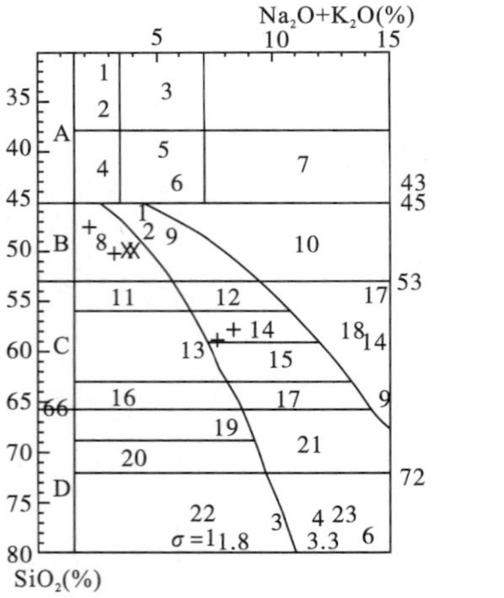

图 3-50　柳什塔格玄武岩、康西瓦-苏巴什蛇绿岩中火山岩邱氏火山岩分类命名综合图解(邱家骧,1982)

σ<1.8 为钙质;σ=1.8~3.3 为钙碱性岩;σ=3.3~9 为碱钙性(碱性)岩;σ>9 为碱性(过碱性)岩。A(超基性岩类):1、2. 玻基纯橄岩-金伯利岩类;3. 黄长玄武岩类;4. 苦橄岩类;5、6. 霞石碱岩-玻基辉(橄)岩类;7. 霞石岩类。B(基性岩类):8. 玄武岩;9. 碱性玄武岩;10. 白榴碱玄岩-白榴岩类。C(中性岩类):11. 玄武安山岩;12. 玄武粗安岩;13. 安山岩;14. 粗安岩;15. 粗面岩;16. 石英安山岩(安山英安岩);17. 石英粗面岩;18. 响岩类。D(酸性岩类):19. 英安岩(流纹英安岩);20. 英安流纹岩;21. 碱流岩;22. 流纹岩;23. 碱性流纹岩。+柳什塔格玄武岩;×康西瓦-苏巴什构造蛇绿岩中火山岩

基性火山岩　从表 3-17 看基性火山岩成分变化不大,火山岩中 SiO_2 含量为 50.27%左右,属基性岩,在邱家骧火山岩中和命名图解上落入玄武岩区(图 3-50),在 AR-SiO_2 与碱度关系图(Wright,1969)上主要落入钙碱性岩区(图 3-48),利用 Al_2O_3-An′图解(Irvine,1971)判别,落入拉斑玄武岩区(图 3-51),岩石中$(Na_2O)n/(K_2O)n$ 比值在 2.5~3.1 之间,$(Na_2O)n>(K_2O)n$。上述岩石特征说明基性火山岩属拉斑玄武岩系列。其中在邱家骧火山岩中和命名图解上柳什塔格玄武岩中有 2 个样品落入玄武岩区,为基性火山岩,1 个样品落入安山岩区,为中性岩,属亚碱性岩,还有 1 个样落入粗安岩区,为碱性岩(图 3-51)。利用 Al_2O_3-An′图解(Irvine,1971)判别(图 3-50),均落入拉斑玄武岩系列区,$(Na_2O)n/(K_2O)n$ 为 1.4~4.3,$(Na_2O)n>(K_2O)n$。柳什塔格火山岩的里特曼指数 σ 除一个样品较高,为 3.709 外,其他均在 0.817~1.480 之间,为钙碱性岩。

从表 3-23 看:根据火山岩 CIPW 标准矿物,玄武岩均含标准矿物 Q,属于 SiO_2 饱和的岩石。

康西瓦-苏巴什蛇绿混杂岩超基性岩—基性岩石镁铁值较高,特别是岩浆岩中镁含量极高,说明其来源于富集地幔。

2. 稀土元素特征

康西瓦-苏巴什蛇绿岩的稀土元素含量及特征值见表 3-24。如表 3-24 所示:蛇绿岩稀土总量较低,从超基性岩到基性侵入岩再到基性火山岩,岩石稀土元素总量有逐渐增大的趋势,其中超镁铁质岩石稀土元素总量 ∑REE 主要在$(5.64\sim15.11)\times10^{-6}$之间,另有一个样品高达 60.81×10^{-6};基性岩稀土元素总量∑REE 主要在 54.54×10^{-6};基性火山岩的稀土总量为 68.88×10^{-6},较基性侵入岩高。

康西瓦-苏巴什蛇绿岩超基性岩稀土元素球粒陨石标准化模式配分曲线见图 3-52。从图 3-52、表 3-24 可知:超镁铁质岩石位于图区最下部,其中两个样品球粒陨石标准化模式曲线为轻稀土元素略微富集的平坦性,$(La/Yb)_N$ 值为 3.6~4.7,轻、重稀土元素之间分馏较弱,轻稀土元素之间、重稀土元素之间分馏不大,与大洋中脊玄武岩球粒陨石标准化模式曲线基本相似,另外两个样品模式曲线右倾,$(La/Yb)_N$ 值,一个为 46.2,另一个高达 259.7,为轻稀土元素富集型,轻、重稀土分馏明显,除一个样品 Eu 为正异常之外,其余略显负异常;基性侵入岩稀土元素球粒陨石标准化模式曲线大致位于超基性岩与火山岩之间,稀土元素总量变化不大,球粒陨石模式标准化曲线为轻稀土元素极弱富集的平坦型,轻、重稀土元素之间分馏程度极小,Eu 正常或略显正异常,基性侵入岩稀土元素球粒陨石标准化模式曲线与洋中脊玄武岩稀土元素球粒陨石标

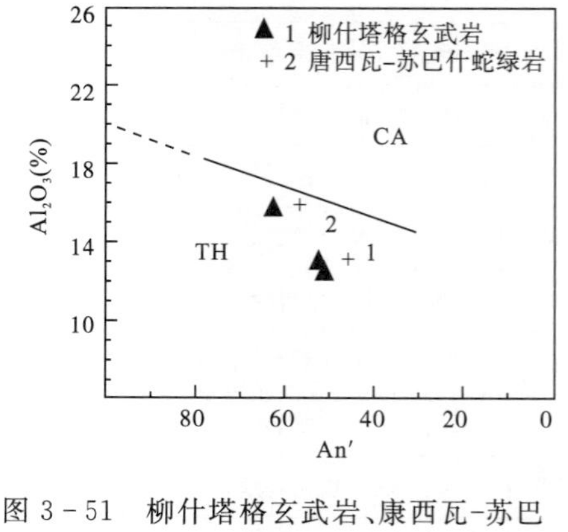

图 3-51　柳什塔格玄武岩、康西瓦-苏巴什蛇绿混杂岩基性火山岩 Al_2O_3-An′图解(Irvine,1977)

An′=100×An/(An+Ab+5/3Ne)

H. 拉斑玄武岩区;CA. 钙-碱性火山岩区

表 3-24　康西瓦-苏巴什构造蛇绿混杂岩稀土元素含量及特征值

样品号	岩石名称	稀土元素含量($\times10^{-6}$)											
		La	Ce	Pr	Nd	Sm	Eu	Gd	Tb	Dy	Ho	Er	Tm
D5201-XT5	绿泥构造片岩	33.50	56.4	7.11	31.90	6.20	1.06	5.38	0.92	6.19	1.22	3.53	0.49
D5201-XT12	玄武岩	9.93	20.66	3.53	14.41	3.29	1.21	3.86	0.69	4.50	0.91	2.66	0.37
D5201-XT11	辉长岩	8.17	14.20	1.93	10.20	2.94	1.04	3.55	0.69	4.93	0.94	2.66	0.40
D5201-XT6	蚀变辉绿岩	9.38	16.20	2.35	11.00	2.76	1.04	3.41	0.62	4.71	0.93	2.75	0.44
D5201-XT1	蛇纹岩	25.00	24.60	2.08	7.00	0.93	0.16	0.51	0.07	0.19	0.04	0.13	0.02
D5201-XT3	碳酸盐化蛇纹岩	6.67	5.08	0.48	1.75	0.46	0.08	0.27	0.03	0.11	0.03	0.08	0.01
D5201-XT7	蛇纹岩	1.45	1.72	0.20	0.93	0.20	0.08	0.26	0.05	0.32	0.05	0.14	0.02
D5201-XT8	石棉化蛇纹岩	1.33	2.47	0.19	0.72	0.17	0.03	0.26	0.05	0.29	0.05	0.13	0.02

样品号	岩石名称	稀土元素含量($\times10^{-6}$)					特征参数值				
		Yb	Lu	ΣREE	LREE	HREE	LREE/HREE	δEu	$(La/Yb)_N$	$(La/Sm)_N$	$(Gd/Yb)_N$
D5201-XT5	绿泥石构造片岩	3.12	0.37	157.39	136.17	21.22	6.42	0.55	9.4	3.4	1.81
D5201-XT12	玄武岩	2.52	0.34	68.88	53.03	15.85	3.35	1.04	3.0	1.9	1.41
D5201-XT11	辉长岩	2.60	0.29	54.54	38.48	16.06	2.40	0.98	2.9	1.7	1.52
D5201-XT6	蚀变辉绿岩	2.56	0.29	58.54	42.73	15.71	2.72	1.04	3.4	2.1	1.46
D5201-XT1	蛇纹岩	0.07	0.01	60.81	59.77	1.04	57.58	0.65	259.7	16.9	6.34
D5201-XT3	碳酸盐化蛇纹岩	0.06	0.02	15.11	14.52	0.60	24.36	0.62	46.2	9.1	2.24
D5201-XT7	蛇纹岩	0.20	0.03	5.64	4.58	1.07	4.29	1.02	4.7	4.6	1.01
D5201-XT8	石棉化蛇纹岩	0.27	0.04	6.01	4.91	1.10	4.46	0.42	3.6	4.9	0.85

注:样品由宜昌地质研究所西南岩矿测试中心测试分析

准化模式曲线一致，为平坦型；基性火山岩模式曲线与基性岩重叠或位于基性侵入岩之上，球粒陨石标准化模式曲线与基性侵入岩相似，$(La/Yb)_N$ 值为 3.0，为轻稀土元素极低程度富集的平坦型，轻稀土元素与重稀土元素之间分馏极弱，轻稀土元素之间、重稀土元素之间基本未分馏，Eu 具弱的正异常。蛇绿岩的稀土元素特点反映康西瓦-苏巴什蛇绿岩来源于富集地幔，与常量元素特征相吻合。

柳什塔格玄武岩稀土元素含量及特征值见表 3-25，岩石稀土元素球粒陨石标准化模式曲线见图 3-53。从表 3-25、图 3-53 可知：柳什塔格火山岩除粗安岩稀土元素总量较高外，其余中—基性火山岩稀土总量较低，$\sum REE=(73.21\sim503.05)\times10^{-6}$，$\delta Eu$ 值变化不大、为 0.87～0.99，无明显的亏损或富集，火山岩轻稀土元素总量(LREE)与重稀土元素总量(HREE)比值为 5.67～15.75，球粒陨石标准化模式曲线右倾，但曲线右倾斜率总体不大，$(La/Yb)_N$ 在 1.6～12.00 之间，$(La/Yb)_N$ 值主要在 1.6～4.9 之间，球粒陨石标准化模式曲线从平坦型到富集型均有，但主要为轻稀土元素较小程度富集的平坦型，属弱富集型。

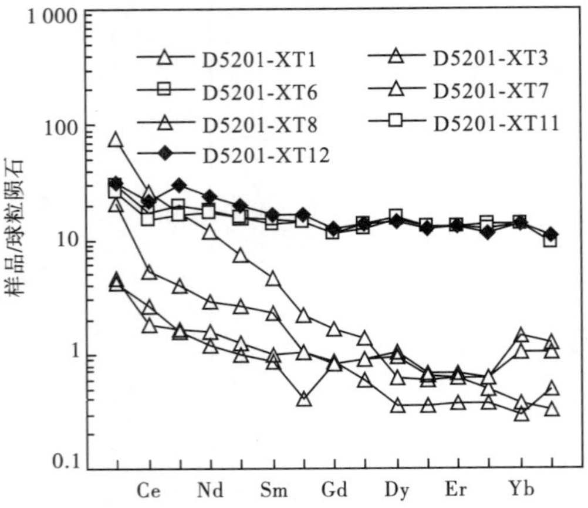

图 3-52　康西瓦-苏巴什蛇绿岩稀土元素球粒陨石标准化分布图

△超基性岩；□基性岩；◆基性火山岩

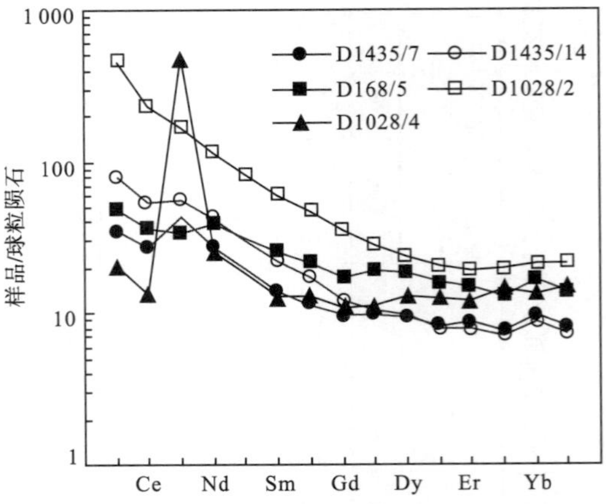

图 3-53　柳什塔格火山岩稀土元素球粒陨石标准化分布图

表 3-25　震旦纪柳什塔格玄武岩稀土元素含量及特征值

样品号	岩石名称	稀土元素含量($\times10^{-6}$)											
		La	Ce	Pr	Nd	Sm	Eu	Gd	Tb	Dy	Ho	Er	Tm
D1435/7	粗安岩	11.42	25.35	5.19	16.38	2.82	0.83	3.00	0.48	2.92	0.60	1.86	0.25
D1435/14	安山岩	25.47	50.92	6.67	24.80	4.49	1.25	3.69	0.53	3.01	0.57	1.67	0.23
D168/5	玄武岩	15.74	33.95	4.08	23.08	5.02	1.58	5.31	0.95	5.76	1.16	3.17	0.43
D1028/2	玄武岩	148.41	219.20	20.50	68.48	12.20	3.42	10.94	1.41	7.48	1.53	4.08	0.66
D1028/4	玄武岩	6.63	12.76	59.31	15.55	2.59	0.95	3.35	0.57	3.97	0.93	2.55	0.47

样品号	岩石名称	稀土元素含量($\times10^{-6}$)					特征参数值				
		Yb	Lu	$\sum$REE	LREE	HREE	LREE/HREE	δEu	$(La/Yb)_N$	$(La/Sm)_N$	$(Gd/Yb)_N$
D1435/7	粗安岩	1.86	0.25	73.21	61.99	10.93	5.67	0.87	4.9	2.5	1.55
D1435/14	安山岩	1.67	0.23	125.02	113.60	11.42	9.95	0.91	12.0	3.6	2.09
D168/5	玄武岩	3.17	0.43	103.83	83.45	19.71	4.23	0.93	4.5	2.0	1.83
D1028/2	玄武岩	4.08	0.66	503.05	472.27	29.99	15.75	0.89	26.6	7.7	2.35
D1028/4	玄武岩	2.55	0.47	112.65	97.79	14.82	6.60	0.99	1.6	1.6	0.95

注：样品由宜昌地质研究所西南岩矿测试中心测试分析

3. 微量元素特征

康西瓦-苏巴什构造蛇绿混杂岩中超镁铁—镁铁质岩微量元素含量及特征值见表 3-26，超镁铁—镁铁质岩微量元素 MORB 标准化蛛网图见图 3-54。从表 3-26、图 3-54 可知：康西瓦-苏巴什蛇绿岩微量元素含量与 MORB 比较，超基性岩—基性岩在蛛网图上曲线左部（不相容元素）是超基性岩曲线在下、基性岩在上，而曲线右部（相容元素）超基性岩在上、基性岩在下，显示超基性蛇纹岩中的变质橄榄岩中大离子亲石元素 Rb、Ba 与 MORB 含量大致接近，Sr 表现为弱的亏损；高场强元素 Nb、Ta、Zr 元素与 MORB 接近，其余元素不同程度略具亏损或富集，其他元素均亏损；相容元素则表现为富集，且 Ni、Cr 富集程度相同，比高场强元素 Nb、Ta 略高，总体为一条在 P、Zr、Hf 处略低的平缓曲线。基性岩 MORB 曲线与超基性岩相似，但总体上不相容元素大离子亲石元素、高场强元素富集程度较超基性蛇纹岩为高，相容元素 Ni、Cr 则较超基性岩-蛇纹岩为低，与 MORB 含量相近或低程度的亏损或富集。

表 3-26　康西瓦-苏巴什构造蛇绿混杂岩微量元素含量

送样号	岩石名称	Cu	Pb	Zn	Cr	Ni	Co	Li	Rb	W	Mo	Sb	Sr
D5201-GP1	枕状玄武岩	42.6	1.0	76.8	2 270	1 880	84.2	1.65	6.7	0.58	0.18	0.62	20.8
D5201-GP2	蚀变辉石岩	131.0	1.0	112	1 040	307	49.8	52.0	31.0	1.25	0.54	0.14	274
D5201-GP3	辉石橄榄岩	31.6	11.4	60.0	1 350	2 310	114	0.4	5.9	0.42	0.54	0.86	7
D5201-GP4	灰岩	4.7	1.7	34.6	20	11	1.1	2.7	24.5	1.04	0.23	0.08	237
D5201-GP5	绿泥石英构造片岩	60.2	12.8	136	99	52	18.0	16.8	109	0.42	5.26	0.82	37
D5201-GP6	辉绿岩	61.6	1.0	83.6	278	102	33.9	13.3	13.2	0.10	0.18	0.32	236
D5201-GP7	橄榄辉石岩	9.4	1.0	77.9	2 380	2 060	87.5	3.4	5.2	0.21	0.18	0.01	28
D5201-GP8	橄榄蛇纹岩	1.0	1.0	49.6	2 870	1 550	88.3	0.5	5.9	0.21	0.36	0.01	4.67
D5201-GP9	辉绿岩	57.7	1.0	90.2	264	106	38.9	10.5	12.6	0.21	0.23	0.01	155
D5201-GP10	辉长岩	1.0	1.0	68.6	2 370	151	34.6	4.0	7.9	0.47	0.30	0.25	203
D5201-GP11	辉长岩	43.0	0	83.8	131	47	35.7	7.2	14.4	0.11	0.23	0.18	183
平均值		40.4	3.0	79.4	1 188	780	53.3	10.2	21.5	0.46	0.75	0.30	126
世界基性岩(维氏,1962)		100.0	8.0	130	200	160	45	15	45	1	1.40	1.00	440

送样号	岩石名称	Ba	Sc	Nb	Ta	Zr	Hf	Ga	Au	Ag	U	Th	P
D5201-GP1	枕状玄武岩	26.3	9.2	1.2	0.50	35.5	1.49	13.4	4.35	0.12	1.39	2.81	0.005
D5201-GP2	蚀变辉石岩	598.0	68.8	38.9	2.86	97.9	3.5	27.8	12.40	0.15	1.08	15.40	0.084
D5201-GP3	辉石橄榄岩	17.0	4.4	1.2	0.58	43.6	1.55	8.9	3.15	0.06	1.24	2.34	0.004
D5201-GP4	灰岩	80.9	2.3	5.1	0.52	36.2	1.55	3.2	0.25	0.04	0.93	8.45	0.017
D5201-GP5	绿泥石英构造片岩	795.0	16.9	11.3	1.06	142.0	4.56	23.6	4.45	0.36	0.93	18.00	0.057
D5201-GP6	辉绿岩	72.2	37.2	5.0	0.50	85.1	2.68	24.3	1.30	0.05	1.08	19.40	0.071
D5201-GP7	橄榄辉石岩	24.2	9.8	0.7	0.50	31.7	1.52	10.3	2.50	0.02	1.08	3.88	0.004
D5201-GP8	橄榄蛇纹岩	17.2	5.0	1.4	0.50	37.1	1.94	16.1	40.40	0.04	0.78	10.60	0.006
D5201-GP9	辉绿岩	112.0	42.2	9.3	1.25	90.9	3.17	29.1	2.40	0.03	1.08	15.00	0.068
D5201-GP10	辉长岩	29.4	60.2	3.0	0.50	39.7	0.94	18.9	1.48	0.03	0.93	3.34	0.006
D5201-GP11	辉长岩	119.0	48.9	9.7	1.43	96.7	3.68	18.8	0.80	0.04	1.39	11.20	0.084
平均值		172.0	27.7	7.9	0.93	67.0	2.42	17.7	6.68	0.08	1.08	10.00	0.040
世界基性岩(维氏,1962)		300.0	24.0	20.0	0.48	100.0	1.00	18.0	4.00	0.10	1.5	3.00	1 400

注：样品由宜昌地质研究所西南岩矿测试中心测试分析；元素含量单位$\times10^{-6}$，其中 Au 元素含量单位为$\times10^{-9}$

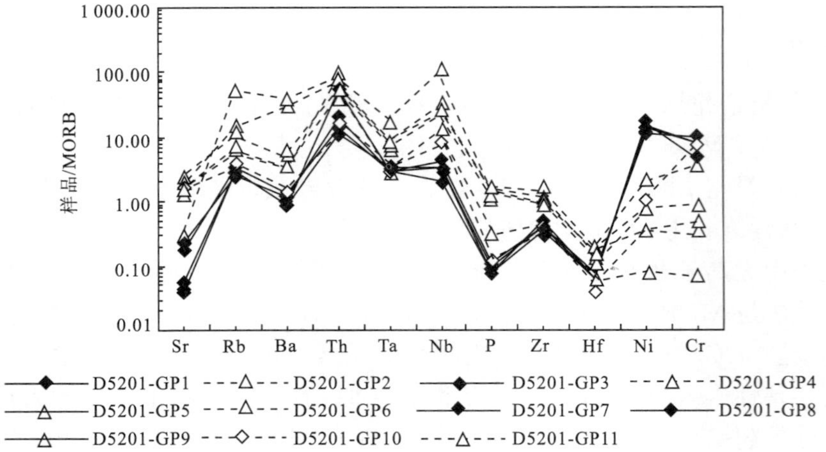

图 3-54　康西瓦-苏巴什蛇绿混杂岩微量元素 MORB 标准化蛛网图

以上超基性岩、基性岩相似的微量元素 MORB 标准化蛛网曲线及较高的微量元素含量说明其有内在的成因联系，反映其来源于富集地幔，蛇绿岩中超基性岩、基性岩微量元素特别是相容元素 Ni、Cr 元素总体上比较接近，富集、亏损程度不大，说明其熔融程度不高。

上述康西瓦-苏巴什蛇绿岩岩石地球化学特征与典型的 N-MORB 型蛇绿岩虽有一定差异，但差异不大，其岩浆源于富集地幔，为残留的大洋残片。

四、构造环境及时代

康西瓦-苏巴什蛇绿岩中超基性岩、基性岩、火山岩为碱性系列的岩石，说明其处于张性构造环境，蛇绿岩中镁极度富集、FeO^*/MgO 比值较高，岩浆起源于富集地幔，超基性岩、基性岩稀土元素球粒陨石模式多为平坦型或轻稀土元素略微富集的平坦型，与洋中脊玄武岩(E-MORB)稀土元素模式曲线相似，蛇绿岩中相容元素含量与 MORB 比较，其含量接近或低程度富集，在 $P_2O_5-TiO_2$ 图解(图 3-55)上落入洋脊玄武岩区(MORB)，上述康西瓦-苏巴什蛇绿岩岩石学、岩石地球化学特征与洋脊玄武岩(MORB)相似，为残留的洋壳残片，属蛇绿岩套的组成部分。

利用 $FeO^*-MgO-Al_2O_3$ 图解(图 3-56)判别，柳什塔格火山岩有 2 个样品落入洋中脊或洋岛区，2 个样品落入造岩带区；利用 $TiO_2-MnO\times10-P_2O_5\times10$(图 3-57)判别，有 1 个样品落入洋岛

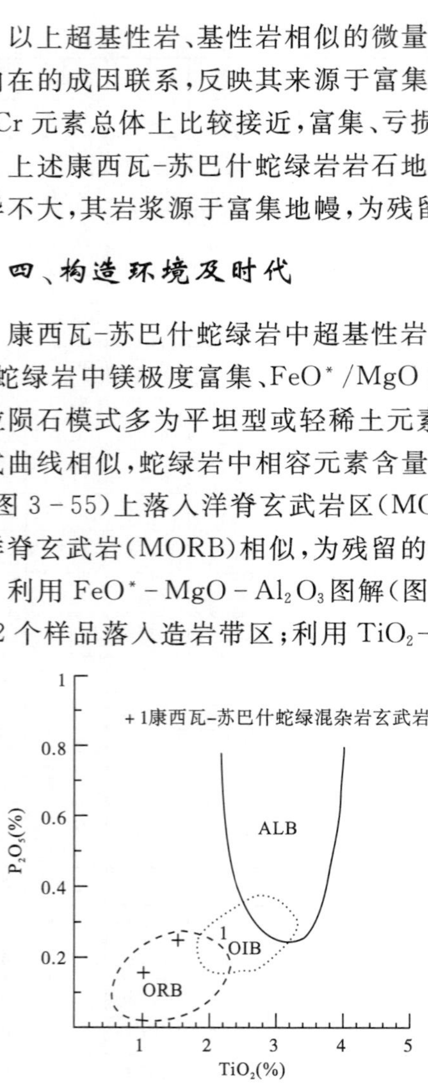

图 3-55　康西瓦-苏巴什蛇绿混杂岩玄武岩 $P_2O_5-TiO_2$ 图解

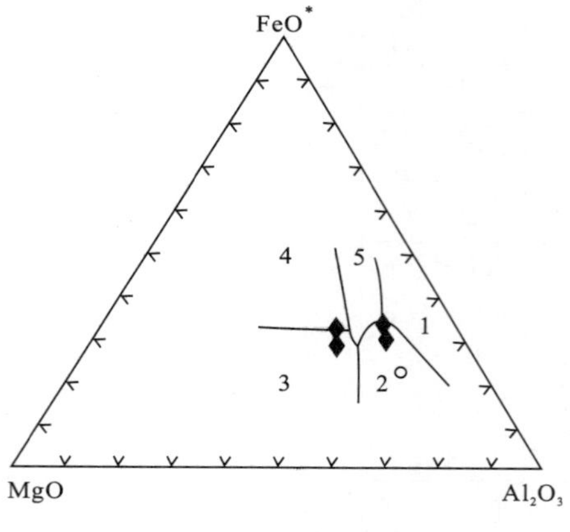

图 3-56　$MgO-FeO^*-Al_2O_3$ 图解
(Pearce，1977)
1. 扩张性中央岛；2. 造山带；3. 洋中脊或洋底；4. 大洋岛；5. 大陆

碱性玄武岩区外，另外3个样品均落入岛弧拉斑玄武岩区。柳什塔格玄武岩稀土元素球粒陨石配分型式主要为轻稀土元素低程度富集的平坦性，与大洋脊玄武岩近似。柳什塔格火山岩主体为一套拉斑玄武岩系列中—基性的火山岩，上部层位少量深水沉积岩，主要是硅质岩及砂岩。火山岩的岩石地球化学特征表明其主要来源于地幔玄武岩浆，但岩石中没有铁镁质、超铁镁质岩石，说明其形成于拉张环境下的不成熟的洋壳及洋岛环境。

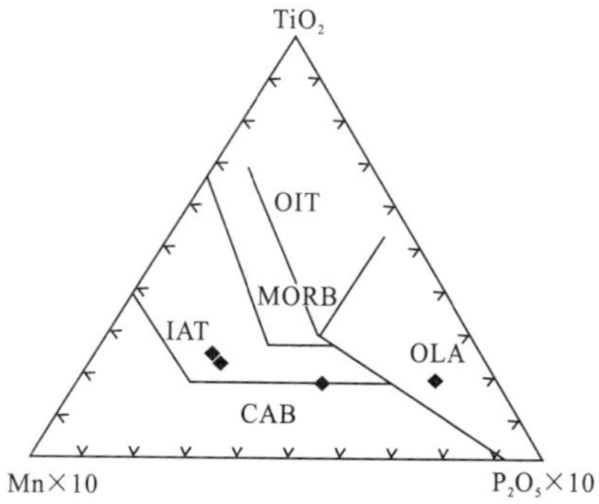

图 3-57　TiO_2 - Mn×10 - P_2O_5×10 构造环境判别图

OLA. 洋岛碱性玄武岩；IAT. 岛弧拉斑玄武岩；OIT. 洋岛玄武岩；CAB. 岛弧钙碱性玄武岩

康西瓦-苏巴什构造蛇绿混杂岩在东邻伯力克幅1：25万区调时，在与蛇绿岩相关的沉积硅质岩、硅质灰岩中采集到大量放射虫化石，其中，苏巴什东约2km处主要放射虫为：*Albaillella asymmetrica* Ishiga and Imoto，*Albaillella* sp.，*Follicucullus scholasticus*，*Psedoalbaillella elongata* Ishiga and Imoto，*Psedoalbaillella* sp. A of Ishiga and Imoto，时代为中二叠世；苏巴什南约3km处采获的放射虫主要有：*Albaillella* cf. *Cartalla* Oymiston，*A. deflandrei* Gouymelon，*A. paradoxa* Deflandre，*Albaillella* sp.，*Scharfenbergia* cf. *Plenospongiosa* Won，时代为早石炭世。在硅质灰岩及所夹硅质岩中采获大量放射虫，主要有：*Albaillella* cf. *Brushensis* Cheng，A. cf. *macrocephalata* Cheng，A. aff. *nigriniae* Cheng，A. *Procera* Cheng，A. cf. *spinosa* Cheng，*A. tumida* Cheng，*A.* cf. *tumida* Cheng，*A. unusalata*；*Albaillella* sp.，*Astroentactinia*? sp.，*Callella* sp.，*Pseuoalbaillella* aff. annulata，*P. nodosa* Ishga，*P.* cf. *u-forma* Holdsworth and Jones，*Pseuoalbaillella* sp.，*Spongentactinella* sp.，*Srakaeopshera*? sp.，时代为晚石炭世切斯特期—莫若望期，含六射海绵骨针 *sponge spicul*，反映其为半深海沉积环境。在阿什库勒盆地东南侧阿克苏河南蛇绿混杂岩带中的硅质岩中（南带）采获放射虫，时代为早二叠世。

这些化石明确说明了康西瓦-苏巴什蛇绿岩的时代为石炭纪—中二叠世，综合结合带两侧俯冲-碰撞型花岗岩及二叠纪卡拉勒塔什群岛弧火山岩，说明了康西瓦-苏巴什蛇绿岩所代表的洋盆在二叠纪开始发生俯冲消减，二叠纪末两侧陆块发生碰撞。

2000—2003年陕西省地质调查院韩芳林等在于田县幅1：25万区域地质调查工作时，在新疆于田县阿羌乡苏巴什北3km处柳什塔格玄武岩中获（563±48）Ma的全岩Rb-Sr等时线年龄值，代表了其喷出年龄，说明其时代为晚震旦世。

因此，康西瓦-苏巴什蛇绿岩可能在晚震旦世已经存在，在石炭纪得到进一步的扩张，洋盆于二叠纪末闭合，即康西瓦-苏巴什蛇绿岩形成于晚震旦世—二叠纪。

第四节　脉岩

图幅内脉岩不发育，规模较小，主要有石英脉、伟晶岩脉、细晶岩脉等。

一、石英脉

主要分布于下元古界埃连卡特岩群、长城系甜水海岩群及蓟县系桑株塔格岩群等中深变质岩之中，以灰白色石英脉为主，多数顺片理贯入，并与片理一同发生紧闭褶曲或形成无根褶皱。单个脉体规模一般不大，宽度1～20cm，延伸0.5～10m，但在岩石中呈不均匀状分布，局部成群出现，可占到岩石的10%～20%，个别地段可达30%以上，组成矿物以石英为主，含量大于90%。依据其变形特征推测该期石英脉为同构造产物，局部石英脉具铜矿化。根据石英脉的变形特征，其时代为前寒武纪。

二、伟晶岩脉

分布于大红柳滩—泉水沟一带的康西瓦断裂南侧的巴颜喀拉山岩群中，脉体成群成带出现，呈透镜状、串珠状产出，多数顺层侵入，脉宽几厘米到几百米，长几十米至几千米。由微斜长石及酸性斜长石、石英、云母和少量电气石、石榴子石组成。该脉中富含稀有金属(Li、Be 等)，局部已成矿。该脉成因与其附近的侏罗纪到白垩纪的二云二长花岗岩相关，表现出近岩体脉体密集、远离岩体则稀疏的特征。前人在该类脉体中取得 91Ma(白云母)、172Ma(黑云母)的地质年龄，时代为白垩纪和侏罗纪。

三、细晶岩脉

主要分布于大红柳滩地层小区的二叠系、三叠系地层区中，细晶岩脉侵入于黄羊岭群砂岩及巴颜喀拉山群之中。岩脉总体呈近北西西—南东东向展布，与区域构造线方向一致。岩脉规模：宽 1～10m，长十几米至几十米到近百米。具显微半自形粒状结构及细晶结构，块状构造。主要矿物组成：斜长石 60%～65%、钾长石 5%～10%、石英 25%～30%，黑云母、白云母少量。该岩脉与泉水沟花岗斑岩为同期岩脉，其形成时代为中上新世。

第四章 变质岩

第一节 概述

图区变质岩除前寒武纪变质地层变质较深外，其余地层均为浅变质或未变质地层。主要岩石类型为区域变质岩，其次为动力变质岩、接触变质岩。区域变质岩主要分布在昆中地层分区的下元古界双雁山片岩(Pt_1s)，中元古界赛图拉岩群(ChS)、桑株塔格岩群(JxS)、二叠系再依勒克组($P_{1-2}z$)和羌塘地层分区中元古界甜水海岩群(ChT)及河岔口石英岩(Jxqs)，上元古界肖尔克谷地岩组(Qnx)，古生界甜水湖组($\in t$)、冬瓜山群(OD)、温泉沟群(S_1W)、恰提尔群(C_2Q)、红山湖组(P_1^2h)、卡拉勒塔什岩群(PK)、黄羊岭群(PH)，中生界巴颜喀拉山群(TB)中。区域变质岩的主要变质期为晋宁期和印支期；动力变质岩主要分布于康西瓦结合带、泉水沟-郭扎错断裂带等区内几个大断裂带内；接触变质岩沿岩体与围岩的外接触带分布。

第二节 变质岩类型

一、区域变质岩

区域变质作用是测区主要变质作用类型，区域变质岩是图区主要变质岩类型，图区内主要为变质沉积岩、变质火山岩两大类。变质岩分类命名原则采用贺同兴等《变质岩石学》(1980)划分方案，并参考《变质岩区 1：5 万区域地质填图方法指南》的划分方案进行划分。依据变质变形程度划分为低级变质岩、中高级变质岩两类，依据原岩建造不同分别划分为泥质—长英质岩类、基性火山岩类和钙镁质变质岩类。图区变质程度较低，广泛分布泥质—长英质岩类的低级变质岩。

(一)低级变质岩类主要岩石类型及岩石学特征

1. 泥质—长英质岩类

主要岩石类型为板岩、千枚岩、变质砂岩、片岩等，广泛分布于康西瓦断裂以南的昆南、大红柳滩、甜水海 3 个地层分区。

1)板岩、千枚岩类

绢云母板岩　岩石呈深灰色，粒状—显微鳞片变晶结构，板状—平行状构造。主要矿物成分及含量：绢云母＞95%、石英＜5%。绢云母呈定向平行分布；石英呈粒状变晶。

细砂—粉砂质绢云母板岩　岩石呈灰—浅棕色，显微鳞片—不等粒状变晶结构，板状—平行状构造。主要矿物成分及含量:绢云母 45%～50%、绿泥石 5%～10%、斜长石 15%～20%、石英 20%～25%、黑云母 5%,副矿物为锆石、磷灰石、电气石等。绢云母和绿泥石定向平行分布,呈条带状相对集中;石英及长石为粒状变晶,多数小于 0.063mm。

含细砂—粉砂质绿泥绢云母板岩　岩石呈棕灰色,显微鳞片—不等粒状变晶结构,板状—平行状构造。主要矿物成分及含量:绢云母 20%～25%、绿泥石 15%～20%、斜长石 25%～30%、石英 25%～30%,副矿物为锆石、磷灰石、电气石等。绢云母和绿泥石定向平行分布,呈条带状相对集中;石英及长石为粒状变晶,多数小于 0.063mm。

粉砂质绢云母板岩　岩石呈灰—浅棕灰色,显微鳞片—粒状变晶结构、变余粉砂状结构,板状—平行状构造。主要矿物成分及含量:绢云母 55%～60%、绿泥石 3%～5%、长石+石英25%～30%、白云母<3%。绢云母和绿泥石显微鳞片变晶,定向平行分布;石英及长石为粒状变晶,多数小于 0.05mm。

绿泥绢云母板岩　岩石呈浅棕灰色,粒状—显微鳞片变晶结构、变余粉砂状结构,板状—次平行状构造。主要矿物成分及含量:绢云母>80%、绿泥石 10%～15%、石英<5%、长石<3%。绢云母和绿泥石呈定向平行分布,呈条带状相对集中;石英及长石为粒状变晶,多数小于 0.063mm。

泥质绿泥绢云母板岩　岩石呈棕灰色,显微鳞片变晶结构、变余泥质结构,板状—平行状构造。主要矿物成分及含量:绢云母 80%～85%、绿泥石 15%～20%,金属矿物小于 2%。绢云母和绿泥石为显微鳞片变晶,呈定向平行分布;金属矿物呈散点状分布。

泥质粉砂质绢云母板岩　岩石呈棕灰色,显微鳞片变晶结构、变余泥质粉砂质结构,板状—平行状构造。主要矿物成分及含量:绢云母+粘土矿物 50%～55%、长石+石英 35%～40%。绢云母为显微鳞片变晶,定向平行分布。

含碳绢云母板岩　岩石呈黑色,粒状—显微鳞片变晶结构,板状—平行状构造。主要矿物成分及含量:绢云母>80%、长石+石英 10%～15%、碳质物<5%。绢云母和绿泥石为显微鳞片变晶,呈定向平行分布;石英及长石为粒状变晶,多数小于 0.05mm;微量金属矿物呈散点状分布。

绿泥绢云母千枚岩　岩石呈浅绿灰色,粒状—显微鳞片变晶结构,千枚状构造。主要矿物成分及含量:绢云母 70%～80%、绿泥石 10%～15%、长石+石英 10%～15%、方解石<5%。绢云母和绿泥石为显微鳞片变晶,呈定向平行分布;石英及长石为粒状变晶,多数小于 0.05mm。

片状绿泥绢云母千枚岩　岩石呈浅棕灰—灰黑色,粒状—显微鳞片变晶结构,片状—千枚状构造。主要矿物成分及含量:绢云母 55%～65%、绿泥石 15%～20%、长石+石英 10%～15%、方解石 5%～10%、雏晶黑云母<10%。绢云母和绿泥石、黑云母为显微鳞片变晶,呈定向平行分布;石英及长石为粒状变晶。

绢云母千枚岩　岩石呈灰黑色,显微鳞片变晶结构,片状—千枚状构造。主要矿物成分及含量:绢云母>95%、绿帘石<5%。绢云母显微鳞片变晶,呈定向平行分布;绿帘石粒状变晶,多数小于 0.05mm。

2)变砂岩类

变细粒岩屑长石杂砂岩　岩石呈浅棕灰色,变余细粒砂状结构、显微鳞片—不等粒变晶结构,次平行状构造。碎屑成分及含量:石英 31%、斜长石 38%、黑云母+白云母 3%、岩屑 28%。副矿物<1%。填隙物为杂基,以绢云母及绿泥石为主,含量 35%。

变细粒长石杂砂岩　岩石呈浅棕色,变余细粒砂状结构、显微鳞片—不等粒变晶结构,次平行状构造。碎屑成分及含量:石英 55%、斜长石 38%、黑云母+白云母 4%、岩屑 3%。副矿物:锆石、磷灰石、电气石。填隙物为杂基,以绢云母及绿泥石为主,含量 30%。黑云母多被绿泥石、绢云母取代,斜长石绢云母化。

变钙质细粒长石砂岩　岩石呈浅灰色，变余细粒砂状结构、显微鳞片—粒状变晶结构，次平行状构造。碎屑成分及含量：石英55%、斜长石+钾长石35%、黑云母+白云母3%、岩屑7%。副矿物：锆石、磷灰石、电气石。填隙物及含量：杂基3%、含铁方解石40%。

变细粒石英砂岩　岩石呈浅灰色，变余细粒砂状结构、显微鳞片—粒状变晶结构，次平行状构造。碎屑成分及含量：石英94%、黑云母+白云母3%、岩屑3%。副矿物：锆石、磷灰石、电气石。填隙物：绢云母及绿泥石，含量5%。黑云母及白云母具定向分布。

变细粒岩屑石英砂岩　岩石呈浅棕灰色，显微鳞片—粒状变晶结构、变余细粒砂状结构，次平行状构造。碎屑成分及含量：石英80%、斜长石2%、黑云母3%、岩屑15%。副矿物：锆石、绿帘石。填隙物为杂基，以绢云母等粘土矿物为主，含量14%。斜长石绢云母化。

变细砂质长石粉砂岩　岩石呈浅灰色，变余细粒砂状结构、显微鳞片—不等粒状变晶结构，次平行状构造。碎屑成分及含量：石英52%、斜长石60%、黑云母+白云母5%、岩屑3%。副矿物：锆石、磷灰石、电气石。碎屑物具定向排列。黑云母多被绿泥石、绢云母取代，斜长石绢云母化普遍。

变长石粉砂岩　岩石呈深灰色，显微鳞片—粒状变晶结构、变余粉砂状结构，平行状—板状构造。碎屑成分及含量：石英58%、斜长石35%、黑云母5%、白云母2%。副矿物<1%。填隙物为杂基，含量20%。碎屑粒度一般为0.063～0.003 9mm。

变泥质含细砂长石粉砂岩　岩石呈深棕灰色，显微鳞片—不等粒状变晶结构、变余细砂状—粉砂状结构，平行状—板状构造。碎屑成分及含量：石英56%、斜长石38%、黑云母+白云母3%。副矿物：锆石、磷灰石、电气石。填隙物为杂基，以绢云母及绿泥石为主，含量40%。碎屑粒度一般为0.063～0.003 9mm。斜长石绢云母化及高岭土化。

3)片岩类

绢云母片岩　岩石呈灰黑色，粒状—显微鳞片变晶结构，片状构造。主要矿物及含量：绢云母>85%、石英<10%，长石少量。片状矿物具定向分布。

长石绢云母片岩　岩石呈浅棕色，粒状—显微鳞片变晶结构，片状构造。主要矿物及含量：绢云母55%、石英25%～30%、斜长石10%～15%、雏晶黑云母5%～10%。片状矿物具定向分布。

含铁碳质绢云母片岩　岩石呈浅棕灰色，粒状—显微鳞片变晶结构，片状构造。主要矿物及含量：石英60%～65%、绢云母25%～30%、碳质<5%。副矿物：电气石及少量金属矿物。绢云母具定向分布，铁碳质物及金属矿物断续条纹状定向分布。

绢云石英片岩　岩石呈浅棕灰色，粒状—显微鳞片变晶结构，片状构造。主要矿物及含量：石英60%～65%、绢云母20%～25%、斜长石5%～10%、绿泥石5%～10%。副矿物：微量金属矿物、电气石、锆石。片状矿物具定向分布。

含碳绢云母石英片岩　岩石呈浅棕色，粒状—显微鳞片变晶结构，片状构造。主要矿物及含量：绢云母>70%、石英20%～25%、铁碳质<5%。绢云母具定向分布，铁碳质物及金属矿物断续条纹状定向分布。

含长石绢云石英片岩　岩石呈浅棕色，粒状—显微鳞片变晶结构，片状构造。主要矿物及含量：石英60%～65%、绢云母20%～25%、长石10%～15%。副矿物：少量金属矿物、电气石、锆石、榍石。

含铁白云石绢云石英片岩　岩石呈浅肉红色，显微鳞片—不等粒状变晶结构，片状构造。主要矿物及含量：石英45%～50%、绢云母20%～25%、含铁白云石20%～25%、长石5%～10%。副矿物：少量金属矿物、电气石、锆石、磷灰石。

2. 中—基性火山岩类

变质中—基性火山岩在图区内分布较少，主要出现于二叠系黄羊岭群及卡拉勒塔什群中，变质程度浅。

变杏仁状玄武岩　岩石呈绿灰色，斑状结构，基质具变余填间结构，杏仁状—块状构造。主要矿物及含量：斜长石 60%～65%、玻璃质及脱玻化物 35%～40%。副矿物：微量金属矿物、磷灰石。次生矿物：方解石、钠长石、绿泥石、石英。斑晶为斜长石，含量 25%～30%。斜长石被方解石、钠长石、绿泥石等矿物取代，气孔被次生矿物充填。

变安山岩　岩石呈浅灰绿色，显微鳞片—不等粒变晶结构、变余斑状结构，基质具变余交织结构，次平行构造。主要矿物及含量：斜长石(绢云母化)＞80%、黑云母(绿泥石化)15%～20%。副矿物为微量金属矿物。次生矿物：绢云母、绿泥石、方解石。斑晶为斜长石及黑云母(绿泥石化)，含量10%～15%。斜长石被绢云母、方解石取代。

含硬绿泥石绢云绿泥片岩　岩石呈棕色，粒状—显微鳞片变晶结构，片状构造。主要矿物及含量：绢云母 25%～30%、石英 25%～30%、绿泥石 40%～45%、硬绿泥石＜5%。副矿物为少量金属矿物。硬绿泥石呈条状及放射状，粒径＜0.3mm×0.05mm。片状矿物具定向分布。

斜长绢云绿泥片岩　岩石呈灰绿色，显微鳞片—不等粒状变晶结构、变余凝灰结构，片状构造。主要矿物及含量：斜长石 20%～25%、方解石 15%～20%、绿泥石 30%～35%、绢云母 15%～20%、石英＜5%、金属矿物 5%～10%。片状矿物具定向分布。

砂状碎屑有石英岩、泥岩、基性熔岩及斜长石。

3. 钙镁质岩类

钙镁质岩类在图区内分布较少，主要分布于甜水海地层分区甜水海岩群、肖尔克谷地岩组、冬瓜山群、恰提尔群和红山湖组，在大红柳滩地层分区黄羊岭群有少量出现。

细晶白云质灰岩　岩石呈浅棕灰色，细晶结构，块状构造。主要矿物及含量：方解石 70%～75%、白云石 25%～30%、石英＜1%。方解石、白云石粒度多数为 0.05～0.25mm。

微晶灰岩　岩石呈浅棕灰色，微晶结构，块状构造。主要矿物及含量：方解石＞95%，少量金属矿物。方解石粒径多数为 0.01～0.005mm。

粉晶灰岩　岩石呈浅灰色，粉晶结构，块状构造。主要矿物及含量：方解石＞95%、白云石＜5%。方解石粒径多数为 0.01～0.05mm。

变粉砂质粉晶灰岩　岩石呈浅棕灰色，显微鳞片—粒状变晶结构、变余粉砂状粉晶结构，次平行构造。主要矿物及含量：方解石 55%～60%、石英 25%～30%、斜长石 10%～15%、绢云母＜5%。副矿物：微量金属矿物、电气石、锆石。片状矿物具定向分布，方解石、石英及斜长石粒状变晶，粒径多数小于 0.063mm。

粉晶白云岩　岩石呈浅灰白色，变晶结构、粉晶结构，块状构造。主要矿物及含量：白云石＞98%。白云石粒径为 0.01～0.05mm，个别达 0.15mm。

细晶白云质灰岩　岩石呈浅棕灰色，细晶结构，块状构造。主要矿物及含量：方解石 70%～75%、白云石 25%～30%、石英＜1%。方解石、白云石粒度多数为 0.05～0.25mm。

含细砂粉—细晶白云岩　岩石呈浅灰白—白色，粗—中晶结构、变余细砂状粉—细晶结构，块状构造。主要矿物及含量：方解石＞50%、白云石 30%～35%、石英 5%～10%、长石 2%～5%。方解石粒径为 0.05～3.5mm。

亮晶砂屑白云岩　岩石呈棕灰色，亮晶砂屑结构，块状构造。主要矿物及含量：白云石＞95%、石英＜2%，少量金属矿物。砂屑粒度为 0.05～0.4mm，含量为 55%～60%。砂屑间胶结物为亮晶白云石，粒径为0.01～0.05mm。

含砂屑细砂质粉晶白云岩 岩石呈灰黑色，含砂屑细砂质粉晶结构，块状构造。主要矿物及含量：白云石＞85%、石英10%～15%、长石＜5%，少量金属矿物。方解石、白云石粒径为0.01～0.05mm。

重结晶含生物碎屑砂屑白云岩 岩石呈灰黑色，细晶结构，块状构造。主要矿物及含量：白云石＞90%、方解石3%～5%、石英＜5%。砂屑粒度为0.05～0.5mm，含量为55%～60%，生物碎屑为5%～10%。胶结物为亮晶白云石及重结晶白云石。

大理岩化粉晶白云岩 岩石呈浅灰白色，显微鳞片—不等粒变晶结构、变余粉晶结构，块状构造。主要矿物及含量：白云石＞85%、石英5%～10%、白云母＜5%。白云石粒径为0.01～0.05mm，石英粒径为0.05～0.6mm。部分白云石呈团块集中分布，伴生石英及白云母。

（二）中、高级变质岩类主要岩石类型及岩石学特征

中、高级变质岩类在图区内分布较少，主要分布于康西瓦断裂以北的双雁山片岩、赛图拉岩群、桑株塔格岩群、羌塘地层区甜水海岩群中。主要岩石类型有片岩类、粒岩类、片麻岩类、斜长角闪岩类和大理岩类等。各岩石类型及岩石学特征分述如下。

1. 泥质—长英质岩类

1）片岩类

斜长二云石英片岩 岩石呈浅棕灰色，显微鳞片—粒状变晶结构，片状构造。主要矿物及含量：石英55%～60%、斜长石10%～15%、白云母15%～20%、黑云母＋绿泥石10%～15%。副矿物：微量金属矿物、电气石。片状矿物具定向分布。

白云透闪石英方解石片岩 岩石呈浅棕灰色，显微鳞片纤柱状—不等粒状变晶结构，片状构造。主要矿物及含量：方解石65%～70%、石英10%～15%、透闪石＜1%、白云母＜1%。副矿物：微量金属矿物。透闪石呈纤柱状变晶，定向分布。

云母方解石英片岩 岩石呈浅棕灰色，显微鳞片—粒状变晶结构，片状构造。主要矿物及含量：石英55%～60%、方解石30%～35%、斜长石5%～10%、黑云母10%～15%、白云母5%～10%。副矿物：微量金属矿物、锆石、电气石。片状矿物具定向分布。

含硬绿泥石绢云石英片岩 岩石呈棕黑色，显微鳞片—粒状变晶结构，片状构造。主要矿物：石英＞65%、绢云母20%～25%、雏晶黑云母5%～10%、硬绿泥石＜5%，微量金属矿物。片状矿物具定向分布。

黑云石英方解石片岩 岩石呈浅棕褐色，显微鳞片—粒状变晶结构，片状构造。主要矿物及含量：石英35%～40%、方解石35%～40%、黑云母20%～25%，少量金属矿物。方解石及石英呈粒状变晶，粒径为0.05～0.25mm。

2）片麻岩类

二云斜长片麻岩 岩石呈浅棕灰色，显微鳞片—不等粒状变晶结构，片麻状构造。主要矿物及含量：斜长石35%～40%、石英20%～25%、钾长石10%～15%、黑云母20%～25%、白云母＜10%。副矿物：微量金属矿物、锆石。斜长石、钾长石、石英呈不等粒变晶，粒径0.5～2mm，片状矿物呈断续条纹定向平行分布。

黑云斜长片麻岩 岩石呈褐灰色，显微鳞片—不等粒状变晶结构，片麻状构造。主要矿物及含量：斜长石45%～50%、石英15%～20%、钾长石5%～10%、黑云母25%～30%、白云母3%～5%。副矿物：微量金属矿物、锆石、绿帘石。斜长石、钾长石、石英呈不等粒变晶，粒径为0.5～1mm，片状矿物呈断续条纹定向平行分布。

3)粒岩类

石英岩　岩石呈浅灰棕色,显微鳞片—粒状变晶结构,次平行状构造。主要矿物及含量:石英>80%、斜长石5%~10%、方解石<3%、绿泥石<5%。副矿物:微量金属矿物、电气石、锆石。石英、长石及方解石为粒状变晶,粒径小于0.063mm。片状矿物具定向分布。

二云斜长石英岩　岩石呈浅棕灰色,显微鳞片—粒状变晶结构,细片麻状—平行状构造。主要矿物及含量:石英60%~65%、斜长石15%~20%、白云母10%~15%、黑云母+绿泥石5%~10%。副矿物:微量金属矿物、电气石、锆石。石英及斜长石呈不等粒变晶,粒径为0.1~0.5mm,部分斜长石发生绢云母化。片状矿物具定向分布。

含铁碳酸盐石英岩　岩石呈浅棕灰色,显微鳞片—粒状变晶结构,次平行状—块状构造。主要矿物及含量:石英>80%、白云母5%~10%、含铁碳酸盐10%~15%。副矿物:微量金属矿物、磷灰石、锆石。石英粒状变晶,粒径为0.05~0.25mm,含铁碳酸盐岩呈团块状相对集中分布。

白云石英岩　岩石呈浅棕灰色,显微鳞片—粒状变晶结构,平行状构造。主要矿物及含量:石英>80%、白云母10%~15%。副矿物:微量金属矿物、电气石、锆石、榍石。石英粒状变晶,粒径为0.05~0.25mm。

长石方解石英岩　岩石呈浅灰色,显微鳞片—粒状变晶结构,次平行状构造。主要矿物及含量:石英>70%、白云母<5%、方解石10%~15%、斜长石5%~10%、钾长石<5%。副矿物:微量金属矿物、电气石、锆石。石英、长石及方解石为粒状变晶,粒径为0.05~0.25mm。

黑云方解石英岩　岩石呈浅灰色,显微鳞片—粒状变晶结构,平行状构造。主要矿物及含量:石英50%~55%、方解石30%~35%、黑云母10%~15%、白云母<5%。副矿物:微量金属矿物、电气石、锆石、磷灰石。方解石及云母矿物分别呈条纹状相对集中分布。

含方解石白云石石英岩　岩石呈浅灰色,显微鳞片—等轴粒状变晶结构,次平行状构造。主要矿物及含量:石英>65%、方解石5%~10%、绢(白)云母5%~10%、含铁白云石10%~15%,少量金属矿物。方解石呈团块状、条带状相对集中分布。

2. 基性火山岩类

角闪斜长片麻岩　岩石呈深灰色,柱状—不等粒状变晶结构,片麻状构造。主要矿物及含量:斜长石55%~60%、角闪石40%~45%。副矿物:微量金属矿物、磷灰石。斜长石呈不等粒变晶,粒径为0.2~0.5mm,角闪石呈柱状变晶,粒径为0.5~1mm,呈断续条纹定向平行分布。

斜长角闪岩　岩石呈深灰色,柱状—粒状变晶结构,片状构造。主要矿物及含量:角闪石50%~55%、斜长石40%~45%、绿帘石<5%。副矿物:微量金属矿物、磷灰石、榍石。角闪石呈柱状变晶,粒径为0.1~0.5mm;斜长石呈不等粒变晶,粒径小于0.4mm,具定向平行分布。

3. 钙镁质岩类

图区分布很少,主要分布于甜水海岩群中。

大理岩　岩石呈灰白色,粒状变晶结构,细条纹状—平行状构造。主要矿物及含量:方解石>85%、石英<5%,少量金属矿物。方解石及石英为粒状变晶,具明显压扁拉长定向分布。方解石粒径为0.5~1.6mm,石英粒径为0.3~1.6mm。

二、动力变质岩类型

动力变质岩是各种岩石受动力变质作用的产物,与断层作用密切相关。依据其不同构造层次的成因机制及构造变形变质特征的差异,划分为碎裂岩系列和糜棱岩系列,分别相当于浅部脆性断层和较深部剪切带中剪切运动的产物,也称其为构造岩。

（一）碎裂岩系列

分布于图区内脆性断层带中。常见有构造角砾岩、碎裂岩、碎斑岩、断层泥，不具流动构造。

1. 构造角砾岩

沿图区各脆性断裂带分布，具角砾状结构，次生蚀变多为炭化。角砾砾径大小不等，多呈棱角状、次棱角状杂乱分布，定向性差。角砾成分与断层所切的原岩一致，有各类泥质—长英质岩、碳酸盐岩、花岗岩、基性—酸性脉岩等。在挤压、张裂和剪切应力作用下，原岩破碎成大小不等的岩块。充填物（胶结物）为原岩经断层作用压碎碾磨后的细粒物和次生的碳酸盐、铁质、硅质和钠长石等化学物质。

2. 断层泥

断层泥是由于沿断层的强烈研磨，使原岩搓碎成膏泥状物质。主要分布于图区各脆性断裂带中，断层泥中可见碎块，含量小于30%，常富含碳质而呈深灰—黑色，在灰岩近地表的断裂中，常为红色或黄色粘土。总体上，断层泥中的铁质、碳质及粘土矿物比原岩显著增加。

3. 碎裂岩

它是图区内脆性剪切破裂带中常见的构造岩。岩石受到应力作用时产生的脆性破裂，以压碎作用为主，不具定向构造，充填物为方解石脉、石英脉或绿泥石化、绿帘石化蚀变岩等。碎块含量大于50%，沿剪裂面破裂，石英出现波状消光，长石晶体断裂，双晶面曲等现象。岩石呈碎裂结构，块状构造。次生蚀变绢云母化、绿泥石化、碳酸盐化、沸石化、硅化。常见岩石有长英质碎裂岩、花岗质碎裂岩、灰质白云质碎裂岩等。

4. 碎斑岩

其常发育于图区内刚性岩石的破碎带中，以碎裂作用程度较强为主，具碎斑结构。其岩石以长英质碎斑岩为主。长英质碎斑岩呈浅灰色，碎斑结构、不等粒变晶结构，块状构造。主要矿物成分为石英、长石等。碎斑成分为石英及斜长石，斑晶粒径为0.1～0.5mm，少数为0.5～1mm。基质为细粒化石英和斜长石，粒径一般小于0.1mm。

（二）糜棱岩系列

糜棱岩分布于图区内不同尺度的各韧性剪切变形带中，是地壳中深层次韧性剪切构造作用的产物。宏观上这类岩石面状构造发育，常具明显的带状、眼球状纹理构造，发育拉伸线理及各种塑性流动构造；微观上矿物因塑性变形易发生细粒化、波状消光，在薄片中常见石英具丝带构造和拔丝构造或核幔构造等。按糜棱岩化的程度划分为糜棱岩化岩石类、初糜棱岩类、糜棱岩类。

1. 糜棱岩化岩石类

该岩类主要分布于图区内脆韧性剪切带中。糜棱岩化岩石普遍遭受脆韧性剪切变形作用，糜棱岩化程度较弱。岩石中残斑（碎块）含量高，一般大于85%，基质含量相应较低。岩石中石英、长石等粒状矿物细粒化重结晶，具波状消光，发育拔丝构造、拉伸线理。宏观上具条纹状、条带状构造，石英、长石及方解石等浅色矿物分泌脉体呈透镜状、条带状糜棱面理分布，或呈旋转团块，具有运动学意义。总体上，初糜棱岩变形不甚明显，矿物定向性差，原岩矿物成分和结构构造基本保留，属变形层次较浅的脆韧性过渡类型。

主要岩石类型有糜棱岩化大理岩、糜棱岩化花岗岩、糜棱岩化石英岩、长英质初糜棱岩、花岗质初糜棱岩等。

糜棱岩化大理岩　具糜棱结构、不等粒变晶结构，均具条纹状构造。主要组成矿物为方解石，含量大于85%，其次为石英及斜长石。方解石在残斑中大于60%、基质中小于40%。残斑呈眼球状或小透镜状定向排列，细粒化方解石呈条纹状包绕残斑。

长英质初糜棱岩　矿物组成主要有粒状斜长石、石英，含量大于80%，次为黑云母、白云母，含量大于20%。岩石变形特征明显，但仍有小于50%的原岩矿物未变形而被保留下来，镜下长石显示了脆性变形特征，晶体断裂，显微张裂隙发育，具强波状消光，斜长石双晶弯曲；部分长石边缘有轻度的细粒化，有些细粒化已退变为绢云母，石英呈强塑性变形，由于晶内滑移，过量的错位引起晶格弯曲，因而出现强波状带状消光，并具明显的缎带石英。

2. 糜棱岩类

主要分布在不同尺度的韧性剪切带中。岩石类型以长英质糜棱岩、碳酸盐岩糜棱岩为主，发育在中深层次，发育透入性糜棱面理及流动构造，碎斑含量少，圆化程度高，同构造重结晶作用明显，岩石粒度减小。

长英质糜棱岩　岩石多呈浅灰—灰色，糜棱结构、显微鳞片变晶结构，条纹状、片状、千枚状构造。由残斑和基质两部分组成，残斑含量30%～50%，基质含量50%～70%，碎斑粒径多数1～4mm，基质粒径0.02～0.6mm。主要矿物成分为石英、长石、云母等矿物。长石、石英碎斑部分呈眼球状，少数斜长石碎斑呈半自形板状，具明显的显微碎斑结构，晶体中显微裂隙发育，普遍呈强不均匀消光，有些长石碎斑的双晶弯曲、折断，另一些有细粒化，还有一些受剪切构造破碎后沿节理呈叠瓦状构成明显的书斜构造。石英发生了强烈的晶内滑移，拉长成带状，长宽比一般为10∶1，具强波状消光，有些可见到核幔构造。常见岩石有花岗质糜棱岩、斜长角闪质糜棱岩、长英质糜棱岩等。

碳酸质糜棱岩　岩石呈浅灰、灰白、棕灰色，糜棱结构、显微鳞片—粒状变晶结构，条纹状构造。主要矿物组成为方解石、白云石，次为石英、斜长石、绢(白)云母。岩石由残斑和基质两部分组成，残斑含量20%～30%，最高40%。方解石(白云石)残斑呈扁豆状或眼球状定向排列，由于动态重结晶，残斑周围有细小的波状消光的方解石亚晶粒构成核幔构造，残斑边缘呈锯齿状边界，个别残斑有旋转现象。基质为方解石和极少数的石英，总含量60%～80%，细粒化方解石、石英静态重结晶，构成条纹状定向平行分布，具波状消光，基质包围和绕过残斑呈流动构造、糜棱构造。绢云母为显微鳞片变晶，呈断续条纹状定向平行分布。

三、接触变质岩

图区接触变质岩出露较少，集中分布在古—中生代几个较大岩基的外接触带。图区接触变质岩主要与早古生代、晚古生代中酸性侵入岩体关系密切，变质地层主要为中上元古界—中生界地层，沿侵入岩体周边形成规模不等的接触变质岩石。

依据矿物组合与组构特征，本区划分出热接触变质岩和接触交代变质岩，以热接触变质岩为主。主要岩石类型如下：

角岩类(包括角岩化岩石)　区内角岩化岩石主要有角岩化粉砂质板岩、角岩化石英粉砂岩、斑点状板岩。该类变质岩石原岩待征基本保留，矿物未发生重新组合。颜色一般为灰—深灰色，角岩结构为斑状变晶结构，片状、条带状构造。主要变质矿物组合为石榴子石＋黑云母＋绿帘石＋绿泥石。变质原岩多为泥质粉砂岩。

大理岩类　岩石有透闪石大理岩、石英大理岩等。颜色呈灰—灰白色，粒状变晶结构、柱状—细粒变晶结构和鳞片粒状变晶结构，块状构造、平行状构造。变质矿物组合为方解石＋透闪石＋透辉石＋斜长石＋黑云母＋石墨。原岩一般为泥灰岩、泥质碳酸盐岩和钙质砂岩。该类岩石主要分布在侵入体与碳酸盐岩建造地层外接触带。

接触交代变质岩　该岩位于图区中酸性侵入岩体与灰岩、白云岩的接触带上，宽度几米到十几米，多叠加于区域变质岩和动力变质岩之上。角闪石呈针状，长轴斜交片理。主要岩石有透闪透辉石矽卡岩、透闪透辉石榴矽卡岩、绿帘石榴透辉石矽卡岩等，颜色呈灰—灰褐色，纤维—粒状变晶结构、不均匀粒状变晶结构，块状、斑杂状构造。变质矿物组合为透辉石＋方柱石＋石榴子石＋方解石＋斜长石＋石英。一般表现为程度不同的碳酸盐化、硅化、石英钠长石化、绿帘石化、绿泥石化、透闪石化、黄铁矿化和绢云母化等，大部分蚀变岩残留了原岩的矿物和组构，但也有一些蚀变岩石原岩矿物和组构全被改造。

第三节　原岩恢复

图区内主要分布大面积的低级变质岩系，变形变质程度低，其原岩结构、构造基本保留。因此根据其野外产状、岩石组合及岩石结构构造可以恢复其原岩建造。此类岩石主要分布于包括昆南地层分区的卡拉勒塔什群、黄羊岭群、巴颜喀拉山群，甜水海地层分区的盖层岩系温泉沟群、冬瓜山群、甜水海岩群、恰提尔群、红山湖组。

分布于图区北部的前寒武纪褶皱基底岩系的中—深变质岩，其变质程度较深，包括古元古代双雁山片岩、长城系赛图拉岩群、蓟县系桑株塔格岩群。根据其野外产状、岩石组合及岩石结构构造和岩石地球化学特征等恢复其原岩建造。各地层单位原岩恢复分述如下。

一、昆南及北羌塘地层分区变质地层原岩恢复

(1)昆南地层分区的卡拉勒塔什群、黄羊岭群、巴颜喀拉山群以及甜水海地层分区的盖层岩系温泉沟群、冬瓜山群、红山湖群、恰提尔群、甜水海岩群，主要为浅变质的泥质岩—长英质岩类的变砂岩、板岩类，少量的钙镁质岩，在卡拉勒塔什群及黄羊岭群底部有变余中—基性岩火山岩类。此类岩石变形变质程度低，其原岩结构构造基本保留，因此根据其野外产状、岩石组合及岩石结构、构造完全可以恢复其原岩建造。在其岩石命名上，在原岩名称之前冠以“变余”二字。

对上述地层单位原岩建造在这里不再一一赘述。各岩石单位的岩石组合特征详见第二章地层。

(2)分布于甜水海地层分区前寒武纪地层长城系甜水海岩群、蓟县系河岔口石英岩、青白口系肖尔克谷地岩组，均为一套浅变质岩。原岩恢复分述如下：

青白口系肖尔克谷地岩组　主要为斜长绢云石英片岩、黑色含碳绢云石英片岩、绢云片岩、大理岩、白云岩等低级变质岩石类型。依据其地质产状、岩石组合特征和变余结构构造特征，其原岩为泥质岩—长石石英砂岩，局部夹碳酸盐岩。

蓟县系河岔口石英岩　主要为低级变质岩石类型，黑色含碳石英岩、黑色含碳片岩等。依据其地质产状、岩石组合特征和变余结构构造特征，其原岩应为一套石英砂岩夹泥质粉砂岩、泥质岩。

甜水海岩群　主要为低级变质岩石类型，为绢云石英片岩、含碳绢云石英片岩、含长石方解石英岩、硅化白云石英岩等，局部夹粉晶白云岩。其原岩为一套正常陆源碎屑沉积建造，为泥岩—砂岩类。在甜水海岩群的下部夹钠长绿泥方解石片岩、含硬绿泥石绢云绿泥片岩，岩石具变余基性凝灰结构，可见基性熔岩残斑，多为黑色玻质玄武岩或黑色玄武玻璃，多数变为绿泥石，其原岩为沉凝灰岩。

二、中昆南带地层分区变质原岩恢复

图区北部前寒武纪褶皱基底岩系中—深变质岩，其变质程度较深，包括古元古代双雁山片岩

组、长城系赛图拉岩群、蓟县系桑株塔格岩群。原岩恢复分述如下。

1. 原岩恢复

双雁山片岩 组成双雁山片岩的中、高级变质岩主要有黑云斜长片麻岩、二云斜长片麻岩及斜长角闪岩等。变质程度深，属低角闪岩相。

进一步利用(Al+Ti+Fe)-(Ca+MgO)图解(图4-1)恢复原岩，二云斜长片麻岩、黑云斜长片麻岩投影到杂砂岩-亚杂砂岩区，斜长角闪岩及角闪斜长片麻岩投影到玄武岩-玄武安山岩区。

利用[(al+fm)-(c+alk)]-Si图解(图4-2)恢复原岩，二云斜长片麻岩、黑云斜长片麻岩投影到泥岩-砂岩区，斜长角闪岩及角闪斜长片麻岩投影到火山岩区。

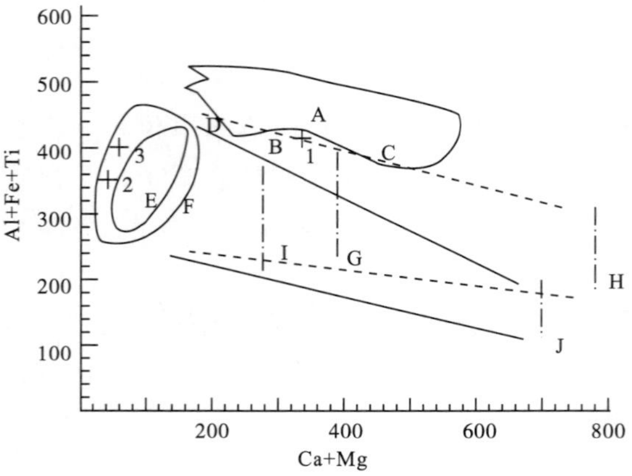

图4-1 原岩恢复(Al+Fe+Ti)-(Ca+Mg)图
A. 玄武岩；B. 玄武安山岩；C. 粗玄岩；D. 细碧岩；E. 杂砂岩(75%)；F. 亚杂砂岩(25%)；G. 变质白云质杂砂岩(CO_2析出)；H. CaO+MgO；I. 白云质杂岩；J. 白云岩
+2 为样品投影点

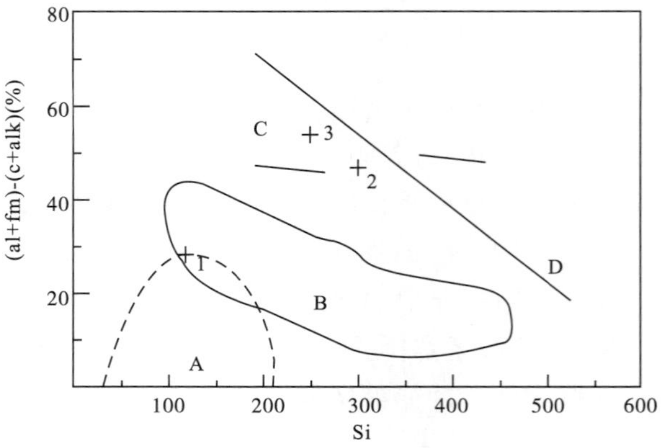

图4-2 变质岩原岩恢复[(al+fm)-(c+alk)]-Si图解
A. 钙质沉积物；B. 火山岩；C. 原层泥岩；D. 砂岩
+2 为样品投影点

双雁山片岩中的二云斜长片麻岩、黑云斜长片麻岩、二云石英片岩，根据野外产状特征，结合岩石组合及岩石学特征综合分析，其原岩主要为一套沉积砂岩类和粘土质粉砂岩类。根据野外产状及岩石学特征分析，斜长角闪岩原岩应为基性火山岩。

2. 形成构造环境探讨

双雁山片岩在区内分布范围很小，仅在图幅的东北再依勒克河出露，大面积分布于东邻伯力克幅内。双雁山片岩变质碎屑岩岩石化学成分平均值与Bhatia(1985)的不同构造环境沉积盆地中的杂砂岩平均值比较(表4-1)，显示比较复杂，介于大洋岛弧与活动陆缘之间；其变质碎屑岩微量元素平均值与Bhatia(1985)的不同构造环境杂砂岩微量元素特征值相比较(表4-2)，则显示也比较复杂，总体介于活动陆缘与大陆岛弧型之间，少数微量元素值与被动陆缘型杂砂岩相似，综合分析其构造环境主体属于活动陆缘型。同时，反映了本区变质沉积岩的微量元素含量变化较大，而这种变化受控物源区的岩石性质和沉积盆地的构造环境影响，其物源区可能主要是长英质岩石。

变质碎屑岩微量元素平均值与Bhatia(1985)不同构造环境沉积盆地杂砂岩平均值比较(表4-2)，比较复杂，大部分元素与大洋岛弧相似，部分与大陆岛弧、活动陆缘相似。

进一步利用微量元素特征值判别环境，选用Zr-TiO_2图解(图4-3)判别环境，变质基性火山岩多数投影到洋脊玄武岩(MOBR)和火山弧玄武岩(VAB)区，个别投影到板内玄武岩(WPB)区。

表 4-1 双雁山片岩、赛图拉岩群、桑株塔格岩群变质碎屑岩平均化学成分与 Bhatia(1985)元古宙碎屑沉积岩及不同构造环境杂砂岩对比表 (%)

类型	元古宙	大洋岛弧	大陆岛弧	活动陆缘	被动陆缘	赛图拉岩群	桑株塔格岩群	双雁山片岩
SiO_2	70.0±3.4	58.83±1.6	70.69±2.6	73.86±4.0	81.95±6.2	69.14	60.48	65.41
TiO_2	0.6±0.1	1.06±0.2	0.64±0.1	0.46±0.1	0.49±0.2	0.51	1.33	0.71
Al_2O_3	14.5±1.7	17.1±1.7	14.04±1.1	12.89±2.1	8.41±2.2	15.10	16.16	15.33
Fe_2O_3		1.95±0.5	1.43±0.5	1.30±0.5	1.32±1.6	0.98	0.66	2.20
FeO	5.5±1.9	5.52±2.1	3.05±0.4	1.58±0.9	1.76±1.2	2.25	6.20	3.35
MnO		0.15	0.1	0.1	0.05	0.07	0.13	0.08
MgO	2.1±0.5	3.65±0.7	1.97±0.5	1.23±0.5	1.39±0.8	1.08	2.99	2.70
CaO	1.7±0.7	5.83±1.3	2.68±0.9	2.48±1.0	1.89±2.3	1.35	1.57	1.15
Na_2O	1.8±0.6	4.10±0.8	3.12±0.4	2.77±0.7	1.07±2.6	2.12	1.59	2.51
K_2O	3.5±0.6	1.60±0.6	1.89±0.5	2.90±0.5	1.71±0.6	5.53	3.97	3.47
P_2O_5		0.26±0.1	0.16±0.1	0.09	0.12	0.60	0.14	0.16
$Fe_2O_3^* + MgO$		11.73	6.79	4.63	2.89	4.31	9.85	5.63
Al_2O_3/SiO_2	0.21	0.29	0.20	0.18	0.10	0.22	0.27	0.23
K_2O/Na_2O	0.18	0.39	0.61	0.99	1.60	2.61	2.50	1.34
$\frac{Al_2O_3}{CaO+Na_2O}$	4.14	1.72	2.42	2.56	4.15	4.35	5.11	4.18

表 4-2 赛图拉岩群、桑株塔格岩群变质碎屑岩与 Bhatia(1985)不同构造环境杂砂岩的微量元素特征对比表

类型	大洋岛弧	大陆岛弧	活动陆缘	被动陆缘	赛图拉岩群	桑株塔格岩群	双雁山片岩组
Rb/Sr	0.05±0.05	0.65±0.33	0.89±0.24	1.19±0.40	1.10	1.00	0.30
Ba/Rb	21.3±5.0	7.5±1.3	4.5±0.8	4.7±1.1	3.43	4.30	7.76
Ba/Sr	0.95±0.6	3.55±1.4	3.8±0.7	4.7±1.3	3.70	1.80	2.09
$Th\times10^{-6}$	2.27±0.7	1.11±1.1	18.8±3.0	16.7±3.65	15.50	11.90	14.10
$U\times10^{-6}$	1.09±0.21	2.53±0.24	3.90±0.5	3.20±0.8	5.50	2.60	3.20
$Zr\times10^{-6}$	96±20	229±27	179±33	298±80	63.00	11.90	47.90
$Nb\times10^{-6}$	2.0±0.4	8.5±0.8	10.7±1.4	7.9±1.9	22.50	18.20	16.30
$Y\times10^{-6}$	19.5±5.6	24.2±2.2	24.9±3.6	27.3±5.3	15.20	20.50	13.80
Th/U	2.1±0.78	4.6±0.45	4.8±0.38	5.6±0.67	2.80	4.60	4.40
Zr/Th	48.0±13.4	21.5±2.4	9.5±0.7	19.1±5.8	4.00	4.00	3.40
Zr/Y	5.67±1.94	9.6±0.8	7.2±0.4	12.4±4.0	3.20	2.30	3.50
Nb/Y	0.11±0.03	0.36±0.04	0.43±0.04	0.30±0.06	1.50	0.90	1.20
$La\times10^{-6}$	8.72±2.5	24.4±2.3	33.0±4.5	33.5±5.8	10.80	36.40	9.98
$Ce\times10^{-6}$	22.53±5.9	50.5±4.3	72.7±9.8	71.9±11.5	19.10	58.60	14.40
$Nd\times10^{-6}$	11.36±2.9	20.8±1.6	25.4±3.4	29.0±5.03	10.90	31.00	13.40
Ti(%)	0.48±0.12	0.39±0.06	0.26±0.02	0.22±0.06	0.59	0.40	0.61
Ti/Zr	56.8±21.4	19.7±4.3	15.3±2.4	6.74±0.9	93.60	36.90	12.70
$Sc\times10^{-6}$	19.5±5.2	14.8±1.7	8.0±1.1	6.0±1.4	8.30	4.10	7.90
$V\times10^{-6}$	131±40	89±13.7	48±5.9	31±9.9	159.30	60.20	129.70
$Cr\times10^{-6}$	37±13	51±6.5	26±4.9	39±8.5	54.30	54.20	53.50
$Co\times10^{-6}$	18±6.3	12±2.7	10±1.7	5±2.4	15.70	11.40	17.90
$Ni\times10^{-6}$	11±5.1	13±2.0	10±2.5	8±4.4	17.90	26.70	30.60
$Ga\times10^{-6}$	17±1.9	13±1.3	14±1.5	8±1.6	42.50	32.20	20.10
Ni/Co	0.62±0.16	1.22±0.25	1.04±0.19	1.42±0.41	1.14	2.34	1.70
Sc/Cr	0.57±0.16	0.32±0.06	0.30±0.02	0.6±0.02	0.15	0.08	0.15

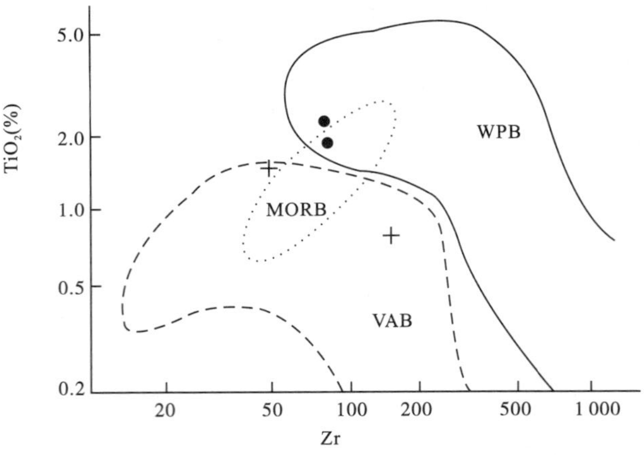

图 4-3　双雁山片岩变质基性火山岩 Zr-TiO_2 图解
(Pearce,1982)
VAB. 火山弧玄武岩;MORB. 洋脊玄武岩;WPB. 板内玄武岩
+·为样品投影点

由上可见,双雁山片岩变质基性火山岩其形成构造环境比较复杂,总体介于洋脊玄武岩与火山弧玄武岩之间,主体属于洋脊(洋岛)拉斑玄武岩,但兼具火山弧玄武岩的特性。

长城系赛图拉岩群　赛图拉岩群主要为高绿片岩相-角闪岩相变质的岩石,主要岩石类型为黑云斜长角闪片麻岩、黑云斜长片麻岩、含黑云母二长片麻岩、角闪黑云母变粒岩、斜长角闪岩、含十字石石榴二云石英片岩、黑云母变粒岩、二云石英片岩、石英岩、大理岩等。

根据野外岩石产状特征、结构构造及岩石组合特征、变质矿物共生组合特点等,赛图拉岩群以副变质岩为主,原岩为一套泥质—长英质碎屑岩夹碳酸盐岩和中基性火山岩。

通过岩石化学计算,利用 A-C-F 图解(图 4-4)恢复原岩,变质碎屑岩投于泥质沉积岩区,斜长角闪岩投于基性火山岩区。图解中黑云斜长片麻岩及透闪黑云变粒岩投于火山岩区,但根据野外产状结合室内薄片鉴定,黑云斜长片麻岩应为沉积碎屑岩,很可能含有火山质成分,而变粒岩则含白云质成分。利用[(al+fm)-(c+alk)]-Si 图解(图 4-5)恢复原岩,变质碎屑岩投于砂质沉积岩区和泥质沉积岩区,黑云斜长片麻岩投于火山岩区,可能含有火山质成分,斜长角闪岩投于火山岩区。

利用(Al+Fe+Ti)-(Ca+Mg)图解(图 4-6),透闪黑云变粒岩及云母石英片岩投于杂砂岩-亚杂砂岩区,斜长角闪岩投于玄武岩-玄武安山岩区。

综合分析,赛图拉岩群原岩为泥质岩、杂砂岩夹碳酸盐岩、基性火山岩。

赛图拉岩群变质深,原岩结构构造被完全改造,通过岩石化学和地球化学特征进行大地构造环境讨论。

赛图拉岩群变质碎屑岩岩石化学成分平均值与 Bhatia(1985)不同构造环境沉积盆地中的杂砂岩平均值比较(表 4-1),显示比较复杂,介于大陆岛弧与活动陆缘之间,显示碎屑物源复杂。利用 TiO_2-($Fe_2O_3^*$+MgO)、Al_2O_3/SiO_2-($Fe_2O_3^*$+MgO)图解(图 4-7、图 4-8),投于或靠近大洋岛弧区。在 Log(K_2O/Na_2O)-SiO_2图解(图 4-9)多投入大洋岛弧环境。

变质碎屑岩微量元素平均值与 Bhatia(1985)不同构造环境沉积盆地杂砂岩平均值比较(表 4-2),比较复杂,部分元素与活动陆缘和被动陆缘相似,部分元素与大洋岛弧相似。综合该岩群岩石化学及野

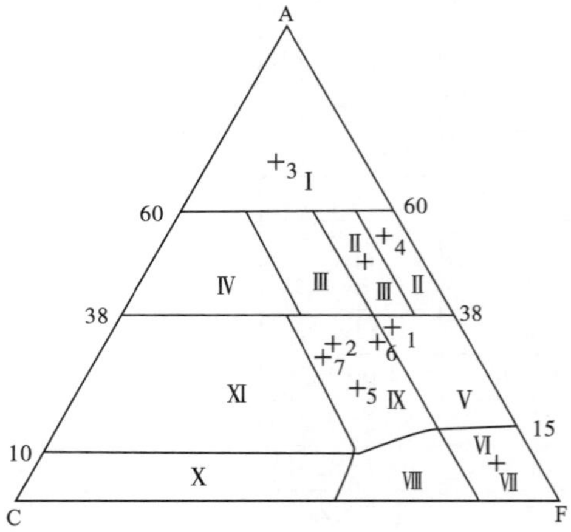

图 4-4　变质岩等化学类型及亚类判别图解
Ⅰ区. 纯铝硅酸盐岩石亚类(原岩为纯泥质岩);Ⅱ区. 铁镁铝硅酸盐岩石亚类(原岩为铁质泥质岩);Ⅲ区. 碱土铝硅酸盐岩石亚类(原岩为中性—酸性火山岩);Ⅳ区. 钙铝硅酸盐岩石亚类(原岩为钙质泥质岩);Ⅴ区. 铝镁铁硅质岩类(原岩为胶体化学沉积及泥质岩);Ⅵ区. 铁硅质岩类(原岩为胶体化学沉积);Ⅶ区. 镁质岩类(原岩为超基性岩);Ⅷ区. 碱土低铝岩类(原岩为超基性火山岩及部分白云质岩石);Ⅸ区. 碱土铝质岩类(原岩为基性火山岩及部分泥灰质岩石);Ⅹ区. 钙质碳酸盐岩石亚类(原岩为碳酸盐沉积岩);Ⅺ区. 铝土钙质岩石亚类(原岩为泥灰质沉积岩)
+1 为样品投影点

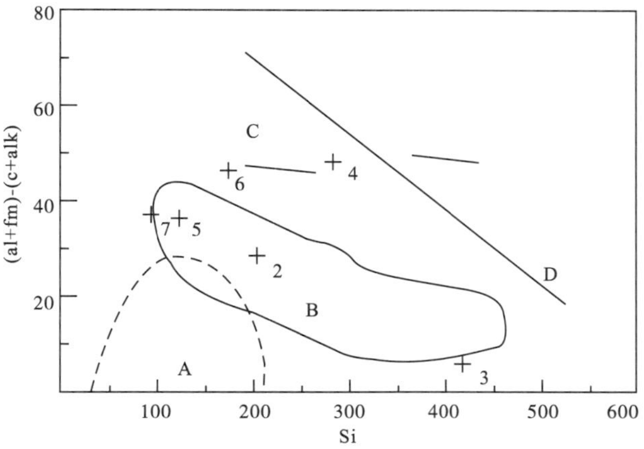

图 4－5　变质岩原岩恢复[(al＋fm)－(c＋alk)]－Si 图解

A. 钙质沉积物；B. 火山岩；C. 原层泥岩；D. 砂岩

＋2 为样品投影点

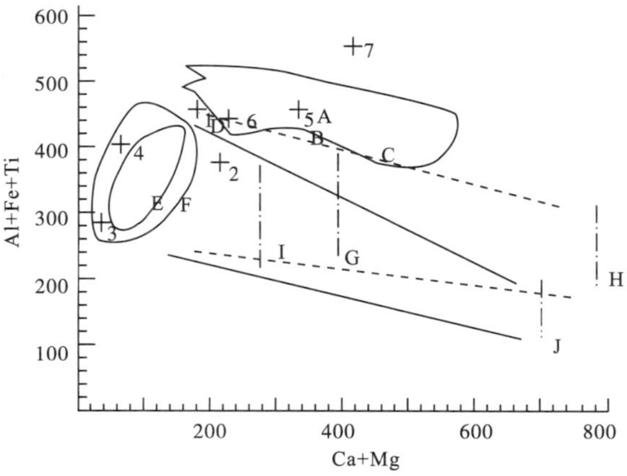

图 4－6　变质沉积岩与火山岩的原岩恢复

(Al＋Fe＋Ti)－(Ca＋Mg)图

A. 玄武岩；B. 玄武安山岩；C. 粗玄岩；D. 细碧岩；E. 杂砂岩(75%)；F. 亚杂砂岩(25%)；G. 变质白云质杂砂岩(CO_2 析出)；H. CaO＋MgO；I. 白云质杂岩；J. 白云岩

＋2 为样品投影点

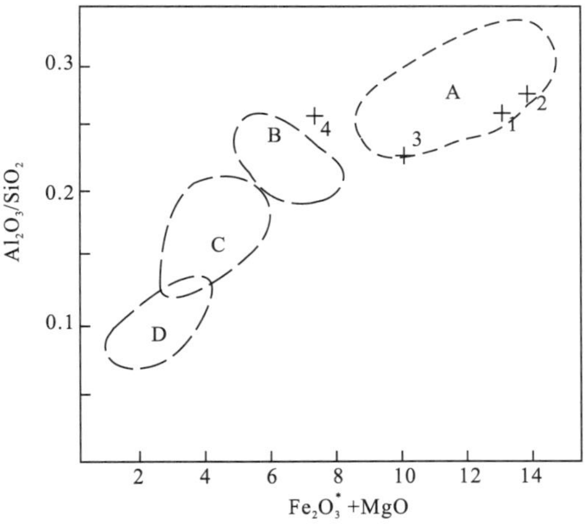

图 4－7　赛图拉岩群变质碎屑岩

($Fe_2O_3^*$ ＋MgO)－ Al_2O_3/SiO_2 构造环境判别图

A. 大洋岛弧；B. 大陆岛弧；C. 活动大陆边缘；D. 被动大陆边缘

＋2 为样品投影点

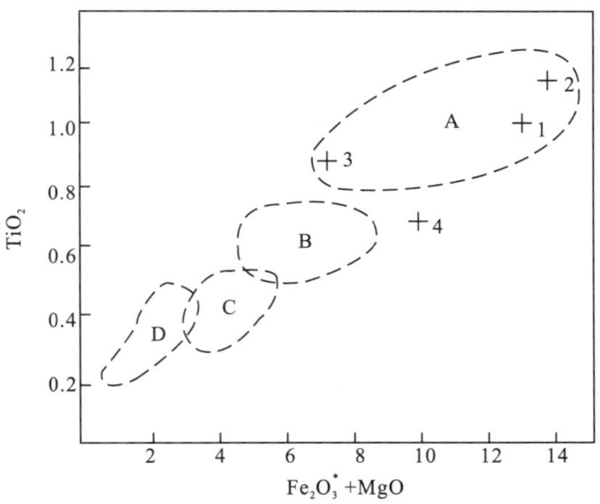

图 4－8　赛图拉岩群变质碎屑岩

TiO_2 －($Fe_2O_3^*$ ＋MgO)构造环境判别图

A. 大洋岛弧；B. 大陆岛弧；C. 活动大陆边缘；D. 被动大陆边缘

＋2 为样品投影点

外地质特征分析，赛图拉岩群形成于活动大陆边缘环境。

蓟县系桑株塔格岩群　主要岩石类型为二云石英片岩、二云长石石英片岩、二云斜长石英片岩、白云透闪石英方解石片岩、石英岩。依据野外产状特征、岩石组合特征和岩石学特征综合分析，桑株塔格岩群原岩为稳定环境的副变质岩，主要为一套正常沉积的(钙质)长石石英砂岩类、石英粉砂岩类。

通过岩石化学计算，利用 A－C－F 图解(图 4－10)恢复原岩，变质碎屑岩投于泥质沉积岩区，透闪石英方解石片岩投入碳酸盐岩沉积区。利用[(al＋fm)－(c＋alk)]－Si 图解(图 4－11)恢复原岩，变质碎屑岩投于砂质沉积岩区和泥质沉积岩区；利用(Al＋Fe＋Ti)－(Ca＋Mg)图解(图 4－12)投于杂砂岩-亚杂砂岩区。

桑株塔格岩群变质碎屑岩化学成分平均值与 Bhatia (1985)的不同构造环境沉积盆地杂砂岩

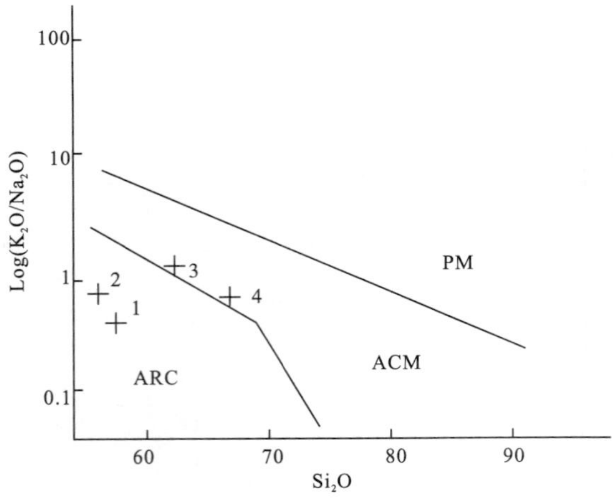

图 4-9　赛图拉岩群变质杂砂岩构造环境 Log(K_2O/Na_2O)-Si_2O 判别图

ARC. 大洋岛弧环境；PM. 被动大陆边缘；ACM. 活动大陆边缘环球(大陆岛弧)。+2 为样品投影点

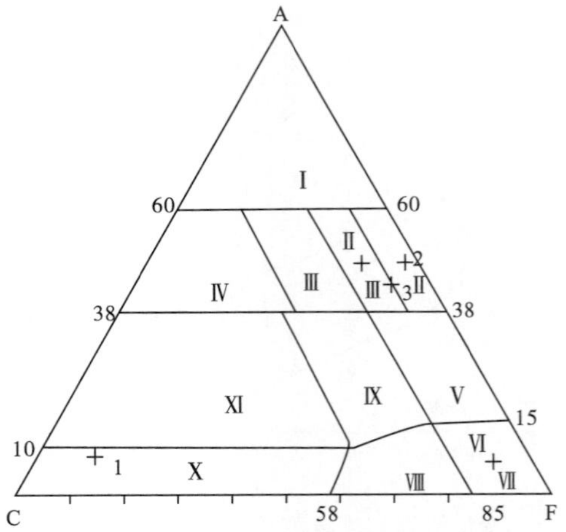

图 4-10　变质岩等化学类型及亚类判别图解

Ⅰ区．纯铝硅酸盐岩石亚类(原岩为纯泥质岩)；Ⅱ区．铁镁铝硅酸盐岩石亚类(原岩为铁质泥质岩)；Ⅲ区．碱土铝硅酸盐岩石亚类(原岩为中性—酸性火山岩)；Ⅳ区．钙铝硅酸盐岩石亚类(原岩为钙质泥质岩)；Ⅴ区．铝镁铁硅质岩类(原岩为胶体化学沉积及泥质岩)；Ⅵ区．铁硅质岩类(原岩为胶体化学沉积)；Ⅶ区．镁质岩类(原岩为超基性岩)；Ⅷ区．碱土低铝岩类(原岩为超基性火山岩及部分白云质岩石)；Ⅸ区．碱土铝质岩类(原岩为基性火山岩及部分泥灰质岩石)；Ⅹ区．钙质碳酸盐岩石亚类(原岩为碳酸盐沉积岩)；Ⅺ区．铝土钙质岩石亚类(原岩为泥灰质沉积岩)。+1 为样品投影点

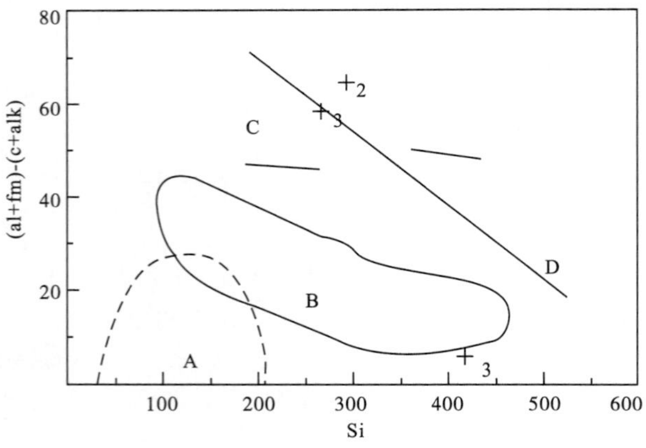

图 4-11　变质岩原岩恢复图解

A. 钙质沉积物；B. 火山岩；C. 原层泥岩；D. 砂岩

+2 为样品投影点

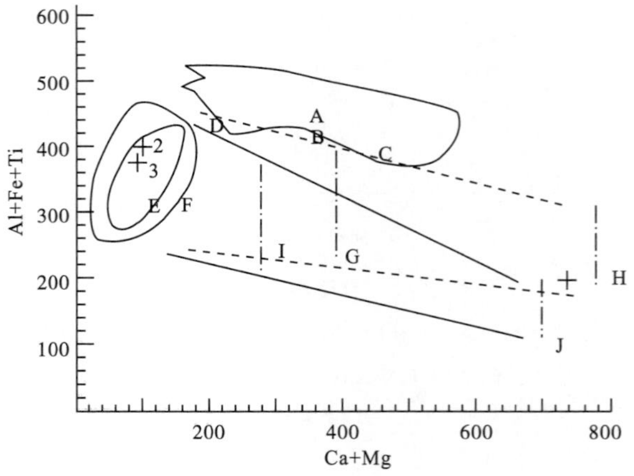

图 4-12　变质沉积岩与火山岩的原岩恢复(Al+Fe+Ti)-(Ca+Mg)图

A. 玄武岩；B. 玄武安山岩；C. 粗玄岩；D. 细碧岩；E. 杂砂岩(75%)；F. 亚杂砂岩(25%)；G. 变质白云质杂砂岩(CO_2 析出)；H. CaO+MgO；I. 白云质杂岩；J. 白云岩

+2 为样品投影点

平均值比较(表 4-1)，显示复杂，介于大洋岛弧、活动陆缘之间，主体与大洋岛弧接近。利用 TiO_2-($Fe_2O_3^*$ +MgO)及 Al_2O_3/SiO_2-($Fe_2O_3^*$ +MgO)图解(图 4-13、图 4-14)，K_2O/Na_2O-SiO_2 图解(图 4-15)判别环境，均投于大洋岛弧环境，变质碎屑岩微量元素平均值与 Bhatia(1985)不同构造环境沉积盆地中杂砂岩平均值比较(表 4-2)，主体介于被动陆缘、大陆岛弧之间。

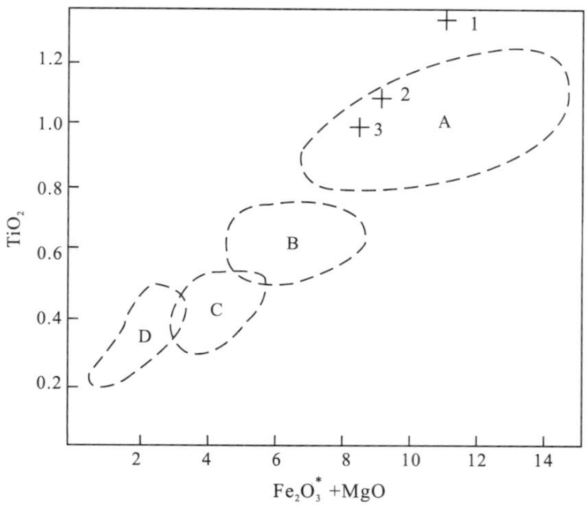

图 4-13　桑株塔格岩群变质杂砂岩

TiO_2 -($Fe_2O_3^*$ +MgO)构造判别图

A. 大洋岛弧；B. 大陆岛弧；C. 活动大陆边缘；D. 被动大陆边缘

+2 为样品投影点

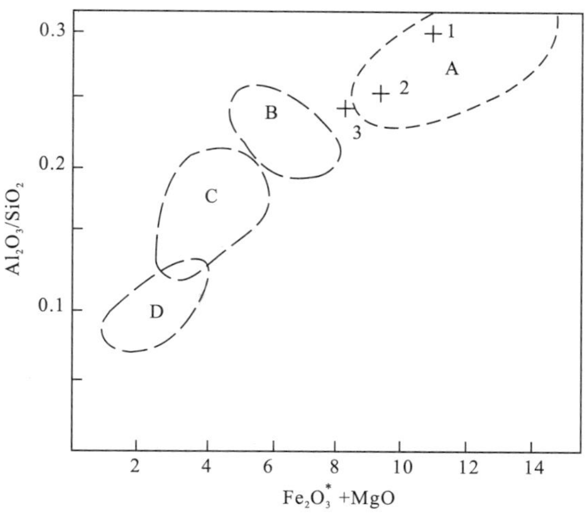

图 4-14　桑株塔格岩群变质杂砂岩

Al_2O_3/SiO_2 -($Fe_2O_3^*$ +MgO)构造判别图

A. 大洋岛弧；B. 大陆岛弧；C. 活动大陆边缘；D. 被动大陆边缘

+2 为样品投影点

上述分析显示，桑株塔格岩群原岩为泥质岩、杂砂岩夹碳酸盐岩，综合考虑桑株塔格岩群为一套碎屑岩-碳酸盐岩建造，属稳定环境的沉积组合。

第四节　变质相带

一、区域变质相带划分

依据变质地质体地质特征、分布情况，结合区域构造格局由北往南划分为昆中变质带、昆南变质带和大红柳滩变质带、甜水海变质带。图 4-16 为图区变质相带图。本图区内主要通过泥质—长英质碎屑岩和变质基性火山岩主变质期变质矿物共生组合，结合区域资料对比分析，来论述各个变质单元的变质特征。

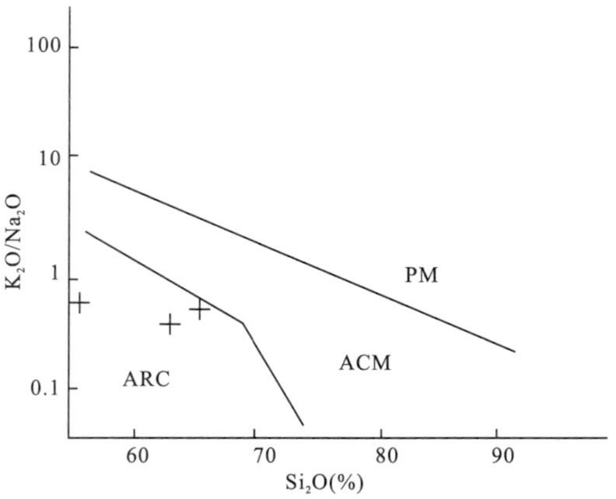

图 4-15　桑株塔格岩群变质杂砂岩构造环境

K_2O/Na_2O - Si_2O 判别图

ARC. 大洋岛弧环境；PM. 被动大陆边缘；ACM. 活动大陆边缘环球(大陆岛弧)

+2 为样品投影点

二、变质相带及其特征

(一)昆中绿片岩相-低角闪岩相变质带

该变质带主要分布于图区北部康西瓦-苏巴什蛇绿混杂岩带以北的昆中构造带，图区内变质地层主要有下元古界双雁山片岩组、长城系赛图拉岩群及蓟县系桑株塔格岩群。岩石类型主要为二云石英片岩、二云长石石英片岩、二云斜长石英片岩、白云透闪石英方解石片岩、黑云母变粒岩、石英岩、大理岩、黑云斜长角闪片麻岩、黑云斜长片麻岩、含黑云母二长片麻岩、角闪黑云母变粒岩、斜长角闪岩、含十字石石榴二云英片岩。主要变质矿物组合见表 4-3。

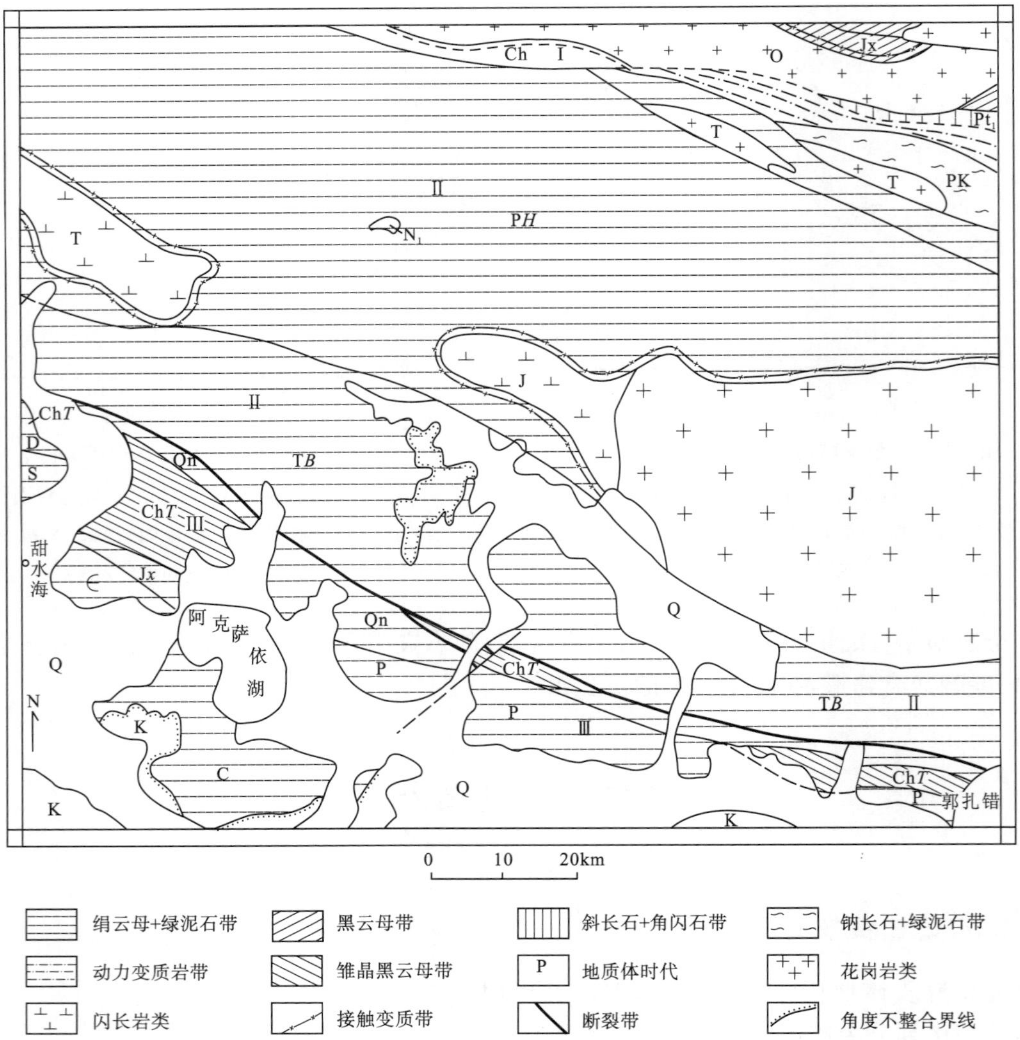

图 4-16　阿克萨依湖幅变质相带图

Ⅰ. 西昆仑高绿片岩相-角闪岩相变质带；Ⅱ. 大红柳滩低绿片岩相变质带；Ⅲ. 甜水海低绿片岩相变质带

表 4-3　矿物组合及变质相带、相系划分表

变质相	变质带	相系	主要岩石	矿物组合	分布层位
低绿片岩相	黑云母带	低压相系	斜长二云石英片岩、长石二云石英片岩、二云石英片岩、斜长黑云片岩、黑云斜长片麻岩、斜长黑云石英片岩、黑云母变粒岩	黑云母＋白云母＋斜长石＋石英、黑云母＋斜长石＋石英、黑云母＋斜长石＋石英＋绿泥石、石英＋白云母、黑云母＋透闪石＋斜长石＋石英、黑云母＋白云母＋绿帘石＋方解石＋斜长石＋石英、白云母＋黑云母＋石英	赛图拉岩群、桑株塔格岩群
高绿片岩相	石榴子石带	中低压相系	石榴黑云石英片岩、石榴斜长黑云石英片岩、含石榴子石斜长绿泥白云石英片岩、含十字石石榴二云石英片岩	(十字石＋)石榴子石＋黑云母＋斜长石＋白云母＋石英、石榴子石＋黑云母＋斜长石＋石英、石榴子石＋黑云母＋白云母＋绿泥石＋斜长石＋石英	赛图拉岩群
低角闪岩相	斜长石-角闪石带		角闪斜长片麻岩、黑云角闪斜长片麻岩；斜长角闪岩	角闪石＋斜长石＋石英、黑云母＋角闪石＋斜长石＋石英	赛图拉岩群、双雁山片岩

低绿片岩相黑云母带主要分布于桑株塔格岩群及赛图拉岩群。主要变质矿组合为黑云母＋白云母＋斜长石＋石英，泥质—长英质变质岩均出现黑云母、白云母。根据矿物共生组合，结合区域资料分析，确定其变质作用温度为350～500℃，压力为200～500MPa。

区内资料显示，在赛图拉岩群中局部出现达高绿片岩相-低角闪岩相变质带的变质矿物组合，其变质岩石呈夹层产出，规模小，分布局限。变质矿物组合有(十字石＋)石榴子石＋黑云母＋斜长石＋白云母＋石英、石榴子石＋黑云母＋斜长石＋石英、石榴子石＋黑云母＋白云母＋绿泥石＋斜长石＋石英、角闪石＋斜长石＋石英、黑云母＋角闪石＋斜长石＋石英。泥质变质岩中出现了十字石、石榴子石等特征变质矿物，据温克勒(1976)实验成果，原岩为泥质、粉砂质等岩石高绿片岩相形成条件为T＝500～570℃，p＝0.2～0.6GPa。伊温思(1965)实验研究，含白云母＋石英组合的变质岩形成温度不超过600℃，压力p＝0.5～0.7GPa。在一些特殊岩石中有硬绿泥石出现，其稳定的温度上限一般不超过500～600℃，随温度升高，硬绿泥石发生分解形成堇青石、铁铝榴石、十字石等，泥质岩中十字石、堇青石出现，标志着变质程度进入低角闪岩相。

根据矿物组合和区域资料综合分析，初步确定变质温压：T＝400～600℃，p＝0.3～0.8GPa。显然，这种局部较高的变质作用与中温动力热流区域变质作用局部温压增高有关。

桑株塔格岩群及赛图拉岩群是图区内昆中构造带重要组成物质，主变质期为晋宁期。虽呈岩片叠置的构造格局，区内资料显示长城系赛图拉岩群的变质程度显然较蓟县系桑株塔格岩群要深，但总体还是反映了从上部到下部较正常的温度具有递增梯度。

斜长石-角闪石带分布于双雁山片岩组，主要矿物组合为斜长石＋角闪石、斜长石＋石英＋钾长石＋黑云母＋白云母、角闪石＋斜长石＋绿帘石、斜长石＋石英＋黑云母＋白云母＋绿帘石等。根据矿物共生组合关系，结合区域资料综合分析，其双雁山片岩变质作用形成的温度为500～600℃，压力为300～600MPa。变质相属于绿片岩相-低角闪岩相。

(二)大红柳滩低绿片岩相变质带

该变质带主要分布于康西瓦-苏巴什蛇绿混杂岩带以南，大红柳滩-可可西里断裂带以北，呈东宽西窄的楔形带状展布。属于区域低温变质作用而形成的变质岩，变质地层主要有二叠系黄羊岭群、三叠系巴颜喀拉山群。岩石类型主要有绢云母千枚岩、粉砂质板岩、绢云母板岩、变质砂岩、大理岩等。此类岩石变形变质程度低，其原岩结构、构造基本保留。

主要变质矿物组合：

绢云母＋绿泥石＋石英

绿泥石＋石英＋斜长石

绢云母＋绿泥石＋斜长石＋石英

由上述矿物组合显示，其变质程度为低绿片岩相，相当于绢云母-绿泥石带。值得注意的是该带未出现黑云母，显然其温压条件较低。根据矿物共生组合关系，结合区域资料综合分析，该带变质作用形成的温度大致为350～450℃，压力为300～400MPa。

(三)甜水海低绿片岩相变质带

该变质带位于大红柳滩-郭扎错断裂以南地区。中上元古界地层组成其过渡基底，长城系甜水海岩群主要为浅变质陆源碎屑岩建造，蓟县系以石英岩为主，青白口系肖尔克谷地岩组以绢云片岩夹大理岩为主。以古生界地层为主的盖层沉积以浅变质碎屑岩建造为主。根据变质程度及岩石组合特征，可进一步划分为两个变质矿物相带，低绿片岩雏晶黑云母带和低绿片岩相绢云母-绿泥石带。

1. 低绿片岩雏晶黑云母带

该带主要分布在大红柳滩-可可西里断裂带以南，甜水湖—甜水海一带，属于区域低温动力热变质作用而形成的变质岩，变质地层主要为长城系甜水海岩群、青白口系肖尔克谷地岩组，岩石类型主要为绢云石英片岩、绢云母片岩、绿泥绢云石英片岩、云母方解石片岩、黑云石英方解石片岩、绿泥钠长片岩、石英岩、大理岩等。主要变质矿物组合如下。

绢云母＋雏晶黑云母＋斜长石＋石英

绢云母＋石英

绢云母＋石英＋斜长石

石英＋白云母

石英＋绢云母＋长石＋方解石

黑云母＋白云母＋石英＋斜长石＋方解石

黑云母＋绢云母＋石英

硬绿泥石＋石英＋绢云母

硬绿泥石＋雏晶黑云母＋绢云母＋石英

石英＋方解石＋黑云母

在大部分泥质—长英质变质岩中均出现黑云母矿物，多以雏晶呈现。从上述变质矿物组合中可知其变质程度为低绿片岩相，相当于雏晶黑云母带-绢云母带。值得注意的是硬绿泥石在该带的出现，硬绿泥石出现于绿片岩相的高压部分，黑云母则出现于低绿片岩相的高温部分。根据矿物共生组合关系，结合区域资料综合分析，该带变质作用形成的温度大致为400～500℃，压力为300～400MPa。

2. 低绿片岩相绢云母-绿泥石带

该带变质地层主要为志留系温泉沟群、冬瓜山群、甜水海岩群、恰提尔群、红山湖组，主要为浅变质的泥质—长英质岩类的变砂岩、板岩、千枚岩类，少量的钙镁质岩，岩石类型主要有粉砂质板岩、绢云母板岩、变杂砂岩等。此类岩石变形变质程度低，其原岩结构、构造基本保留。主要变质矿物组合为绢云母＋绿泥石＋石英、绿泥石＋石英＋斜长石、绢云母＋绿泥石＋斜长石＋石英。矿物组合显示，其变质程度为低绿片岩相，相当于绢云母-绿泥石带。该带未出现黑云母，显然其温压条件较低。根据矿物共生组合关系，结合区域资料综合分析，该带变质作用形成的温度大致为350～450℃，压力为300～400MPa。

第五节　变质作用与变质期次

图区经历了多期的构造变形变质作用和岩浆作用。依据各变形变质地质体的变质矿物组合及岩相学特征、不同世代的矿物组合接触穿插关系，以及与构造变形、岩浆事件之间相互制约、相互依存的关系，划分为吕梁期、晋宁期、加里东期—海西期、印支期4个变质序列。

一、吕梁期变质作用

图区出露的下元古界结晶基底变质地层为双雁山片岩。其构造变形特征显示其属于下部构造层次，具较高温、高压环境。发育强烈的流变褶皱和流劈理(片理、片麻理)，新生变质矿物顺面理分布。主要变质矿物组合有角闪石＋斜长石＋石英、黑云母＋角闪石＋斜长石＋石英。根据矿物共生组合，结合区域资料分析，初步确定其变质作用温度为500～600℃，压力为300～600MPa。变质相属于绿片岩相-低角闪岩相。

该期变质作用后又叠加了后期低绿片岩相的退变质作用，长石绢云母化，黑云母退变为绿泥石，角闪石退变为绿泥石、帘石，形成的温压比第一期要低。

二、晋宁期变质作用

图区内的过渡基底在昆中地层分区及甜水海地层分区均有出露。昆中地层分区为赛图拉岩群、桑株塔格岩群，甜水海地层分区为甜水海岩群、岔路口石英岩、肖尔克谷地岩组。

(1)中昆南微陆块赛图拉岩群、桑株塔格岩群中的塑性流变构造变形显示其处于较深的构造层次。新生矿物沿流劈理(片理、片麻理)分布，主要变质矿物共生组合有黑云母＋白云母＋斜长石＋石英、黑云母＋斜长石＋石英、黑云母＋斜长石＋石英＋绿泥石、黑云母＋透闪石＋斜长石＋石英、黑云母＋白云母＋绿帘石＋方解石＋斜长石＋石英、白云母＋黑云母＋石英。根据矿物共生组合，结合区域资料分析，确定其变质作用温度为350～500℃，压力为200～500MPa。

在赛图拉岩群中局部出现达高绿片岩相-低角闪岩相变质带的变质矿物组合，其变质岩石呈夹层产出，规模小，分布局限。根据矿物共生组合，结合区域资料分析，初步确定其变质温度为500～640℃，压力为0.2～0.8GPa。属区域动力热流变质作用，低角闪岩相-高绿片岩相。这种局部较高的变质作用与中温动力热流区域变质作用局部温压增高有关。

该期变质作用后又叠加了后期低绿片岩相的退变质作用。

(2)相对于中昆南微陆块，北羌塘微陆块的甜水海岩群、青白口系肖尔克谷地岩组变质程度要浅得多，其构造变形层次属中上部层次，属于区域低温动力热变质作用，主要变质矿物组合为绢云母＋雏晶黑云母＋斜长石＋石英、绢云母＋石英、硬绿泥石＋雏晶黑云母＋绢云母＋石英、黑云母＋白云母＋石英＋斜长石＋方解石、硬绿泥石＋石英＋绢云母、绢云母＋石英＋斜长石。变质程度为低绿片岩相，相当于雏晶黑云母-绢云母带。该带变质作用形成的温度大致为400～500℃，压力为300～400MPa。

该期变质作用后又叠加了后期低绿片岩相的退变质作用，在以早期构造面理为变形面形成的褶劈理中，在劈理中断续出现新生的片状矿物(绢云母＋绿泥石)。

三、加里东期—海西期变质作用

古生代是昆仑造山带重要的板块构造演化阶段，伴随着强烈的构造变形和岩浆热事件，发生了区域低温动力热变质作用和动力变质作用。区域低温动力热变质作用形成的主要变质矿物组合为绢云母＋绿泥石＋石英、绿泥石＋石英＋斜长石、绢云母＋绿泥石＋斜长石＋石英，其变质程度为低绿片岩相，相当于绢云母-绿泥石带。变质作用形成的温度大致为350～450℃，压力为300～400MPa。

动力变质作用形成了分布于各构造带中的糜棱岩。早期变质作用又叠加了本期低绿片岩相的退变质作用。

四、印支期变质作用

图区内在本期反映的是中上部构造层剪切-弹塑性纵弯曲变形相的产物，向南的逆冲推覆构造成为本期变形的主要构造形式。区内各变质地层普遍经历了一期区域低温动力热流变质作用。结合岩相学资料综合分析，其泥质—长英质岩变质矿物组合主要有绢云母＋石英＋绿泥石、绢云母＋石英＋方解石、白云母＋石英＋绿泥石＋绿帘石等。其变质作用温度为350～500℃，压力为200～500MPa，属于低绿片岩相变质作用。

第五章 地质构造与构造发展史

第一节 区域构造背景与构造单元划分

一、区域构造背景

（一）地质构造背景

图幅位于青藏高原北缘印度板块与欧亚板块结合部位的中央造山带西部，主体为西昆仑新生代板内再生（叠加于塔里木、加里东、华力西和印支多期构造之上）造山带。跨塔里木陆块、昆仑造山带、巴颜喀拉-北羌塘-三江造山带三大构造单元，库地-其曼于特结合带、康西瓦-苏巴什结合带横穿图幅，总的构造线方向呈北西西向。图幅经历多期、多旋回的洋陆转化演变历史及“开-合”构造演化，多块体拼接、复合，各地质体中构造形迹相互叠加、干涉和改造，铸就了图幅较为复杂的地质构造格局（图 5-1）。

昆仑造山带属于秦-祁-昆中央造山带西部的组成部分，与秦-祁-昆造山带地质演化基本一致，是一个复合性质的造山带。震旦纪—三叠纪为板块构造机制演化阶段，形成了多个地块相互拼接、岩片叠置的构造面貌。中、新生代为板内构造作用，尤其自渐新世以来，随着青藏高原强烈隆升，形成了巍巍昆仑山脉。

（二）地球物理背景

1. 区域布格重力场特征

图幅及邻区区域布格重力异常总的是北高南低，排列具有规律性。在北部为相对高的重力异常，呈椭圆形、圆形，相对疏松，幅度值 $-280\times10^{-5}\sim-300\times10^{-5}\,m/s^2$。反映古隆起带特征，表明基底岩石埋深较浅，大致与铁克里克断隆有关。

从北向南在重力异常图（图 5-2）上分布有两条布格重力异常等值线密集带—重力梯级带。走向为近东西向，其次为北西—南东向。北部图幅边界重力梯级带，从 $-280\times10^{-5}\sim-330\times10^{-5}\,m/s^2$，走向东西向，与铁克里克断裂（山前断裂）基本一致；南部昆仑一线重力梯级带重力等值线密集，变化幅度大，从 $-300\times10^{-5}\,m/s^2$ 急剧降为 $-400\times10^{-5}\,m/s^2$，走向为近东西向展布，为康西瓦-苏巴什结合带（南界）、蒙古包-普守蛇绿混杂岩带和库地-其曼于特结合带（北界）的综合反映；在图幅中南部等值线密集、弯曲变形，走向北西—南东向，与大红柳滩-郭扎错断裂带和乔尔天山-岔路口断裂带相吻合。

剩余区域布格重力图上（图 5-3）康西瓦-苏巴什蛇绿混杂岩带、蒙古包-普守蛇绿混杂岩带、库地-其曼于特蛇绿混杂岩带、柯岗断裂带均反映明显，表现为两条幅值大的异常带，等值线密集，异

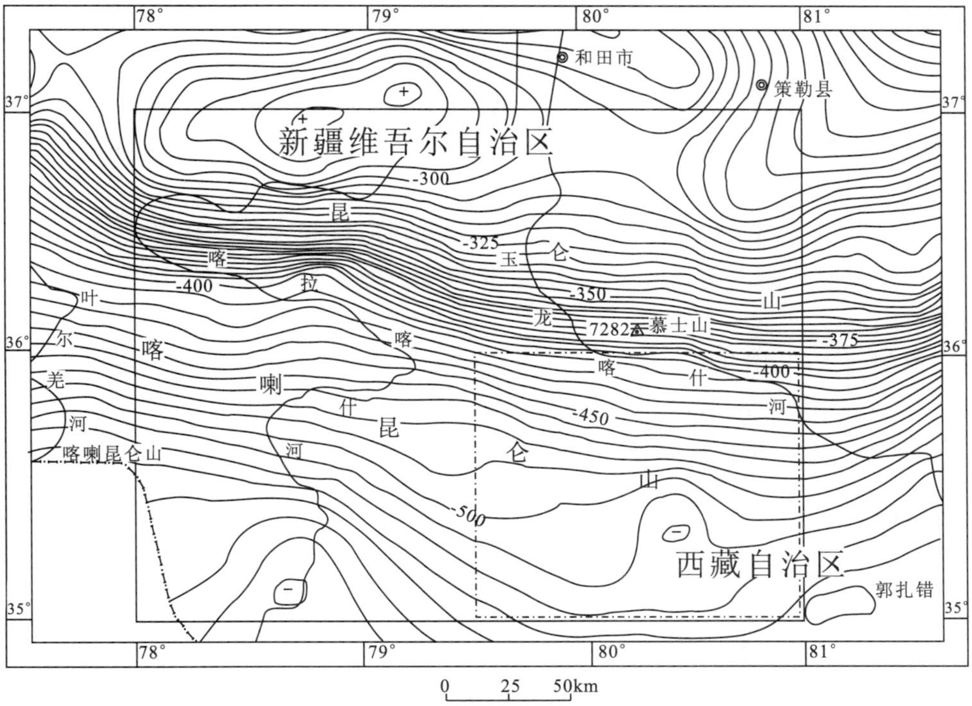

实测重力异常等值线　正重力异常场　负重力异常场　测区位置　图幅范围　国界

图 5－2　区域布格重力异常图

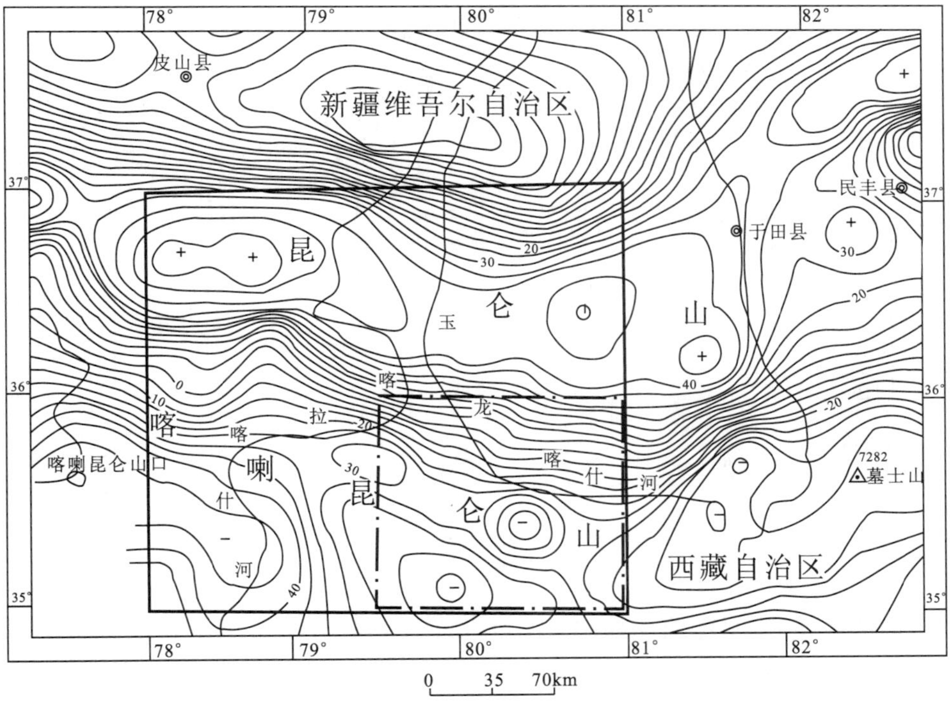

实测剩余重力异常等值线　正剩余重力异常场　负剩余重力异常场　测区位置　图幅范围

图 5－3　区域剩余重力异常图

常呈条带状，走向近东西向。两条异常带间又分布有 3 个异常区，呈环形。北部和田市北表现为负异常区，异常极值为 $-40\times10^{-5}m/s^2$，反映塔里木盆地凹陷区特征；中部表现为正异常区，异常极值为 $+55\times10^{-5}m/s^2$，与铁克里克古隆起（古老基底隆起）有关；南部表现为大小不等的 4 个负异常区，异常极值介于 $-30\times10^{-5}\sim-50\times10^{-5}m/s^2$ 之间，从西向东分别反映出神仙湾中新生代裂陷盆地、肖尔克谷地、甜水海南一带古生代盆地沉积特征；东部异常区呈同圆状，与第四系陆相钙碱性系列火山岩有关。

在重力水平导数模量图上更清晰地反映出断裂带的特点，表现为 5 条异常带，走向近东西向，从北向南依次为铁克里克断裂带、托满断裂构造带、库地-其曼于特结合带、康西瓦-苏巴什结合带、岔路口断裂带。

从地震测深剖面资料，塔里木上地壳 5.9～6.0km/s，中地壳上层 6.2～6.3km/s，中地壳下层 6.5～6.7km/s；西昆仑上地壳 6.0～6.1km/s，中地壳上层 6.25km/s，中地壳下层 6.6km/s 地，下地壳 6.7～6.9km/s。速度结构几乎没有差别，从地震测速结构看，塔里木和西昆仑关系密切。

2. 区域磁场特征

图 5-4 为区域航磁异常图（据熊盛青、周伏洪等）。

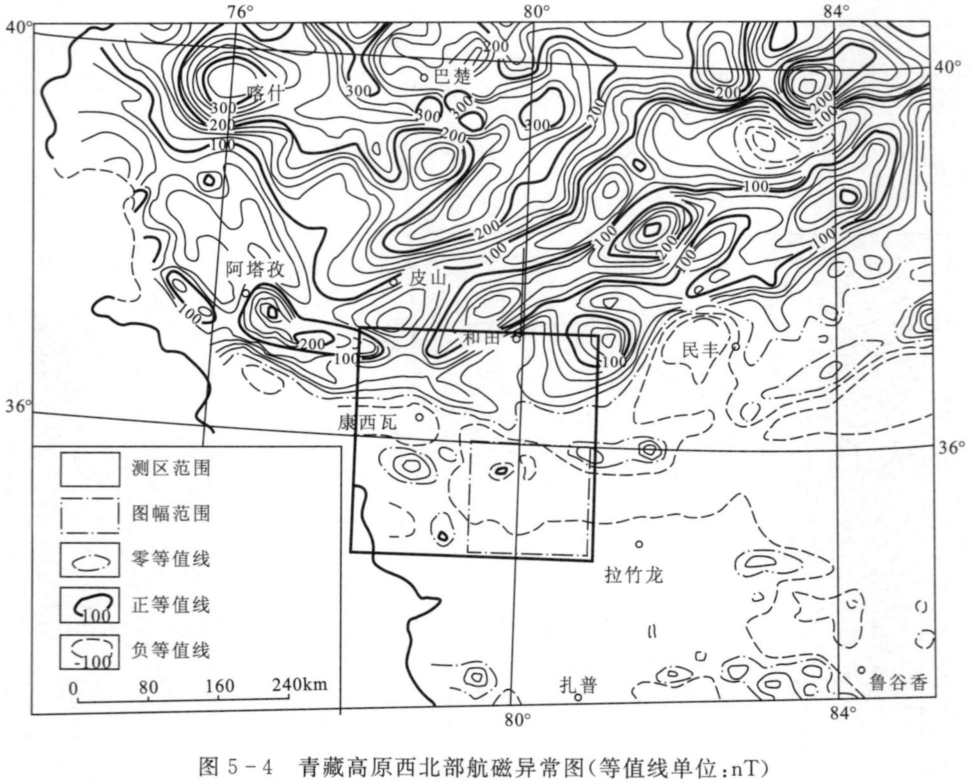

图 5-4　青藏高原西北部航磁异常图（等值线单位：nT）

据航磁测量结果，塔里木盆地南部的一系列北东向强磁异常带延至盆地边缘与西昆仑山的交界处，完全被北西走向的磁异常带所截，并没有继续向昆仑山地区延伸。而库地与康西瓦结合带两侧附近为线状正、负相间的椭圆状环形跳跃场，可能与该断裂呈线状分布的蛇绿岩有关。

在西昆仑一带分布有一条强度较大、梯度强烈变化的北西向正磁异常带，异常一般强度达 200～300nT，梯度变化为 20～30nT/km。从阿塔孜格经康西瓦至卡拉孔木达坂为强度较大的北西向线性磁异常条带，异常带宽度为 40～60km，向西北延伸至图幅外，向东南止于卡拉孔木达坂。

康西瓦断裂显示为线性强磁异常带、串珠状强磁异常及磁场分区界线。西南侧磁场峰值较低，一般为30～50nT，其上叠加部分磁力高；东北侧磁场峰值较高，一般为100～300nT。

二、基本构造格架与构造单元的划分

1. 基本构造格架及划分依据

图幅跨塔里木陆块、昆仑造山带、巴颜喀拉-北羌塘-三江造山带三大构造单元，经历了多期次、多机制、多旋回的"开-合"构造演化历史，多块体拼接、复合，各地质体中构造形迹相互叠加、干涉和改造，铸就了图幅较为复杂的地质构造格局（图5-1）。在前人大地构造单元划分的基础上，依据西安地质矿产研究所《青藏高原北部空白区基础地质综合研究》构造单元划分方案，结合野外实际资料，建立了调查区"两带三块"的构造格架。"两带"为库地-其曼于特结合带、康西瓦-苏巴什结合带；以上述蛇绿构造混杂岩带为界由北向南划分为塔里木陆块、西昆仑造山带、巴颜喀拉晚古生代—中生代边缘裂陷盆地和甜水海-北羌塘微陆块构造单元。

在此基础上，项目组2004年在地质填图和实测剖面工作中，于康西瓦幅首次发现了蒙古包-普守早古生代蛇绿构造混杂岩带，该带在图幅（恰哈幅）西南部奥米沙一带被库地-其曼于特结合带蛇绿构造混杂岩带截切，与库地-其曼于特早古生代蛇绿构造混杂岩带合拼。根据调查区实际情况，将塔里木陆块进一步划分为塔里木陆块、铁克里克断隆带两个次级构造单元；西昆仑陆块进一步划分为昆北晚古生代岩浆弧带、昆中微陆块北带、昆南晚古生代残余弧3个次级构造单元（图5-3）。图幅内不涉及昆南晚古生代残余弧、甜水海-北羌塘微陆块两个构造单元。

西昆仑造山带内部结构是一个多块体的拼合复杂地质体，总体上代表了一个消失了的大洋。该大洋从原特提斯、古特提斯到特提斯的演化既有继承性，又有突变性，而它的多岛洋（陆壳性质和洋岛性质）特点比较完整地记录了这种复杂演化，清楚地具有自北而南的极性。多岛洋特点也就决定了造山带内部的蛇绿岩均不可能代表一个完整、巨大的大洋。

本图幅中南部地区主要表现为由印支主期构造运动形成的构造格局，即以北西向主干断裂为骨架，不同时代岩片叠覆的构造格局。

2. 构造单元的划分

调查区跨塔里木陆块、西昆仑造山带、巴颜喀拉晚古生代—中生代边缘裂陷盆地及甜水海-北羌塘微陆块等构造单元。在前人大地构造单元划分的基础上，结合区域资料和本项目野外调查的初步成果，测区构造单元划分如下（图5-5）。

Ⅰ塔里木陆块

　$Ⅰ_1$塔里木盆地区

　$Ⅰ_2$铁克里克断隆

——①柯岗断裂——

Ⅱ昆仑造山带

　$Ⅱ_1$昆北晚古生代岩浆弧带

——②库地-其曼于特早古生代蛇绿构造混杂岩带——

　$Ⅱ_2$昆中微陆块

　　$Ⅱ_2^1$昆中北微陆块

——③蒙古包-普守早古生代蛇绿构造混杂岩带——

　　$Ⅱ_2^2$昆中南微陆块

——④康西瓦-苏巴什晚古生代蛇绿构造混杂岩带——

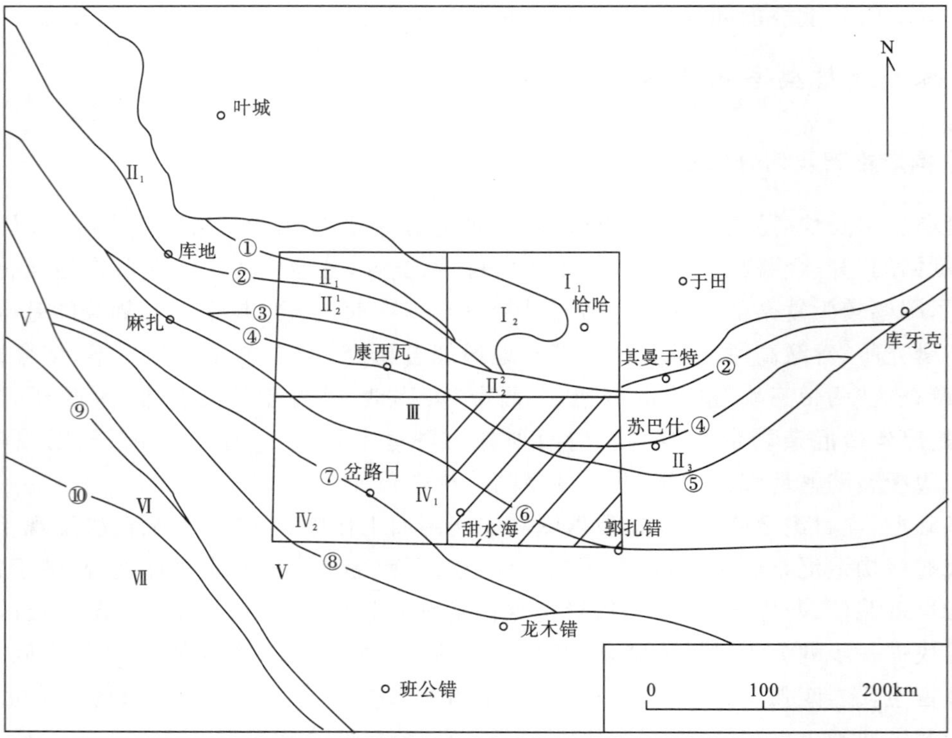

图 5-5　测区构造单元图

Ⅱ$_3$昆南晚古生代岛弧带

——⑤康西瓦-苏巴什晚古生代蛇绿构造混杂岩带南部边界断裂——

Ⅲ巴颜喀拉晚古生代—中生代边缘裂陷盆地

——⑥肖尔克谷地-郭扎错断裂带——

Ⅳ甜水海-北羌塘微陆块

Ⅳ$_1$ 甜水海微陆块

——⑦岔路口断裂带——

Ⅳ$_2$ 神仙湾晚古生代残余弧带

——⑧龙木错-双湖缝合带——

Ⅴ喀喇昆仑-南羌塘陆块

上述构造单元的划分是四幅联测项目总体划分，实际上本图幅构造单元仅涉及：昆仑造山带的昆中南微陆块（Ⅱ$_2^2$）（康西瓦-苏巴什晚古生代蛇绿构造混杂岩带以北）、昆南晚古生代岛弧带（Ⅱ$_3$）（康西瓦-苏巴什晚古生代蛇绿构造混杂岩带与康西瓦-苏巴什晚古生代蛇绿构造混杂岩带南部边界断裂之间）；巴颜喀拉晚古生代—中生代弧后残余盆地（Ⅲ）（康西瓦-苏巴什晚古生代蛇绿构造混杂岩带南部边界断裂与肖尔克谷地-郭扎错断裂带之间）、甜水海-北羌塘微陆块（Ⅳ）（肖尔克谷地-郭扎错断裂带之南）。

第二节　各构造单元基本特征

由于多期构造活动，特别是造山期强大的收缩构造叠加改造作用，造成各时代岩石地质体被多级韧性剪切断裂、脆性断裂分割，形成叠覆岩片构造系统，伴随发育形成多期构造面理、流变褶皱、韧性剪切构造带以及绿片岩相-角闪岩相多期变质作用。我们已很难完全解析出图幅内各构造单元前寒武纪地质体组成构造物质在主造山期前经历了多少次构造变形变质作用，仅依据野外露头尺度构造形迹特征、相互间的叠加关系和构造面理对变质矿物组合的制约关系解析，厘定其主要构造形迹与复合特征。图幅涉及的元古宙基底包括了昆中南微陆块的下元古界双雁山片岩、长城系赛图拉岩群及蓟县系桑株塔格岩群，甜水海-北羌塘微陆块的长城系甜水海岩群、蓟县系河岔口石英岩及青白口系肖尔克谷地岩组。

尽管在西昆仑造山带中，震旦纪—早古生代原特提斯洋演化阶段占有重要的地位，但实际上在图幅各构造单元能确定与此有关的构造信息却很少。其主要构造表现在北邻恰哈幅(详见《恰哈幅区调报告》)。图幅东邻图幅(伯力克幅)的柳什塔格玄武岩或许可以作为一个重要的依据(《伯力克幅区调报告》)，柳什塔格玄武岩作为一个震旦纪—寒武纪形成的洋岛性质的独立地块位于晚古生代康西瓦-苏巴什蛇绿混杂岩带和具陆壳性质的昆南地块之间，内部构造可能为一套逆冲岩系，主要是一组稳定向北倾斜的片理和局部糜棱面理，二者产状相同。由于其岩性单调，可分性差，仅从枕状玄武岩中岩枕的排列看，面理与层理基本一致，并从岩枕间的充填物形态分析，地层北倾为倒转。上部沉积岩段地层向北陡倾显然是后期构造作用的结果。

图幅内缺乏侏罗纪记录，东邻图幅(伯力克幅)资料表明，前侏罗纪地层向南逆冲于侏罗系地层之上。白垩系地层角度不整合于所有地层之上，变形较弱，表现为开阔的褶皱构造。

一、西昆仑造山带

西昆仑造山带分布于图幅的北部，为区内的主要构造单元。西昆仑造山带自北向南划分为昆北库尔良晚古生代岩浆弧带、库地-其曼于特早古生代蛇绿构造岩带、昆中北微陆块、蒙古包-普守早古生代蛇绿构造岩带、昆中微陆块、康西瓦-苏巴什晚古生代蛇绿构造岩带。本图幅只涉及昆中南微陆块、康西瓦-苏巴什晚古生代蛇绿构造岩带及昆南晚古生代岛弧($Ⅱ_3$)。

(一)昆中南微陆块

昆中南微陆块分布于图幅东北角，夹持于蒙古包-普守蛇绿构造岩带与康西瓦-苏巴什蛇绿构造岩带之间，呈狭长带状近东西向延伸。出露的地层主要为下元古界双雁山片岩、长城系赛图拉岩群、蓟县系桑株塔格岩群等中深变质岩系，其变质达绿片岩相-低角闪岩相，其上叠加了古生代岩浆弧。

昆中南微陆块总体上构造特征是变形强烈，地层多呈构造岩片状，其内部面理置换彻底，韧性剪切带发育。主要发育两期构造变形：早期(S_{n+1})的深层次塑形剪切变形作用强烈，形成的顺层掩卧褶皱、钩状、肠状褶皱、顺层韧性剪切带与具流劈理性质的片理、片麻理(S_{n+1}面理)共同组成了深层次分层剪切流变构造群落；第二期构造变形表现为以南北向挤压为主导变形机制的构造变形，以不同尺度的脆韧性剪切带的发育为特征，褶皱构造不发育，只在局部发育以片理、片麻理为变形面的露头尺度的剪切尖棱褶皱或宽缓的挠曲变形。

该带基性—酸性侵入岩非常发育，多个花岗岩年龄数据反映了加里东期、海西期和印支期等多期热事件活动。

1. 下元古界结晶基底构造变形特征

该结晶基底分布于图幅东北角再依勒克河一带，其出露面积不足$25km^2$，呈独立岩片产出，被断裂所围限。其岩性为斜长角闪片岩、黑云斜长片麻岩及云母长石片岩。早期构造表现为深部构造层次塑性剪切流变变形特征，在地层和深成岩体中形成片理、片麻理构造，在花岗质片麻岩中露头尺度的流变褶皱普遍发育(图 5-6)。

2. 昆中南微陆块过渡基底构造

昆中南带过渡基底分布于图幅最北部,被大量的早古生代中—酸性岩体所侵吞。

昆中南带过渡基底由长城纪的赛图拉岩群以及蓟县纪的桑珠塔格岩群组成。总体上构造特征是变形强烈,地层多呈构造岩片状,其内部面理置换彻底,韧性剪切带发育。依据变质地层内部残留的变形特征,结合岩相学的资料,根据矿物的穿插关系、两期变质形成的不同世代矿物组合及综合变形样式特征分析,可划分为两期构造变形。

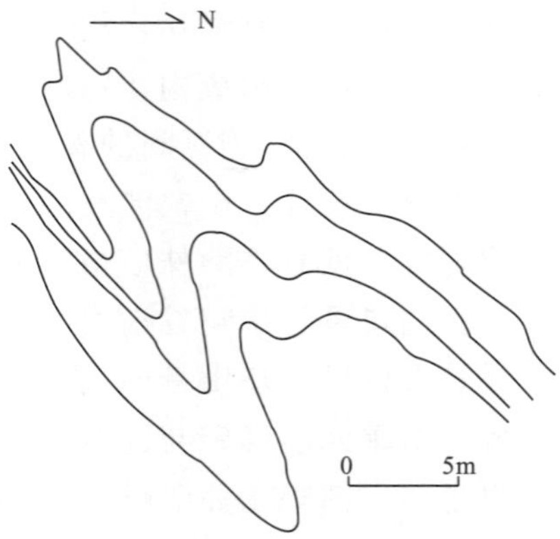

图 5-6　双雁山片岩组中流变褶皱素描图

早期(S_{n+1})的深层次塑形剪切变形作用强烈,形成的顺层掩卧褶皱、钩状、肠状褶皱、顺层韧性剪切带与具流劈理性质的片理、片麻理(S_{n+1}面理)共同组成了深层次分层剪切流变构造群落(图 5-7)。流变褶皱主要残留于能干性较强的岩石中,其特征是两翼拉长变薄、转折端急剧增厚,在几何学上多数呈非圆柱状,在横向和纵向上的不均匀性反映其塑性流变变形特征。褶皱两翼常被顺层韧性剪切带所限定,轴面与顺层流劈理(S_{n+1}面理)平行,在转折端,顺层流劈理与变形面理近直交,翼部近平行或小角度相交。该类褶皱一般规模较小,常表现为露头尺度。S_{n+1}面理表现为流劈理性质,宏观上为片理、片麻理,长英质粒状矿物和角闪石、黑云母、绿泥石等片柱状矿物定向排列构成片麻理、片理构造,浅色矿物和暗色矿物分异形成条带—条痕状构造、分异条带状构造,顺面理发育黑云母、白云母、石榴子石、角闪石等变质矿物,片麻岩中发育眼球状构造。变质程度达低角闪岩相。

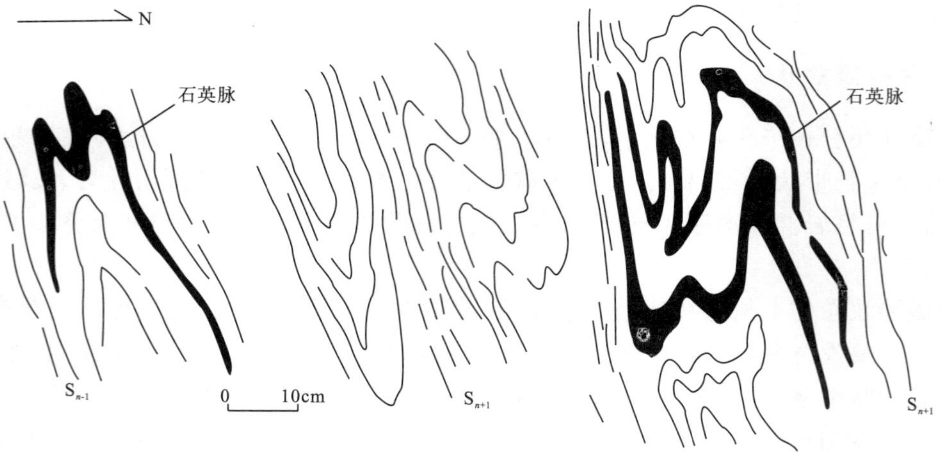

图 5-7　赛图拉岩群流变褶皱样式

第二期构造变形表现为以南北向挤压为主导变形机制的构造变形,以不同尺度的脆韧性剪切带的发育为特征,褶皱构造不发育,只在局部发育以片理、片麻理为变形面的露头尺度的剪切尖棱褶皱或宽缓的挠曲变形。片理、片麻理产状较稳定,倾向 175°~210°,倾角 55°~75°。早期形成的基性岩脉及超镁铁质岩石发生透镜化,分异的长英质脉体形成无根褶皱和旋转碎斑。古老侵入体之间以及侵入体与副变质地层之间的接触面更加复杂,形成似层状构造。

在昆中南带过渡基底中发育规模不等的糜棱岩带,其糜棱面理产状较稳定,倾向约 200°,发育长英质糜棱岩、碳酸盐岩质糜棱岩,显示强烈的塑性剪切变形特征。在碳酸盐岩质糜棱岩中,残留的方解石碎斑呈眼球状，两端具不对称拖尾，细粒方解石呈条带状、条纹状。韧性剪切带中普遍发育矿物细晶化、眼球状长英质碎斑压力影、“S－C”组构、不对称钩状无根褶皱构造及石英拔丝构造等显微组构，斜长石、角闪石呈旋转碎斑定向分布，可见角闪石及黑云母剪切破裂叠瓦状排列，构成“云母鱼”构造。同构造分泌石英脉呈不对称褶皱、无根褶皱出现。

运动学标志显示，脆韧性剪切带的性质为由南向北运动的逆冲推覆。

该期变形属于中部构造层次弹塑性剪切变形产物。变质程度为低绿片岩相。

（二）康西瓦－苏巴什晚古生代蛇绿构造岩带

该构造岩带是划分昆仑陆块与喀喇昆仑陆块的重要界线。区域上由康西瓦、玉龙喀什河上游河谷向东部苏巴什延伸，走向近东西向。该带物质组成较为复杂，在玉龙喀什河上游及苏巴什一带残留大量典型的蛇绿岩残片，与石炭纪—二叠纪放射虫硅质岩共生。资料表明，康西瓦－苏巴什结合带为复合结合带，具有多旋回的演代历史，是一条早古生代形成于消减带之上的向北俯冲的蛇绿岩带，并于石炭纪裂解成洋，二叠纪末碰撞造山，具双向俯冲特征的复合蛇绿构造岩带。

晚古生代的古特提斯洋演化是西昆仑造山带的又一重要演化历程，是在原特提斯构造域基础上的一次开合构造旋回。康西瓦－苏巴什晚古生代蛇绿构造岩带是反映晚古生代构造活动的重要的物质记录，代表大洋残片物质的蛇绿岩反映了早期的扩张事件。图幅内的构造主要反映了晚期挤压构造变形，构造域主要集中反映在康西瓦－苏巴什晚古生代蛇绿构造岩带及其两侧，主要构造类型有劈理、线理、韧性－韧脆性剪切带和褶皱等。

该构造蛇绿岩带在图幅内沿玉龙喀什河分布，在再依勒克河出露相对较好一些，但各蛇绿岩组成出露并不完整（详见第二章）。蛇绿混杂岩带南北两侧被韧性剪切带（F_4、F_5）所限定，呈向西收敛、向东撒开的楔状体。

该带实际上表现为一个大规模的韧性剪切带，同时又是一个高度的物质混杂场，由构造片岩包绕刚性块体，其平面构造形态表现为以剪切基质环绕构造岩块，以主干韧性剪切带为骨架，形成强弱构造域相间排布的网络状的构造面貌（图5－8）。由此，根据构造混杂岩带的构造变形特征可分为两部分：刚性块体和剪切基质，分处于强、弱构造域中。刚性块体由蛇纹岩、辉石橄榄岩、橄辉岩、玄武岩、辉绿岩块等构成，变形变质较弱，基本保留了原岩组构特征，局部具片理化及碎裂化，各岩块由内向外碎裂化程度增强。剪切基质由构造片岩组成，出露宽度小于200m，剪切面理产状：185°～210°∠37°～45°，构造片岩中发育不同尺度的剪切运动标志，如显微尺度的“云母鱼”、“S－C”组构等，露头尺度上一些小的蛇纹岩块呈透镜状斜列排布（图5－9）。

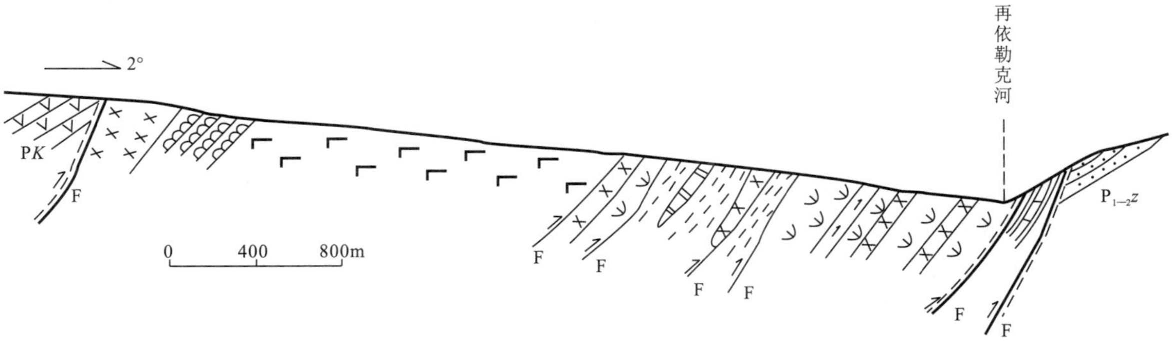

图5－8　新疆策勒县再依勒克河构造蛇绿混杂带剖面图

（三）昆南晚古生代岛弧

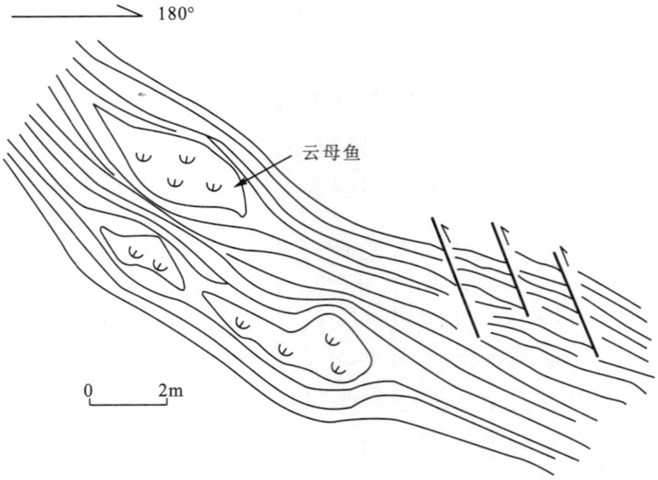

图 5－9　蛇纹岩剪切变形特征

再依勒克河蛇绿构造混杂岩南部的卡拉勒塔什群为一套具岛弧火山岩性质的建造（详见第二章），变形变质较弱，组成物质为蚀变安山岩、变玄武质安山岩夹变火山碎屑岩，具低绿片岩相变质。总体呈向西尖灭的楔状体，在图幅内出露面积小，主体在东邻图幅（伯力克幅）。卡拉勒塔什群总体为向南倾的单斜构造，褶皱构造不发育，岩层产状稳定：200°～210°∠30°～56°，但内部基本顺层的剪切变形极强，变火山碎屑岩具强烈的片理化、糜棱岩化，大部分蚀变安山岩、变玄武质安山岩则变形变质较弱，在剖面、平面上形成强弱构造域相间分布的构造面貌。

该岩片与北侧的蛇绿构造混杂岩带韧性剪切带接触，显示向北逆冲叠置于蛇绿构造混杂岩带之上。

二、巴颜喀拉晚古生代—中生代边缘裂陷盆地

该盆地大面积分布于图幅中部一带，位于康西瓦断裂带南部边界断裂与郭扎错断裂带之间，向东、向西延伸出图幅，地层为二叠系黄羊岭群及三叠系巴颜喀拉山群巨厚的复理石建造，岩石基本上未变质。其构造特征反映的是陆内变形阶段的演化历程，即以印支期构造变形为主期构造，以发育一系列叠瓦状逆冲推覆断裂为特征，形成岩片叠置的构造格局。逆冲推覆断裂表现为脆-脆韧性，运动方向为南南西向，走向北西西向。地层板劈理发育，局部面理置换彻底。板劈理在褶皱构造中呈扇形发育。其构造变形特征反映了该弧后-残留盆地在印支期开始，以收缩机制为主导的南北向挤压构造变形特征。

对于占图幅总面积 1/3 的中部地区而言，所有地质体构造形迹所透露的信息似乎都显示着三叠纪后的一次大规模的构造运动。其变形变质程度、构造置换作用相对较弱，原生沉积构造基本保留。各地质体中发育的不同类型和不同尺度的构造形迹的运动学、几何学、动力学特征显示，统一于一个南北向的挤压机制，反映的是中上部构造层剪切-弹塑性纵弯曲变形相的产物，向南的逆冲推覆构造成为本期变形的主要构造形式。萨特曼-尖刀峰冲褶构造带、泉水沟冲褶构造和甜水海-郭扎错逆冲叠瓦岩片构成了区内的主期构造格架，同时奠定了本区的基本地质、构造面貌。

（一）萨特曼-尖刀峰冲褶构造带

该构造带位于图幅北部，组成该带的地层为图幅北部的二叠系黄羊岭群一套巨厚层的复理石建造，总体为一不对称的向斜构造（Z1），同变质过程形成了透入性区域轴面劈理和脆韧性剪切带，对 S_0 的纵向构造置换作用较强烈，但多数地区二者在野外均能区别，并保留有大量的原生构造。在向斜的北翼，发育两条脆韧性剪切带 F_6、F_7。

（二）泉水沟-冰水河逆冲推覆断裂（F_{14}）

该断裂位于昆仑山主脊南坡泉水沟至冰水河垴一线，呈北西西向贯通全区，为萨特曼-尖刀峰冲褶构造带与泉水沟冲褶构造带的边界断裂带。卫片上显示清晰的线状构造特征，平行线状模式，

沿断裂带分布北西向的沟谷。该断裂北侧为昆仑山主脊，海拔高，相对高差大，地形切割强烈，为现代冰川主要分布区；南侧海拔高度明显相对较低，相对高差小，沟谷宽阔。

断裂带北为二叠系黄羊岭群、南为三叠系巴颜喀拉山群，黄羊岭群掩覆在巴颜喀拉山群之上。断裂带宽 50～250m，倾向北东，倾角 55°～70°，断面产状总体上较稳定。在不同地段发育的构造岩为构造片岩、糜棱岩、片理化砂岩等。露头尺度上可见旋转的构造透镜体、拉伸线理及“S－C”组构、揉皱、不对称斜歪褶皱等，在上冲盘的前锋常发育倒向南的同斜褶皱。顺剪切面理发育石英脉。各项运动学标志显示，其运动方向为向南南西向的逆冲推覆，形成了黄羊岭群掩覆在巴颜喀拉山群之上的叠置特征。

断裂带于新生代时追踪早期逆冲推覆断层，进一步复活，开始强烈活动，昆仑山随之开始强烈抬升，其强度渐趋增强。

（三）泉水沟冲褶构造

卷入构造变形的地层为三叠系巴颜喀拉山群。巴颜喀拉山群为低绿片岩相浅变质岩系，原生沉积构造基本保留。发育一系列的褶皱构造，板理很发育。

1. 褶皱构造

分布于泉水沟、里田河一带的巴颜喀拉山群以中—厚层状的杂砂岩为主，构成一系列的轴面近直立的背、向斜构造（Z2、Z3、Z4、Z5、Z6、Z7、Z8、Z9、Z10、Z11、Z12、Z13），变形面为 S_0（图 5－1、图 5－10）。其褶皱样式为中等紧闭等厚褶皱，轴面陡倾或近直立，圆柱状程度高，发育扇形板劈理，两翼发育丛生次级褶皱，轴迹走向北西向。其特征反映了挤压机制下的中上部构造层次弹塑性纵弯曲变形相。值得注意的是变形地质体为一套层状的复理石建造，缺乏典型的标志层，对区域性褶皱形态的恢复只能借助于露头尺度上小构造的总体分析。

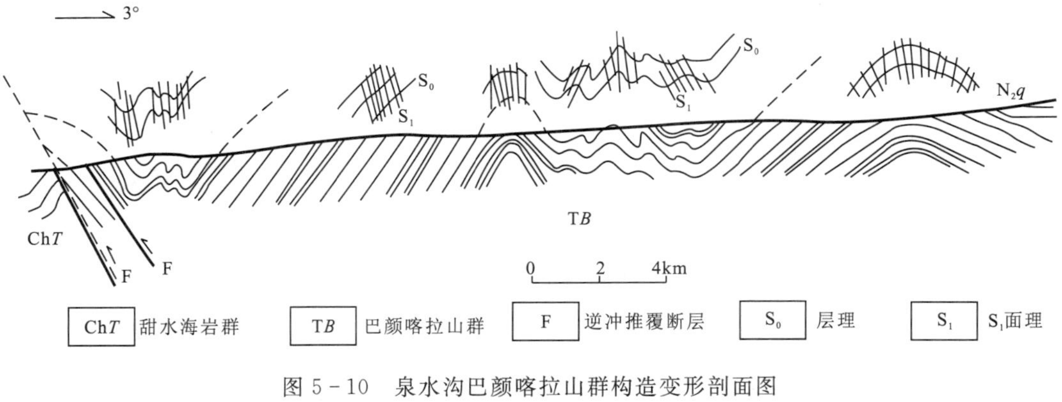

图 5－10　泉水沟巴颜喀拉山群构造变形剖面图

2. 纵向构造置换作用与新生面理

伴随着褶皱形变，岩石发生纵向构造置换作用，纵向构造置换程度与岩石能干性及构造的强弱域有关。在弱能干性的泥质岩中，置换较强，新生板劈理发育密集，与原生层面小角度相交或近于平行；在强能干性的砂岩及弱构造域中，纵向构造置换作用相对较弱，板劈理间隔大，一般与原生层面大角度相交。劈理折射现象在泥岩、粉砂岩及杂砂岩交互层中比比皆是（图 5－11），板劈理在褶皱构造中呈扇形发育。

从三叠系巴颜喀拉山群褶皱变形及构造面理的发育特征、变质程度来看，反映的是南北向挤压

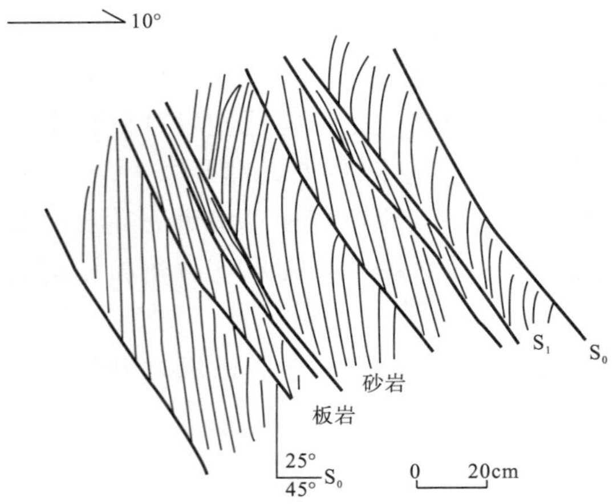

图 5-11　砂板岩互层劈理折射

机制下中上部构造层次弹塑性纵弯曲变形。

3. 泉水沟-郭扎错逆冲推覆断裂

泉水沟-郭扎错逆冲推覆断裂在图幅呈北西西向展布,向西延伸至图外交于康西瓦断裂带上。该断裂带是巴颜喀拉晚古生代—中生代弧后-残留盆地的边缘断裂。卫片上显示清晰的线状构造特征,地貌上显示为线性分布的负地形。断裂带宽 50～200m,倾向北东,倾角 50°～70°。在不同地段发育的构造岩为构造片岩、糜棱岩、断层角砾岩等。露头尺度上可见擦痕、旋转的构造透镜体、拉伸线理及"S－C"组构、揉皱、不对称斜歪褶皱等,在上冲盘的前锋常发育倒向南的同斜褶皱(图 5－12)。沿断裂带的不同地段或表现为强置片理化带,或表现为炭化破碎带,断面产状总体上较稳定。

这一特征在甜水海北的 4 886.0m 高地及泉水沟 5 428.0m 高地南表现最具典型。在泉水沟 5 428.0m 高地南,构造带宽 50m,剪切面产状为 10°∠55°。带内为条纹状长英质绢云母糜棱岩、千糜岩夹结晶灰岩构造透镜体,顺剪切面理发育石英脉。构造带中发育拉伸线理、"S－C"组构及不对称斜歪褶皱(图 5－13),拉伸线理产状:侧伏向 257°、倾角是 35°。上述特征表明,断裂带具脆韧性剪切带性质,运动方向具南南东向的斜冲性质。在甜水海北的 4 886.0m 高地北,为一宽度约为 100m 的强置片理化带,向上冲盘片理化程度逐渐衰减,下伏盘则形成透入性褶劈理,与剪切带构造面产状一致,剪切面理产状 30°∠47°。据发育的运动学标志判断其运动方向约为 200°,具逆冲性质。

泉水沟-郭扎错断裂是一条具复合性质的断裂,在后期构造活动中又进一步活化。

图 5－12　泉水沟东逆冲推覆断裂带

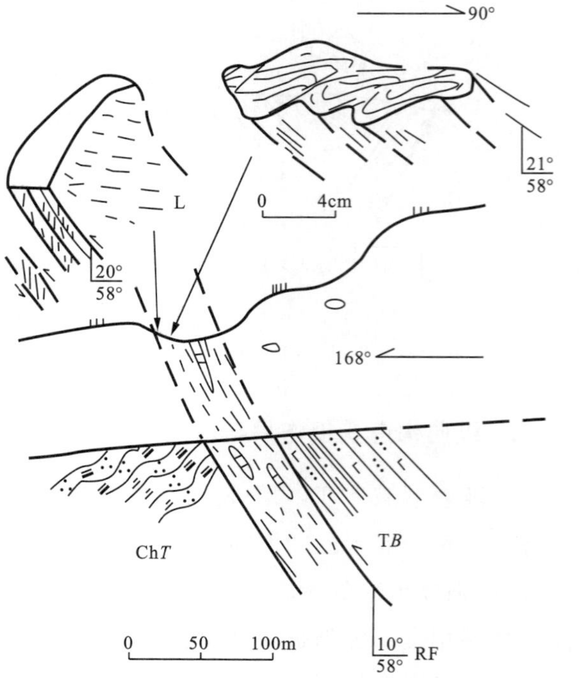

图 5－13　泉水沟西郭扎错断裂带特征

三、甜水海-北羌塘微陆块

本图区只涉及北部甜水海微陆块。甜水海微陆块自古生代以来，一直处在一个比较稳定的构造环境，至中生代后才开始了大规模的构造调整。

分布于图幅南部，大红柳滩-郭扎错断裂以南地区。中上元古界地层组成其过渡基底，包括长城系甜水海岩群、蓟县系河岔口石英岩、青白口系肖尔克谷地岩组绢云片岩夹大理岩。盖层沉积主要包括古生界和少量白垩系地层，均以碳酸盐岩、碎屑岩建造为主。区内岩浆岩不发育。

前寒武纪构造层主要发育两期构造面理，早期表现为露头尺度的顺层掩卧褶皱、紧闭尖棱褶皱及顺层韧性剪切带。新生构造面理 S_{n+1} 具流劈理性质，宏观上为片理，显示了中深构造层次分层剪切变形作用，变质达绿片岩相。晚期则表现为挤压构造变形，以片理为变形面形成宽缓褶皱和新生面理 S_{n+2}，S_{n+2} 为褶劈理性质，与上覆盖层中的板劈理相对应。

古生代及其以后的构造层构造变形形迹反映了近南北向的挤压作用。以发育一系列叠瓦状逆冲推覆断裂为特征，形成岩片叠置的构造格局。逆冲推覆断裂表现为脆-脆韧性，运动方向为南南西向，走向北西向，褶皱样式表现为轴面近直立的等厚褶皱、同斜褶皱及与剪切作用相关的剪切尖棱褶皱，褶皱轴迹总体上为北西向。板劈理发育密集，与逆冲推覆构造作用相关。其构造特征显示为中上部构造层次弹塑性变形，低绿片岩相变质。

1. 甜水海微陆块过渡基底构造变形特征

甜水海微陆块过渡基底由长城系甜水海岩群、蓟县系河岔口石英岩及青白口系肖尔克谷地岩组组成，沿甜水海—郭扎错一带呈多个岩片产出。相对于中昆仑南带过渡基底的变形变质程度是很弱的。而对于过渡基底内部的构造变形特征来说，也存在着差异，下部甜水海岩群变形变质程度相对较深，蓟县系河岔口石英岩及青白口系肖尔克谷地岩组则相对较弱一些，反映了其所处构造层次变形变质环境的不同。

早期构造形迹主要表现片理、千枚理（S_1 面理），由长英质粒状矿物和绢云母、绿泥石等片柱状矿物定向排列构成，浅色矿物和暗色矿物分异形成条带—条痕状构造、分异条带状构造，顺面理发育黑云母雏晶、绢云母、绿泥石等变质矿物。在片岩及千枚岩中，同构造分泌石英脉呈条带状、透镜状顺构造面理分布，尽管这种浅色脉体的发育是不具普遍性的。

在碳酸盐岩中，浅色的方解石呈条纹状、条带状或首尾相接的透镜状分布，构成条纹状构造（图 5-14）。早期的褶皱构造较少发育，仅在局部发育露头尺度的顺层掩卧褶皱、钩状褶皱等。

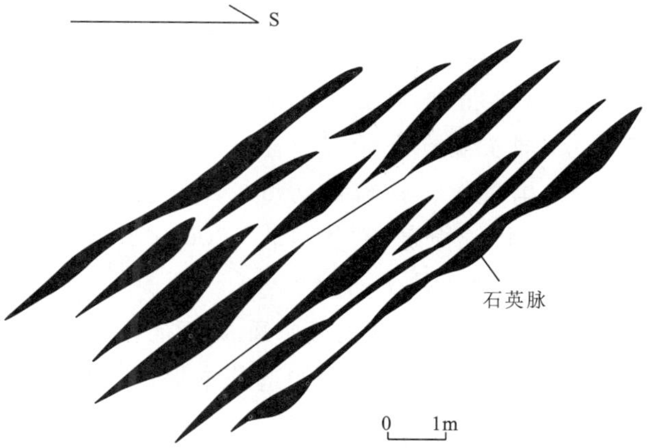

图 5-14　大理岩内部条带状构造

在甜水海岩群中原生层理消失殆尽，取而代之的是新生面理（片理、千枚理）S_{n+1}。在青白口系肖尔克谷地岩组中能干性较强的岩石中或弱构造域中，其原生组构残留较多，可见到原生层面 S_0。

从残留原生组构与早期构造面理之间的关系可以确定，S_1 期构造是喀喇昆仑陆块过渡基底最早一期构造变形的产物，构造变形特征反映了中下部—中上部构造层次分层剪切变形。伴随本期构造变形发生了最早一期的变质作用，变质程度为低绿片岩相。

2. 甜水海-郭扎错逆冲叠瓦岩片

在泉水沟-郭扎错逆冲推覆断裂以南的甜水海—郭扎错一带，由于大规模的逆冲推覆作用，形成不同时代的岩片相互叠置的构造格局，各岩片之间以逆冲断层相隔(图5-15)。各岩片内部的构造变形特征不尽相同，但所反映的动力学、运动学机制是相似的。

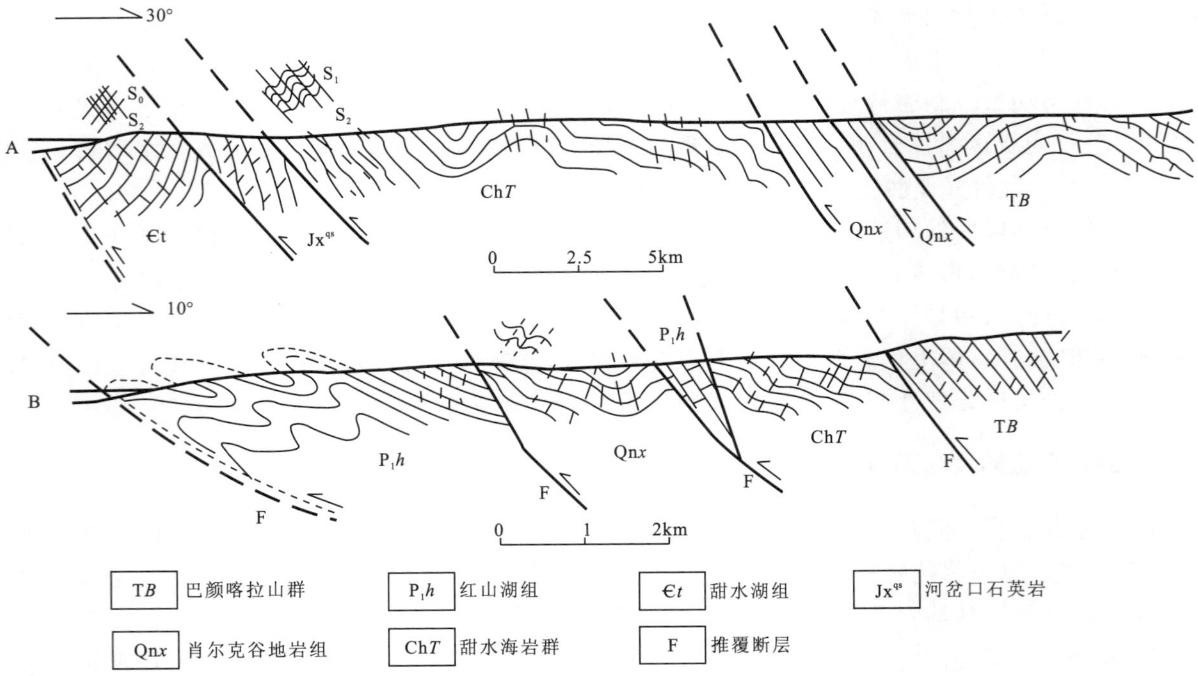

图5-15　甜水海-郭扎错逆冲叠瓦岩片构造变形剖面图

A. 阿克萨依湖北；B. 泉水沟口西

过渡基底长城系甜水海岩群呈断片状北西向断续零星出露，其边界以逆冲断层与盖层岩片相接触。以片理(早期S_1面理)为变形面形成宽缓褶皱构造和新生面理S_2。褶皱轴迹走向北西向，褶皱宽缓，轴面略向北倾或直立。S_2主要在靠近剪切带附近发育，为一组间隔带状分布的褶劈理(图5-16)，劈理发育稀疏，沿劈理有新生片状矿物分布(绿泥石、绢云母)，微劈理域中早期片理面呈挠曲状。产状较稳定，产状：10°～300°∠35°～65°。在剪切带的上、下盘中，该面理与盖层岩片中的板劈理有一致性(图5-17)。

古生代盖层岩片的变形变质特征没有多大差异，与三叠系巴颜喀拉山群极为相似，为低绿片岩相浅变质岩系，原生沉积构造基本保留。褶皱样式表现为轴面近直立的等厚褶皱(Z11)、轴面北倾的同斜褶皱及与剪切作用相关的剪切尖棱褶皱，褶皱轴迹总体上为北西向。板劈理发育，泥质岩、粉砂岩中，板劈理发育密集，与原生层面小角度相交或近于平行；在强能干性的中—厚层砂岩中，纵向构造置换作用相对较弱，板劈理间隔大，一般与原生层面大角度相交。在露头尺度可见砂岩中的钙质球砾压扁变形，长轴方向与板劈理平行，在强的剪切构造域中，可见到薄层灰岩剪切变形为小的透镜体而呈斜列排布，其长轴方向与板劈理近一致(图5-18)，显示的运动方向为200°。劈理折射现象在泥岩、粉砂岩及杂砂岩交互层中比比皆是，板劈理在褶皱构造中呈扇形发育。

在阿克萨依湖东北分布的红山湖组内部发育一系列的同斜褶皱群(图5-19)，两翼不对称，北翼长南翼短，其倾向约15°，轴面倾向北，发育轴面板劈理。在翼部发育"Z"形层间滑动小褶皱。

同斜褶皱构造样式是逆冲推覆构造变形作用下的重要的构造类型，其褶皱倒向常常可以指示

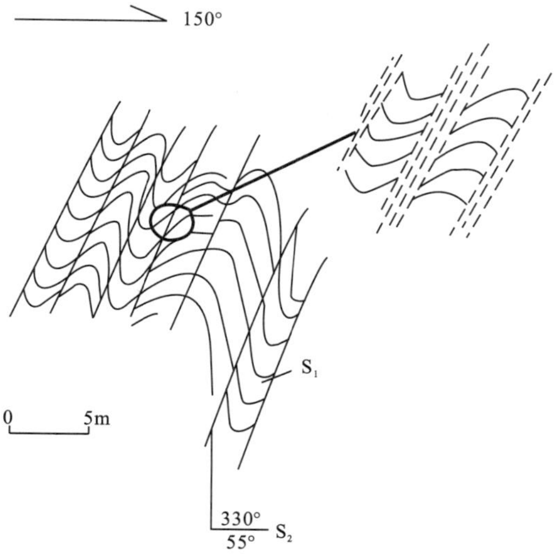

图 5-16 甜水海岩群中两组面理关系素描图

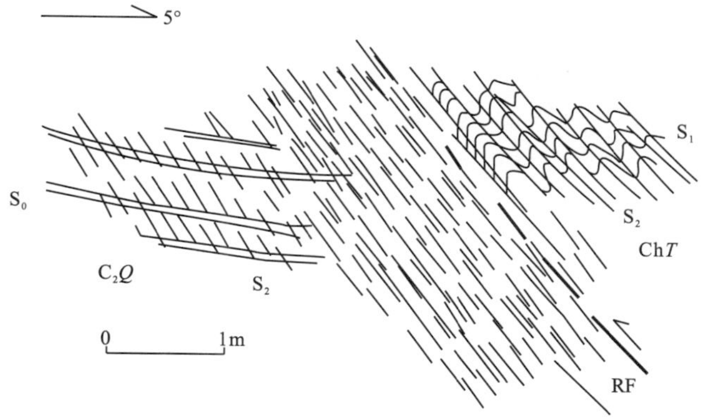

图 5-17 剪切带两侧面理发育特征

构造运动的方向，而所发育的部位常处于一个较强的剪切应变域，或常靠近于逆冲推覆剪切带上盘的前锋部位。据此可以推断，沿阿克萨依河可能存在一条近东西向的大规模的逆冲推覆剪切带，运动方向向南。

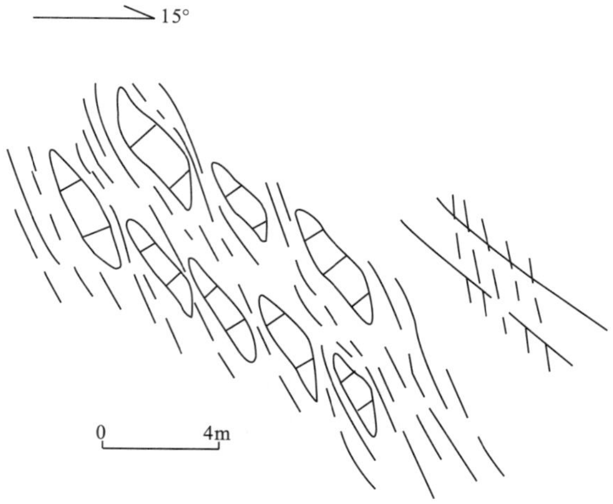

图 5-18 恰提尔群剪切变形特征

各岩片之间为一系列不同规模的叠瓦状脆-韧脆性逆冲推覆断裂（F_{15}、F_{16}、F_{17}、F_{18}、F_{19}、F_{20}、F_{21}、F_{22}、F_{23}、F_{24}、F_{25}）。断裂带宽 1～50m，倾向北东，倾角 50°～70°。在不同地段发育的构造岩为构造片岩、糜棱岩、初糜棱岩、断层角砾岩等。

带内发育旋转的构造透镜体、拉伸线理及“S－C”组构、揉皱、不对称斜歪褶皱等，沿断裂带的不同地段或表现为强置片理化带，或表现为炭化破碎带，断面产状总体上较稳定。据运动学标志显示，运动方向为 200°左右。这些断裂在后期构造活动中又进一步活化，成为主要的构造活动结构面。

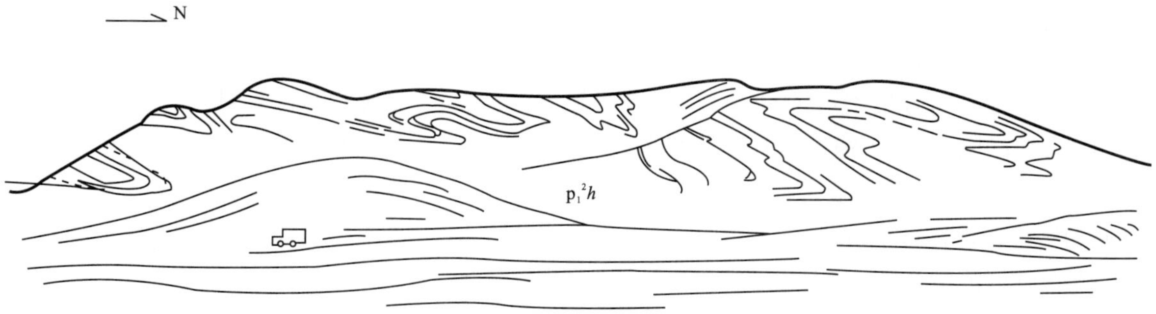

图 5-19 阿克萨依湖东北部红山湖组（P_1^2h）同斜褶皱素描图

3. 白垩纪宽缓褶皱

在图幅阿克萨依河南分布的白垩系与下伏地层为角度不整合接触关系，白垩系地层表现为很开阔的褶皱构造(Z13、Z14)(图5-20)，两翼倾角10°～20°，轴面直立，两翼对称，其特征表明白垩纪构造并不强烈。

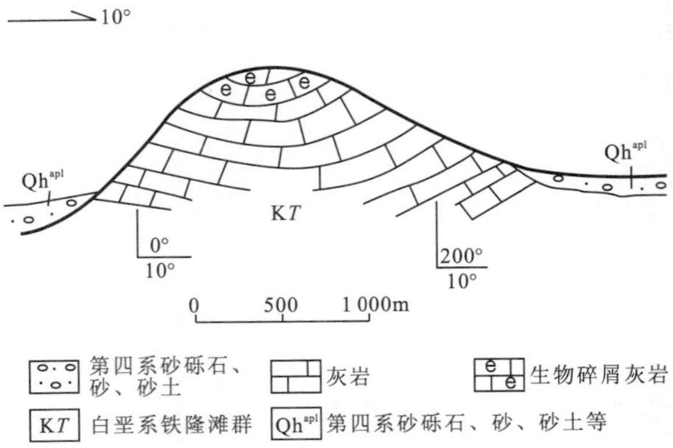

图5-20　阿克萨依湖南5398高地路线地质剖面图

第三节　新生代构造

举世闻名的青藏高原的形成是由于印度次大陆与欧亚次大陆发生碰撞的结果，其起始时间大约在60Ma，即大致从古新世开始，青藏高原的构造活动表现为大陆内部的各种地质作用过程。本图幅为青藏高原的北缘，新生代构造活动强烈，构造方式主要是断裂，伴随火山活动和断陷盆地的形成。

一、断裂构造

新生代断裂构造活动强烈，其断裂形迹主要是追踪早期已有断层，新生的断层甚少。前新生代形成的众多规模、性质不同的断裂系统，对后期的构造有着极大的限制和影响，同时新生代的构造对早期的构造起着改造作用。断裂性质以逆冲为主，其次为走滑断层和正断层。断裂方向有东西向和近东西向、北东向、北西向，主要是东西向和近东西向，而且主要是追踪早期已有断层，北东向断裂为新生断裂。结合恰哈幅断裂特征，其总体组合样式具有正扇形的特点，即主要断裂在剖面上的组合样式是以康西瓦断裂带为中心具有南北大体对称的组合，北部为南倾、向北冲的断裂组合；南部为北倾、向南冲的断裂组合。

图幅内主要断裂均为北西向或北西西向，如康西瓦断裂、泉水沟-冰水河断裂、郭扎错断裂等。沿阿克萨依河可能分布一条隐伏大断裂。

1. 康西瓦断裂带(F_4)

该断裂带区域上西起乌孜别里山口，经赛图拉、苏巴什，向南东交于库牙克断裂，是西昆仑地块和喀喇昆仑地块的分界线，断裂两侧的沉积建造、岩浆活动、变质作用明显不同。沿断裂有明显的重力梯级，遥感影像标志清晰，以线性谷地和色调差异显示，表现为平行线状模式，沿玉龙喀什河线性分布断层崖、断层三角面。向东在再依勒克河一带及苏巴什有蛇绿岩分布。

图幅内断裂沿玉龙喀什河分布，总体呈北西西向，平面上呈舒缓波状，断裂带宽数百米至1 000m，主断层面产状倾向南南西，倾角约 55°～70°。构造岩比较复杂，糜棱岩、构造片岩表现早期较深层次的韧性剪切作用，断层角砾岩、断层泥及断层碎裂岩等显示晚期脆性剪切活动。在新生代主要表现为逆冲性质，南盘为上冲盘，北盘为下降盘。

该断裂控制了现代主要水系的分布，玉龙喀什河由南北向转为沿断裂走向分布而呈北西西向延伸。在玉龙喀什河南侧的冰川谷由南北向突转为东西向而向西延伸，近于直角转向。

该断裂明显继承了早期的结构面，在新生代再次发生强烈活动。值得注意的是康西瓦断裂的产状及性质在不同的地段有不同的表现，如在东邻图幅苏巴什一带断面产状倾向北东，倾角陡，具向南的逆冲性质。这可能反映了新生代以来，断裂活动的多期性、复杂性、阶段性，这从苏巴什一带复杂的运动学标志(有右行、左行等)得到证实。据地震资料显示，沿康西瓦一线，20 世纪 50 年代还发生过地震，说明这些断裂依然在活动。根据前人在南部狮泉河地区的扎西岗村获得的与断层有关的花岗岩的冷却年龄(分别是 18～11.3Ma 和 11.3Ma 至今，Searle 等，1998)，以及孙世群、王道轩等(1998)在西北部喀拉库里湖边获得同断裂角闪石拉伸线理的同位素年龄(6.80～6.69 Ma)，反映该期构造具有从南向北变新的规律这是否暗示印度板块向北挤压，应力向北逐渐传递的过程。

2. 泉水沟-冰水河断裂(F_{14})

该断裂位于昆仑山主脊南坡泉水沟至冰水河垴一线，呈北西向贯通全区。追踪早期逆冲推覆断层，于新生代时进一步复活。卫片上显示清晰的线状构造特征，平行线状模式，沿断裂带分布北西向的沟谷。该断裂北侧为昆仑山主脊，海拔高度高，相对高差大，地形切割强烈，为现代冰川主要分布区；南侧明显显示海拔高度相对较低，相对高差小，沟谷宽阔，显示强烈的差异性抬升。断裂带完全追踪早期片糜岩带活动，可能由于早期强烈的韧脆性劈理带易于释放应力，新生代断裂活动产生的构造岩并不发育，沿带多由密集发育的破劈理化带组成，或由一系列宽约 0.5～1m 的小型断裂或炭化带组合而成，向北陡倾或近直立，北盘抬升。分布于泉水沟垴的上新世火山岩与该断裂的活动有着密切的联系。

在该断裂以南，零星分布有厚度不大的上新统湖相沉积；断裂以北却没有。这似乎表明在上新世时，该断裂开始强烈活动，昆仑山开始强烈抬升，并逐渐增强。

3. 郭扎错断裂(F_{15})

追踪早期逆冲推覆剪切带，于新生代时进一步复活。卫片上显示清晰的线状构造特征，地貌上显示为线性分布的负地形，平行线状模式，该断裂北盘明显抬升形成南北两侧地貌上的差异：北盘地形相对高，山体大；而以南为低山丘陵，形成明显的阶梯状多层地貌特征。另外，渐新统阿克萨依湖组在北盘抬升至 5 500m，南盘则处在 4 800～4 900m 的位置。断裂带宽 50～200m，基本顺早期糜棱岩带延伸，断层面倾向南西，倾角 60°～70°。断裂活动使早期的糜棱岩再次发生碎裂，其构造岩为断层角砾岩、碎裂岩、断层泥等，宏观尺度上常表现为炭化破碎带。露头尺度上可见擦痕、旋转的构造透镜体，断面产状总体上较稳定。断裂为逆冲性质，运动方向为南。

在该断裂以南的一系列不同规模的次级断裂(F_{16}～F_{25})也具有相似的特征，追踪早期逆冲推覆剪切带，于新生代时再次复活，由北向南逆冲。

区内发育一组北东向断裂，规模不大，延伸小于 20km，卫片上显示清晰的线状构造特征，常表现为线性负地形。该组断裂切割、错断北西向断裂，为左行走滑性质。

二、地质地貌特征

图幅内河流众多，阶地的发育特征各不相同。在图幅北部昆仑山中，由于山地河谷切割深，两岸陡峭、沟谷狭窄，老阶地保存完整的较少，以侵蚀阶地为主要类型，玉龙喀什河发育一级阶地，再依勒克河口处顶面高程约 3 310m，阶地相对高度 100m 左右，河床出露基岩。在泉水沟垴北的 5 510m 高程点东发育三级阶地，第Ⅲ级阶地顶面高程为 5 210m，三级阶地的阶地高差为 5～10m。总体反映了这样的事实：从南向北侵蚀程度逐渐增强，阶地的高差增大，切割深度增大，溯源侵蚀，高原隆升速率在第四纪时增强。

图幅南部属于昆仑山南侧的台地区，汇水盆地为阿克萨依湖盆地，其侵蚀基准面应与其湖面高度一致，为 4 840m。河流阶地多为三级，阶坡高度 2～5m。湖岸阶地发育，在甜水海北，湖岸阶地呈椭圆形分布，具有四级阶地，属堆积阶地，堆积物为湖积亚砂土、粉砂土、粉砂。Ⅳ阶地顶面高程为 4 895m，Ⅲ级阶地顶面高程为 4 875m，Ⅱ级阶地顶面高程为 4 865m，Ⅰ级阶地顶面高程为 4 855m，现代湖面高程为 4 850m。这一阶地的特征具有典型代表性，反映了 4 个隆升作用阶段(图 5－21)。

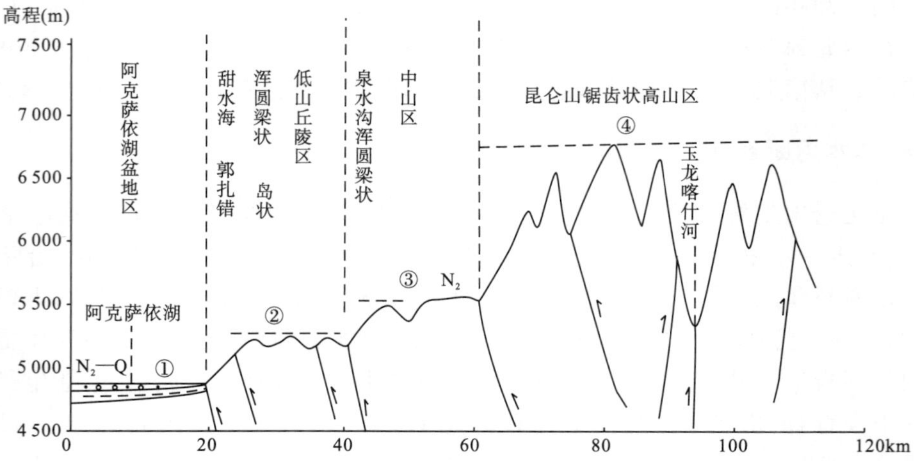

图 5－21　阿克萨依湖地质地貌略图

三、冰川活动

在冰水河及里田河垴分布的中—上更新统冰碛砾石层反映了青藏高原隆升过程冰川活动特征及其环境效应。在冰水河及里田河中、下游两侧的山梁上残留有花岗岩冰碛砾石，来源于 20 多千米以外的昆仑山主脊，其冰川的规模要较现代冰川面积大数倍，可能反映了中更新世昆仑山地区最大的冰川作用时期。冰川的形成和发育，主要取决于气候和地形条件。寒冷的气候和降水的多少，是产生冰川的主要条件，而耸入雪圈的山地面积和海拔高度是冰川发育的地形条件，决定着冰川的规模和其他特征。当时昆仑山系已达到了相当大的高度，气候寒冷，降水丰沛。

在现代冰川冰舌前端发育有 3～4 列终碛垄，从外向内规模逐渐变小，新的终碛垄切割老的终碛垄(图 5－22)，反映了现代冰川从 16 世纪以来现代小冰期的变化情况，冰川规模逐渐萎缩。

中国科学院寒区旱区环境与工程研究所姚檀栋等对昆仑山最大的古里雅冰原采集冰芯进行研究(1992 年采集冰芯样 309m，坐标位置：N35°17′、E81°29′)，高分辨率地研究了过去 2 000 年来的气候变化：①温度在波动中上升变暖，进入 20 世纪有加速变暖的趋势；②准确记录了小冰期的 3 次冷期，但公元初的寒冷程度大于小冰期；③温度和降水量呈相关关系，但在短时间内二者并不同步，降水变化滞后于温度变化 50～100 年；④古里雅冰芯中 $\delta^{18}O$ 的积累大多与太阳活动有关，表明青藏高原气候变化的主要驱动力可能是太阳活动的变化。

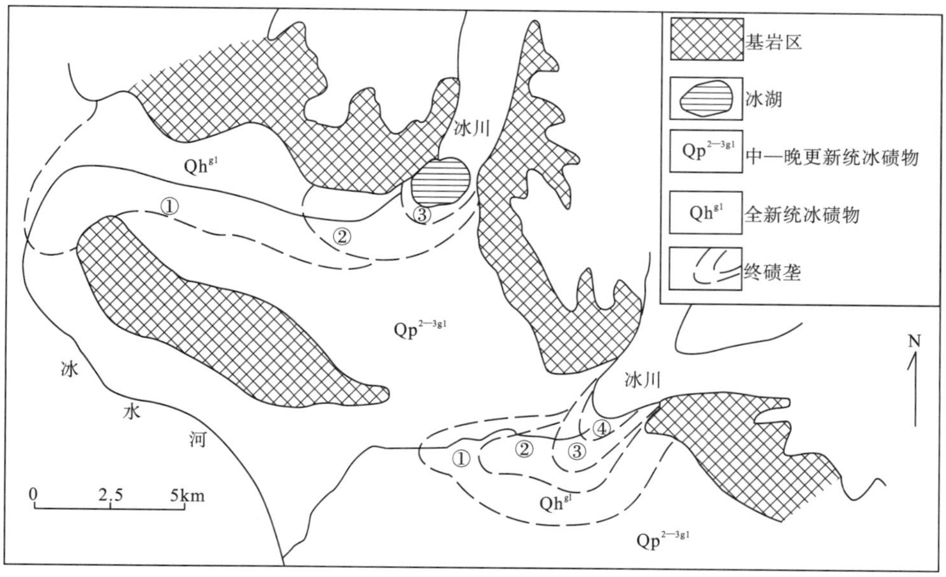

图 5-22　冰水河一带冰川堆积地质略图

第四节　构造变形演化序列

对图幅内构造变形演化序列的建立，就是在对不同地质体中发育的不同尺度、不同类型构造的构造样式的分析对比和构造变形相分析，以及各种构造之间的叠加复合或置换关系的研究的基础上，结合区内的岩浆、变质、沉积和区域上重大地质事件的动态分析过程，划分构造演化的阶段性。通过对上述构造变形特征的分析以及与之相关的变质事件、岩浆热事件、沉积事件及区域重大地质事件的综合分析，建立区内的构造演化序列(表 5-1)。

第五节　地质构造发展演化史

图幅经历了长期复杂的地质演化历史，大体上可划分为三大演化阶段 6 个演化时期。三大演化阶段是指前震旦纪基底形成演化阶段，震旦纪至三叠纪原特提斯—古特提斯—特提斯多岛洋陆演化阶段，侏罗纪至第四纪陆内演化阶段。6 个演化时期指长城纪—青白口纪古陆核裂解—Rodinia 超大陆形成演化时期(Ch—Qb)，震旦纪—早古生代原特提斯演化时期(Z—S)，晚古生代古特提斯演化时期(D—P)，三叠纪特提斯演化时期(T)，侏罗纪—白垩纪陆内变形演化时期(J—K)，新生代高原隆升演化时期(E—Q)。

一、前震旦纪基底形成演化阶段

1. 长城纪古陆核裂解演化阶段

新太古代、古元古代塔里木和柴达木等地存在多个西域陆块群，这些古陆核到古元古代末期已硬化固结，形成为数不多的古陆核。

表 5-1　阿克萨依湖幅构造变形序列表

地质时代	构造旋回	构造演化阶段		地质构造作用及主要构造类型	变形世代	岩浆事件
新生代	喜山期	高原隆升阶段		高原隆升、山脉地壳差异隆升，昆仑山前逆冲断裂系，新生界地层褶皱变形	D6	泉水沟中新世火山岩、侵入岩
中生代	燕山期	陆内变形阶段	晚期	1. 向南逆冲推覆作用，脆韧性逆冲推覆断层、巴颜喀拉山群褶皱变形；2. 西昆仑、塔里木南缘隆起剥蚀	D5	喀喇昆仑构造岩浆岩带中—酸性侵入岩（三叠纪—侏罗纪）(240±3)Ma (Rb-Sr)
	印支期	板块演化阶段	早期	巴颜喀拉残留盆地闭合；西昆仑、塔里木南缘隆起成陆		
晚古生代	海西期		晚期	1. 康西瓦-苏巴什洋盆双向俯冲-碰撞、洋盆消失、卡拉勒喀什岛弧，巴颜喀拉弧后盆地，陆内叠覆造山，康西瓦-苏巴什蛇绿混杂岩带；2. 塔里木-昆仑陆块、甜水海陆块焊接为一体	D4	康西瓦-苏巴什构造岩浆岩带
			早期	苏巴什残留洋盆扩张：再依勒克蛇绿岩		基性—超基性岩
早古生代——震旦纪	加里东期		晚期	俯冲-碰撞造山作用	D3	碰撞花岗岩
			早期	1. 塔里木-华南联合古陆裂解；2. 苏巴什洋；3. 柳什塔格玄武岩		柳什塔格玄武岩
中—新元古代	晋宁期	过渡基底演化阶段	晚期	1. 塔里木陆块与华南陆块俯冲-碰撞焊接为西昆仑造山带，桑株塔格岩群岛弧性质的变中基性火山岩；2. 甜水海岩群劈理、剪切尖棱褶皱、片内钩状无根褶皱、韧性剪切带；3. 塞拉加兹塔格岩群中第二期变形，褶劈理、剪切尖棱褶皱、钩状无根褶皱、韧性剪切带，中下部构造层次弹塑性剪切变形构造群落。赛图拉岩群、桑株塔格岩群韧性剪切带、剪切尖棱褶皱	D2	
			早期	1. 华南古陆北缘大陆边缘沉积：赛图拉岩群；2. 甜水海陆块（北羌塘）大陆边缘沉积：甜水海岩群；3. 赛图拉岩群中顺层掩卧褶皱、钩状、肠状褶皱、顺层韧性剪切带以及早期具流劈理性质的片理、片麻理共同组成的深层次分层剪切流变构造群落	D1	

图幅及邻区资料显示，中元古代西昆仑的长城系为赛图拉岩群，为高绿片岩相-角闪岩相变质的碎屑岩夹碳酸盐岩和中、酸性火山岩建造。

而在甜水海陆块中元古代的长城系为甜水海岩群，为低绿片岩相变质碎屑岩夹碳酸盐岩稳定建造。

在北邻恰哈幅的铁克里克断隆在长城系塞拉加兹塔格岩群底部为大陆边缘裂谷性质的细碧-角斑岩建造，在局部分布的斜长角闪岩具有洋岛-大洋中脊玄武岩地球化学特征，为代表塔里木古陆核发生伸展裂解作用形成大陆边缘裂谷，并逐渐演化为大洋(古昆仑洋)，形成具有大洋玄武岩(MORB)地球化学特征的斜长角闪岩，因此，塞拉加兹塔格岩群斜长角闪岩可能是长城纪蛇绿岩残片。

上述资料显示，长城纪早期古陆核发生伸展裂解作用，图幅北部的西昆仑地区的赛图拉岩群碎屑岩夹碳酸盐岩和中酸性火山岩代表大陆边缘陆源碎屑以及火山岩沉积；图幅南部的甜水海陆块的甜水海岩群变质碎屑岩夹碳酸盐岩建造代表羌塘古陆内的稳定型陆表海沉积。

伴随伸展变形形成顺层掩卧褶皱、钩状、肠状褶皱、顺层韧性剪切带以及早期具流劈理性质的片理、片麻理共同组成的深层次分层剪切流变构造群落。

2. 蓟县纪—青白口纪 Rodinia 超大陆形成演化阶段

塔里木古陆南部边缘蓟县系博查特塔格群大理岩夹石英岩建造代表塔里木古陆块南部被动大陆边缘的稳定沉积；西昆仑的蓟县系为桑株塔格岩群碎屑岩-碳酸盐岩沉积，属一套稳定型建造；在甜水海地区出露的蓟县系为河岔口石英岩，也属一套稳定型建造。

昆仑山地区无确定的青白口系地层；在甜水海地区出露的青白口系为肖尔克谷地岩组含叠层石的陆棚变质碎屑岩，主要为一套碳酸盐岩建造。岩石变质变形均较弱，变质达低绿片岩相。岩石中发育有叠层石及藻纹层，说明其形成环境为浅海台地相，具有稳定的沉积构造环境。

由上可见，塔里木古陆、西昆仑微陆块(南带、北带)的长城纪和蓟县纪沉积建造和变质程度完全不相同，其蓟县纪均为一套稳定型的沉积建造，说明在该地区长城纪末发生了一期俯冲、碰撞事件，使塔里木古陆与西昆仑微陆块拼合焊接为统一的陆块，在此基础上沉积了西昆仑微陆块、塔里木古陆上的蓟县纪的稳定边缘建造，并最终统一成为 Rodinia 超大陆的一部分。

此时甜水海－北羌塘陆块的蓟县纪—青白口纪的陆块均为稳定边缘建造，但该地区汇聚事件不清楚，其与北部塔里木陆块、昆中陆块均为稳定的边缘建造，属稳定的构造环境，陆块内主要显示由地层形成的褶劈理、剪切尖棱褶皱、片内钩状无根褶皱、韧性剪切带组成的中下部构造层次弹塑性剪切变形构造群落。并发生高绿片岩-角闪岩相区域动热变质作用，克里阳一带的赫罗斯坦群中(823±11)Ma 的锆石 SHRIMP 变质年龄也说明该构造事件的存在。

二、震旦纪至三叠纪原特提斯—古特提斯—特提斯多岛洋陆演化阶段

1. 震旦纪—志留纪原特提斯地质演化阶段

图幅内震旦系—志留系地层出露零星，在康西瓦-苏巴什构造蛇绿混杂岩带分布有震旦纪柳什塔格洋岛型变质玄武岩。

在甜水海陆块零星出露寒武系甜水湖组绿片岩相变质碎屑岩；零星出露奥陶系冬瓜山群礁灰岩夹碎屑岩；零星出露志留系浅变质砂板岩复理石建造。

在中昆仑陆块上分布少量早古生代碰撞型黑云二长花岗岩岩体。

东部区域伯力克幅在南部苏巴什一带的柳什塔格洋岛玄武岩 Rb－Sr 年龄值为(563±31)Ma。上述资料显示，震旦纪—寒武纪塔里木-华南联合古陆在全球 Rodinia 超大陆裂解的背景下发生显

著的扩张作用，图幅内沿康西瓦—苏巴什一线发生裂解，在图幅外的库地-其曼于特、蒙古包-普守等地也发生裂解，形成具多岛洋性质的原特提斯大洋，可能存在东部柳什塔格陆岛、西部桑株塔格陆岛，环绕陆岛为深邃的大洋，柳什塔格洋岛玄武岩 Rb－Sr 年龄值(563±45)Ma、库地蛇绿岩中的辉长岩(526±1.0)Ma 的年龄值，暗示大洋的形成可能存在一个由东向西迁移的过程。在裂解过程中，在古塔里木陆块和陆岛边缘发生火山活动，是形成大陆或陆岛边缘沉积物的火山活动。

在裂解过程中发生伸展构造变形，在前寒武纪地层中普遍发育顺层掩卧褶皱和拉伸线理构造。

寒武纪末期原特提斯多岛洋进一步扩张，形成苏巴什、库地和普守多岛有限洋盆。

奥陶纪原特提斯洋南部苏巴什洋未完全闭合，而原特提斯洋北部的库地-其曼于特、蒙古包-普守有限洋盆发生强烈的双向俯冲开始闭合，使分裂了的塔里木古陆块和柳什塔格陆岛(昆中南微陆块)、桑株塔格陆岛(昆中北微陆块)又焊接在一起，并在蛇绿岩两侧形成俯冲碰撞型花岗岩、岛弧火山岩及大陆边缘建造，具有北聚南散的特征。

志留纪原特提斯洋南部苏巴什洋仍未完全闭合，发生陆-岛碰撞作用，使前泥盆纪地层发生了强烈褶皱变形和脆韧性断裂，伴随绿片岩相区域变质作用。

2. 晚古生代古特提斯演化阶段

再依勒克河发育石炭纪巨厚的蛇纹岩、辉长岩、枕状玄武岩等蛇绿岩，蛇绿岩伴生石炭纪放射虫硅质岩；在卡拉勒塔什出露巨厚的二叠系卡拉勒塔什岩群安山岩、安山玄武岩、火山碎屑岩等岛弧火山岩建造；二叠系黄羊岭群复理石夹火山碎屑岩弧后盆地沉积。

在甜水海陆块上，只分布有恰提尔群碎屑岩夹碳酸盐岩和二叠系红山湖组碳酸盐岩夹碎屑岩，反映为稳定型建造。

晚古生代古特提斯洋的演化可能经历了漫长而复杂的演化历史，古特提斯洋的生长是在原特提斯残留洋的基础上发展起来的，图幅内具体表现为苏巴什—康西瓦一线在原特提斯残留洋的基础上于石炭纪开始再度扩张。

早石炭世为其拉张裂解期，伴随康西瓦-苏巴什洋的再度扩张，在北邻恰哈幅的昆仑陆块北缘发生裂解，于库尔良—阿羌一线也发生拉张作用，形成库尔良-阿羌晚古生代裂谷盆地，发育双峰式火山岩建造，并形成与裂谷火山岩有关的铜、铅、锌成矿作用，在西邻库尔良裂谷发育多处铜矿床(点)。

再依勒克河发育巨厚的蛇绿岩、辉长岩、枕状玄武岩等蛇绿岩，蛇绿岩伴生有石炭纪放射虫硅质岩，表明康西瓦-苏巴什蛇绿岩在石炭纪又发生了较大的扩张；结合带北侧存在的震旦纪柳什塔格洋岛玄武岩，说明在震旦纪已存在广阔的大洋。

早二叠世随着康西瓦-苏巴什大洋的发育成熟，而后开始缓慢消减。在图幅内康西瓦-苏巴什结合带两侧都出露有这一时期反映俯冲、碰撞性质的闪长岩、石英闪长岩、英云闪长岩、岛弧火山岩建造，说明洋壳消减过程曾向两侧双向俯冲，晚二叠世海水最终退出成陆。以再依勒克河康西瓦-苏巴什结合带为中心从南向北依次为再依勒克蛇绿岩、再依勒克组弧前增生楔、卡拉孔木组岛弧火山岩、二叠纪俯冲-碰撞型花岗岩；以再依勒克河康西瓦-苏巴什结合带为中心从北向南依次为再依勒克蛇绿岩、卡拉勒塔什群岛弧火山岩、尖刀峰—阿克苏一带的黄羊岭群弧后盆地沉积。其中俯冲-碰撞型花岗岩带受后期黄羊岭群向北的逆冲推覆几乎全部已掩盖，因此在再依勒克河出露有比较典型的双向俯冲结构。

二叠纪末康西瓦-苏巴什洋盆最终消亡，塔里木、昆仑、巴颜喀拉发生强烈的挤压褶皱变形和断裂活动，全区发生绿片岩相变质，塔里木-昆仑陆块和华南陆块最终拼贴焊接为统一陆块(Peagan大陆的组成部分)，形成晚古生代西昆仑造山带，而南部的尖刀峰—阿克苏一带的黄羊岭弧后盆地海水尚未完全退出，具有残留盆地的特征，至此横亘中国中部的中央造山带已初步成型。

3. 三叠纪特提斯洋演化阶段

图幅内在黄羊岭弧后残留盆地沉积有三叠系巴颜喀拉山群复理石沉积；在甜水海陆块以南沉积有白垩系铁隆滩群碎屑岩、生物碎屑灰岩。

特提斯洋位于羌塘盆地南，图幅内三叠纪—白垩纪整体遭受较强烈的剥蚀作用，除在布雅分布少量侏罗系叶尔羌群山间断陷盆地含煤建造外，其他地方无三叠系—侏罗系出露，长期处于剥蚀状态。

在三叠纪末受印支运动影响，使图区海水退出，隆升为陆，并发生强烈的褶皱和由南向北的推覆构造变形，同时叠加绿片岩相区域变质作用。

三、侏罗纪至第四纪陆内演化阶段

1. 侏罗纪至白垩纪陆内变形

图幅内无侏罗系分布，在西邻岔路口幅分布有侏罗系海相碎屑岩。中侏罗世沉积了龙山组，下部主要为一套紫红色砾岩、砂砾岩夹石英砂岩；上部主要为一套鲕粒灰岩、生物灰岩夹砾屑灰岩，代表其形成环境为河流相-碳酸盐岩台地相，该组超覆在下伏不同的地层之上。侏罗纪以陆相沉积开始，迅速过渡为海相沉积，代表了一次完整、规模较大的海侵事件。晚侏罗世由于受南部区域上班公湖-怒江洋闭合的远程效应，甜水海微陆块发生隆起，图区缺失晚侏罗世沉积，代表着侏罗纪地质演化的结束。

早白垩世末期，受南部区域上雅江洋扩张的远程效应，发生了规模较大的海侵事件。图区沉积了晚白垩世铁隆滩群，下部主要为紫红色砾岩、砂砾岩夹少量砂岩，砂岩中发育大型板状交错层理；上部为生屑灰岩、粉晶灰岩，代表其形成环境为河流相-台地相，该组超覆于下伏不同地层之上。晚白垩世同样以陆相开始沉积，迅速过渡为海相沉积，代表了一次完整的海侵事件。晚白垩世末期，由于受南部区域上雅江洋闭合的远程挤压效应，甜水海微陆块再次发生隆起，图区缺失古近纪地层沉积。

白垩纪末的燕山运动使海水再次退出，甜水海微陆块和昆仑山地区进一步变形，使地层褶皱更加紧闭，断裂再次活动，导致昆仑山、喀喇昆仑山隆起。

2. 新生代高原隆升演化

古新世(65Ma)特提斯洋关闭，印度大陆与欧亚大陆碰撞之后，印度板块持续向北俯冲、推压欧亚大陆，发生强烈的逆冲推覆作用，在青藏高原内部长期处于剥蚀状态。

新近纪印度大陆与欧亚大陆碰撞进一步加强，青藏高原北缘快速抬升，高原内部沉积内陆湖泊沉积，发生强烈的逆冲推覆作用，使新生代地层褶皱变形，昆仑山岩片向北强烈的逆冲，出现元古宙变质地层体压在三叠系之上的现象，同时导致青藏高原强烈隆升，由于地幔拆沉作用，导致上地幔上拱，上地幔减压熔融形成新生代岩浆上侵，产生新生代火山岩和侵入岩。

第六章　矿产与其他国土资源概况

图幅位于西昆仑中南部，图幅内人烟稀少，交通十分困难，为高原无人区。由于其恶劣的自然地理环境，前人只沿着219国道进行过简单的矿产踏勘检查工作，长期以来该地区的地质矿产工作程度甚低。依据区域地质矿产分布情况及本次工作，认为该地区具有独特的地质成矿条件和较好的找矿前景。

第一节　矿产

一、矿产各论

根据前人资料及本次野外工作情况，共发现矿床、矿点、矿化点8处，其中5处为本次新发现，见表6-1。图幅金属矿产有Fe、Cu、Ag、Au等矿种，非金属矿产有硫磺、食盐、K-Na-Li型湖盐、石英岩等矿种。其中中型矿床2处、矿点5处、矿化点1处，见表6-2。虽然上述矿产工作程度低，但对在本区开展矿产普查工作具有重要的指导意义。

表6-1　本次新发现矿(化)点一览表

矿种编号	地理位置	地质概况	矿(化)体特征	成因	评价
(Cu)1 阿克萨依湖南 铜矿点	位于和田县阿克萨依湖南 地理坐标：N35°5′19″、 E79°56′32″	铜矿产于硅质岩的石英脉中	发现矿化体1条，厚度2～5m，长度500m，Cu品位0.5%～2%、最高14.56%，矿石主要为黄铜矿	构造蚀变岩型	有进一步工作价值
(Fe)2 阿克萨依湖 磁铁矿点	位于和田县阿克萨依湖北 地理坐标：N35°20′5″、 E79°47′47″	产于含铁石英脉岩的下部	发现矿化体1条，厚度30m，长度100m，铁含量51.2%，矿石主要为磁铁矿	热液型	有进一步工作价值
(S)3 阿克萨依湖北 硫磺矿点	位于和田县阿克萨依湖北 地理坐标：N35°20′12″、 E80°4′32″	产于碎屑岩的断层带处	发现矿体1条，厚度120m，长度300m，硫含量65%，矿石主要为硫磺	热液型	有进一步工作价值
(S)4 泉水沟西支沟 硫磺矿点	位于和田县泉水沟西支沟 地理坐标：N35°19′45″、 E80°5′37″	产于第三系火山岩前部	发现矿体1条，厚度12m，长度80m，硫含量60%，矿石主要为硫磺	热液型	有进一步工作价值
(Si)5 甜水海 石英岩矿点	位于和田县甜水海 地理坐标：N35°18′19″、 E79°44′12″	产于蓟县系石英岩中	发现矿体1条，长度2 000m，宽1 000m	变质型	中型

表 6-2　矿产规模统计表

金属矿产								非金属矿产						
规模矿种		工业矿床			矿点	矿化点	合计	规模矿种	工业矿床			矿点	矿化点	合计
		大	中	小					大	中	小			
黑色金属	Fe					1	1	食盐				1		1
有色金属	Cu				1		1	硫磺				2		2
贵金属	Au				1		1	K-Na-Li 型盐湖		1				1
								石英岩		1				1
合计					2	1	3	合计		2		3		5

(一)黑色金属

图幅内只发现含黑色金属的铁矿 1 处,成因类型为热液石英脉型。

阿克萨依湖磁黄铁矿矿点:位于和田县阿克萨依湖北 10km,地理坐标:N35°20′5″、E79°47′47″。铁矿化为含铁石英脉铁帽,产于绢云石英片岩夹含碳绢云石英片岩的下部。矿石矿物为磁黄铁矿及褐铁矿,经化学分析 TFe 含量为 51.2%,矿化体 1 条,出露宽度 30m,地表长度 100m,具有较好的找矿意义。

(二)有色金属

图幅内只发现含有色金属的铜矿点 1 处,成因类型为构造蚀变岩型。

阿克萨依湖南铜银矿矿点:位于和田县阿克萨依湖南,地理坐标:N35°05′19″、E79°56′33″,为本次野外工作中发现的矿点之一。图幅 219 国道从其西南部通过,交通条件较好。

铜银矿矿点地处于大红柳滩至郭扎错断裂带南部,位于甜水海 Cu、Au、Ag、Fe、Mo 成矿带内。出露地层为石炭系恰提尔群的中薄层灰岩、钙质粉砂质板岩、岩屑长石杂砂岩、粉砂质板岩夹灰岩、硅质岩条带。图幅近东西向次级断裂发育,其南部有燕山期闪长岩体分布,见图 6-1。

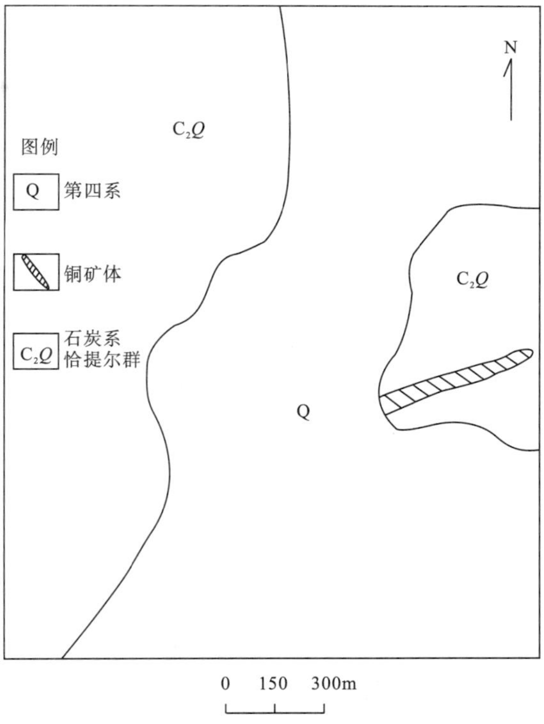

图 6-1　阿克萨依湖南铜银矿矿点平面地质草图

铜银矿矿点经野外地质找矿工作查证,圈定铜矿体 1 条。铜矿体产于石炭系恰提尔群砂岩、砂板岩的石英脉中,岩石较破碎,裂隙发育。铜矿化主要集中于裂隙内,矿石为块状及细脉浸染状,下部较上部矿化富集。矿石矿物为黄铜矿、孔雀石、黄铁矿,脉石矿物为石英、方解石。铜矿体围岩蚀变强烈,主要为硅化,次为碳酸盐化。铜矿体沿走向延伸长度 500m,出露宽度 2～5m,厚度 1.5～3m,经化学分析铜品位平均为 0.5%～2%,最高 14.56%,银品位 28.4×10^{-6}。

铜银矿矿点东西部石炭系恰提尔群分布广,且其中 1∶20 万化探异常为 HS49,异常规模大,强度高,浓度分带明显,异常以 Cu、Ag、Mo 为主元素,且该 Cu、Ag 矿点与化探异常吻合程度高,Cu、Ag 成矿条件十分有利,具有良好的找矿前景。依据铜银矿矿点的成矿特征,结合区域成矿规律,认为该铜银矿矿点的成因为构造蚀变岩型。

(三)稀有金属与贵金属

工作图幅只在东北部康西瓦-苏巴什构造带中发现砂金矿点1处,位于策勒县再依勒克河下游,地理坐标:N35°50′、E80°55′。砂金产在河流阶地上,采金老硐主要沿二级阶地下部陡坎地段分布,采金浅井主要分布在一级阶地上。砂金主要富集于阶地底部砾石及砂砾石层内,越靠近基岩越富集。砂金以粗粒、巨粒金为主,形状以粒状和片状者多,尾砂中磁铁矿较多。出露地层为二叠系的再依勒克河组砂岩、砾岩及粉砂质板岩,具有良好的找矿前景。

(四)非金属矿产

图幅内非金属矿产已发现硫、食盐、Na-K-Li型盐湖、石英岩4种矿产5处,其中3处为本次新发现,主要分布于甜水海、阿克萨依湖及泉水沟等地段。

1. 阿克萨依湖北硫磺矿矿点

该矿位于和田县阿克萨依湖北30km,地理坐标:N35°20′01″、E80°04′32″。

硫磺矿产于三叠系巴颜喀拉山群复理石建造的碎屑岩中。矿石主要为黄色块状硫磺,具断层角砾。发现矿体1条,出露宽度120m、长度300m,经化学分析硫含量65%,成因为低温热液型,具有一定工业价值,找矿前景较好。

2. 泉水沟西支沟硫磺矿矿点

该矿位于和田县泉水沟西支沟,地理坐标:N35°19′45″、E80°05′37″。

硫磺矿产于第三纪火山岩的前峰部位,矿石主要为黄色块状硫磺,成分为自然硫。其顶板为安山质火山熔渣,底板为泥质板岩。发现矿体1条,厚度12m、长度80m,经化学分析硫含量60%,成因为低温热液型,具有一定工业价值,找矿前景较好。

3. 甜水海中型石英岩矿床

该矿床位于和田县甜水海,地理坐标:N35°18′53″、E79°44′13″。石英岩矿产于蓟县系的石英岩中,其围岩是长城系甜水海岩群。发现矿体1条,出露宽度1 000m,长度大于2 000m,SiO_2含量90.13%,成因为沉积变质型,具有一定工业价值,找矿前景好。

4. 甜水海盐矿矿点

矿点位于和田县甜水海,地理坐标:N35°21′05″、E79°30′11″。盐矿点产于第四系盐湖化学沉积层中。矿石以结晶食盐为主,矿化面积100m×100m,深度0.35m,NaCl含量80%以上,成因为湖相沉积型,具有一定工业价值。

5. 阿克萨依湖中型K-Na-Li盐湖型矿床

该矿床位于和田县阿克萨依湖。矿化液体为K、Na、Li,均产于现代湖泊阿克萨依湖中,具Li-Na型及Li、K盐矿化。K离子1 168mg/L、Na离子20 000mg/L、Li离子94mg/L,矿体面积164km²。其中Li地质储量3.3×10t,为中型矿床,成因为现代湖相沉积型,具有一定工业价值。

(五)水资源

图幅地处西昆仑山南坡及喀喇昆仑山东部,年降雨量50～100mm,夏、秋季凝结降水较多,7—

8月冰雪融水常造成灾害。每年10月至来年4月为冰冻期，5 500m以上的山峰终年积雪。昆仑山的主要冰川集中于图幅中部。

图幅内的水资源为大气降水、地表湖泊、河流以及冰川融水。图幅水系均为内陆水系。大的湖泊有阿克萨依湖、甜水海、郭扎错等，水的补给主要是冰雪融水，流量随季节变化较大，其中7—8月为洪水期，河水受天气影响较大。图幅冰川资源储量巨大，分布于图幅中部昆仑山脊和玉龙喀什河上游地段。冰川分布面积大于1 000km^2，储量巨大。冰川类型以大型的山谷型和平顶冰川为主，面积大于80km^2的大型冰川就有6条，著名的有玉龙冰川、郭扎冰川、昆仑冰川、中峰冰川、弓形冰川、多塔冰川以及冰湖。冰川资源是塔里木盆地南缘农牧业最重要的水资源，也是沙漠地区绿洲经济的生命之源，合理地开发利用冰川融水资源具有重要的现实意义。

二、成矿条件分析与找矿方向

（一）成矿条件分析

图幅位于西昆仑造山带的南部及喀喇昆仑山的东部，地层区划为昆仑地层区、巴颜喀拉地层区、喀喇昆仑地层区。图幅地层发育齐全，岩浆火山活动频繁，变质作用强烈，地质构造复杂，具有较好的成矿地质条件。

1. 建造分析

1）昆仑地层区

工作图幅昆仑地层出露范围小，分布于图幅的东北角，即康西瓦断裂带的北侧，属昆中地层分区。

（1）双雁山片岩（Pt_1s）：分布于图幅北东部再依勒克河下游，呈东西向展布。岩石为灰色细粒斜长角闪片岩、黑云斜长片麻岩、云母长石片岩，属一套高绿片岩相-角闪岩相变质岩。其原岩为高绿片岩相-角闪岩相的变质火山岩-变碎屑岩组合。

（2）赛图拉岩群（ChSt）：分布于康西瓦断裂带北部，与周围地层均为断层接触。岩石为黑云斜长片麻岩、黑云斜长变粒岩，属一套低角闪岩相变质岩，其原岩为碎屑岩夹中酸性火山岩。

（3）桑株塔格岩群（JxS）：出露于图幅的东北部。岩性为黑云石英片岩、二云石英片岩、白色大理岩。为一套碎屑岩-碳酸盐岩建造，属高绿片岩相变质岩。

（4）柳什塔格玄武岩（Zl）：零星出露于图幅的东北部再依勒克河的北侧。上部为一套碎屑岩，有硅质板岩、石英砂岩、砾岩；下部岩性以基性火山熔岩为主夹少量安山岩、凝灰岩等，与其他地层呈断层接触。形成于拉张环境下的不成熟洋壳及其洋岛环境。

（5）再依勒克河组（$P_{1-2}z$）：位于图幅东北部的再依勒克河一带。岩性为一套浊积岩，主要岩性有复成分砾岩、砂岩、粉砂质板岩。发现砂金矿点1处。

（6）康西瓦-苏巴什构造蛇绿混杂岩（$C—P^{sch}$）：出露于图幅的东北部玉龙喀什河上游地区，呈长条状、线状近东西向展布，由超基性岩及基性岩刚性块体及剪切基质二云石英片岩、绿泥绢云石英片岩等组成。

（7）卡拉勒塔什群（Pk）：属昆南地层分区地层单位，为一套岛弧火山岩建造。岩性为中酸性和中基性火山岩，主要有蚀变安山岩、凝灰岩、长石石英杂砂岩。

2）巴颜喀拉地层区

图幅出露地层主要为中生代地层，为黄羊岭群、巴颜喀拉山群。

黄羊岭群（PH）为一套复理石沉积的弧后盆地碎屑岩建造，主要岩性为砂岩、板岩、大理岩、凝灰岩。

巴颜喀拉山群(T*B*)为一套深水相的复理石建造。岩性分为3段,主要为石英细砂岩、粉砂质板岩、泥板岩夹灰岩。发现硫磺矿点1处。

3)甜水海地层分区

大面积出露于图区南部,出露地层主要为中、新元古代变质碎屑岩及古生代陆源碎屑岩-碳酸盐岩建造。

甜水海岩群(Ch*T*)为一套低绿片岩相的变质岩,岩性主要为二云石英片岩、含碳石英片岩、绿泥钙质片岩、含碳石英岩等。其原岩为碎屑岩。变形强烈,构造发育,已发现铁矿化点1处。

河岔口石英岩(Jx^{qx})为一套浅变质岩,岩性为石英岩、含碳石英岩,与周围地层均为断层接触,已发现石英岩矿床1处。

肖尔克谷地岩组(Qn*x*)为一套浅海碳酸盐岩夹少量陆源的碎屑岩建造。岩性为白云岩、灰岩夹变砂岩。

甜水湖组($\in t$)分布于甜水湖一带,为一套滨浅海相沉积的碎屑岩。岩性为碳质粉砂质板岩、砂质板岩、粉砂岩、砂岩,顶部见砂砾岩,与周围地层均为断层接触。

冬瓜山群(O*D*)为一套浅海相碳酸盐岩及碎屑岩建造。岩性为生屑灰岩、白云岩夹钙质粉砂岩,生物化石丰富。

温泉沟群(S_1W)为一套泥质板岩、石英粉砂岩、长石石英砂岩等复理石建造。

恰提尔群(C_2Q)为一套浅海相的碎屑岩建造。岩性为生物灰岩、砂质灰岩、石英杂砂岩、钙质砂岩。已发现铜矿化点1处。

红山湖组(P_1^2h)为一套滨-浅海碳酸盐岩相建造。岩性为生物灰岩、泥质灰岩、角砾状灰岩。

铁隆滩群(K_2T)分布于图幅西南部,为一套浅海碳酸盐岩台地及陆相碎屑岩建造。岩性为泥质灰岩、复成分砾岩、砂岩。

阿克萨依湖组(N_1a)分布于图幅中部泉水沟一带。岩性为半固结灰白色泥岩、钙质砂岩、砾岩,为陆相湖相沉积,与下伏地层呈不整合接触。

泉水沟组($N_{1-2}q$)分布于泉水沟上游一带,岩性为陆相碱性火山岩,主要有碱性玄武岩、粗安岩、火山角砾岩及凝灰岩,主要为中-基性火山岩。

综上所述,图幅地层中、上元古界为一套浅变质的碎屑岩、碳酸盐岩及硅质碳酸盐岩,其原岩为陆源碎屑岩、碳酸盐岩建造;下古生界为一套海相的碎屑岩、碳酸盐岩建造;上古生界为边缘盆地沉积,为一套滨浅海碳酸盐岩、碎屑岩建造;中生界主要为滨海相碳酸盐岩建造;新生界为陆相碎屑岩。

3)岩浆岩

图幅岩浆岩分布较广,主要在大红柳滩断裂以北地区。主要岩体有早古生代黑云二长花岗岩体,晚古生代的再依勒克河岩体,中生代的泉水沟瑙岩体。岩石类型较多,超基性岩、基性岩、中性岩、酸性岩均有出露,主要为中酸性岩。岩浆岩在时间、空间分布上具有一定的规律,与内生矿产关系密切,成矿专属性明显。总体上由北向南时代由老到新,岩浆源由深变浅,区域上受大断裂带控制。

4)变质岩

图幅变质岩分布广泛,从北到南均有出露。时代从元古宙到古生代均有产出,变质岩类型多样,但以区域变质岩为主,还有少量动力变质岩和接触变质岩。主要有康西瓦-苏巴什下元古界角闪岩相变质岩带、大红柳滩低绿片岩相变质岩带、甜水海绿片岩相变质岩带、红山湖低绿片岩相变质岩带。图幅已发现铜、铁矿点2处。

2. 构造分析

图幅内构造发育,主要以断裂构造为主,次为褶皱构造等。断裂构造为一系列由北向南的叠瓦状逆冲推覆断层组成，以近东西向、北西—南东向为主，局部有北东—南西向的小断层。褶皱构造为一系列短轴背向斜构造。已在断裂带附近发现金、铜、铁矿点，说明断裂构造与矿化关系密切。

1）康西瓦断裂

该断裂分布于图幅的东北角，玉龙喀什河上游。呈北西—南东向展布，为一多期活动断裂，主活动期为晚古生代末，具逆冲走滑特征及压扭特征，倾向西南，倾角70°～80°。断裂带两侧中酸性岩体发育，另有超基性岩体，与此有关的矿产是蛇纹岩矿、菱镁矿、热液型铁矿、铜矿。已发现砂金矿点1处，具有良好的金找矿前景。

2）大红柳滩-郭扎错断裂

该断裂分布于图幅的中部，呈北西—南东向展布，横穿整个图幅。断裂带宽50～200m，倾向南西，倾角50°～70°。早期为脆韧性剪切带，晚期具有向北的逆冲推覆断裂特征。断裂带两侧中酸性岩体零星出露，在西邻岔路口幅见断裂带发育与断裂活动有关的矿产为伟晶岩型锂、白云母矿，矽卡岩型铁矿及热液型铁、铅矿等。在其断裂带附近已发现铁矿化点1处、铜矿点1处。该区具有寻找构造蚀变岩型金、铜、铁矿，伟晶岩型矿产的前景。

3. 地球化学背景分析

根据1∶50万阿克萨依湖幅化探扫面的地球化学背景资料显示：图幅内CaO、MgO、Na_2O、Sr、Ba偏高，Hg极低；沉积Mn、Ba、MgO、CaO形成富集；超基性、基性岩中Cu、Cr、Ni富集；中酸性岩W、Sn、Bi、B、Li富集；构造热液Au、A_S、Sb、Hg、Cu、Pb、Zn叠加富集；变质岩中Hg、B富集。根据图幅地质及地球化学特征，以康西瓦断裂带为界，将图幅分为北部塔里木地球化学省的中南昆仑地球化学带及南部的喀喇昆仑地球化学省的大红柳滩地球化学带和甜水海地球化学带。其地球化学特征如下述。

1）塔里木地球化学省

图幅只分布塔里木地球化学省的南带，即南昆仑W、Sn、Au、Li、Cr、U、Th、Mo、Bi、La、K_2O、Na_2O地球化学带的东段。位于图幅的东北角康西瓦断裂带以北，带内以富集钨钼族、稀有稀土放射性元素为特征，其中W、Sn、U、Th、Mo、Bi、K_2O、Na_2O、Be、Nb等元素最为富集。1∶50万化探圈定异常为HS38号异常，即尖刀峰Au、Li、W、Cr组合异常，地理坐标：N35°44′、E80°56′，异常面积600km²，异常以W-Sn元素组合为主，北部叠合Li、Au元素异常，中部叠套Cr、Ni、V元素异常，Cr、Ni具内、中、外带。本异常为中酸性岩浆岩和基性超基性岩浆岩复合引起。其中Li为中酸性岩体引起，Au、W、Sn、Mo、B为中酸性岩体或岩浆热液活动引起，Cr、Ni、V、Fe、Mg则与基性超基性岩浆岩有关，因图幅见有砂金分布，Au可能与此有关。该异常图幅主要成矿元素W、Sn、Cr、Ni元素规模较大，指示本区具有寻找高温热液型Au、W、Sn矿，及与基性、超基性岩浆岩有关的Cr、Ni矿的找矿远景。

2）喀喇昆仑地球化学省

图幅大部分为该地球化学省，主要富集亲铜元素、钨钼族和铁族。依据图幅元素空间分布规律，由北向南分为大红柳滩Be、Li地球化学带，甜水海Cu、Au、Ag、Mo、Sb、A_S、Mn、Co、Fe_2O_3地球化学带。

（1）大红柳滩Be、Li地球化学带：该带位于康西瓦断裂带与大红柳滩-郭扎错断裂带之间，以富集Be、Li、Th、La等元素为特征。元素含量高主要与花岗岩体及花岗伟晶岩脉有关。图幅1∶50万化探圈定异常主要为HS44号6086高地Nb、Li、W、V异常，地理坐标：N35°30′、E80°11′，异常面积475km²，异常以Nb、Li、U、Th、Sr、Ba元素组合为主，北部叠合W元素异常，南部叠套F、Be元素异常。其余异常为SH37、SH43、SH52，异常特征见表6-3。本区各元素异常为中酸性花岗岩岩体引起，具有与岩浆热液活动有关的W、Mo、Li等元素找矿远景。

(2)甜水海 Cu、Au、Ag、Mo、Sb、As、Mn、Co、Fe_2O_3 地球化学带：该带位于大红柳滩-郭扎错断裂带以南地区，带内主要富集 Cu、Au、Ag、Mo、Sb、As、Mn、Co、Fe_2O_3 等元素。元素异常呈北西西向展布，元素富集程度高、强度大、规模广，为该区最重要的成矿地球化学带。图幅 1∶50 万化探圈定异常主要为 HS49 号阿克萨依湖南 Ag、Mo 异常，地理坐标：N35°07′、E79°53′，异常面积 100km²，异常以 Mo、Ag、Cu、Zn 组合为主，南部叠合 Ag、Cu、Zn、Sb、Hg，Zn 发育中带，其余元素仅有外带。Mo 异常可能与碳质岩有关，Ag、Cu、Zn、Sb、Hg 则与图幅的断裂构造热液蚀变作用相关。其余异常编号为 SH42、SH48、SH50、SH51，异常特征见表 6-3。已发现铜矿点 1 处。

表 6-3　1∶50 万化探异常特征一览表

异常编号	地理位置	元素组合	异常面积(km²)	地质概况	异常解释(1∶50 万化探扫面)
SH37	N35°30′、E80°11′	Th、U	50	位于大红柳滩中生代盆地中部，出露三叠系片岩、变砂岩及闪长岩体	异常以 Th 为主，Th、U 叠合较好，均有外带，异常与闪长岩体有关
SH43	N35°34′、E79°55′	Li、Sb	125	位于大红柳滩中生代盆地中部，出露三叠系片岩、变砂岩及花岗岩体	异常以 Li 为主，均有外带，异常与花岗岩体有关
SH52	N35°30′、E80°11′	As、Sb	30	位于大红柳滩中生代盆地中南部，出露三叠系板岩、变砂岩	异常以 As 为主，均有外带，异常与花岗岩脉有关
SH42	N35°24′、E79°36′	Pb、Zn、Mo、Sr	250	主要出露长城系甜水海岩群变砂岩、板岩	异常以 Mo、Sr、U 为主，中部叠加 Sb、Hg、Zn，均具外带，为黑色地层引起
SH48	N35°07′、E79°30′	Pb、Zn	225	主要出露石炭系恰提尔群砂岩、碳质页岩	异常以 Pb 为主，中部叠套 Hg、Ba、Mo，Hg 具中外带，其他元素具外带，异常与构造热液活动相关
SH50	N35°15′、E79°57′	As、Sr	325	北部出露长城系甜水海岩群变砂岩，南部为第三系砂泥岩	异常为 As、Sb 与 Sr、U 的复合，均具外带，与热液蚀变作用有关
SH51	N35°05′、E80°05′	Sr、As、Sb	125	图幅大部为第四系覆盖，南部出露石炭系砂岩、页岩	异常以 Sr 为主，具中、外带，其他具外带，与页岩有关

(二)找矿方向

依据图幅区域地球化学特征、区域矿产分布规律、不同构造单元地质特征、成矿条件及成矿时空演化规律，将图幅划分为 4 个主要成矿时代、3 个成矿带。

1. 成矿时代划分

根据图幅已知矿产及邻区矿产的分布特征，成矿时间演化规律将图幅成矿时代划分为早古生代、晚古生代、中—新生代几个主要成矿时代。

1)早古生代成矿作用

为工作图幅最重要的一次成矿作用，分布于图幅的东北部玉龙喀什河上游昆仑山一带，在图幅中出露面积较小，主要为与早古生代中—酸性侵入岩等内生作用有关的成矿作用，该期成矿作用分布区与中元古代成矿作用分布区相互重叠。

2)晚古生代成矿作用

为图幅内最重要的成矿作用,分布于图幅北部及阿克萨依湖南。图幅内碎屑岩、碳酸盐岩、中酸性岩浆岩、火山岩发育。在甜水海微陆块阿克萨依湖南已发现与碳酸盐岩化、酸性岩脉等有关的热液型铜、铅、锌矿化。

3)中—新生代成矿期

分布于图幅中部大红柳滩地层分区泉水沟垴—昆仑冰川一带,主要为与中生代中—酸性侵入岩及第三纪中—基性碱性火山岩等岩浆活动有关的岩浆型内生热液矿产。发现与第三纪火山活动有关的硫磺矿点1处。

2. 成矿带划分

依据区域及测区地质构造背景、地球化学特征、矿产时空分布规律,将图幅划分为3个成矿带。

1)昆仑山Fe、Cu、Mo、Au、玉石成矿带

该成矿带位于图幅东北角康西瓦断裂带南北两侧,呈北西—南东向展布。岩性由中—浅变质碎屑岩、碳酸盐岩、蛇绿岩、花岗岩等组成复杂的成矿带物质。带内地球化学异常以Cu、Ni、Fe、Mg、Au等元素异常为主,异常的规模大、强度高、元素组合多、浓度分带明显。由于其位于昆仑山主峰一带,自然交通条件极端恶劣,图幅内已发现的矿产虽然有限,仅在再依勒克河下游发现砂金矿点多处,但从地质演化、地球化学异常及邻区矿产分布规律显示该成矿带具有优越的成矿地质条件,具有寻找构造蚀变岩型金矿、超基性—基性岩型铬钴镍及蛇纹岩矿、火山岩型铜矿、接触交代型铁铜矿的良好前景。

2)大红柳滩至郭扎错稀有、稀土有色金属成矿带

该成矿带位于测区中南部康西瓦断裂带与大红柳滩至郭扎错断裂带之间,主要出露二叠纪—三叠纪弧后盆地-残留盆地沉积的巴颜喀拉山群、黄羊岭群浅变质陆源碎屑岩和火山碎屑岩,发育印支期—燕山期俯冲-碰撞型中酸性侵入岩及第三纪碱性—偏碱性酸性花岗岩斑岩、花岗岩。该带内地球化学异常以Be元素异常为主,其次为Li、Th、La、Cu、Pb、Zn等元素异常,Be元素异常呈带状分布,与岩体、岩体接触带基本吻合。图幅内虽仅在泉水沟发现硫磺矿,但在西边康西瓦大红柳滩已发现与第三纪酸性伟晶岩脉有关的Li、Be、Nb、Ta等矿床;在东邻卧龙岗一带二叠系浊积岩中发现汞矿床。说明该区具有寻找稀有、稀土有色金属的良好找矿前景。

3)甜水海Cu、Au、Ag、Fe、Mo成矿带

该成矿带位于测区中南部大红柳滩至郭扎错断裂带之南的甜水海微陆块上,呈北西西—南东东向展布。出露地层主要为长城系甜水海岩群变质碎屑岩及古生界浅变质碎屑岩、碳酸盐岩。该带岩浆活动虽然微弱,但中酸性岩脉活动较为强烈。带内北西西向脆韧性、脆性断裂构造发育。带内地球化学异常以Cu、Ag、Fe、Mo、Au、Mn、Sn等元素异常为主,伴有Pb、Zn、Li等元素异常,异常规模较大、强度较高、元素组合好。区域上已在志留系温泉沟组发现多处沉积型铁矿点,阿克萨依湖南石炭系恰提尔群中发现石英脉型铜多金属矿化线索。因此,该带具有寻找Cu、Au、Ag、Fe、Mo的良好找矿前景。

3. 找矿方向

依据图幅区域及测区地球化学特征、矿产分布规律、不同构造单元地质特征、成矿条件及成矿时空演化规律、岩浆岩的成矿专属性等特点,确定本区的主要找矿方向如下。

1)昆仑山Cu、Pb、Zn、Fe、玉石成矿远景区

该远景区为预测区东北部,向西北延伸进入北部恰哈幅内,主体位于恰哈幅内,在图区出露面积较小,面积75km^2。该远景区分布于库地-其曼于特构造蛇绿混杂岩带的Cu、Pb、Zn、Fe、Au成矿

带及中昆仑 Fe、Cu、Au、玉石成矿带上，夹持于库地-其曼于特构造蛇绿混杂岩带与晚古生代康西瓦-苏巴什构造蛇绿混杂岩带之间，出露的地层主要为长城系赛图拉岩群变质碎屑岩夹大理岩、中酸性火山岩及蓟县系桑株塔格岩群变质碎屑岩-碳酸盐岩，早古生代—中生代中酸性侵入岩在该远景区大面积出露，为一早、晚古生代复合岩浆活动带；晚古生代康西瓦-苏巴什构造蛇绿混杂岩带从该远景区南部通过，康西瓦-苏巴什构造蛇绿混杂岩带主要由变形较弱的刚性块体超基性岩—基性岩和强变形域的构造片岩组成，加之该远景区地球化学异常 Cu、Fe、Ni、Mg、Co 等元素异常规模大、强度高、富集中心明显，属中元古代成矿作用与早古生代成矿作用叠加强烈区，该区已发现有沉积变质型铁矿、铜矿点、铁矿点、多金属矿点、玉石矿点多处。上述地质条件说明该远景区具有形成沉积变质型铁矿、接触交代型玉石矿等矿种良好的成矿条件，为沉积变质型铁矿、接触交代型玉石矿等矿的有利成矿地段。

该找矿远景区重点应对玉龙喀什河上游康西瓦断裂带附近的与超基性岩、基性岩型相关的铬钴镍及蛇纹岩矿、砂金矿及与蛇绿岩有关的煎茶岭式岩金矿产进行针对性的地质找矿勘查工作。

2）大红柳滩至郭扎错稀有、稀土有色金属成矿远景区

该成矿远景区位于测区中部康西瓦断裂带与大红柳滩至郭扎错断裂带之间，呈近东西向展布于图幅中部，面积 2 860km^2。分布于大红柳滩至郭扎错稀有、稀土有色金属成矿带上，区内广泛分布的印支期—燕山期俯冲-碰撞型中酸性侵入岩及第三纪碱性—偏碱性酸性花岗岩斑岩、花岗岩等岩浆岩活动，为 Be、Li、Nb、Ta 内生热液矿成矿提供了优越的地质条件。且该区发育 Be、Li 等稀有稀土元素异常，异常呈带状分布并多与岩体吻合，加之在西邻康西瓦幅同一地层小区的大红柳滩发现与伟晶岩有关的 Li、Be、Nb、Ta 等矿床。该远景区由于自然、交通条件较差，截至目前虽没有发现稀有、稀土元素矿（化）体等找矿线索，但该区地质特征及地球化学特征说明其具有寻找稀土、稀有元素的良好找矿前景，因此仍将其作为以一单独找矿远景区划出。

依据图幅区域矿产分布规律，重点应在该断裂带两侧的侵入岩与围岩接触带处进行针对性的地质找矿调查工作。

3）阿克萨依湖南铜成矿远景区

该远景区位于测区西南角，阿克萨依湖以南，分布于甜水海微陆块上，呈近东西走向的不规则长条状，面积约 375km^2。出露地层主要为石炭系恰提尔群砂岩、粉砂质板岩等碎屑岩，区内晚古生代—中生代岩脉发育。区域上该远景区位于甜水海 Cu、Au、Ag、Fe、Mo 成矿带上，区内有 Cu、Ag、Au、Fe、Mo 等元素异常，且本次工作已在该远景区内石炭系恰提尔群石英脉中发现石英脉型铜矿化体等矿化线索 1 处。上述该远景区地质特征、地球化学特征说明其具有热液型 Cu、Au、Ag 矿较好的成矿条件，为 Cu、Au、Ag 矿找矿远景区。

依据已发现的矿床、矿点的成矿规律，重点应对阿克萨依湖南石炭系恰提尔群中石英脉型铜多金属矿点进行针对性的地质找矿调查工作。

第二节　其他国土资源概况

图幅区内地处高寒无人区，其他国土资源主要有土地资源、生物资源、旅游资源等。图幅区内干旱少雨、自然环境严酷，土地类型以岩裸高寒荒漠为主。

一、土地资源

在图幅南部阿克萨依湖、甜水海一带土地类型为湖泊、戈壁和高山荒漠，由内向外总体有同心

圆状分布特征。在湖泊、河流的边缘地带分布有少量湿地，其对当地的气候和生态平衡具有重要意义。

二、生物资源

图幅地处青藏高原无人区，缺氧严重，交通条件极差。生物资源以植物资源和动物资源为主。

1. 植物资源

主要沿图幅湖泊、河流及雪山下丘陵地带发育，其他地区土层极薄、岩石裸露，植被稀少。主要为垫状驼藜、紫花针草、凤毛菊、点地梅、扁果草等。

2. 动物资源

图幅区内自然环境恶劣，野生动物资源稀少。主要为青藏高原特有的野生动物种类；藏羚羊、野牦牛、藏野驴等少数国家一类保护动物及狼、野兔。鸟类有石鸡、藏雪鸡、鸭雀、斑头雁、绿头雁、海鸥等。另外在阿克萨依湖中生存有大量鱼虫。随着人类活动范围的扩大和自然环境的不断恶化，上述动物数量越来越少，其生存领域也在缩小，应引起人类的高度重视，保护环境还人类和野生动物一个美好家园。

三、旅游资源

图幅区内虽然交通条件极差，自然环境恶劣，但是随着国家西部大开发的深入，以及 219 国道扩建工程的完工，区内的交通条件将大为改观，图幅独特的旅游资源终会放出异彩。著名的旅游资源有阿克萨依湖、甜水海、郭扎错等高原湖泊及河流；西昆仑大型冰川群、泉水沟近代火山群等自然风景景观。

（一）地学景观旅游

1. 高原湖泊

高原湖泊分布于图幅南部的阿克萨依湖、甜水海、郭扎错等高原湖泊及河流，这里风景如画，湖水荡漾，水色蔚蓝，湖水中反射出雪山、白云，使您仿佛进入了人间仙境。夏季到来的时候，湖面上腾飞着无数的斑头雁、绿头雁、海鸥等鸟类，又让您置身于鸟的海洋，领略独特的高原湖泊美丽风景。

2. 泉水沟近代火山岩

泉水沟新生代火山岩是我国著名火山岩群之一，火山锥、熔岩台地、熔岩被分布面积达 $200km^2$。由于地处高寒无人区，长年干旱少雨，泉水沟火山锥、熔岩台地、熔岩被保存完好，最高海拔 5 700m，形状椭圆状，略向南倾，相对高差达 400m。火山锥主要由颜色和成分截然不同的岩石组成，锥体由深灰色安山岩重叠而成，表面覆盖一层疏松的紫红色流纹质浮岩集块，该处浮岩透气性好、浮于水面而不下沉，含有硫磺，具有一定的保健作用。泉水沟近代火山群不仅具有极高的观赏价值，而且也是难得的地质科学研究素材。

（二）探险旅游

图幅集中了西昆仑大部分大型冰川及高山雪峰，是登山探险家的乐园。玉龙喀什河的源头西昆仑山主脊是现代冰川的王国，国内最大的冰帽就发源于此。这些冰川晶莹剔透、形态各异、景色壮观，是探险、旅游观光与登山的最佳去处。

图幅潜在的旅游资源比较丰富，景观的知名度也较高。但是，图幅旷无人烟，又远离城市，交通困难，现在还不具备全面开发的条件。目前，仅有少量游客沿 219 国道去阿里途径阿克萨依湖作短暂的探险旅游。但随着地区交通条件的改善，地方经济的发展，相信在不久的将来该区域的旅游会有大的发展。

第七章　青藏高原隆升与环境地质

资源与环境是21世纪社会发展的主题。随着世界人口的增长和工业化程度的提高，地球表层资源日趋枯竭，地球环境日益恶化，特别是青藏高原隆升对中国西部地区的环境产生了深远的影响，因此进行青藏高原隆升和环境地质调查研究，对构建和谐社会促进可持续发展具有重要的现实意义。

第一节　高原隆升的时间

利用磷灰石裂变径迹来限定山脉隆升历史是近几十年来新兴的一种方法，本研究在昆仑断块的和田县喀什塔什乡月堂能代里牙花岗岩中获得了(0.9±0.3)Ma、(1.0±0.2)Ma、(2.1±0.9)Ma、(2.9±0.5)Ma磷灰石裂变径迹峰值年龄(表7-1)，表明青藏高原北缘山体上部3 000m的去顶只用了2.9～0.9Ma，青藏高原北缘在上新世末—第四纪发生了快速隆升作用。

表7-1　甜水海泉水沟北花岗岩磷灰石裂变径迹测年成果表

剖面	野外编号	单矿物种类	样品物性	Pooled age(Ma)	Mean age(Ma)	Central age(Ma)
甜水海泉水沟北花岗岩	D5630/FT1	磷灰石	花岗岩	7.9+1.0	7.6+0.8	7.9+0.8
	D5630/FT2	磷灰石	花岗岩	20.3+2.5	19.8+2.5	20.3+1.8
	D5630/FT3	磷灰石	花岗岩	15.5+1.8	14.2+1.5	15.5+1.3
	D5630/FT4	磷灰石	花岗岩	20.6+2.3	21.2+2.6	20.6+1.6
	D5630/FT5	磷灰石	花岗岩	26.8+2.8	27.6+8.0	24.8+4.9
	D5630/FT6	磷灰石	花岗岩	14.0+1.8	13.8+1.4	14.0+1.3

磷灰石裂变径迹峰值年龄成果表明昆仑山断块在第四纪发生了快速隆升，山体上部3 000m的去顶只用了2.9～0.9Ma。同时在昆仑山断块获得的(0.9±0.3)～(2.9±0.5)Ma磷灰石裂变径迹峰值年龄是目前在青藏高原北缘获得的最小年龄，表明东西昆仑结合部位是青藏高原北缘隆升最强烈的地区。

此外，收集了前人已发表的磷灰石裂变径迹测试数据，剔除构造岩磷灰石裂变径迹年龄，进行统计分析，其分布特征如表7-2、图7-1。

由表7-2、图7-1，对高原隆升可以得出如下信息：

(1)高原隆升的最早时限可以追溯到63Ma，表明在古新世早期青藏高原北缘已开始隆升，并保留了高原隆升的信息。

(2)33～31Ma、10～7Ma、5～2Ma、1Ma四个阶段磷灰石裂变径迹年龄最集中，代表青藏高原北缘隆升的四个主要阶段。

表 7-2　青藏高缘北缘磷灰石裂变径迹年龄统计表

序号	年龄区间(Ma)	频率(条)	序号	年龄区间(Ma)	频率(条)
1	64～63	1	21	22～20	0
2	63～53	0	22	20～19	2
3	53～52	1	23	19～18	1
4	52～46	0	24	18～17	0
5	46～45	1	25	17～16	1
6	45～44	0	26	16～15	2
7	44～43	1	27	15～14	0
8	43～37	0	28	14～13	2
9	37～36	1	29	13～11	0
10	36～34	0	30	11～10	2
11	34～33	2	31	10～9	2
12	33～32	2	32	9～8	2
13	32～31	1	33	8～7	4
14	31～29	0	34	7～6	0
15	29～28	1	35	6～5	2
16	28～27	1	36	5～4	2
17	27～26	1	37	4～3	3
18	25～24	1	38	3～2	3
19	24～23	0	39	2～1	0
20	23～22	1	40	1～0	2

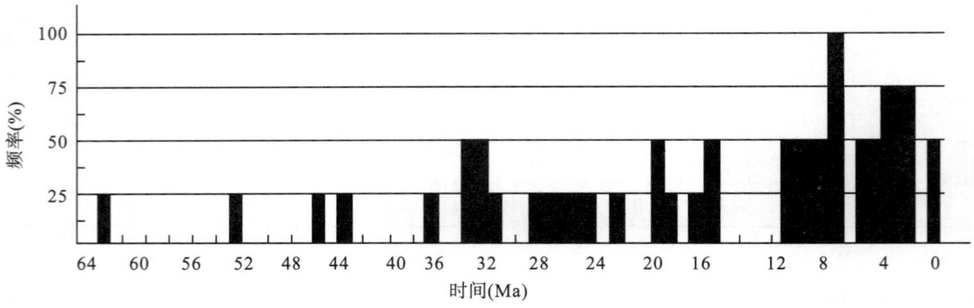

图 7-1　磷灰石裂变径迹年龄分布直方图

(3)在上述 4 个主要隆升阶段以外还保留有一些零星的高原隆升信息，预示高原隆升过程是非常复杂的，可能有快速隆升期和小幅隆升期之分，一些零星的磷灰石裂变径迹年龄可能代表小幅度的或局部的高原隆升作用信息。因此，青藏高原的隆升可能在古新世已开始，但是青藏高原的强烈隆升可能始于渐新世，并经历了中新世、上新世和更新世等多次振荡式隆升，具有多阶段脉动式的复杂隆升特征。

第二节　高原隆升的高度

一、黄土堆积的依据

Guo 等(2002)对甘肃秦安黄土的研究揭示黄土高原至少在 22Ma B P 就开始接受粉尘堆积，可能指示青藏高原当时在高度上足以对来自海洋的水系构成一套屏障，在规模上足以改变大气环流。

中国北方风成黄土的出现，主要开始于 8～6Ma B P，指示中国北方干旱化在这一时期进一步加强，中新统黄土序列的堆积与全球气候的变化和青藏高原的隆升有直接的关系。

进入第四纪以后，中国北方风成黄土厚度和分布范围快速增加，使青藏高原达到了较大的高度。

二、古生物方面的依据

青藏高原从南到北多处发现三趾马动物群化石，如在北祁连山南麓、昆仑山北麓、柴达木盆地、吉隆盆地等，代表地质时代是以上新世为主(计宏祥等，1992)。该动物群广泛出现，说明高原抬升不局限于狭窄地带，而是具有广泛抬升面的。在高原周边地区的三趾马动物化石群中含有热带、亚热带的象类化石，而在高原本部的三趾马动物化石群中至今尚未发现热带、亚热带的象类化石；此外，与高原本部的三趾马动物化石群共生的哺乳类动物化石种类也较周缘地带单调。动物学家认为随着纬度和海拔高度的增加、气温的下降，动物种类将随之减少。以上充分反映了当时青藏高原发生隆起，并高于其周边地带。

高原孢粉研究认为，始新世—渐新世沉积中均发现以棕、榕属为主的植物群；在高原北部发现有以栎、松、杉、麻黄为主，以及杨、柳、旱梅等温带落叶植物群化石。这些植物面貌特征说明当时高原大部分地区处于热带—亚热带雨林温暖环境，推测海拔高度为 500～1 000m。以上古植物面貌说明中新世、上新世前，高原尚抬升不高。之后，上新世高原主要生长着常绿型高山栎类植物，伴有针叶、阔叶植物以及部分地区孢粉组合等，反映当时为草原—森林型植被面貌，海拔高度约 2 000～3 000m(李廷栋，1995)。

第三节　高原隆升的速率

专题研究测定了 6 个磷灰石裂变径迹年龄，收集了前人在研究区已发表的磷灰石裂变径迹测年数据(邱家骧等，1982；玉文杰等，1997；丁道桂等，1996)，结合样品的高程，利用“径迹年龄-地形高差法”计算同一断块内的同一岩体或同一层位的样品在各个年龄段内的平均视隆升速率(表 7－3、图 7－2)；如果同一断块内的岩体或样品就位后的冷却是由于构造抬升和侵蚀的结果，那么采用磷灰石的封闭温度为 120℃，地温梯度取 40℃/km，地表温度为 10℃，外推其径迹年龄为 0 时的高度与采样点高度之差除以径迹年龄，可以计算样品在该年龄段内的平均隆升速率(表 7－2、图 7－3)。

由表 7－2 至表 7－4，图 7－2、图 7－3 可知，不管是用“径迹年龄-地形高差法”还是外推法计算的研究区平均隆升速率均具有由早到晚逐渐增加的趋势，总体上反映上新世(5.19Ma 左右)以前为缓慢隆升期，上新世—第四纪是高原强烈隆升阶段。

表 7-3 研究区高原隆升速率计算表

样品号	岩石名称	高程(m)	径迹年龄(Ma)	平均隆升速率(mm/a)	平均视隆升速率(mm/a)	备注	资料来源
ZrNT54	花岗岩	3 113	63.2±3.6	0.030			据王俞资料(2002)整理
NT36	花岗岩	2 700	53.3±4.6	0.102			
ZrNT38	片岩	3 113	45.2±4.9	0.130			
NT30	花岗岩	3 250	43.6±7.7	0.138			
99711-1	片麻岩	4 196	36.4±3.2	0.191	0.042	同一断块内	据陈正乐资料(2001)整理
99713-1	片麻岩	3 993	31.6±3.0	0.213	0.067		
99722-2	片麻岩	3 691	27.1±2.6	0.238			
99725-2	花岗岩	3 652	33.9±3.2	0.189	0.024	同一断块内	
99728	花岗岩	3 481	26.7±2.3	0.233			
99732-1	花岗岩	3 298	22.4±2.1	0.270	0.025	同一断块内	
99731-2	花岗岩	3 085	13.8±2.2	0.423			
997314	花岗岩	2 271	28.4±2.7	0.177			
99738	花岗岩	2 914	19.7±2.8	0.288			
997310	花岗岩	2 627	18.8±2.3	0.286			
NT34	花岗岩	2 905	24.3±4.0	0.114			
NT54	花岗岩	3 113	7.1±1.1	0.826			
NT45	花岗岩	3 093	15.4±1.3	0.379			
NT48	片岩	3 082	19.6±1.9	0.300			据王俞资料(2002)整理
NT60	片岩	2 800	15.8±5.6	0.351			
NT46	片岩	3 052	13.6±1.2	0.427			
NT59	片岩	3 050	10.1±3.3	0.574			
NT44	片岩	3 001	9.1±2.0	0.632			
NT43	片岩	3 031	8.8±1.7	0.657			
NT37	片岩	2 710	7.4±2.1	0.738			
T-1	花岗岩	3 565	5.19	1.217	0.100	同一断块内	据王军资料(1998)整理
T-2	花岗岩	3 462	4.16	1.493	0.105		
T-3	花岗岩	3 350	3.09	1.974			
K-1	花岗岩	3 562	3.62	1.744	0.836	同一断块内	
K-2	花岗岩	3 445	3.48	1.780	0.123		
K-3	花岗岩	3 280	2.14	2.818			

表 7-4 甜水海泉水沟北花岗岩实测高原隆升速率计算表

剖面	野外编号	单矿物种类	样品物性	海拔高度(m)	峰值年龄(Ma)	平均隆升速率(mm/a)	平均视隆升速率(mm/a)
甜水海泉水沟北花岗岩	D5630/FT2	磷灰石	花岗岩	5 607	20.3+1.8	0.42	0.04
	D5630/FT3	磷灰石	花岗岩	5 437	15.5+1.3	0.54	
	D5630/FT5	磷灰石	花岗岩	5 349	24.8+4.9	0.34	0.07
	D5630/FT6	磷灰石	花岗岩	4 710	14.0+1.3	0.55	

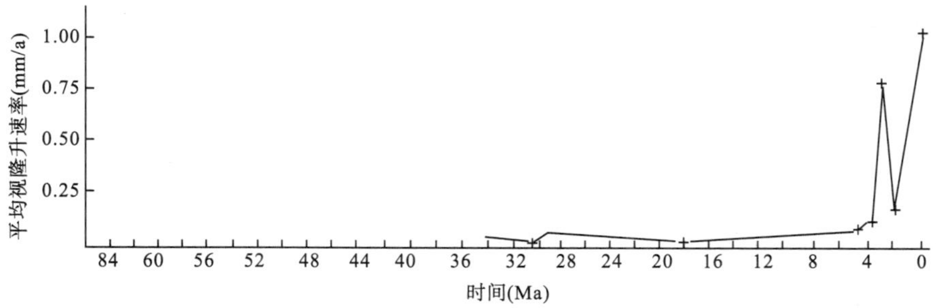

图 7－2　裂变径迹年龄-地形高差法计算的平均视隆升速率随时间变化图

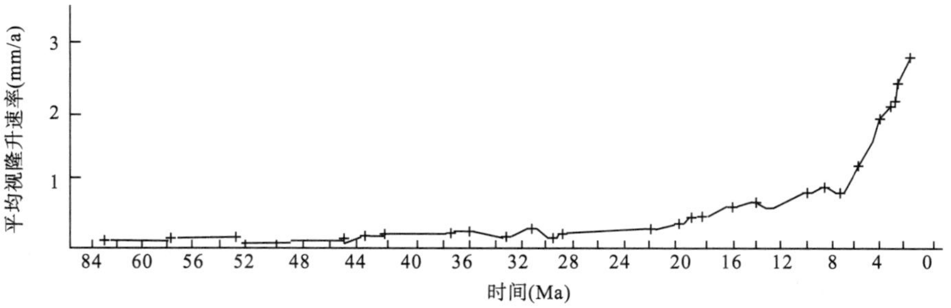

图 7－3　裂变径迹年龄外推法计算的平均视隆升速率随时间变化图

综上所述，裂变径迹测年显示青藏高原由早到晚隆升速率总体是逐渐增加的，但其变化是非常复杂的，并非是简单的线性变化。

第四节　高原隆升的环境效应

青藏高原的强烈隆升，引起气候干燥、荒漠化、生物变异等多种环境效应。

一、青藏高原隆升的气候效应

青藏高原的强烈隆升，不但加强了亚洲季风环流，而且阻挡了源于印度洋的暖湿气流向亚洲内陆的输送，并在高原北侧形成下沉气流，对亚洲内陆干旱化的过程有着极其重要的影响。在夏季，青藏高原就像一个深入到大气中的火炉，使得高原上的空气受热上升，同时拉动印度洋暖湿气流前来补充，由此而带来丰沛的季风降雨；冬季情况正好相反，高原仿佛一个巨大的冷流，将其上方的空气冷却，从高原涌向印度洋，这就导致北方的冷空气频频南下，从而形成强大的冬季风，导致西北地区气候干旱，大风天气增加、沙尘暴加剧，环境质量显著降低。而在中国的东部由于青藏高原的形成，海洋和大陆的气压梯度更大，夏天吸引大量的水汽登陆，使这里形成了温暖湿润的气候，也是全球最典型的季风气候区；然而在青藏高原本部由于高原极高的海拔，气温梯度导致高原气温较低，呈大片皑皑白雪的高寒区，同时由于气压的降低，高原含氧量也大大降低，导致高原缺氧，对人类生存造成巨大威胁。

因此，青藏高原的强烈隆升是引起中国东部季风区、西北干旱区和青藏高原高寒区三大自然区域巨大分异的主要原因。

二、青藏高原隆升的荒漠化效应

直到第四纪中期，喜马拉雅山还不是很高，西南季风可以越过它，深达藏北，给青藏高原带来丰沛的降雨。可是，随着青藏高原的强烈隆升，高原的自然落差加大，喜马拉雅山脉成了阻挡印度洋气流北上的一道天然屏障，绝大部分水汽被挡在它的南坡。而喜马拉雅山以北，气候变得十分干燥，藏北高原许多地方年降雨量只有十几毫米。这种变化无疑影响到整个中国的西北地区，形成中国西部的干旱核心，导致高原季风活动增强，大风天气增加、沙尘暴加剧；另一方面，青藏高原的强烈隆升进一步引起自然生态环境恶化，气候变化无常，植被减少，草场退化，物理风化增强，砾质、沙质荒漠化加剧，形成了亚洲面积最大的沙漠分布区，塔克拉玛干沙漠正是在这种背景下形成的。

显然，青藏高原的强烈隆升阻挡了源于印度洋的暖湿气流向内陆的输送，它是我国西北地区荒漠化的重要原因之一。

三、青藏高原隆升的生物效应

青藏高原的强烈隆升，引起高原内部气候垂直分带更加显著，导致生物的垂直自然谱系的强烈发育。随着所处位置的不同，形成条件的差异，垂直带谱的基带、分带数目、带内类型及其组合，以及森林上限、现代雪线等都呈现规律性变化。根据各山系垂直自然带的基带、带谱结构、优势垂直带以及温度水分条件特点，揭示了青藏高原垂直自然带的分布规律，从边缘山地到高原内部腹地，垂直自然带谱不但基带不同，而且带谱结构由繁及简，分带数目也相应减少。青藏高原的强烈隆升导致在高原内部耐寒耐冷的植物逐渐取替喜温、喜湿植物。从孢粉分析可知：古近纪—新近纪温带乔木所占比重越来越小，耐寒耐旱的灌木数量愈来愈大，发展到现在的青藏高原北坡，耐旱的灌木占据了统治地位。如原来较高大的驼绒藜灌木，为了适应高原低温、大风等恶劣的环境，逐渐矮化，叶片逐渐变为针状、垫状生长。

因此，青藏高原的强烈隆升带来的气温、湿度等气候变化，引起动物数量的大大减少，导致生物丰度的显著降低和物种的适应性变化。

第五节　环境地质

图幅北、中部属西昆仑中高山—极高山地貌区，图幅南部属藏北高原低山—丘陵地貌区，总体地势北高南低。

西昆仑山呈北西向横亘于图幅北部和中部地区，海拔 4 500～6 638m，最低处为玉龙喀什河谷 4 500m，最高处为尖刀峰 7 167m。昆仑山主脊与南坡山势陡峭、切割强烈、高差极大，主脊山峰白雪皑皑、冰峰林立，山岳冰川发育。图幅南部属藏北高原低山—丘陵地貌区，总体海拔高度较高，相对高差较小，湖泊、沼泽广布，冻土发育，一派雪域高原的湖光山色。图幅内冻土与永冻土极发育。

图幅最主要地质灾害为重力地质灾害，主要包括崩塌、滑坡、泥石流等；其次为冰川冻土地质灾害，主要包括雪崩、热融滑塌等地质灾害。

一、崩塌

崩塌主要分布在新藏公路。由于修筑公路，改变了边坡条件，出现临空面，发生急剧崩落；同时在低温冻融作用下，岩石风化破碎，沿构造裂隙裂解后发生急剧崩落、翻转，在公路边形成倒石堆或岩屑堆，阻塞交通，伤害车辆及行人。

二、滑坡

滑坡分布在新藏公路及盆山接合带的陡坡地区。由于植被稀少，边坡较陡，每当冰雪消融时，水降低了残坡积物底面与基岩接触面的摩擦系数，在重力作用下，顺滑坡壁向下滑动，并形成拉张裂缝，危害严重。

三、泥石流

泥石流主要分布于新藏公路沿线和昆仑山沟谷出山口一带，由于昆仑山区植被稀少，物理风化强烈，流通区狭窄短小，自然纵坡大，当突降大雨或冰川大量融水造成山洪，常导致泥石流发生，其对公路交通设施及水利建设危害极大。

四、雪崩、热融滑塌

雪崩、热融滑塌主要发生在昆仑山和喀喇昆仑山高寒冰川冻土地区，每逢夏季气温升高时，因冰川前缘冰（雪）体失衡而形成雪崩或热融滑塌。由于山地荒凉，人迹罕至，人类生产活动较少，雪崩、热融滑塌对生产和生活危害较少。

第八章 结束语

第一节 取得的主要成果

经过3年的工作，在项目组全体人员的共同努力下，在中国地质调查局、西北地质矿产研究所项目管理办公室、陕西省地质调查院及有关单位领导、专家的指导和帮助下，项目组全面完成了野外调查各项任务，达到了预定目标，并取得了一系列新发现和新进展。

一、地层古生物方面

(1)根据图幅实际地质情况，重新厘定了图幅地层单位和地层系统，建立了图幅地层区划，将图幅地层划分为9个(岩)群级、16个组级地层单位、2个非正式地层单位。

(2)在原划归甜水海岩群上部白云岩采集到了大量锥状叠层石化石：*Xiayingella*，*Stratifera*，*Litia*.(Qn)，顶部藻纹层白云质结晶灰岩中发现有小型海百合茎化石，其不整合于奥陶系冬瓜山群之下。根据化石时代和构造变形特征，将原划归甜水海岩群解体为长城系甜水海岩群、蓟县系河岔口石英岩、青白口系肖尔克谷地岩组和寒武系甜水湖组4部分。

(3)首次在图幅泉水沟原划归库尔良群($C_{2-3}K$)中部灰岩夹层中发现丰富的菊石 *Prostacheoceras* sp.(原碟菊石)，*Agathiceras* cf. *frechi* bose(佛雷奇团线菊石)，*Prostacheoceras* sp.(原斯塔菊石)，*Agathiceras* cf. *altunense* Wang (阿尔金团线菊石)，*Domathceras* sp.(礼饼菊石)；珊瑚 *Amplexus* sp.(包珊瑚)，*Tachylasma magnum hexaseptatum* Huang(大型原壁珊瑚)；螺 Cylioscapha sp.(环状螺)和海百合茎、海绵类，其时代属栖霞期，据此将原划归库尔良群重新厘定为二叠系黄羊岭群，为本区地层划分对比提供重要依据。

(4)大红柳滩—甜水海一带发现的上新世湖相沉积和其上的陆相火山熔岩、火山碎屑岩，分别命名为阿克萨依湖组($N_{1-2}a$)和泉水沟火山岩组(N_2q)。

(5)在上石炭统恰提尔群砂岩中发现丘状层理，反映其当时为浅海风暴作用环境。

二、岩石方面

(1)图幅填绘出19个侵入体，划分为15个岩体，进一步按其所处的空间位置、成因和形成时代可归并为如下4个构造岩浆岩带(区)，图幅由北而南依次为早古生代构造岩浆岩带、晚古生代构造岩浆岩带、中生代构造岩浆岩带、新生代泉水沟-大红柳滩隆升构造岩浆岩区。

(2)查明了康西瓦-苏巴什蛇绿岩在再依勒克河由蛇纹岩、橄榄蛇纹岩、橄榄辉石岩、辉长岩、辉绿岩、枕状玄武岩组成，在其南部发育有较典型的岛弧火山岩，而在其北部发育有配套的俯冲碰撞型花岗岩。

(3)查明新生代火山岩具有3次规模较大的火山溢流作用，形成3层组构不同的(块状、渣状、浮岩)熔岩，并发育完好的火山口、火山通道等火山机构，并确定该火山岩组合为钾玄岩系列，并在该火山岩中获得(8±0.3)Ma 全岩 Rb－Sr 等时线年龄。

(4)首次在图幅中部黄羊岭群地层中发现多个中新世岩株状似斑状黑云二长花岗岩体、花岗岩斑岩，并在株状似斑状黑云二长花岗岩体获(10.2±0.06)Ma 锆石谐和线年龄，为研究新生代壳幔作用过程和高原隆升机制提供了重要新资料。

(5)首次在前人认为是侏罗纪的甜水海北岩体石英闪长岩中获得(202.2±3.4)Ma 锆石权重年龄值，获(240±3)Ma 全岩 Rb－Sr 年龄，对本区岩浆演化提供了新资料；在弓形冰川岩体似斑状二长花岗岩中获得(233.8±1.0)Ma 锆石 U－Pb 表面年龄权重平均值，为侏罗纪岩浆活动提供了准确时限。

三、构造方面

(1)基本查明了甜水海地块的变形样式：中元古代长城系发育一系顺层剪切掩卧褶皱及紧闭尖棱褶皱；早古生代地层主要表现为同斜褶皱，局部发育尖棱褶皱；晚古生代地层主要表现为开阔褶皱；中生代地层仍表现为开阔褶皱，局部表现为近水平状展布。

(2)以再依勒克河康西瓦-苏巴什结合带为中心从南向北依次为再依勒克蛇绿岩、再依勒克组弧前增生楔、卡拉孔木组岛弧火山岩、二叠纪俯冲-碰撞型花岗岩；以再依勒克河康西瓦-苏巴什结合带为中心从北向南依次为再依勒克蛇绿岩、卡拉勒塔什群岛弧火山岩、尖刀峰—阿克苏一带的黄羊岭群弧后盆地沉积。其中俯冲-碰撞型花岗岩带受后期黄羊岭群向北的逆冲推覆几乎全部被掩盖，在再依勒克河出露构造蛇绿混杂岩带物质组成显示具有比较典型的双向俯冲结构。

(3)发现图幅内存在两期推覆作用构造变形，早期表现为由北向南的推覆，在甜水海表现为长城系甜水海岩群压在奥陶系冬瓜山群之上，而奥陶系冬瓜山群压在志留系温泉沟群之上；晚期表现为由南向北的推覆，长城系甜水海岩群压在三叠系巴颜喀拉山群之上。

(4)在长城系甜水海岩群绿泥绿帘钠长片岩中获得(172±15)Ma 锆石 U－Pb 表面年龄值，代表燕山期变质年龄。

四、矿产方面

(1)初步将图幅成矿期划分为早古生代、晚古生代和中—新生代 3 个成矿阶段及中南昆仑 Fe、Cu、Mo、Au、玉石成矿带，大红柳滩至郭扎错稀有、稀土有色金属成矿带和甜水海 Cu、Au、Ag、Fe、Mo 成矿带 3 个成矿带。在上述成矿带基础上进一步指出了 3 个找矿靶区，分别为中南昆仑 Fe、Cu、Mo、Au、玉石矿找矿远景区，大红柳滩至郭扎错稀有、稀土有色金属找矿远景区，阿克萨依湖南 Cu、Au、Ag、Fe、Mo 矿找矿远景区，认为 3 个成矿远景区具有良好的成矿条件，具有寻找大型—超大型矿床的成矿地质条件，为进一步找矿和矿产资源调查评价工作奠定了良好基础。

(2)对区内矿产地质特征和成矿地质背景进行了系统调查和研究，新发现铁、铜、铅锌、非金属等矿(化)点或找矿线索 5 处。

五、青藏高原隆升

(1)在甜水海北超单元花岗闪长岩中获得(24.8±4.9)Ma、(20.6±1.6)Ma、(20.3±1.8)Ma、(15.5±1.3)Ma、(14.0±1.3)Ma、(7.9±0.8)Ma 磷灰石裂变径迹峰值年龄，表明青藏高原北缘山体上部 3 000m 的去顶只用了 24.8～7.9Ma。在甜水海北超单元花岗闪长岩从 24.8ka B P，20.3ka B P，15.5ka B P，14.0ka B P 至现在青藏高原的隆升速率为 0.34mm/a、0.42mm/a、0.54mm/a、0.55mm/a，隆升速率由早到晚显示出愈来愈强烈的特点。

(2)甜水海发育四级湖岸阶地，表明青藏高原在更新世—全新世有 4 次脉动式隆升。

第二节　存在的主要问题

(1)工作区个别同位素测试结果未到,影响某些地质体时代的准确确定。

(2)郭扎错-泉水沟断裂与区域上的金沙江-西金乌兰蛇绿构造混杂岩相连,在东昆仑地区该带存在蛇绿岩,而西昆仑在该带未发现蛇绿岩。

主要参考文献

成都矿产地质研究所. 1∶150万青藏高原及邻区地质图[M]. 北京:地质出版社,1997.

崔军文,唐哲民,等. 阿尔金断裂系统[M]. 北京:地质出版社,1999.

崔之久,高全州,刘耕年,等. 夷平面、古岩溶与青藏高原隆升[J]. 中国科学,1996, 26(4):378-386

崔之久,李德文,伍永秋,等. 关于夷平面[J]. 科学通报,1998,43(17):1 794-1 805

戴自希,白冶,等. 中国西部和毗邻国家铜金找矿潜力的对比研究[M]. 北京:地震出版社,2001.

单文琅,宋鸿林,等. 构造变形分析的理论、方法和实践[M]. 武汉:中国地质大学出版社,1991.

丁道桂,等. 西昆仑造山带与盆地[M]. 北京:地质出版社,1996.

方爱民,等. 西昆仑库地西北依萨克群首次发现放射虫化石[J]. 地质科学,1998,33(3):384.

房立民,等. 变质岩区1∶5万区域地质填图方法指南[M]. 武汉:中国地质大学出版社,1991.

高秉璋,等. 花岗岩类区1∶5万区域地质填图方法指南[M]. 武汉:中国地质大学出版社,1991. 韩愈菁. 变质作用 $P-T-t$ 轨迹[M]. 武汉:中国地质大学出版社,1993.

郝杰,刘小汉,方爱民,等. 西昆仑"库地蛇绿岩"的解体及有关问题的讨论[J]. 自然科学进展,2003,13(10):1 116-1 120

贺同兴,等. 变质岩岩石学[M]. 北京:地质出版社,1987.

姜春发,等. 昆仑开合构造[M]. 北京:地质出版社,1992.

姜春发,等. 中央造山带开合构造[M]. 北京:地质出版社,2000.

李炳元,潘保田,高红山. 可可西里东部地区的夷平面与火山作用[J]. 第四纪研究,2002,22(5):397-405

李昌年. 火成岩微量元素岩石学[M]. 武汉:中国地质大学出版社,1992.

李长安,殷鸿福,等. 东昆仑山构造隆升与水系演化及其发展趋势[J]. 科学通报,1999,44(2):211-214

李吉均,方小敏,潘保田,等. 新生代晚期青藏高原强烈隆起及其对周边环境的影响[J]. 第四纪研究,2001,21(5):381-391

李吉均,文世宣,张青松,等. 青藏高原隆起的时代、幅度和形式的探讨[J]. 中国科学,1979(6):608-616

李亚琴,夏德清,等. 地史学[M]. 北京:地质出版社,1985.

李永安,等. 中国新疆西南部喀喇昆仑羌塘地块及康西瓦-苏巴什构造带构造演化[M]. 乌鲁木齐:新疆科技卫生出版社,1995.

李永安,等. 中国新疆西南部喀喇昆仑羌塘地块及康西瓦-苏巴什构造带构造演化[M]. 乌鲁木齐:新疆科技卫生出版社,1995.

刘石华,匡文龙,刘继顺,等. 西昆仑北带蛇绿岩的地球化学特征及其大地构造意义[J]. 世界地质,2002,21(4):332-339

刘廷栋. 昔格达组下部的孢粉组合及其对第四纪早期古气候演变的意义[C]. 中国第四纪冰川地质文集,1977.

刘训,等. 塔里木板块周缘的沉积-构造环境[M]. 乌鲁木齐:新疆科技卫生出版社,1997.

刘肇昌. 板块构造学说[M]. 成都:四川科学技术出版社,1985.

潘桂棠,等. 东特提斯组成与地质演化[M]. 北京:地质出版社,2000.

潘裕生,等. 喀喇昆仑山-昆仑山地区地质演化[M]. 北京:科学出版社,2000.

潘裕生. 西昆仑山构造特征与演化[J]. 地质科学,1990(3):224-232.

青海石油管理局勘探开发研究院. 柴达木盆地第三纪孢粉学研究[M]. 北京:石油工业出版社,1985.

邱家骧,等. 火山岩研究方法[M]. 冶金部地质技术干部进修学校,1982.

任纪舜,等. 中国及邻区大地构造图及说明书[M]. 北京:地质出版社,1997.

任纪舜. 中国及邻区大地构造图及说明书[M]. 北京:地质出版社, 1999.

荣辉,等. 高等地球化学[M]. 北京:科学出版社,2000.

施雅风,郑本兴,李世杰,等.青藏高原中东部最大冰期时代高度与气候环境探讨[J].冰川冻土,1995,17(2):97-112
宋之琛,等.孢子花粉分析[M].北京:科学出版社,1965.
孙海田,等.西昆仑金属成矿省概论[M].北京:地质出版社,2003.
孙昭宸,刘兰锁,等.青藏高原地质文集(18):从昆仑山-唐古拉山晚第三纪、第四纪孢粉组合讨论青藏高原的隆起[C].北京:地质出版社,1984.
滕志宏,等.塔里木盆地及周缘地区上第三系—第四系地层及晚新生代构造期次划分[M].西安:西北大学出版社,1994.
王元龙,李向东,毕华,等.西昆仑库地蛇绿岩的地质特征及其形成环境[J].长春地质学院学报,1997,27(3):304-309
王志洪,等.西昆仑库地蛇绿岩地质、地球化学及其成因研究[J],地质科学,2000,35(2):151-160.
魏家庸,等.沉积岩区1:5万区域地质填图方法指南[M].武汉:中国地质大学出版社,1991.
文世宣,等.喀喇昆仑山-昆仑山地区古生物[M].北京:科学出版社,1998.
西藏地质矿产局.西藏自治区区域地质志[M].北京:地质出版社,1993.
西藏地质矿产局.西藏自治区岩石地层[M].武汉:中国地质大学出版社,1997.
肖庆辉,等.花岗岩研究思维与方法[M].北京:地质出版社,2002.
肖序常,等.再论西昆仑库地蛇绿岩及其构造意义[J].地质通报,2003:22-10.
肖序常,王军.青藏高原构造演化及隆升的简要评述[J].地质论评,1988,44(4):372-381
新疆地质矿产局.新疆维吾尔自治区多重地层划分对比[M].北京:地质出版社,1998.
新疆地质矿产局.新疆维吾尔自治区区域地质志[M].北京:地质出版社,1993.
新疆矿产地质研究所,新疆第一区调大队.新疆古生界(上、下册)[M].乌鲁木齐:新疆人民出版社,1990.
徐仁,等.柴达木盆地第三纪中的孢粉组合及其在地质学上的意义[J].古生物学报,1958(4):10.
许靖华.大地构造及沉积作用[M].北京:地质出版社,1985.
杨森楠,等.中国区域大地构造学[M].北京:地质出版社,1984.
尹集祥.青藏高原及邻区冈瓦纳相地层地质学[M].北京:地质出版社,1997.
中国国土资源航空物探遥感中心.青藏高原中西部航磁调查[M].北京:地质出版社,2001.
中国科学院青藏高原科学考察队.青藏高原的时代、幅度和形式问题[M].北京:科学出版社,1981.
中国科学院青藏高原综合科学考察队.喀喇昆仑山-昆仑山地区冰川与环境[M].北京:科学出版社,1998.
中科院青藏高原科考队.喀喇昆仑山-昆仑山地区地质演化[M].北京:科学出版社,1990.
钟大赉,丁林.青藏高原的隆起过程及其机制探讨[J].中国科学,1996,26(4):289-295
Hugh R. Rollison.岩石地球化学[M].杨学明,杨晓勇,等译.合肥:中国科学技术大学出版社,2000.
Sengor A M.板块构造与造山运动——特提斯例析[M].丁晓,等译.上海:复旦大学出版社,1992.

图版说明及图版

图版Ⅰ

1. 黄羊岭群中新发现的珊瑚化石
2. 黄羊岭群中新发现的菊石化石
3. 铁隆滩群中的腕足化石
4. 恰提尔群中发现的针松化石
5. 铁隆滩群中的腕足化石
6. 甜水海岩群中发现的锥叠层石

图版Ⅱ

1. 泉水沟中新世塌陷火山锥
2. 泉水沟中新世破火山口
3. 泉水沟中新世火山锥
4. 泉水沟中新世火山熔岩台地
5. 泉水沟中新世火山熔岩流动构造
6. 泉水沟中新世火山岩与下伏湖积物整合接触

图版Ⅲ

1. 再依勒克河蛇纹岩
2. 再依勒克河角砾状蛇纹岩
3. 再依勒克河碎裂橄榄岩
4. 再依勒克河石棉化橄榄岩
5. 再依勒克河枕状玄武岩
6. 再依勒克河辉绿岩墙

图版Ⅳ

1. 铁隆滩群与下伏恰提尔群角度不整合接触
2. 巴颜喀拉山群板岩中外来的滑塌角砾岩
3. 甜水海岩群中发育的平卧褶皱
4. 甜水海岩群中发育的次级小褶皱
5. 昆仑冰川前缘终碛垄
6. 甜水海发育的湖岸阶地

图版Ⅰ

1

2

3

4

5

6

图版Ⅱ

1

2

3

4

5

6

图版Ⅲ

1

2

3

4

5

6

图版Ⅳ

1

2

3

4

5

6